信息技术
基础与应用

郭清宇　刘红颜　唐磊　王颖　主编

清华大学出版社
北京

<h1 align="center">内 容 简 介</h1>

"信息技术基础与应用"是高职高专学生必修的公共基础课程。本书以高职高专人才培养计划和课程标准为依据,以实际任务和具体项目为引导,介绍计算机的基础知识、常用办公软件及 Internet 的基本操作与使用方法。同时,本书还介绍计算机应用领域的一些基础前沿知识。学生通过学习本书,能够具备计算机系统和常用软件的基本使用技能,为后续专业课程的学习奠定基础。

本书以 Windows 10 和国产办公软件 WPS Office 为基础进行编写,考虑到后续计算机类课程的相关知识点,还对某些内容进行了适当的扩充。本书在内容上注重知识层次,学有余力的学生可以完成更深层次的学习。此外,本书还对国产操作系统进行介绍,便于学生在以后的实际工作中顺利实现向国产化操作系统和应用软件的过渡。

本书图文并茂,语言简练,提供了丰富的教学资源,便于教师授课和学生课后学习,既可作为高等职业院校信息技术和计算机基础公共课程的教材,也可作为教学参考书。

图书在版编目(CIP)数据

信息技术基础与应用/郭清宇等主编.—北京:清华大学出版社,2023.9(2024.9 重印)
ISBN 978-7-302-64531-3

Ⅰ.①信… Ⅱ.①郭… Ⅲ.①电子计算机-高等职业教育-教材 Ⅳ.①TP3

中国国家版本馆 CIP 数据核字(2023)第 167123 号

责任编辑:孟毅新
封面设计:傅瑞学
责任校对:袁 芳
责任印制:丛怀宇

出版发行:清华大学出版社
      网 址:https://www.tup.com.cn,https://www.wqxuetang.com
      地 址:北京清华大学学研大厦 A 座 邮 编:100084
      社 总 机:010-83470000 邮 购:010-62786544
      投稿与读者服务:010-62776969,c-service@tup.tsinghua.edu.cn
      质量反馈:010-62772015,zhiliang@tup.tsinghua.edu.cn
      课件下载:https://www.tup.com.cn,010-83470410
印 装 者:三河市东方印刷有限公司
经 销:全国新华书店
开 本:185mm×260mm   **印 张:**21.75   **字 数:**528 千字
版 次:2023 年 10 月第 1 版   **印 次:**2024 年 9 月第 2 次印刷
定 价:69.00 元

产品编号:101337-01

随着现代信息技术的快速发展,计算机的应用已经深入社会、生活的各个领域,计算机在人们的工作、学习和生活中起着越来越重要的作用。高等职业院校培养的是社会需要的高素质劳动者和技能型人才,学生应该掌握必备的信息技术基础知识和计算机应用的基本技能。本书以计算机应用为主线,通过理论教学和实验教学,培养学生对计算机技术、多媒体技术和网络技术为核心的信息技术的学习兴趣,使学生能够掌握计算机、常用办公集成软件和网络的基础知识和使用方法,同时对计算机应用领域的前沿知识有所了解,为学生综合思维能力、综合表达能力及综合设计能力诸方面的提升和后续专业课程的学习奠定一定的基础。党的二十大报告提出,坚持创新在我国现代化建设全局中的核心地位,加快实现高水平科技自立自强,加快建设科技强国。为我国科技创新和计算机技术应用的全面发展提出了新的要求和目标。本书紧扣国家战略和二十大精神,以高等职业院校信息技术和计算机应用公共基础课程的教学要求为前提,侧重于高等职业院校的教学特点,注重培养学生的实际应用能力。考虑到计算机系统的国产化趋势,本书的办公软件以 WPS Office 为主要内容,并对国产操作系统进行了介绍。

本书共 8 章,围绕培养学生的实际技能安排教学内容。第 1 章介绍计算机软硬件基本知识和系统组成。第 2 章介绍 Windows 10 操作系统,重点介绍系统设置和文件操作。第 3 章、第 4 章和第 5 章以任务驱动和实际应用为主线,分别介绍 WPS 文字、WPS 表格、WPS 演示的主要内容,包括文档制作、排版的基本操作、电子表格制作、重要公式的使用、图表生成和简单数据分析,以及演示文稿制作和美化等。第 6 章主要介绍 Internet 基本知识、应用程序以及计算机病毒及防范。第 7 章从应用实例出发,介绍新一代信息技术(人工智能、大数据、云计算等)的基本概念和应用。第 8 章以银河麒麟桌面操作系统为例,介绍国产操作系统的基本功能和操作使用。

本书图文并茂,重点突出,通俗易懂,实用性强,既可作为高等职业院校信息技术和计算机基础公共课程的教材,也可作为教学参考书。

本书由郭清宇、刘红颜、唐磊、王颖主持编写,靳甜甜、吕惠敏、马知遥、李凯丽、毛金玲参与了编写。本书的编写分工如下:唐磊、毛金玲老师编写了第 1 章和第 2 章,王颖、靳甜甜、吕惠敏、李凯丽老师编写了第 3~5 章,郭清宇、刘红颜、马知遥老师编写了第 6~8 章。全书由郭清宇、唐磊、刘红颜和王颖老师统稿。

由于编者水平有限,书中难免有不足之处,恳请广大读者批评、指正。

编　者

2023 年 8 月

目　录

第 1 章 计算机基础知识

计算机是 20 世纪的科学技术发明之一,它的出现和发展推动了第三次工业革命的到来,对人类的生产和社会活动产生了极其重要的影响。随着计算机在工业、农业、科研、国防、教育、办公以及日常生活等各个领域的广泛应用,计算机已经成为现代人类工作和生活中不可缺少的工具。因此,掌握计算机的基础知识和操作技能是当代大学生必备的技能之一。

通过本章的学习,读者可以了解计算机的产生和发展过程、计算机系统的构成、数据在计算机中的表示方法等基础知识。

任务 1.1 计算机概述

任务概述

本任务主要介绍计算机的基础知识,包括计算机的概念、发展历程、特点、分类、应用领域及未来发展方向,使读者能充分地认识和了解计算机,从而为学习计算机操作技能打下坚实的基础。

任务目标

➢ 了解计算机的产生和发展。
➢ 了解计算机的特点和分类。
➢ 了解计算机的应用领域及发展方向。

1.1.1 计算机的定义

计算机俗称电脑,是一种能够接收和存储信息,并按照存储在其内部的程序对输入的信息进行加工、处理,然后把处理结果输出的高度自动化智能电子设备。计算机既可以进行数值计算,又可以进行逻辑运算,还具有存储记忆功能。

计算机通过输入设备(如键盘、鼠标、扫描仪等)接收数据,通过中央处理器(CPU)处理数据,通过输出设备(显示器、打印机等)输出处理结果,通过存储器(硬盘、光盘、U盘等)将数据和程序存储起来以备后用。利用计算机对输入的原始数据进行加工处理、存储或传送,可大大提高人们的工作效率和社会生产效率。

1.1.2　计算机的产生

世界上第一台计算机埃尼阿克（ENIAC）于 1946 年诞生于美国宾夕法尼亚大学莫尔电机学院，如图 1.1 所示。它是为计算弹道而设计的，主要元器件是电子管，每秒能完成 5000 次加法运算，比当时最快的计算工具快 300 多倍。该机器采用十进制运算，使用了约 1500 个继电器，约 18800 个电子管，占地约 170m^2，约有三层楼高，重约 30t，每小时耗电约 150kW，为了散热还配备了 30 多吨重的冷却设备，耗资 40 多万美元，真可谓庞然大物。ENIAC 使过去借助机械分析机需 7～20h 才能计算出一条弹道的工作时间缩短到 30s，使科学家们从繁重的计算中解放出来。所以说 ENIAC 的问世标志着电子计算机时代的到来，它的出现奠定了电子计算机发展的基础，开辟了信息时代的新纪元，是人类第三次产业革命开始的标志。

图 1.1　世界上第一台计算机 ENIAC

1.1.3　计算机的发展

从第一台计算机产生到现在的 80 多年时间里，计算机技术飞速发展。在计算机的发展过程中，电子元器件的变更是计算机更新换代的主要标志。根据计算机所采用的电子元器件，计算机的发展历程可划分为 4 代，如表 1.1 所示。

表 1.1　计算机发展历程

代　次	年　　　代	主要元器件	运算速度	应用领域
第一代	1946—1957	电子管	5000 次/秒	国防及高科技
第二代	1958—1964	晶体管	几十万次/秒	工程设计、数据处理
第三代	1965—1970	中、小规模集成电路	几百万次/秒	工业控制、数据处理
第四代	1971 年至今	大规模、超大规模集成电路	亿次/秒以上	工业、生活等各方面

1.1.4　计算机的特点

计算机主要有以下几个特点。

（1）处理速度快。计算机内部由电路组成，可以高速准确地完成各种算术运算。当今计算机系统的运算速度已达到每秒万亿次，微机也可达每秒亿次以上，使大量复杂的科学计算问题得以解决。例如，卫星轨道的计算、大型水坝的计算、24h 天气预报，原来需要几年甚至几十年的时间完成的任务，在现代使用计算机只需几分钟就可以完成。

（2）计算精度高。科学技术的发展特别是尖端科学技术的发展，需要高度精确的计算。计算机控制的导弹之所以能准确地击中预定的目标，与计算机的精确计算是分不开的。一般计算机可以有十几位甚至几十位（二进制）有效数字，计算精度可由千分之几到百万分之几，是任何机械计算工具所望尘莫及的。

（3）存储容量大。计算机内部的存储器具有记忆特性，可以存储大量的信息。这些信息不仅包括各类数据信息,还包括加工这些数据的程序。随着微电子技术的发展,加上大容量的磁盘、光盘等外部存储设备的出现,计算机的容量越来越大。

(4) 自动化程度高。由于计算机具有存储记忆能力和逻辑判断能力,所以人们可以将预先编好的程序存入计算机内存中,在程序控制下,计算机可以连续、自动地工作,不需要人为干预。

(5) 可靠性高。计算机硬件技术的发展十分迅速,采用大规模和超大规模集成电路的计算机具有非常高的可靠性,其平均无故障时间可达到以年为单位。人们所说的"计算机错误"通常是由于计算机相连的设备或软件的错误造成的,而由计算机硬件本身引起的错误越来越少。

(6) 通用性强。迄今为止,几乎人类涉及的所有领域都不同程度地应用了计算机,并发挥了极大的作用。这种应用的广泛性是现今任何其他设备无可比拟的,而且这种广泛性在不断地延伸。

1.1.5 计算机的分类

计算机及相关技术的迅速发展带动了计算机类型的不断分化,形成了各种不同种类的计算机,按性能分类是最常用的分类方法。根据计算机的计算精度、存储容量、运算速度、外部设备、允许同时使用一台计算机的用户数量等性能,可将计算机分为高性能计算机、微型计算机、工作站、服务器和嵌入式计算机五类。

1. 高性能计算机

高性能计算机也就是俗称的超级计算机,或者以前说的巨型机。能够执行一般个人计算机无法处理的大资料量的高速运算,其基本组成组件与个人计算机无太大差异,但规格与性能则强大很多,它是目前功能最强、速度最快、存储容量最大的超大型电子计算机,多用于国家高科技领域和尖端技术的研究,是一个国家科研实力的体现。它对国家安全、经济和社会发展具有举足轻重的意义,是国家科技发展水平和综合国力的重要标志。目前我国自主研发的超级计算机主要有神威•太湖之光(图 1.2)、天河二号等。

图 1.2 超级计算机

2. 微型计算机

微型计算机是由大规模集成电路组成的体积较小的电子计算机。通过集成电路技术将计算机的核心部件集成在一块大规模或超大规模集成电路芯片上,统称为中央处理器(CPU)。目前微型计算机已广泛应用于办公、学习、娱乐等社会生活的各方面,是发展最快、应用最为普及的计算机。人们日常使用的台式计算机、笔记本电脑、掌上型计算机等都是微型计算机。

3. 工作站

工作站是一种高端的微型计算机,通常配有高分辨率的大屏幕显示器及容量很大的内部存储器和外部存储器,主要面向专业应用领域,具备强大的数据运算与图形图像处理能力。工作站主要是为满足工程设计、动画制作、科学研究、软件开发、金融管理、信息服务、模拟仿真等专业领域而设计开发的高性能微型计算机。

4. 服务器

服务器是指在网络环境下,为网上多个用户提供共享信息资源和各种服务的一种高性能计算机。在服务器上需要安装网络操作系统、网络协议和各种网络服务软件。服务器主要为网络用户提供文件、数据库、应用及通信方面的服务。

5. 嵌入式计算机

嵌入式计算机是指嵌入对象体系中,实现对象体系智能化控制的专用计算机系统。嵌入式计算机系统是以应用为中心,以计算机技术为基础,并且软硬件可剪裁,适用于应用系统对功能、可靠性、成本、体积、功耗有严格要求的专用计算机系统。例如,人们日常生活中使用的电冰箱、全自动洗衣机、空调、电饭煲、数码产品等都采用嵌入式计算机技术。

1.1.6　计算机的应用领域

计算机技术在人们的身边随处可见。由于计算机的迅速发展,计算机已被应用于各个领域中,已渗透人类社会的各个方面,从国家经济各部门到家庭生活,从生产领域到消费娱乐,到处都可见计算机的应用成果。计算机的应用领域主要有以下几个。

1. 科学计算

科学计算是指数学或相关领域的计算,是计算机应用最早的领域。在科学研究和工程设计中,经常会遇到各种各样的数学问题。例如,求解具有几十个变量的方程组,求解复杂的微分方程等。这些问题计算量很大,计算机计算速度快,精度高的特点以及自动化和准确无误的运算能力,可以高效地解决这类问题。科学计算又称为数值计算。

2. 信息处理

信息处理又称为信息管理,它是指用计算机对信息进行收集、加工、存储和传递等工作,其目的是为各种相关需求的人们提供有价值的信息,作为管理和决策的依据。人口普查资料的分类、汇总、股市行情实时管理等都是信息处理的例子。目前,计算机信息处理已广泛应用于办公自动化、企业管理、情报检索等诸多领域之中。

3. 过程控制

过程控制是指用计算机对工业生产过程或某种装置的运行过程进行状态检测并实施自动控制。用计算机进行过程控制可以改进设备性能,提高生产效率,降低人的劳动强度。如果将信息处理与过程控制结合起来,甚至能够实现计算机管理下的无人工厂。

4. 人工智能

人工智能是指让计算机模拟人的智能。例如,可以用计算机模仿人的感知能力、思维能力和行为能力等。目前人工智能已经取得了一定的成果,主要有机器人、专家系统、智能检索系统等。

5. 计算机辅助系统

计算机辅助系统包括计算机辅助设计、计算机辅助制造和计算机辅助教学等。

计算机辅助设计是利用计算机系统辅助设计人员进行工程或产品设计,以实现最佳设计效果的一种技术。例如计算机辅助设计 CAD 技术常常用于工业制图、服装加工、园林设计、机械设计、平面印刷等领域。

计算机辅助制造是利用计算机系统进行生产设备的管理、控制和操作的过程。

计算机辅助教学是指在计算机辅助下进行各种教学活动,以对话方式与学生讨论教学内容、安排教学进程、进行教学训练的方法与技术。它的使用能有效地缩短学习时间、提高教学质量和教学效率,实现最优化的教学目标。

6. 电子商务

电子商务是基于计算机网络技术发展的新型商务行为,是在互联网背景下,交易双方以非面对面形式开展的各类商贸活动,实现网络购物、网络支付等功能的商业模式。随着现代科技的发展,计算机技术在电子商务发展中的应用日益广泛。

7. 多媒体技术

多媒体技术是指利用计算机对文本、图形、图像、声音、动画、视频等多种信息进行综合处理和管理,使用户可以通过多种感官与计算机进行实时信息交互的技术。广泛应用于工业生产管理、学校教育、公共信息咨询、商业广告、家庭生活与娱乐等领域。

8. 计算机网络与通信领域

随着计算机网络的发展,因特网已经成为全球互联的网络。利用网络通信技术,将不同地理位置的计算机互联,可以实现世界范围内的信息资源共享和数据传递。

1.1.7 计算机的发展方向

现代计算机主要向着巨型化、微型化、网络化和智能化的方向发展。

1. 巨型化

巨型计算机是指超大型计算机。巨型计算机的运算速度很快,每秒可执行几亿条指令,数据存储容量很大,规模大且结构复杂,价格昂贵,主要用于大型科学计算,也是衡量一个国家科学实力的重要标志之一。巨型计算机主要应用于天文、气象、地质和核技术、航天飞机和卫星轨道计算等尖端科学技术领域。

2. 微型化

微型化是指利用微电子技术和超大规模集成电路技术,使计算机的体积进一步缩小,价格进一步降低。计算机的微型化已成为计算机发展的重要方向,各种笔记本电脑和 PDA(又称为掌上计算机,常见的有智能手机、平板电脑、手持的游戏机、条码扫描器、RFID 读写器、POS 机等)的大量面世,就是计算机微型化的一个标志。

3. 网络化

网络化是指利用通信技术和计算机技术,把分布在不同地点的计算机连接起来,按照网络协议互联互通,以达到所有用户都可共享软件、硬件和数据资源的目的。现在,计算机网络在交通、金融、企业管理、教育、邮电、商业等领域得到了广泛的应用。

4. 智能化

智能化就是要求计算机能够模拟人的感觉和思维,这也是第五代计算机要实现的目标。智能化的研究领域有很多,主要包括模式识别、物形分析、自然语言的生成和理解、博弈、定理自动证明、自动程序设计、专家系统、学习系统和智能机器人等,其中较有代表性的领域是专家系统和机器人。

➡ 任务 1.2 计算机系统的组成

📑 任务概述

本任务主要介绍计算机系统的组成,可以使读者了解计算机的结构与工作原理,掌握计算机的基本操作技能。

📇 任务目标

➤ 认识计算机的基本结构。
➤ 了解计算机的工作原理。
➤ 了解计算机的硬件系统和软件系统。
➤ 掌握计算机的基本操作技能。

1.2.1 计算机的基本结构

计算机系统由硬件系统和软件系统两大部分组成。硬件和软件互相依存,硬件是软件赖以工作的物质基础,软件是硬件发挥作用的唯一途径,只有硬件与软件同时具备,才是完整意义上的计算机。计算机系统的基本组成如图 1.3 所示。

从 1946 年世界上第一台通用计算机诞生至今,计算机的设计和制造技术有了很大的发展,但是其基本结构都遵循冯·诺依曼体系结构。该结构是现代计算机的基础,冯·诺依曼也因此被人们称为"计算机之父"。冯·诺依曼提出的计算机体系结构将计算机分为控制器、运算器、存储器、输入设备、输出设备五部分,如图 1.4 所示。

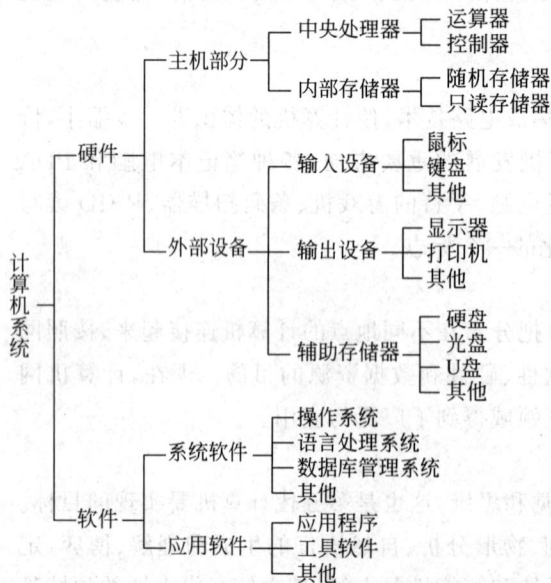

图 1.3 计算机系统的基本组成

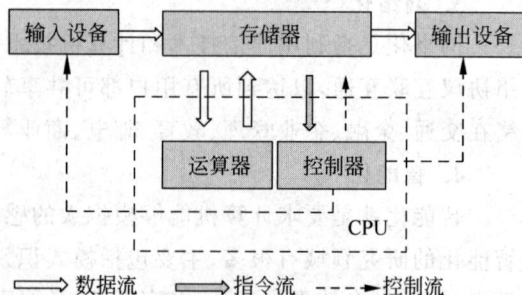

图 1.4 冯·诺依曼计算机体系结构

冯·诺依曼计算机体系结构的特点如下。

(1) 计算机硬件系统由运算器、存储器、控制器、输入设备、输出设备五大部件组成并规定了它们的基本功能。

(2) 采用二进制形式表示数据和程序。

(3) 在执行程序和处理数据时必须将程序和数据从外存储器装入主存储器中,然后才能使计算机在工作时能够自动地从存储器中取出指令并加以执行。

1.2.2 计算机的工作原理

计算机工作原理的核心是"程序存储"和"程序控制"。计算机根据人们预定的安排,自动地进行数据的快速计算和加工处理。人们预定的安排是通过一连串指令(操作者的命令)来表达的,这个指令序列就称为程序。一个指令规定计算机执行一个基本操作。一个程序规定计算机完成一个完整的任务。一种计算机所能识别的一组不同指令的集合,称为该种计算机的指令集合或指令系统。

按照冯·诺依曼存储程序的原理,计算机在执行程序时须先将要执行的相关程序和数据(也称为指令)放入内存储器中,每一条指令中明确规定了计算机从哪个地址取数,进行什么操作,然后送到什么地址去等步骤。计算机在运行时,先从内存中取出第一条指令,通过控制器的译码,按指令的要求,从存储器中取出数据进行指定的运算和逻辑操作等加工,然后按地址把结果送到内存中。接下来再取出第二条指令,在控制器的指挥下完成规定操作,如此循环下去直到程序结束指令时停止执行。其工作过程就是不断地取指令和执行指令的过程,最后将计算的结果放入指令指定的存储器地址中。计算机工作过程中所要涉及的计算机硬件有内存储器、指令寄存器、指令译码器、计数器、控制器、运算器和输入/输出设备等。

1.2.3 计算机硬件系统

计算机硬件系统是指构成计算机的物理部件,它由运算器、控制器、存储器、输入设备和输出设备五部分组成。其中运算器和控制器被集成在一个部件上,称为中央处理器。

1. 中央处理器

中央处理器(CPU)是整个计算机的核心部件,是计算机的"大脑",控制着其他各部件有条不紊地工作。CPU 是计算机进行各种运算、对指令进行分析并产生控制信号的集成电路芯片,由运算器和控制器两部分构成。

运算器也称为算术逻辑单元,负责完成算术运算和逻辑运算。算术运算是指加、减、乘、除及它们的复合运算,而逻辑运算是指"与""或""非"等逻辑比较和逻辑判断等操作。在计算机中,任何复杂运算都转化为基本的算术与逻辑运算,然后在运算器中完成。

控制器也称控制单元,是整个 CPU 的指挥控制中心,由它指挥全机各个部件自动、协调地工作,就像人的大脑指挥躯体一样。执行程序时,控制器从主存中取出相应的指令数据,然后向其他功能部件发出指令所需的控制信号,完成相应的操作,再从主存中取出下一条指令执行,如此循环,直到程序完成。

目前全球生产 CPU 的厂家主要有 Intel 公司和 AMD 公司。Intel 公司领导着 CPU 的世界潮流,从 386、486、Pentium 系列、Celeron 系列、酷睿系列、至强到现在的 i3、i5、i7、i9,始终推动着微处理器的更新换代。Intel 公司的 CPU 不仅性能出色,而且在稳定性、功耗方面都十分理想,在 CPU 市场上占据了绝大多数份额。CPU 的外观如图 1.5 所示。目前,我国也推出了国产的 CPU,如龙芯、兆芯、华为鲲鹏、海光 CPU、申威、飞腾等。

图 1.5　CPU

2. 存储器

存储器(memory)是计算机系统中的记忆设备,用来存放程序和数据。计算机中的全部信息,包括输入的原始数据、计算机程序、中间运行结果和最终运行结果都保存在存储器中。存储器分为两大类:一类是设在主机中的内部存储器(简称内存),用于存放当前运行的程序和程序所用的数据,属于临时存储器;另一类属于计算机外部存储器(简称外存),外存属于永久性存储器,存放着暂时不用的数据和程序。当需要某一程序或数据时,首先将其调入内存,然后运行。

计算机中存储数据的最小单位是比特(bit,b),存放一位二进制数,即 0 或 1。8 个二进制位称为 1 字节(Byte,B)。存储器可容纳的二进制信息量称为存储容量。目前,度量存储器容量的基本单位是字节,常用的存储容量单位还有:千字节(KB)、兆字节(MB)、吉字节(GB)、太字节(TB)等,它们之间的换算关系是:1B=8b,1KB=1024B,1MB=1024KB,1GB=1024MB,1TB=1024GB。

1) 内部存储器(主存储器)

内部存储器按其功能可分为随机存储器(random access memory,RAM)和只读存储器(read only memory,ROM)两类。

RAM 就是我们通常所说的内存,是插在主板相应插槽上的条状板卡,又称为"内存条"(图 1.6)。它用于在计算机进行运算时临时存储数据和指令。RAM 允许读写数据,需要持续供给电流,断电后内容不能保存,因此又称为易失性存储器。

图 1.6　内存条

ROM 是指主板上内嵌的一块集成电路芯片,只能从中读出原有的信息,不能删除和写入数据,所以一般用于保存一些系统最基本的数据。一般由计算机厂家写入,通过电路的形式固化一些计算机启动时的引导程序及系统的基本输入/输出系统(BIOS)。不管电源状态是开启还是关闭,其中的信息一直都保存着,因此它属于非易失性存储器。

2) 外部存储器(辅助存储器)

由于内部存储器 RAM 断电后就会丢失信息,并且存储容量有限,因此要长期保存大量的程序和数据,应使用外部存储器。外部存储器的特点是容量大、价格较低、存取速度较慢,但在断电情况下可以长期保存数据,所以外部存储器又称永久性存储器。目前常用的外部存储器是硬盘、光盘和 U 盘。

硬盘是计算机主要的存储媒介之一,由一个或多个铝制或玻璃制的碟片组成。碟片外覆盖有铁磁性材料。硬盘有机械硬盘(HDD 传统硬盘,如图 1.7 所示)、固态硬盘(SSD 新式硬盘,如图 1.8 所示)、混合硬盘(hybrid hard disk,HHD,一块基于传统机械硬盘诞生出来的新硬盘)。SSD 采用闪存颗粒来存储,HDD 采用磁性碟片来存储,混合硬盘是把磁性硬盘和闪存集成到一起的一种硬盘。绝大多数硬盘都是固定硬盘,被永久性地密封固定在硬盘驱动器中。

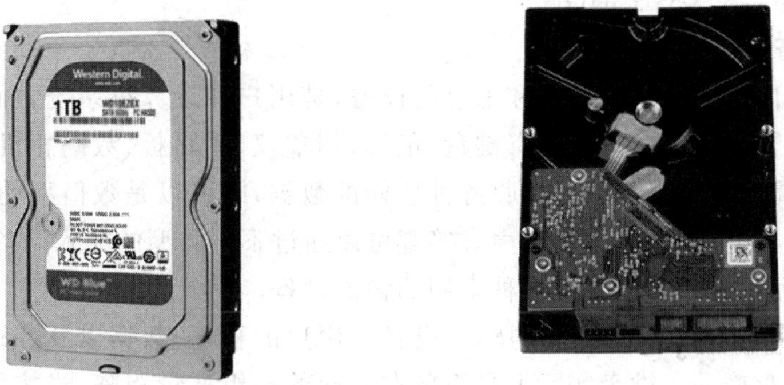

图1.7 机械硬盘

图1.8 固态硬盘

作为计算机系统的数据存储器,容量是硬盘最主要的参数。目前市面上出售的机械硬盘的容量一般为 500GB、1TB 或者更大。新型固态硬盘的容量一般为 120GB、250GB、500GB 或者更大。常见的硬盘品牌有西部数据(WD)、希捷(Seagate)、金士顿、三星(Samsung)、日立、闪迪、东芝等。

光盘是利用激光原理进行读写的设备,可以存放各种文字、声音、图形、图像和动画等多媒体数字信息。常见的光盘有只读型光盘(CD-ROM)、一次写入型光盘(CD-R)和可擦写型光盘(CD-RW),光盘只能在光盘驱动器上使用。图 1.9 所示为光盘及光盘驱动器。

U 盘即 USB 盘的简称,也叫闪盘,属于移动存储设备,用于备份数据。它的优点是方便

图 1.9　光盘及光盘驱动器

携带、存储容量大、价格便宜。U 盘采用通用串行总线(USB)接口直接连接到计算机,不需要安装驱动程序,而使用操作系统本身自带的驱动程序可以实现即插即用。现在主流的 U 盘容量有 8GB、16GB、32GB、64GB 等。

3. 输入设备

输入设备是向计算机输入数据和信息的设备,是用户和计算机系统之间进行信息交换的主要装置之一。常见的输入设备有键盘、鼠标、扫描仪、手写板、数码相机、触摸屏、光笔、条码阅读机、话筒等。计算机能够接收各种各样的数据,既可以是数值型的数据,也可以是各种非数值型的数据,如图形、图像、声音等都可以通过不同类型的输入设备输入计算机中,进行存储、处理和输出。下面介绍几种常用的输入设备。

(1) 键盘是最常用也是最主要的输入设备。用户的程序、数据以及各种对计算机的命令都可以通过键盘输入。键盘实际上是组装在一起的一组按键矩阵,当按下一个键时就产生与该键对应的二进制代码,并通过接口送入计算机,同时将按键字符显示在计算机屏幕上。常用的键盘有 101 键、104 键等几种,不同的键盘键位分布基本一致,键盘分为 4 个区:打字键区、功能键区、编辑键区和小键盘区,如图 1.10 所示。

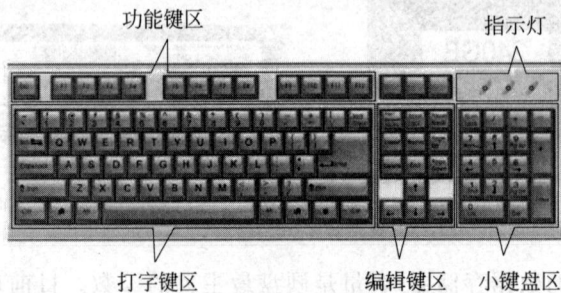

图 1.10　标准键盘及键位分布

(2) 鼠标是一种指示设备(图 1.11),能将屏幕上的鼠标指针准确地定位在指定的位置,并通过按键完成各种操作或发出命令。鼠标上最常用的有两个按键,分别称为左键和右键,中间有一个滚动轮,手的食指和中指分别搭在鼠标的左键和右键上。当我们移动鼠标的时候,鼠标指针会随之移动,常用的鼠标操作有移动、左击/右击、双击和拖动。

(3) 扫描仪是利用光电技术和数字处理技术,以扫描方式将图形或图像信息转换为数字信号的装置。扫描仪扫描的对象有照片、文本页面、图纸、美术图画、照相底片,甚至纺织

图 1.11 鼠标

图 1.12 扫描仪

品、标牌面板、印制板样品等。扫描仪有多种类型,图 1.12 所示的扫描仪是其中的一种。

(4) 手写板是一种手写绘图输入设备,其作用和键盘类似,可用于输入文字或者绘画,也带有一些鼠标的功能。除用于文字、符号、图形等输入外,还可提供光标定位功能,使手写板可以同时替代键盘与鼠标,成为一种独立的输入工具。手写板如图 1.13 所示。

(5) 触摸屏(touch screen)又称为"触控屏""触控面板",是一种可接收触头等输入信号的感应式液晶显示装置,当接触了屏幕上的图形按钮时,屏幕上的触觉反馈系统可根据预先编写的程序驱动各种连接装置,可用于取

图 1.13 手写板

代机械式的按钮面板,并借由液晶显示画面制造出生动的影音效果。触摸屏是目前最简单、方便、自然的一种人机交互设备,它赋予了多媒体以崭新的面貌,是极富吸引力的全新多媒体交互设备,主要应用于智能手机、公共信息的查询、工业控制、军事指挥、电子游戏、点歌点菜、多媒体教学、房地产预售等。触摸屏如图 1.14 所示。

图 1.14 触摸屏

4. 输出设备

输出设备(output device)是计算机硬件系统的终端设备,负责将各种计算结果、数据或

信息以数字、字符、图像、声音等形式表现出来供用户查看或保存。常见的输出设备有显示器、打印机、绘图仪、投影仪、音响等。下面主要介绍显示器与打印机这两种最常用的输出设备。

1) 显示器

显示器是计算机必不可少的输出设备。人们通过输入设备将各种信息输入计算机,计算机对信息进行加工处理,将处理的结果通过显示器反馈给人们,用户还可以通过显示器的显示内容了解计算机的工作状态。显示器按其显示器件可分为阴极射线管(CRT)显示器(图 1.15)和液晶(LCD)显示器(图 1.16)等。

图 1.15 CRT 显示器    图 1.16 LCD 显示器

CRT 显示器体积大、较笨重、工作时有辐射、边角处图像有失真现象,但价格便宜,现在已基本不再使用;LCD 显示器体积小、无失真、无辐射,色彩还原效果不如 CRT 显示器。目前一般使用的都是 LCD 显示器。

衡量显示器的主要性能指标有以下几个。

(1) 尺寸:即显示器屏幕的大小。LCD 显示器的尺寸是指液晶面板的对角线尺寸,以英寸为单位(1 英寸≈2.54cm),主流的有 21.5 英寸、23 英寸、24 英寸、27 英寸、29 英寸等。

(2) 分辨率:即显示器能显示像素的数目。分辨率越高,则像素越多,显示的图像就越逼真细腻。现在常见的显示器分辨率为 1920×1080、1920×1200、2560×1440 等。

(3) 灰度和颜色深度:灰度指像素点亮度的级别数,在单色显示方式下,灰度的级数越多,图像层次就越清晰。颜色深度指计算机中表示色彩的二进制位数,一般有 2 位、4 位、8 位、16 位和 24 位,24 位可以表示的色彩数为 2^{24}(1600 多万种)。

(4) 刷新频率:指每秒钟内屏幕画面刷新的次数。刷新频率越高,画面闪烁越小,通常是 75~90Hz。

2) 打印机

打印机是计算机的重要输出设备,可以将程序、数据、图形打印在纸上,它利用碳粉、色带或墨水将计算机上的数据输出。随着计算机应用的普及和需要,目前打印机的类型越来越多。主要类型有针式打印机、喷墨打印机和激光打印机(图 1.17)。

(1) 针式打印机是一种击打式打印机,它利用打印头内的点阵撞针击打色带和纸,从而打印出字符和图形。针式打印机的优点是可以使用多种纸型、耐用、价格较低、耗材(主要是打印纸和色带)价格低廉,这种打印机适合打印一般文字信息和报表等。其缺点是打印时产生的噪声较大,分辨率较低,速度慢,不适用于打印大量的文件以及打印质量要求高的场合。

(2)喷墨式打印机属于非击打式打印机。喷墨式打印机没有打印头,而是通过精细的喷头将墨水喷到打印纸上来实现字符或图形的输出。喷墨式打印机分为固体喷墨打印机和液体喷墨打印机两种,当前市场上的主流产品都是液体喷墨打印机。喷墨打印机的优点是打印时噪声较小,其打印速度介于针式打印机和激光打印机之间,价格较低,很适合家庭使用。其缺点是耗材较贵。

(3)激光打印机也属于非击打式打印机,其主要部件是感光鼓,感光鼓中装有碳粉,打印时,感光鼓接收激光束,产生电子以吸引碳粉,再印到打印纸上。激光打印机的优点是打印时噪声小、速度快,可以打印高质量的文字和图形。其缺点是价格较高,打印成本高。

(a)针式打印机 　　　　(b)喷墨式打印机 　　　　(c)激光打印机

图 1.17　打印机类型

除以上 3 种打印机外,在专业图像处理领域,还使用热升华式打印机、热转印式打印机和热蜡式打印机等,如今又出现了功能更强大的 3D 打印机。

1.2.4　计算机软件系统

软件是一系列按照特定顺序组织的计算机数据和指令的集合。计算机软件系统包括系统软件和应用软件两部分。

1. 系统软件

系统软件是管理、监控和维护计算机资源的软件,其用途是提高计算机的工作效率,方便用户使用计算机。系统软件主要分为操作系统、语言处理系统和数据库管理系统三类。

(1)操作系统。系统软件的核心是操作系统。操作系统是由指挥与管理计算机系统运行的程序模板和数据结构组成的一种大型软件系统,其功能是管理计算机的软硬件资源和数据资源,为用户提供高效、全面的服务。计算机的操作系统主要有 Windows、UNIX、Mac OS 和 Linux 以及国产银河麒麟操作系统等。

(2)语言处理系统。语言处理系统是指为用户设计的编程服务软件,包括机器语言、汇编语言和高级语言。

① 机器语言是指机器能直接识别的语言,它是由"1"和"0"组成的一组代码指令。由于机器语言与人类所使用的语言差别很大,比较难记,所以一般不用它来编写程序。

② 汇编语言也是面向机器的语言,它是由一组与机器语言指令相对应的符号指令和简单语法组成的。汇编语言程序要由一种"翻译"程序来将它翻译为机器语言程序,这种翻译程序称为汇编程序。汇编语言存储空间小,执行速度快,但不能直接被计算机识别。

③ 高级语言比较接近日常用语，对机器依赖性低，是适用于各种机器的计算机语言，便于人们学习和使用。目前经常使用的高级语言有 C++、Java、Python 等。

（3）数据库管理系统。数据库是以一定方式存储的相关数据的集合。数据库管理系统（database management system，DBMS）是管理数据库的软件系统，它是数据库系统的核心。数据库技术是计算机科学技术中发展最快的领域之一，它是计算机信息系统与应用系统的核心技术和重要基础。目前常见的数据库管理系统有 SQL Server、MySQL、Oracle 等。

2. 应用软件

为了让计算机解决各类问题而编写的应用程序称为应用软件。应用软件具有很强的实用性，用来解决某个领域中的具体问题。例如，办公自动化软件 Office、图形处理软件 Photoshop、财会软件等。

1.2.5　计算机的基本操作技能

所谓计算机的基本操作技能就是指我们对计算机的软硬件、操作系统、应用程序、驱动程序等的安装卸载、输入/输出、编辑修改等采取的一系列动作所掌握的知识。这里重点介绍计算机开关机的正确方法及鼠标键盘的正确使用方法。

1. 计算机开关机的正确方法

（1）开机是指给计算机接通电源，一般台式计算机由两部分组成：显示器和主机（图 1.18）。

图 1.18　台式计算机

显示器的电源开关一般在屏幕右下角，旁边还有一个指示灯，轻轻地按到底再松开，这时指示灯变亮，闪一下成为橘黄色就表示显示器电源已接通。

主机的开关一般在机箱正面，一个最大的圆形按钮，旁边也有指示灯，轻轻地按到底再松开，指示灯变亮，可以听到机箱里发出声音，这时显示器的指示灯由黄变为黄绿色，主机电源接通。等待计算机进入操作系统的界面后，就可以正常使用了。

我们在开计算机时，一般需要先把接通主机和显示器的电源插排开关打开，再开显示器，然后开主机，这个顺序不能反，不然会有损机器的使用寿命。

（2）关机是指计算机的系统并闭和切断电源。

首先要关闭打开的所有程序，这样可以避免忘记保存文件，关机速度也会加快。关闭所有程序后再关闭计算机。计算机显示关机完成，显示器黑屏后，就可以关闭显示器了。请不要先关闭显示器，这样无法看出计算机是否已经完全关闭。最后关闭总电源，即插排上的电源，这样计算机就完成了关机过程。

我们在使用计算机的过程中，很多时候会出现计算机死机的状况，如果这个时候键盘和鼠标还可以用，可以按 Ctrl＋Shift＋Esc 组合键，打开任务管理器，在"进程"选项卡下面结束所有正在运行的程序（图 1.19），很多时候这样就可以解决计算机死机的问题。如果计算机死机后鼠标和键盘没用了，这个时候经常采用的办法就是强制关机，长按主机开关键 3～5 秒，等待显示器黑屏后松开就可以关机了，不过这是迫不得已时采取的办法，计算机最好不要经常强制关机，那样会影响硬件的使用寿命。

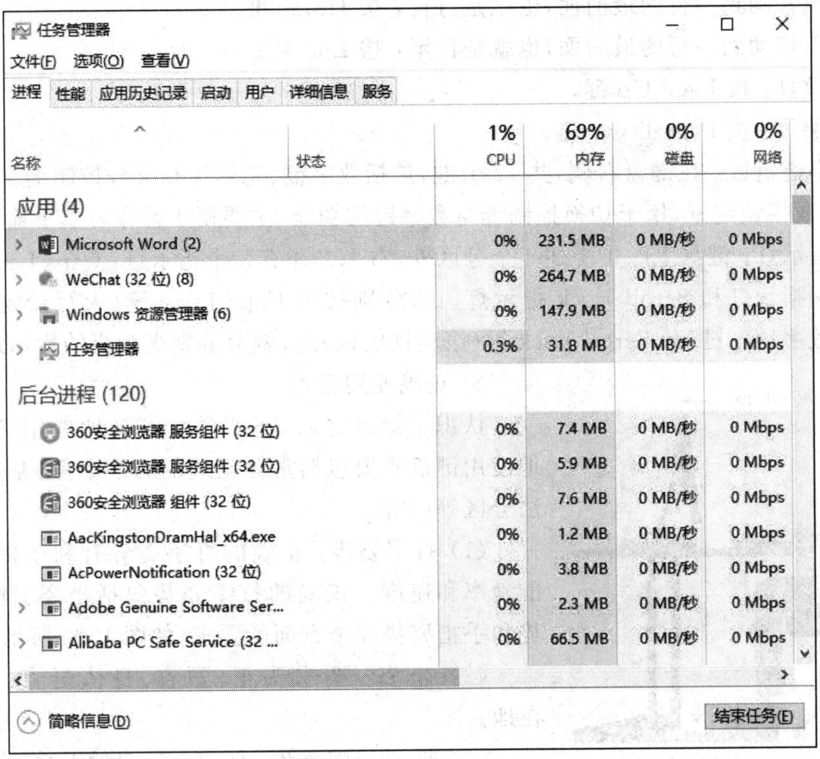

图 1.19　任务管理器

2. 认识和正确使用键盘

键盘是用户向计算机输入信息最常用的设备,通过键盘可以将英文字母、汉字、数字、标点符号等输入计算机中,从而向计算机发出命令、输入数据等。所以,熟悉键盘是熟练使用计算机的前提条件。

1) 认识键盘

键盘分为打字键区、功能键区、编辑键区、小键盘区和指示灯。

(1) 打字键区:是键盘最主要的区域,位于键盘左下部,共有 61 个键,包括数字键、字母键、标点符号键、空格键及其他一些控制键。在此区上有些键上面有两个符号,称为"双键",如果只按下某个双键,则只输入下面的符号。如果先按住 Shift 键不放,再按该键,则输入上面的字符。Shift 键称为"上档键"。

(2) 功能键区:位于键盘上方区域,包括 F1~F12 键、Esc 键、Print Screen 键(截取屏幕按键)、Scroll Lock 键(滚动锁定键)和 Pause/Break 键(中断暂停键)。

(3) 编辑键区:位于打字键区和小键盘区的中间,用于插入点定位和编辑操作,包括插入点移动键、插入/删除键、上翻/下翻键等 10 个键。在文字输入时可以使用键盘代替鼠标的操作。

插入点向左移动:按方向键←。

插入点向右移动:按方向键→。

插入点向下移动:按方向键↓。

插入点向上移动:按方向键↑。

插入点移动到一行的最前面,也就是行首:按 Home 键。

插入点移动到一行的最后面,也就是行尾:按 End 键。

向上翻页:按 Page Up 键。

向下翻页:按 Page Down 键。

(4) 小键盘区:在键盘右侧,共 17 个键,包括数字键、光标键和部分控制键。其中 Num Lock 键为数字锁定键,用于切换控制键与数字键的功能,主要便于操作者单手输入数据。

(5) 指示灯:键盘上除了上述 4 个分区外,右上方还有 3 个指示灯:Caps Lock 指示灯、Num Lock 指示灯和 Scroll Lock 指示灯。当分别按下 Caps Lock 键(大写锁定键)、Num Lock 键(数字锁定键)和 Scroll Lock 键(滚动锁定键)时,就会分别亮相应的指示灯。

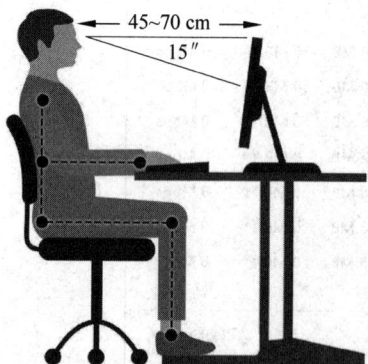

图 1.20 正确的打字姿势

2) 正确使用键盘

认识了键盘之后,还要学会正确地使用键盘。正确地使用键盘主要包括掌握正确的打字姿势、基准键位、指法分区等内容。

(1) 打字姿势:正确的打字姿势有利于提高输入的准确率和速度。正确的打字姿势包括坐姿、臂、肘、腕姿势和手指姿势 3 个方面的要求,如图 1.20 所示。

(2) 坐姿:要求头正、颈直、身体挺直、双脚平踏在地。

(3) 臂、肘、腕姿势:要求上臂自然下垂,小臂和手腕自然平抬。

(4) 手指姿势:手指略弯曲,左右食指、中指、无名指、小指轻放在键盘的基准键位上,左右拇指指端的下侧面轻放在空格键上。

① 基准键位:键盘上的 A、S、D、F、J、K、L 和一个符号键(";"或":")称为基准键位。基准键位用于把握和及时校正两手手指在键盘上的中心位置。基准键位与手指的对应关系图如图 1.21 所示。其中 F、J 键各有一个小小的凸起,操作者进行盲打时就是通过触摸这两个键来确定基准键位的。

图 1.21 基准键位与手指的对应关系图

② 指法分区:指法就是将计算机上最常用的 26 个字母和常用符号依据位置分配给除大拇指外的 8 个手指,敲击这些按键时,总是使用指定的那个手指。时间一长会形成习惯,一看见字母,不用看键盘就可正确地敲击所需的按键,这样就最大可能地提高了输入速度。键盘的指法分区如图 1.22 所示。

图 1.22 键盘的指法分区

左手从食指到小指依次放在 F、D、S、A 基准键上,右手从食指到小指依次放在 J、K、L、;四个基准键上。两个拇指自然地搭在空格键上。操作时,眼睛看稿纸或屏幕,输入时手略微抬起,只有需击键的手指可伸出击键,在基准键以外击键后,要立刻返回基准键。

具体的指法练习可以使用金山打字通来进行,借助金山打字通可以使指法得到充分的训练,以达到快速、准确地输入英文字母的目的。只有掌握正确的键盘指法才能提高输入速度,只有通过反复练习才能记住键盘上按键的分布,达到盲打的目的。

3. 认识和正确使用鼠标

鼠标是计算机的一种外接输入设备,分有线和无线两种,因形似老鼠而得名"鼠标"。鼠标的使用是为了使计算机的操作更加简便,来代替键盘烦琐的指令。鼠标上最常用的有两个按钮,分别称为左键和右键,中间有一个滚动轮,手的食指和中指分别搭在鼠标的左键和右键上(图 1.23)。常用的鼠标操作有移动、左击/右击、双击和拖动。下面分别介绍鼠标的几种操作。

图 1.23 鼠标的正确握法

(1)移动:用手带动鼠标在平板上随意移动,这时屏幕上的鼠标指针也会随之移动。

(2)左击/右击:左击,即按下鼠标左键(简称单击),就是用搭在鼠标左键上的食指按一下鼠标左键。右击和左击类似,只是使用的手指和按的键不同,用搭在鼠标右键上的中指按一下鼠标右键。

(3)双击:快速地连续按两下鼠标左键。单击是按一下鼠标左键,而双击则是在短时间内快速连续按鼠标左键两下。注意,一定要快速连续。在 Windows 操作系统中,很多程序都可以通过双击启动。

(4)拖动:先把鼠标指针移动到目标上,按下鼠标左键不要松开,然后移动鼠标,随着鼠标指针的移动,目标也随着移动,注意这期间一定不要松开鼠标左键,当把目标移到目的位置之后,再松开鼠标左键。

任务 1.3　计算机中的数制与编码

任务概述

对人而言,数字、文字、图画、声音、活动图像是不同形式的数据信息,由于计算机只能处理二进制数据,因此需要把上述数据转换为 0 或 1 组成的二进制编码,计算机才能识别它们、存储它们并对它们进行综合处理。本任务主要介绍计算机中的数制与编码,使读者可以掌握不同数制之间的相互转换。

任务目标

➤ 理解计算机中数制的概念。
➤ 掌握计算机常用数制的表示方法。
➤ 掌握常用数制之间的转换。
➤ 了解计算机中字符的编码。

1.3.1　数制的定义

数制也称记数制,是指用一组固定的符号和统一的规则来表示数值的方法。

人们在生产实践和日常生活中,创造了多种表示数的规则,这些数的表示规则称为数制。例如人们常用的十进制,钟表计时使用一小时等于六十分钟、一分钟等于六十秒的六十进制,计算机中使用的二进制等。

从常用的十进制计数法可以看出,其加法规则是"逢十进一"。任意一个十进制数值可用 0、1、2、3、4、5、6、7、8、9 共 10 个数字符组成的字符串来表示,数字符又叫数码,数码处于不同的位置(数位)代表不同的数值。例如,在 819.18 这个数中,第一个数码 8 处于百位,代表八百,第二个数码 1 处于十位,代表十,第三个数码 9 处于个位,代表九,第四个数码 1 处于十分位,代表十分之一,而第五个数码 8 处于百分位,代表百分之八。因此,十进制数 819.18 可以写为

$$819.18 = 8 \times 10^2 + 1 \times 10^1 + 9 \times 10^0 + 1 \times 10^{-1} + 8 \times 10^{-2}$$

上式称为数值的按权展开式,其中 10^i 称为十进制的权,10 称为基数。

(1) 基数:一个数制所包含的数码的个数称为该数字的基数,用 R 表示。例如,十进制的基数为 $R=10$,二进制的基数 $R=2$。

(2) 位权:任何一个 R 进制的数都是由一串数码表示的,其中每一位数码所表示的实际值的大小,除数码本身的数值外,还与它所处的位置有关。由位置决定的值就叫位值(或称权),位值用基数 R 的 i 次幂 (R^i) 表示。

(3) 数值按权展开:类似十进制数值的表示,任一 R 进制的数的值都可以表示为各位数码本身的值与其权的乘积之和。对于任意一个具有 n 位整数和 m 位小数的 R 进制数 N,按各位的权展开可表示为

$$(N)_R = a_{n-1}R^{n-1} + a_{n-2}R^{n-2} + \cdots + a_1R^1 + a_0R^0 + a_{-1}R^{-1} + \cdots + a_{-m}R^{-m}$$

上述公式中,a_i(i 为数位的编号)表示各个数位上的数码符号,R 为计数制的基数。

1.3.2 计算机中的常用数制

1. 十进制

(1) 有十个不同的数码符号,即 0,1,2,3,4,5,6,7,8,9。

(2) $R=10$。运算规则为"逢十进一"。

(3) 各数位的位权是 10 的若干次幂。

2. 二进制

(1) 有两个不同的数码符号 0 和 1。

(2) $R=2$。运算规则为"逢二进一"。

(3) 各数位的位权是 2 的若干次幂。

3. 八进制

(1) 有八个不同的数码符号,即 0,1,2,3,4,5,6,7。

(2) $R=8$。运算规则为"逢八进一"。

(3) 各数位的位权是 8 的若干次幂。

4. 十六进制

(1) 有十六个不同的数码符号,即 0,1,2,3,4,5,6,7,8,9,A,B,C,D,E,F。

(2) $R=16$。运算规则为"逢十六进一"。

(3) 各数位的位权是 16 的若干次幂。

计算机中常用的数制有二进制、八进制、十六进制,它们与十进制的对应关系如表 1.2 所示。

表 1.2 各数制对应关系表

十进制	二进制	八进制	十六进制
0	0	0	0
1	1	1	1
2	10	2	2
3	11	3	3
4	100	4	4
5	101	5	5
6	110	6	6
7	111	7	7
8	1000	10	8
9	1001	11	9
10	1010	12	A
11	1011	13	B
12	1100	14	C
13	1101	15	D

十进制	二进制	八进制	十六进制
14	1110	16	E
15	1111	17	F
16	10000	20	10

1.3.3　数制中数的表示方法

方法 1：将数用"（）"括起来，然后用数字做下标。例如，$(110)_2$ 表示二进制数 110；$(110)_{10}$ 表示十进制数 110；$(110)_8$ 表示八进制数 110；$(110)_{16}$ 表示十六进制数 110。

方法 2：将数用"（）"括起来，然后用代号做下标。例如，$(110)_B$ 表示二进制数 110；$(110)_D$ 表示十进制数 110；$(110)_O$ 表示八进制数 110；$(110)_H$ 表示十六进制数 110。

方法 3：在数的后面直接加代号。例如，110B 表示二进制数 110；110D 表示十进制数 110；110O（100＋大写字母 O）表示八进制数 110；110H 表示十六进制数 110。

1.3.4　各类数制间的相互转换

1. 二进制、八进制、十六进制数转换为十进制数

利用按权展开的方法，可以把任意数制的一个数转换成十进制数。下面是将二进制数和十六进制数转换为十进制的例子。

例 1-1　将二进制数 1010.101 转换为十进制数。

$$1010.101B = 1 \times 2^3 + 0 \times 2^2 + 1 \times 2^1 + 0 \times 2^0 + 1 \times 2^{-1} + 0 \times 2^{-2} + 1 \times 2^{-3}$$
$$= 8 + 2 + 0.5 + 0.125$$
$$= 10.625D$$

例 1-2　将八进制数 1568 转换成十进制数。

$$1568O = 1 \times 8^3 + 5 \times 8^2 + 6 \times 8^1 + 8 \times 8^0$$
$$= 512 + 320 + 48 + 8$$
$$= 888D$$

例 1-3　将十六进制数 2BA 转换成十进制数。

$$2BAH = 2 \times 16^2 + 11 \times 16^1 + 10 \times 16^0$$
$$= 512 + 176 + 10$$
$$= 698D$$

由上述例子可见，只要掌握了数制的概念，那么将任一 R 进制的数转换成十进制数的方法是一样的。

2. 十进制数转换为二进制数

一个十进制数通常包含整数和小数两部分，由于对整数部分和小数部分的处理方法不同，这里分别讨论。

1）十进制整数转换为二进制整数——除 2 取余法

将十进制整数转换成二进制整数的方法是"除 2 取余法"，即将十进制整数不断除以 2 取余数，直到商等于 0 为止，每次相除所得的余数便是对应的二进制整数的各位数字。第一次得到的余数为最低有效位,最后一次得到的余数为最高有效位。

例 1-4 将十进制整数 198 转换成二进制整数,过程如下。

```
2 | 198    ……余 0        低位 ↑
  2 | 99    ……余 1
    2 | 49    ……余 1
      2 | 24    ……余 0
        2 | 12    ……余 0
          2 | 6     ……余 0
            2 | 3     ……余 1
              1     ……余 1        高位
```

所以,198D=11000110B。

2)将十进制小数转换为二进制小数——乘 2 取整法

将十进制小数转换成二进制数采用"乘 2 取整法",即将十进制小数不断乘以 2 取整数,直到乘积的小数部分为 0 或达到所求的精度位为止,最后将每次所得的整数(即 0 或 1)从上而下排列,取有效精度,首次取得的整数排在最高位。

例 1-5 将十进制小数 0.625 转换为二进制小数,过程如下。

```
                  取整数部分    高位
0.625×2=1.25      ……1
0.25×2=0.5        ……0
0.5×2=1           ……1
0                            低位
```

所以,0.625D=0.101B。

当需要转换一个既包含整数又包含小数的十进制数时,只需要将整数部分和小数部分分别转换后,再组合起来即可。例如,对于十进制数 198.625,可先将 198D 转换为 11000110B,再将 0.625D 转换为 0.101B,然后将所得到的两部分合并为 11000110.101B 即可。

3)二进制数与八进制数、十六进制数的相互转换

(1)二进制数与八进制数的相互转换

因为二进制的进位基数是 2,而八进制的进位基数 8,$2^3=8$,所以三位二进制数对应一位八进制数。

八进制数转换成二进制数的方法:把每个八进制数码改写成等值的 3 位二进制数,且保持高低位的次序不变。

$$2467.32O = 010100110111.011010B = 10100110111.01101B$$

二进制数转换成八进制数的方法:整数部分从低位向高位每 3 位用一个等值的八进制

数来替换,不足 3 位时在高位补 0 凑满 3 位;小数部分从高位向低位每 3 位用一个等值八进制数来替换,不足 3 位时在低位补 0 凑满 3 位。

$$\underset{1}{\underline{001}}\quad\underset{5}{\underline{101}}\quad\underset{1}{\underline{001}}\quad\underset{6.}{\underline{110.}}\underset{6}{\underline{110}}\quad\underset{2}{\underline{010}}B = 1516.620$$

（2）二进制数与十六进制数的相互转换

因为二进制的基数是 2,而十六进制的基数是 16,$2^4 = 16$,所以四位二进制数对应一位十六进制数。二进制数与十六进制数相互转换的方法类似于二进制数与八进制数相互转换的方法,只要将 3 位改成 4 位一组即可。

$$\underset{3}{\underline{0011}}\quad\underset{7}{\underline{0111}}\quad\underset{F}{\underline{1111}}\quad\underset{7}{\underline{0111}}\quad\underset{B.}{\underline{1011.}}\underset{D}{\underline{1101}}\quad\underset{E}{\underline{1110}} = 37F7B.DEH$$

由以上讨论可知,二进制数与八进制数、十六进制数的转换比较简单、直观。所以在程序设计中,通常将书写起来很长且容易出错的二进制数用简洁的八进制数或十六进制数表示。

十进制数转换成八进制数、十六进制数的过程则与十进制数转换成二进制数完全类似,只要将基数 2 改为 8 或 16 即可。

各种数制相互转换的规律如图 1.24 所示。

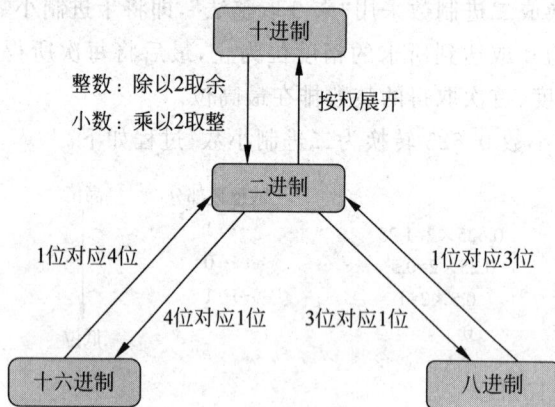

图 1.24   各种数制相互转换的规律

1.3.5   计算机中字符的编码

1. ASCII

ASCII(美国信息交换标准代码)被国际标准化组织(ISO)指定为国际标准。国际通用的 7 位 ASCII 又称 ISO-646 标准,用 7 位二进制数 $b_6b_5b_4b_3b_2b_1b_0$ 表示一个字符的编码,其编码范围是 0000000B~1111111B,共有 $2^7 = 128$ 个不同的编码,相应的可以表示 128 个不同字符的编码。7 位 ASCII 表如表 1.3 所示,表中对大小写英文字母、阿拉伯数字、标点符号及控制符等特殊符号规定的编码共 128 个字符。表中每个字符都对应一个数值,称为该字符的 ASCII 值。例如,数字 0 ASCII 值为 0110000B,字母 A 的 ASCII 值为 1000001B 等。计算机内部用一个字节(8 位的二进制)存放一个 7 位 ASCII 字符,最高位 b_7 置 0。扩展的 ASCII 使用 8 位二进制表示一个字符的编码,可表示 $2^8 = 256$(个)不同的字符。

表 1.3　ASCII 表

高四位 低四位	0000	0001	0010	0011	0100	0101	0110	0111
0000	NUL	DLE	SP	0	@	P	'	p
0001	SOH	DC1	!	1	A	Q	a	q
0010	STX	DC2	"	2	B	R	b	r
0011	ETX	DC3	#	3	C	S	c	s
0100	EOT	DC4	$	4	D	T	d	t
0101	ENQ	NAK	%	5	E	U	e	u
0110	ACK	SYN	&	6	F	V	f	v
0111	BEL	ETB	'	7	G	W	g	w
1000	BS	CAN	(	8	H	X	h	x
1001	HT	EM	)	9	I	Y	i	y
1010	LF	SUB	*	:	J	Z	j	z
1011	VT	ESC	+	;	K	[	k	{
1100	FF	FS	,	<	L	\	I	|
1101	CR	GS	—	=	M	]	m	}
1110	SO	RS	.	>	N	^	n	~
1111	SI	US	/	?	O	_	o	DEL

2. 汉字编码

1981 年我国颁布了 GB 2312—1980《信息交换用汉字编码字符集·基本集》(简称国标码或 GB 码)。该标准选出 6763 个常用汉字和 682 个图形符号(如英文字母、俄文字母、希腊文字母、日文中的假名以及数字符号等),其中一级汉字 3755 个,二级汉字 3008 个,并为每个字符规定了标准代码。

1) 汉字交换码(国标码)

汉字交换码又称国标码,是汉字信息处理系统之间或者通信系统之间进行信息交换的汉字代码。用连续的两个字节(16 个二进制位)来表示一个汉字。《信息交换用汉字编码字符集·基本集》是我国大陆地区及新加坡等海外华语区通用的汉字交换码。

2) 汉字机内码(内码)

汉字机内码是供计算机内部存储、加工处理和传输汉字所使用的代码,又叫汉字内部码,简称内码。汉字机内码由国标码演化而来,把表示国标码的两个字节的最高位分别加上"1",就是把国标码每个字节加上一个 80H(即二进制数 10000000),变换后的国标码就变成汉字机内码。汉字的国标码与其内码存在下列关系:

$$汉字的内码 = 汉字的国标码 + 8080H$$

3) 汉字输入码(外码)

汉字输入码是为了将汉字通过键盘输入计算机而编制的代码。目前我国的汉字输入码编码方案已有上千种,根据编码规则,这些汉字输入码可分为流水码、音码、形码和音形结合码四种。例如,全拼输入法、搜狗拼音输入法和微软拼音输入法等汉字输入法为音码,五笔字型为形码。对于同一个汉字,不管采用什么样的输入法,其机内码都是相同的。

4) 汉字字形码(输出码)

汉字字形码实际上就是用来将汉字显示到屏幕上或打印到纸上所需要的图形数据,用于汉字的显示和打印。汉字字形码记录汉字的外形,是汉字的输出码。汉字字形码包括点阵码和矢量码两种字形编码。

(1) 点阵码是一种用点阵表示汉字字形的编码,它把汉字按字形排列成点阵,点阵越多,描述的汉字越细致、美观,但占存储空间也多。一个 16×16 点阵的汉字要占用(16/8)×16＝32(字节)。点阵码的缺点是缩放困难且容易失真。

(2) 矢量码通过矢量图形记录字体的轮廓和笔画走向,当需要输出汉字时,通过计算机的计算,由汉字字形描述生成所需大小和形状的汉字点阵。通过矢量码输出的汉字,在放大字体时不会出现锯齿状的失真变形,而且这种字库占存储空间非常少。常见的 TrueType 字库和 PostScript 字库就属于矢量字库。

第 2 章 Windows 10 操作系统

操作系统(operating system,OS)是最重要的系统软件,是一组对计算机系统的硬件资源和软件资源进行全面控制与管理的系统化程序,也是用户和计算机之间的接口,如图 2.1 所示。计算机系统的微处理器(CPU)、内存储器和各种外部设备等硬件在操作系统的动态管理和控制下,才能协调有序地工作。个人计算机主流的操作系统是美国微软公司推出的 Windows 系列,目前广泛使用的是 Windows 10 操作系统。本章将以 Windows 10 操作系统为例,介绍操作系统的功能和使用方法。

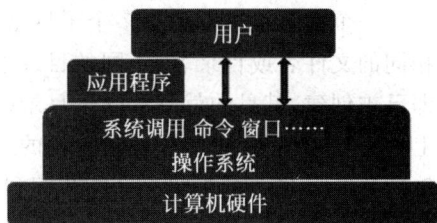

图 2.1 操作系统示意图

Windows 10 是微软公司于 2015 年 7 月 29 日发行的跨平台操作系统,应用于计算机和平板电脑等设备。Windows 10 在易用性和安全性方面较以前版本有了极大的提升,除了融合云服务、智能移动设备、自然人机交互等新技术外,对固态硬盘、生物识别、高分辨率屏幕等硬件也进行了优化完善与支持。

学习 Windows 10 的基本知识和基本技能,能更方便、可靠、安全、高效地操控计算机硬件和运行程序。

➡ 任务 2.1 熟悉 DOS 命令

📇 任务概述

DOS 是 disk operating system 的缩写,含义是"磁盘操作系统"。计算机系统初始化往往需要通过 DOS 环境来设置,比如说对新硬盘进行分区;计算机启动出现问题时也需要使用系统引导盘引导,在 DOS 命令下修复系统等。学习 DOS 不仅可以解决一些常见的故障,而且可以加深对计算机系统的理解,同时也为进一步学习 Linux、UNIX 等操作系统打下一定的基础。

🖥 任务目标

➢ 启动 DOS 窗口。
➢ 掌握常用的 DOS 命令。
➢ 掌握几个系统常见故障的检测与修复方法。

2.1.1　前置知识

1. 目录

计算机系统中有成千上万个文件,为了便于对文件进行存取和管理,实现"按名存取",计算机系统建立了文件索引,即文件名和文件物理位置之间的映射关系,体现这种对应关系的结构称为文件目录。系统使用目录有效地管理磁盘文件(在 Windows 操作系统中目录也称为文件夹),目录与一本书的章、节类似,一个磁盘可以存储大量文件。为了方便区分计算机中的不同文件,需要给每个文件设定一个指定的名称(文件名)。文件名由文件主名和扩展名组成,中间用"."分隔开。

一个目录下可以创建多个子目录,也可以存放多个文件。同一目录下不允许出现完全相同的文件名或目录名,不同的目录下可以出现相同的文件名。根目录在文件系统建立时即已被创建,其目的就是存储子目录(文件夹)或文件的目录项。根目录是逻辑驱动器的最上一级目录,它是相对子目录来说的。打开"此电脑",双击 C 盘就进入 C 盘的根目录,双击 D 盘就进入 D 盘的根目录。文件目录系统就像一棵目录树,树的最底层就是它的根(根目录)。

2. 路径

当一个文件系统含有许多级时,每访问一个文件,都要使用从树根开始直到树叶(数据文件)的、包括各中间节点(目录)名的全路径名。从当前目录或根目录到所要使用的文件为止,经过的全部子目录用"\"将子目录名分隔开,这样的一串字符序列称为路径,如"D:\学习资料\学习视频\...\信息技术基础及应用.pptx"。其中,"D:"为驱动器名(它是磁盘分区后的名字,如 C:、E: 等)。

路径分为"相对路径"和"绝对路径"两种。

(1) 相对路径:是指由这个文件所在的路径开始的跟其他文件(或文件夹)的路径关系。其书写形式是"子目录名 1\子目录名 2\..."。采用相对路径只能对当前目录及其下属子目录或文件进行操作。在网站的开发中表示路径时一般使用相对路径。

(2) 绝对路径:是指文件或目录在硬盘上真正的路径,是从根目录开始到指定文件或目录所经过的路径,如"C:\子目录名 1\子目录名 2\..."。采用绝对路径可以对任意目录下的文件或目录进行操作。

3. 文件通配符号 *、?

(1) *:表示从它所处位置起的任意多个字符。

(2) ?:表示它所处位置的单个字符。

例如:

- *.* 表示所有文件。
- J*.txt 表示文件名以字母 J 开头,扩展名为 .txt 的所有文件。
- *.docx 表示扩展名为 .docx 的所有文件。
- B?C.exe 可以表示 BTC.exe、B2C.exe 等文件。

2.1.2　DOS 窗口的启动

在 Windows 中启动 DOS 窗口有以下两种方法。

方法1：在 Windows 操作系统中，单击左下角的"开始"菜单，在"Windows 系统"中单击"命令提示符"，如图 2.2 所示。

方法2：使用快捷键。同时按下 Windows＋R 组合键，在弹出的"运行"对话框中输入"cmd"，然后单击"确定"按钮，如图 2.3 所示。打开后的 DOS 窗口如图 2.4 所示。

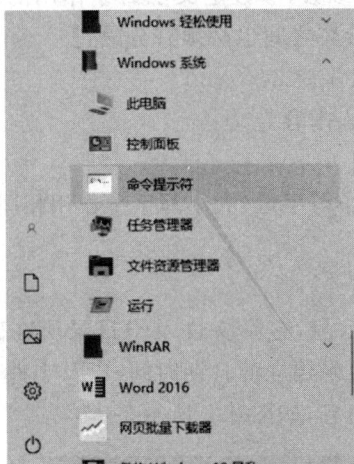

图 2.2 单击"命令提示符"   图 2.3 使用命令启动 DOS 窗口

图 2.4 DOS 命令窗口

2.1.3 常用的 DOS 命令

DOS 的基本命令共有100个左右（包括文本编辑、查杀病毒、配置文件、批处理等），这里仅介绍最常用的一些 DOS 命令。DOS 命令必须在 DOS 提示符下输入，DOS 提示符一般形式是"盘符:\路径\>"，如图 2.4 中的 C:\Users\Adminstrator>。用户可以在">"号后输入命令，然后，按 Enter 键表示输入命令结束，DOS 开始执行输入的命令。输入命令时必须严格按命令格式输入。

1. DOS 命令格式

<命令名>［参数表］

命令名：命令的名称，表明执行的任务。

参数表：有时需要在命令名后指定一个或多个参数，参数定义了命令作用的目标。参数和命令之间必须有分隔符（一般使用空格），不同参数之间也必须有分隔符。

说明：

- <>——<>中的参数为必选参数，必须输入内容。
- []——可选参数，在命令中根据需要而输入。
- 命令行的最大长度为 127 个字符，不区分大小写字母（大小写字母作用相同）。

2. 显示磁盘目录命令

格式：dir［盘符：］［路径］［/p］［/w］。

功能：显示指定磁盘、目录中的文件和子目录信息，包括文件及子目录所在磁盘的卷标、文件与子目录的名称、每个文件的大小、文件及目录建立的日期时间，以及文件子目录的个数、所占用总字节数以及磁盘上的剩余总空间等信息，如图 2.5 所示。

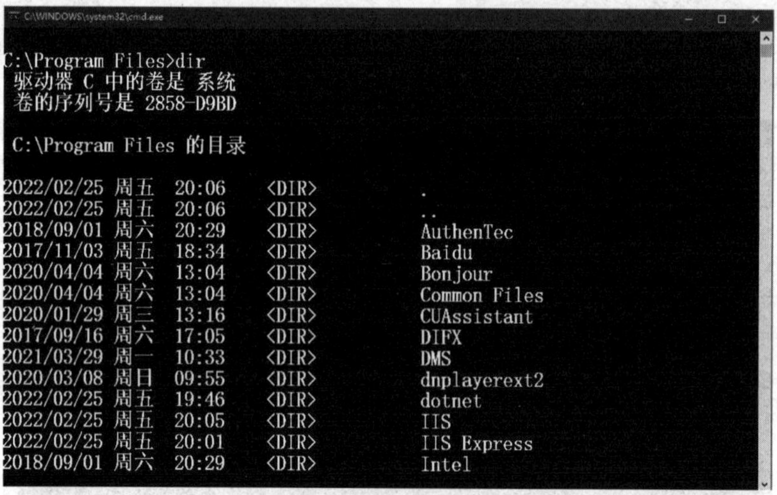

图 2.5　dir 命令

说明：

- 盘符——指定显示目录的启动器（如 C：、D：等），如果省略，则为当前驱动器。
- /p——当要查看的目录太多，无法在一屏显示完，屏幕会一直往上"卷"，不容易看清。加上"/p"参数后，屏幕将分屏显示，并提示"Press any key to continue"（请按任意键继续）。
- /w——只显示文件名，不显示文件大小及建立的日期、时间。

3. 改变当前目录命令

格式：cd［盘符：］［路径］［子目录］。

功能：显示当前目录的名称，或更改当前目录。

路径可以使用绝对路径或相对路径。如果只有 cd 而没有参数，则显示当前路径。子目录中有两个"特殊目录"，即"."".."，其中一点表示当前目录，两点表示上一层目录。cd 命令如图 2.6 所示。

图 2.6　cd 命令

说明：
- cd\——改变当前目录，回到根目录。
- cd..——退回到上一级目录。
- "切换盘符"——如切换到"D 盘"，直接输入"d:"后按 Enter 键即可。

4. 创建目录命令

格式：md［盘符:］［路径］<子目录>。

功能：用于新建目录（文件夹）。

md 命令如图 2.7 所示。

图 2.7　md 命令

说明：
- 在当前目录创建新目录——md music，表示在当前目录创建 music 目录（文件夹）。
- 指定目录创建新目录——md d:\休闲\music，表示在"d:\休闲"目录中创建 music 目录（文件夹）。

5. 复制一个或一组文件到指定磁盘或目录命令

格式：copy［源路径］［目标路径］。

功能：复制一个或多个文件到指定目录中。

copy 命令如图 2.8 所示。

说明：
- 被复制的文件称为"源文件"，复制后的文件称为"目标文件"。

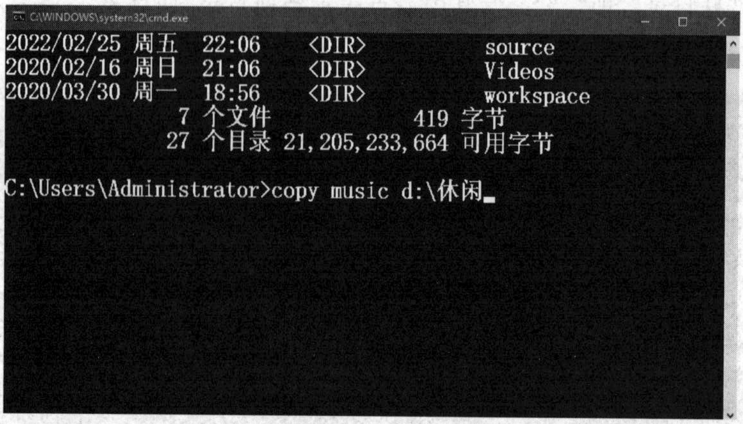

图 2.8   copy 命令

- 复制过程中,目标目录如果有相同文件名时,旧文件会被"源文件"替换。
- 复制文件时,必须确定目标盘有足够的空间,否则会出现"insufficient"错误信息,提示磁盘空间不足。
- 文件名中允许使用通配符 * 、?,可以同时复制多个文件。
- copy 命令中源文件名必须指出,不可以省略。

6. 删除空目录命令

格式:rd [盘符:][路径]<目录名>。

功能:删除空目录。

rd 命令如图 2.9 所示。

图 2.9   rd 命令

说明:

- 不能删除"非空目录"(目录中有文件或子目录时不能删除)。
- 不能删除当前目录。

7. 删除目录中的一个或一组文件命令

格式:del [盘符:][路径]<文件名>[/p]。

功能:删除目录中一个或多个文件。

del 命令如图 2.10 所示。

图 2.10　del 命令

说明：

- /p——删除文件之前先询问。
- 文件名中允许使用通配符 * 、?,可以同时删除多个文件。

8. 位置移动命令

格式：move［源路径］［目标路径］。

功能：将文件或目录从一个位置移动到另一个位置。

move 命令如图 2.11 所示。

图 2.11　move 命令

说明：

- 与 copy 命令使用方法相同。
- move 和 copy 的区别——move 命令将文件从源位置删除,移动到目标位置。

9. 更改名称命令

格式：ren［盘符；］［路径］<旧文件名> <新文件名>。

功能：对目录中的一个文件或一组文件更改名称。

ren 命令如图 2.12 所示。

图 2.12　ren 命令

说明：
- 旧文件名是原始文件的文件名，可以一次指定一个或多个。
- 新文件名前不能加盘符和路径，该命令只能对同一盘上的文件更换文件名。
- 新文件名中允许使用通配符 ＊、?，通配符代表该部分不变。

10. 清屏命令

格式：cls。

功能：显示器清屏，光标回到左上角。

cls 命令如图 2.13 所示。

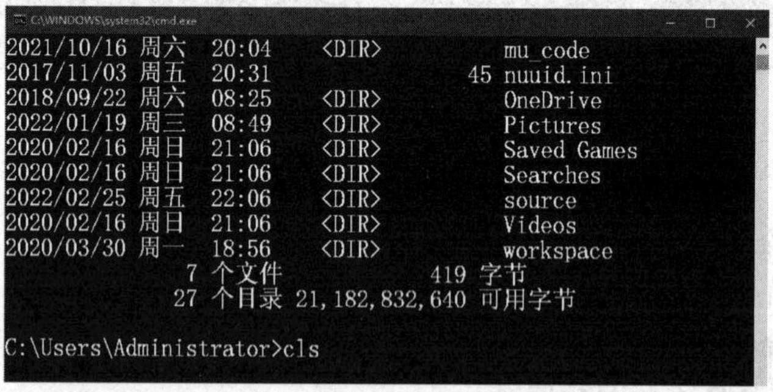

图 2.13　cls 命令

说明：此命令不带参数，直接执行 cls 命令，即可立即清除屏幕上显示的所有内容。

11. 退出命令

格式：exit。

功能：退出当前命令解释程序并返回到系统。

exit 命令如图 2.14 所示。

图 2.14　exit 命令

练习 2-1

（1）使用 DOS 命令创建图 2.15 所示的文件结构。

（2）在上一步创建好的文件结构基础上，使用 DOS 命令，将 game 目录修改为"游戏"；将 music 目录修改为"音乐"。

图 2.15　创建文件结构

2.1.4　常见检测及修复命令

在使用 Windows 的过程中，经常会遇到一些系统问题，比如误删除了系统文件、安装不完整的软件导致系统运行不正常、网络出现故障等。为了处理这些问题,很多人选择重装系统来解决,也可以借助 Windows 系统内置的 DOS 命令,尝试对已经遭到破坏的系统进行检测和修复。

这里介绍几个常用的 DOS 环境下故障的检测和修复方法。

1. 显示当前的 TCP/IP 配置信息命令

格式:ipconfig。

功能:显示当前的 TCP/IP 配置信息。

说明:

ipconfig/all 用于查看计算机的 IP 地址、MAC 地址、其他网卡信息。

ipconfig/release 用于释放计算机的 IP 地址,自动重新获取 IP 地址(会临时断开网络)。

ipconfig/renew 用于重新获取 IP 地址。

ipconfig 命令如图 2.16 所示。

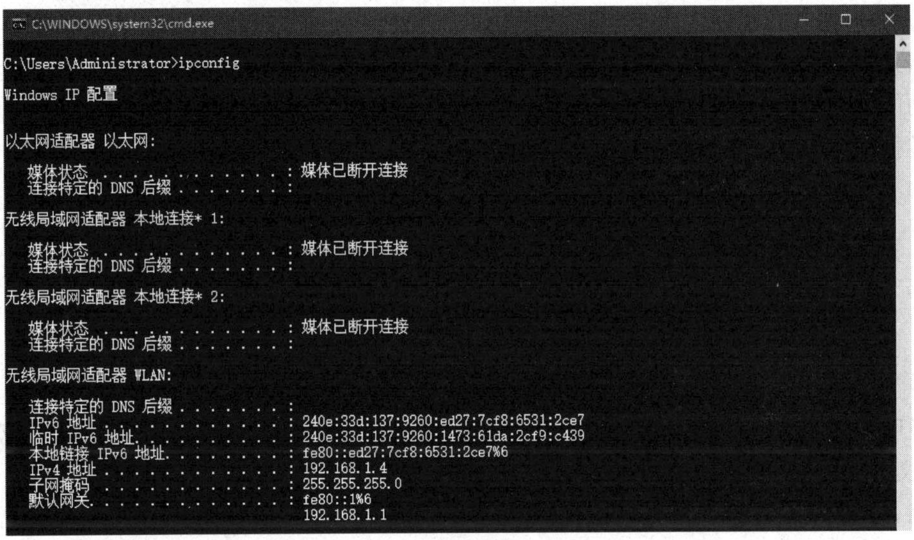

图 2.16 ipconfig 命令

2. 网络可用性检查命令

格式:ping。

功能:测试网络连通。它的主要作用是用来检测网络的连通情况和分析网络速度;根据域名得到服务器 IP;根据 Ping 返回的 TTL 值来判断对方所使用的操作系统及数据包经过路由器数量。

通常会用它来直接 Ping 一个 IP 地址,来测试网络的连通情况。

例如,在 DOS 命令提示符后输入 ping www.baidu.com,如图 2.17 所示。

说明:图 2.17 中 ping www.baidu.com 结果如下。

• "字节=32"表示 ICMP 报文中有 32 字节的测试数据。

• "时间=23ms"是往返时间。

• "已发送=4"发送多少个数据包,"已接收=4"收到多少个回应包,"丢失=0"丢弃了多少个。

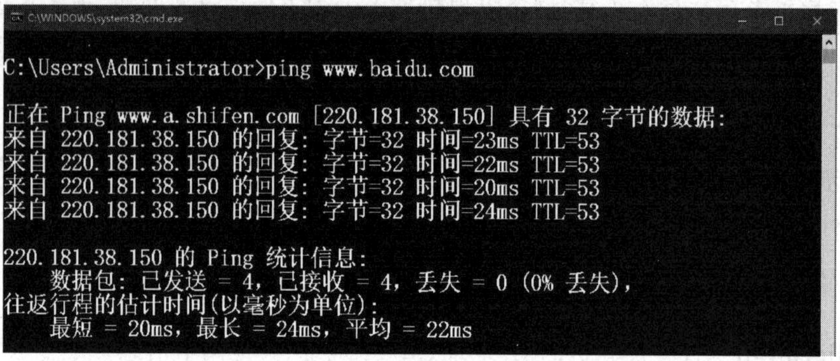

图 2.17　ping 命令

从以上数据可以看出,来回只用了 20ms 时间,丢失＝0,即丢包数为 0,网络状态相当良好。

3. 转换成 NTFS 分区命令

格式：convert［盘符］/fs:ntfs。

功能：转换或升级成 NTFS 分区。

转换成 NTFS 分区命令如图 2.18 所示。

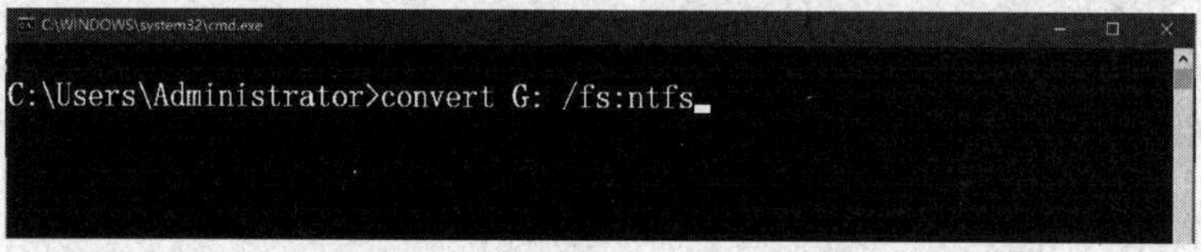

图 2.18　转换成 NTFS 分区命令

说明：文件系统是操作系统在磁盘上组织文件的方法,也指用于存储文件的磁盘或分区,或文件系统种类。目前常用的有 NTFS 和 FAT32 两种。FAT32 是较早使用的一种文件系统,而 NTFS 分区相比于 FAT32 有更多的优越性,能够很好地支持大硬盘,硬盘分配单元非常小,从而减少了磁盘碎片的产生。NTFS 文件系统相比 FAT32 具有更好的安全性,表现在对不同用户对不同文件/文件夹设置的访问权限上。NTFS 文件系统支持 EFS 加密,支持单个文件的大小超过 4GB,支持分区的大小超过 2TB 等,所以可能需要选择将原来磁盘的 FAT32 分区转换或升级成 NTFS 分区。

4. 磁盘格式化命令

格式：format［盘符:］。

功能：格式化指定驱动器或默认驱动器上的磁盘。

格式化是指对磁盘或磁盘中的分区(partition)进行初始化的一种操作,这种操作通常会导致现有的磁盘或分区中所有的文件被清除。格式化通常分为低级格式化和高级格式化。如果没有特别指明,对硬盘的格式化通常是指高级格式化。由于大部分硬盘在出厂时已经格式化过,所以只有在硬盘介质产生错误时才需要进行格式化。

format 命令如图 2.19 所示。

说明：磁盘一旦被格式化,则原来存储的数据将全部丢失。

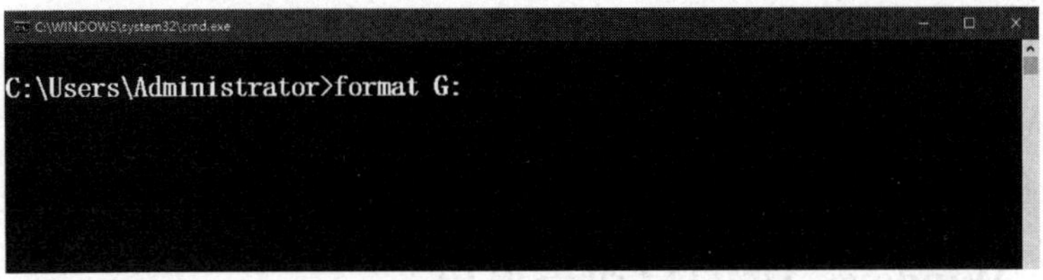

图 2.19　format 命令

练习 2-2

（1）将 U 盘转换为 NTFS 格式。

（2）将 U 盘格式化。

任务 2.2　熟悉 Windows 10 操作系统

任务概述

通过在 Windows 10 操作系统中进行窗口及应用程序的相关操作,熟悉 Windows 10 操作系统的工作环境,为有效使用 Windows 10 系统资源打下基础。

任务目标

➤ 了解 Windows 10 的启动与退出。

➤ 了解 Windows 10 的桌面构成及相关操作。

➤ 掌握 Windows 10 的窗口构成及相关操作。

➤ 熟悉 Windows 10 中程序的启动及退出操作。

2.2.1　Windows 10 的运行环境

1. Windows 10 的硬件要求(表 2.1)

表 2.1　硬件配置表

Windows 10 最低硬件配置要求	
处理器	1GHz 或更快的处理器
内存	1GB(32 位)或 2GB(64 位)
硬盘空间	16GB(32 位操作系统)或 20GB(64 位操作系统)
显卡	DirectX 9 或更高版本(包含 WDDM 1.0 驱动程序)
分辨率(最小)	800×600(像素)
网络环境	Internet 接入

2. Windows 10 版本

Windows 10 共有家庭版、专业版、企业版、教育版、专业工作站版、物联网核心版六个版本。

Windows 10 家庭版用户在 Windows 有可用的更新内容时自动获得更新。Windows 10 专业版和 Windows 10 企业版用户可以推迟更新，Windows 10 专业版用户可推迟更新，但时间长度有限制。

2.2.2　Windows 10 的启动与退出

1. 启动 Windows 10

Windows 10 正确安装后，计算机开机时将自动启动 Windows 10 操作系统。启动成功后屏幕上将显示 Windows 10 桌面，如图 2.20 所示。

图 2.20　Windows 10 桌面

2. 退出 Windows 10

退出 Windows 10 并关闭计算机，必须遵循正确的步骤，不能在 Windows 10 和应用程序仍在运行时直接关闭计算机电源。因为操作系统的"前台"和"后台"有程序运行，为了避免后台运行程序数据的丢失，避免破坏没有保存的文件，应按照正确步骤关机。另外，由于 Windows 10 运行时硬盘正处于高速旋转状态，强行关闭电源有可能造成硬盘损坏。

正确退出 Windows 10 并关闭计算机的步骤如下。

（1）保存应用程序中处理的结果，关闭所有正在运行的程序。

（2）单击屏幕左下角的"开始"按钮 ⊞。

（3）在打开的"开始"菜单中单击"电源"按钮 ⏻。

（4）在打开的"电源"选项中单击"关机"按钮，即可关闭 Windows 10 系统。

退出 Windows 10 的其他"快捷"方式如下。

保存应用程序中处理的结果，关闭所有正在运行的程序后，可以使用以下方式。

方式 1：使用快捷键。

快捷键是使用计算机键盘上的一个键或几个键的组合（同时按下几个键）完成一条系统命令，从而达到提高计算机操作速度的目的。

按 Alt+F4 组合键,在弹出的对话框中选择"关机",最后单击"确定"按钮即可,如图 2.21
所示。

图 2.21 "关闭 Windows"对话框

方式 2:使用关机命令。

打开"运行"对话框(按 Windows+R 组合键),
在弹出的对话框中输入命令 shutdown -s,如图 2.22
所示,单击"确定"按钮。

"开始"菜单中"电源"的其他选项。

(1) 睡眠:计算机保持开机状态,但耗电较少。
当前运行的应用会一直保持打开状态,当计算机被
唤醒后,可以立即恢复到"睡眠"前的工作状态。

(2) 重启:关闭所有应用,关闭计算机,然后重
新打开计算机。

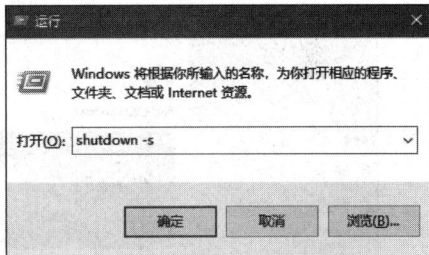

图 2.22 "运行"对话框

2.2.3 Windows 10 的桌面元素

启动 Windows 10 系统后,呈现给用户的整个屏幕区域称为"桌面",在桌面上有图标、
"开始"按钮、任务栏等,这些称为桌面基本元素,如图 2.20 所示。

图 2.23 快捷菜单

刚安装好的 Windows 10 操作系统,第一次登录系统
后,如果没有"此电脑"图标,可以通过以下步骤将"此电
脑"图标显示在桌面。

(1) 右击桌面,在弹出的快捷菜单中选择"个性化"命
令,如图 2.23 所示。

(2) 在弹出的"设置"窗体中单击"主题"选项,如图 2.24
所示。

(3) 在"主题"中单击"桌面图标设置",如图 2.25
所示。

(4) 在弹出的"桌面图标设置"对话框中选中"计算机"
前面的复选框(复选框中出现"对号"),如图 2.26 所示。

（5）单击"确定"按钮。

图 2.24　单击"主题"选项

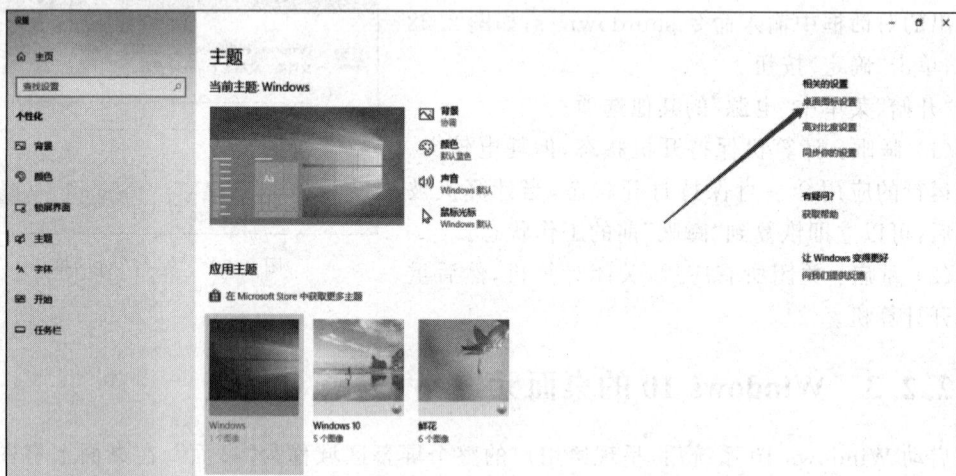

图 2.25　主题设置

1. 桌面图标

Windows 10 操作系统的桌面上有许多图标,如文件、程序或硬件设备,当用户单键或双击某一图标时,系统将打开对应的文件、执行相应的程序或打开相应的窗口。

Windows 10 常见的图标(也称为桌面元素)的功能如下。

（1）"此电脑"图标:用户通过该图标可以实现对计算机硬盘驱动器、文件夹和文件的管理,也可以访问连接到计算机上的"手机""摄像头"等硬件,是计算机资源管理的常用窗口。

（2）"回收站"图标:回收站中暂时存放用户已经逻辑删除的文件或文件夹等,用户可以将它们恢复到原来的位置,也可以彻底删除,即物理删除。

（3）"网络"图标:提供了访问网络上其他计算机上文件和文件夹以及有关信息的路径。双击打开后,可以在窗口中查看工作组中的计算机、媒体设备、网络设施,查看网络位置

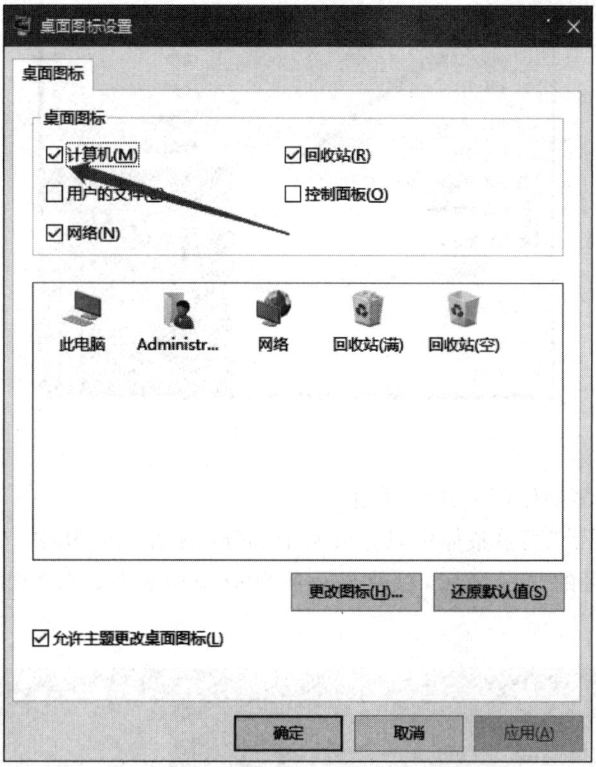

图 2.26 "桌面图标设置"对话框

及添加网络位置等操作。

在安装某个应用程序时,根据需要可以在桌面创建该程序的快捷启动图标(图标左下角带"小箭头",也称为快捷方式),如图 2.27 所示。

快捷方式是指指向某个程序的"链接",只记录程序的位置及运行时的一些参数。使用快捷方式,可以快速地访问程序,而不必打开多个文件夹查找程序的路径。

图 2.27 快捷启动图标示例

练习 2-3

当用户在桌面上创建了多个图标时,如果不进行排列,会显得非常凌乱,不利于用户的选择,降低了工作效率,同时也影响视觉效果。Windows 10 系统给用户提供了可以根据需要将桌面图标按一定的方式进行排列的功能,使桌面更整洁。排列桌面图标的操作步骤如下。

(1) 在桌面空白处右击,在弹出的菜单中选择"排列方式",如图 2.28 所示。

(2) 在"排列方式"子菜单中选择对应的排列方式即可。如按"名称""大小""项目类型""修改日期"其中任一方式进行排序。

2. "开始"菜单

"开始"菜单是 Windows 操作系统中图形用户界面(GUI)的基本组成部分,可以称为操作系统的中央控制区域。默认状态下,"开始"菜单按钮 ▦ 位于屏幕的左下方,在实际使用

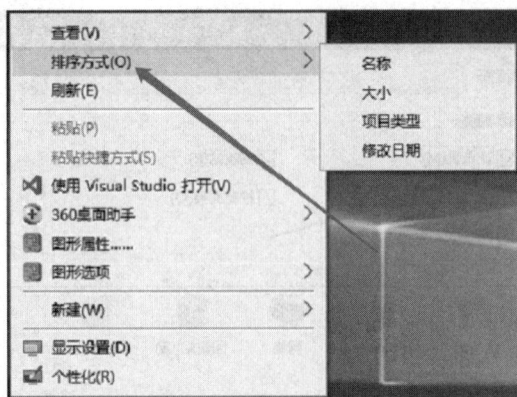

图 2.28　排列方式

计算机的过程中,许多操作都从这里开始。

　　Windows 10"开始"菜单整体可以分成两个部分(图 2.29),其中,左侧为常用项目和最近添加使用过的项目的显示区域,以及显示所有应用列表等;右侧则是用来固定图标的区域。

图 2.29　"开始"菜单

Windows 10"开始"菜单的基本功能如下。

（1）启动程序。"开始"菜单最常见的用途是启动（打开）计算机上已安装的程序。只须单击"开始"菜单列表中显示的程序，即可打开该程序，同时"开始"菜单将随之关闭。

（2）打开文件夹。单击"开始"菜单中的"图片"按钮 ⬚ 、"文档"按钮 ⬚ ，可以快速打开"图片""文档"等文件夹，高效快速地管理和使用文件。

（3）设置 Windows。单击"开始"菜单中的"设置"按钮 ⚙ ，打开"Windows 设置"窗口（图 2.30），可以对 Windows 10 系统进行设置，包括"系统""设备""手机""网络和 Internet""个性化""应用""账户""时间和语言""游戏""轻松使用""Cortana""隐私""更新和安全"等。

图 2.30　Windows 设置

（4）更改账户设置、锁定、注销切换其他账户，单击"账户"图标 ⬚ ，可进行账户设置、锁定、注销和切换其他账户等操作。

练习 2-4

（1）将应用程序固定到"开始"菜单/"开始"屏幕。具体操作步骤如下。

在"开始"菜单左侧右击应用项目，在弹出的快捷菜单中选择"固定到'开始'屏幕"（图 2.31），之后应用程序的图标或磁贴就会出现在"开始"菜单的右侧区域中。

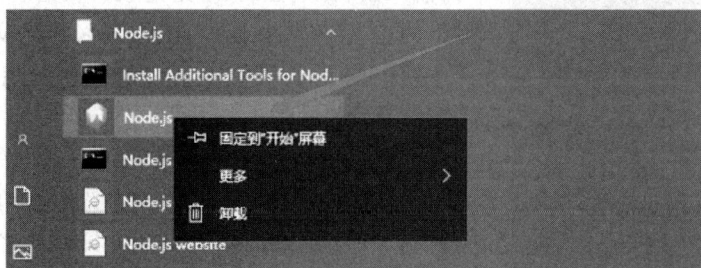

图 2.31　固定到"开始"屏幕

（2）调整动态磁贴的大小。具体操作步骤如下。

右击"开始"菜单右侧要调整大小的动态磁贴图标，在弹出的快捷菜单中单击"调整大小"，选择对应的大小选项，调整动态磁贴图标的大小（图 2.32）。

（3）关闭动态磁贴。具体操作步骤如下。

如果不喜欢"开始"菜单右侧的磁贴内容，可以选择关闭动态磁贴。右击磁贴图标，在弹

图 2.32　调整动态磁贴的大小

出的快捷菜单中选择"从开始屏幕取消固定",即可关闭动态磁贴。

(4) 卸载应用程序。具体操作步骤如下。

如果想卸载某个应用程序,可以在"开始"菜单应用列表中右击该应用图标,在弹出的快捷菜单中选择"卸载",在打开的"程序和功能"窗口中将该应用程序从系统中卸载。

3. 任务栏

Windows 操作系统的任务栏通常位于桌面的底部,如图 2.33 所示。

图 2.33　任务栏

任务栏是 Windows 桌面底部一条灰色或黑色的区域,其左边是"开始"按钮,右边有一个小窗口显示时间、输入法等图标,也称为系统托盘。根据操作系统与软件安装与配置的不同,在任务栏中有不同的图标,而且根据个人的需要和喜好,也可以自定义任务栏的内容。

图 2.34　任务栏设置

在 Windows 操作系统中,任务栏的主要作用是快速对系统进行相应的设置、使用习惯的调整。在任务栏中可以显示软件及应用程序的图标、"开始"按钮、系统时间、输入法、音量控制、本地连接等内容。右击任务栏,在弹出的快捷菜单中可以对任务栏进行设置(图 2.34)。任务栏中内置了四个工具栏,即"快速启动""地址""链接"和"桌面"。

可以根据需要新建工具栏。实现方法为:在任务栏的空白区域内右击,选择"工具栏"选项,在下一级菜单中会看到一些选项,如果某一个工具栏已经显示在任务栏中,则在菜单选项前面有一个"√"标记。要显示或关闭相应的工具栏,单击对应选项即可。如果新建工具栏,则选择"新建工具栏"选项,打开"新建工具栏"对话框,选择相关的文件夹或输入 Internet 地址后,单击"确定"按钮。

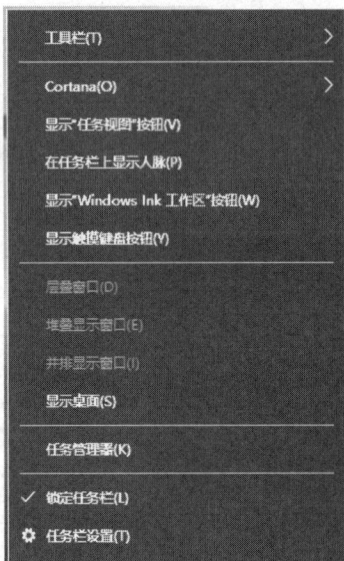

(1) Cortana。Cortana 是微软推出的一款人工智能软件,类似于语音助手,通过说话来操控计算机。通过 Cortana 可以快速搜索 Windows 10 上的软件、功能、设置等,如图 2.35 所示。

图 2.35　Cortana

可以通过以下操作方式将 Cortana 从任务栏隐藏。

① 右击任务栏,弹出任务栏设置快捷菜单。

② 在快捷菜单中单击 Cortana。

③ 在弹出的菜单中选择"隐藏",如图 2.36 所示。

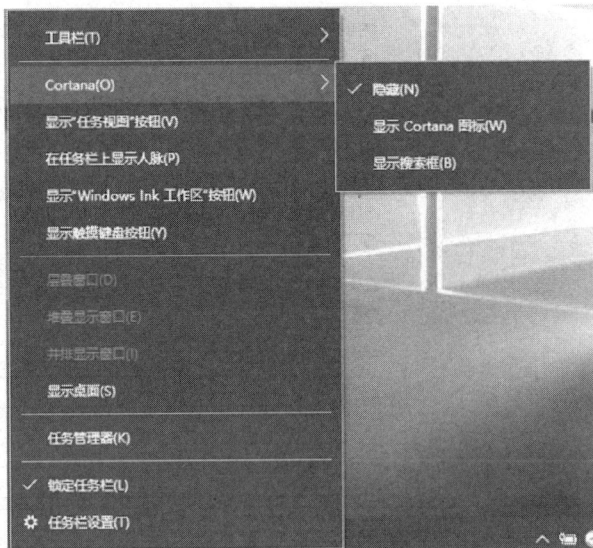

图 2.36　隐藏 Cortana

(2) 任务栏设置。对任务栏进行设置,如图 2.37 所示。

① 锁定任务栏:在日常操作时,经常会不小心将任务栏拖曳到屏幕的左侧或右侧,有时还会将任务栏的宽度拉伸,难以恢复到原来的状态,为此,Windows 操作系统提供了"锁定任务栏"选项,可以将任务栏锁定。锁定后的任务栏不会因鼠标拖曳到处移动,任务栏的宽度也不会被调整。

② 在桌面模式下自动隐藏任务栏:如果将此功能打开,鼠标指针离开任务栏后,任务栏将自动隐藏;当鼠标指针滑到桌面底部时,自动弹出任务栏。

③ 任务栏在屏幕上的位置:可以通过下拉选项,将任务栏固定到桌面的"底部""靠左""靠右""顶部"。

练习 2-5

设置系统时间。具体操作步骤如下。

(1) 右击任务栏右侧的系统时间。

(2) 在弹出的快捷菜单中选择"调整日期/时间",如图 2.38 所示。

(3) 在打开的设置"日期和时间"面板中,关闭"自动设置时间"和"自动设置时区",如图 2.39 所示。

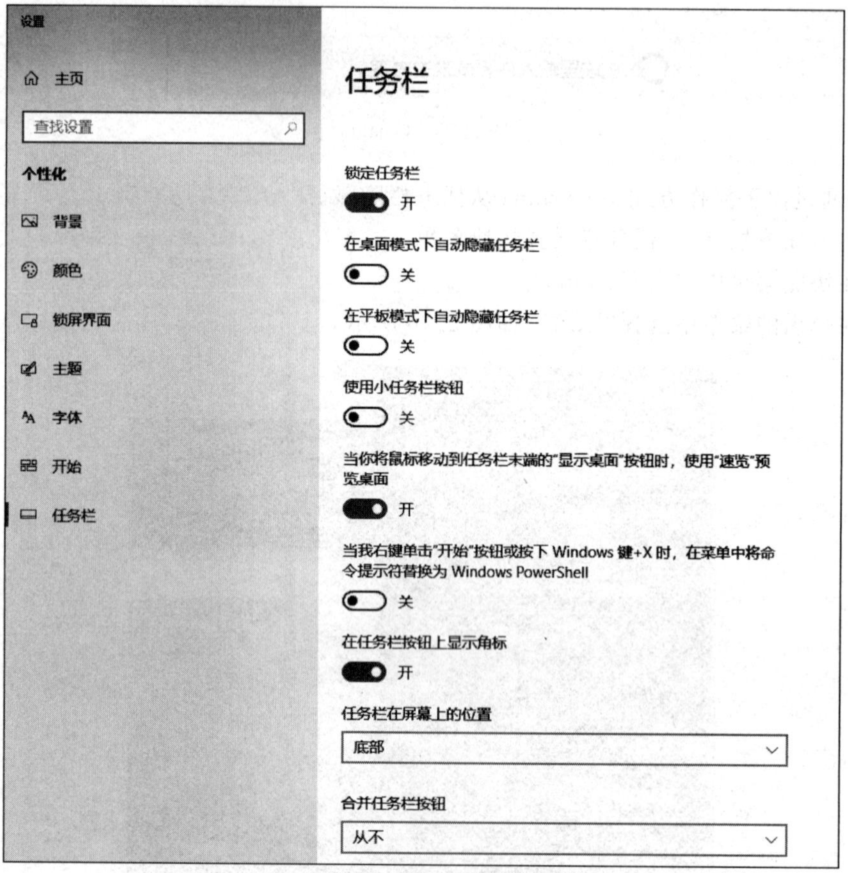

图 2.37　设置任务栏

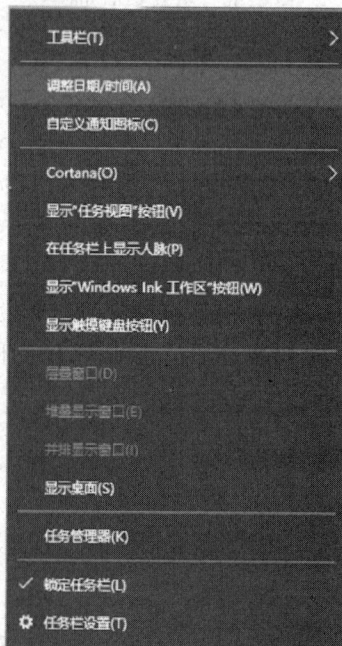

图 2.38　调整日期/时间

图 2.39　关闭自动设置时间和时区

(4) 单击"更改日期和时间"下方的"更改"按钮。

(5) 在弹出的"更改日期和时间"对话框中调整对应的日期和时间,如图 2.40 所示。

(6) 单击"更改"按钮,即可完成对系统日期、时间的修改。

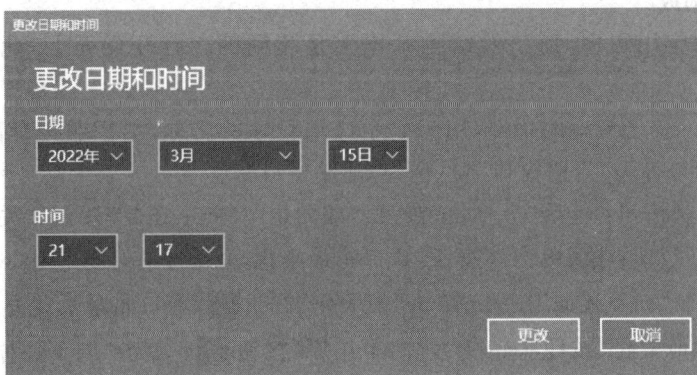

图 2.40　更改日期和时间

💡 **小技巧**

自定义系统托盘

　　系统托盘上显示的图标也可以由自己控制是否显示或显示什么内容。如通过"任务栏属性"窗口可以选择不显示时间;通过"控制面板"中的"多媒体"属性可以显示或关闭音量控制图标;通过"输入法属性"设置对话框可以启动或隐藏输入法指示器;通过"控制面板"中的"电源管理"选项可以设置电源指示图标;通过"显示"选项的"设置"→"高级"→"常规"对话框可以打开显示设置图标。对于其他许多软件有时也会添加相应的图标到系统托盘,如抓图软件、杀毒软件、翻译软件、系统检测软件等。通过设置也可以打开和隐藏这些图标,使操作更加方便和快捷。

2.2.4 窗口的构成与操作

在 Windows 操作系统中,大部分应用程序的运行界面都是以窗口的形式显示的,它是用户与计算机进行对话的"桥梁"。

1. 窗口的类型

按用途窗口可以分为应用程序窗口、文档窗口和对话框三种类型。

(1) 应用程序窗口是应用程序运行时的界面。一个应用程序窗口包含一个正在运行的程序、应用程序的名字、该应用程序相关的菜单工具栏,以及被处理的文档名字等都出现在应用程序窗口的顶端。应用程序窗口可定位在桌面的任何位置。

(2) 文档窗口只能出现在应用程序窗口之内(应用程序窗口是文档窗口的工作台面)。这种类型的窗口可以包含一个文档或一个数据文件等。在一个应用程序窗口中可同时打开几个文档窗口,例如在 Photoshop 图像处理程序窗口中,可打开多个文档窗口,这为同时处理多个文档带来方便。文档窗口共享应用程序窗口的菜单栏,当文档窗口打开时,你从应用程序菜单栏中选取的命令同样会作用于文档窗口或文档窗口中的内容。

(3) 对话框是操作系统或应用程序打开的、与用户进行信息交流的子窗口。对话框是特殊的窗口,也包含一些控件(如按钮、编辑框、下拉列表框等),这些控件是用来与用户交互的。

2. 窗口的构成

对于不同的应用程序,窗口的结构基本上是相同的。打开桌面上"此电脑"窗口,如图 2.41 所示。

(1) 标题栏:位于窗口的顶部,用于显示应用程序的名称,当标题栏呈高亮显示时(默认为蓝色),此窗口称为"当前窗口"(也称为"活动窗口")。

(2) 窗口控制按钮:包括"最小化"按钮、"最大化"/"向下还原"按钮、"关闭"按钮。

① "最小化"按钮: ▬ 单击该按钮,窗口将最小化,并缩小在任务栏中。

② "最大化"/"向下还原"按钮:单击"最大化"按钮 ▢ ,窗口将最大化充满整个屏幕,当窗口最大化后,"最大化"按钮将转变为"向下还原"按钮 ▣ ;单击"向下还原"按钮,最大化窗口将还原成之前的窗口,窗口大小和位置与原来的状态一样。

③ "关闭"按钮: ✕ 单击该按钮,将关闭窗口及应用程序。

(3) 菜单栏:提供了应用程序中大多数命令的访问途径。单击菜单栏中某个菜单名可以展开一个下拉菜单,从中可以选择下一级菜单,没有下级菜单时,则执行对应的命令。

(4) 地址栏:用来显示当前所在的地址。

(5) 搜索栏:位于地址栏的右侧,用于搜索文件和程序。

(6) 编辑区:用来显示工作内容的区域。

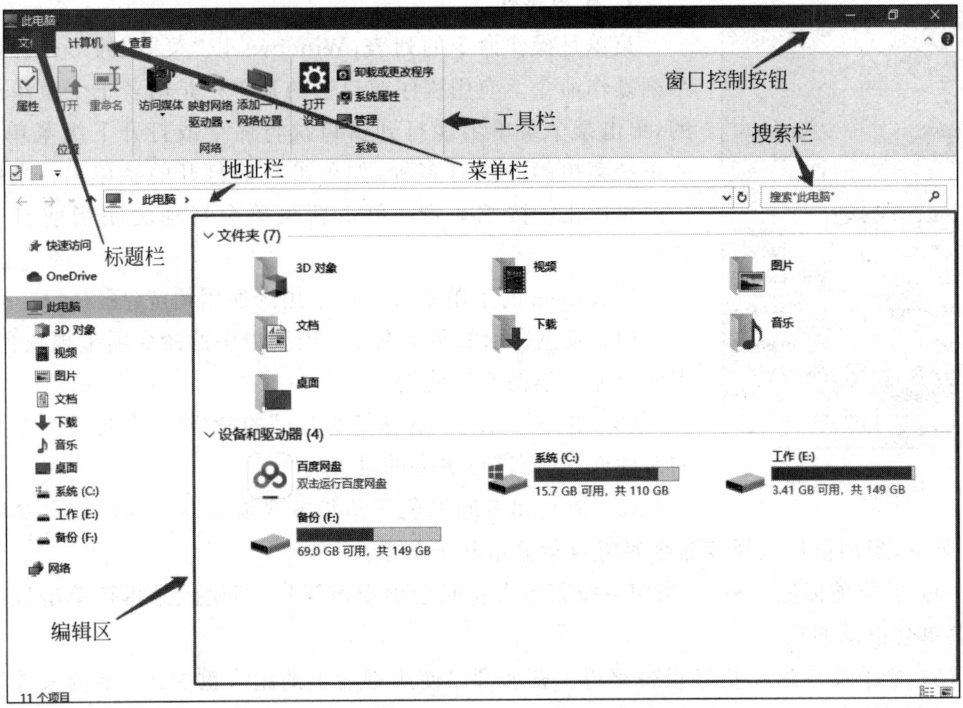

图 2.41　窗口的构成

（7）工具栏：位于菜单栏下方。其内容是各类可选工具，一般由许多按钮组成，每一个按钮代表一种工具。例如，可利用"删除"按钮来删除一个文件或文件夹；可利用"属性"按钮来查看文件（夹）的属性，包括文件（夹）的类型、大小，在文件夹中包含多少文件和文件的大小等。

3. 窗口的常用操作

1）改变窗口的大小

使用窗口控制按钮中的"最大化"/"向下还原"按钮，可以改变窗口的大小。在非最大化窗口下，还可以将鼠标指针移到窗口的边框或顶角上，待鼠标指针变成双向箭头形状时，按住鼠标左键不放，拖动至合适的位置后释放鼠标左键，也可以改变窗口的大小。

2）切换窗口

要在多个窗口之间进行切换，选择某个窗口为当前窗口，有以下几种方法。

（1）单击任务栏上的窗口图标按钮。

（2）单击该窗口的任意可见部分。

（3）使用 Alt＋Esc 或 Alt＋Tab 组合键，可以在所有打开的窗口之间进行切换。

3）排列窗口

右击任务栏，在弹出的快捷菜单中可以选择层叠窗口、堆叠显示窗口、并排显示窗口三种窗口排列方式。层叠窗口是指活动窗口排在所有窗口的最前面，而其他窗口逐个排在活动窗口的后面，多个窗口以相同的大小、均匀的间距和叠加的形式显示在桌面。堆叠显示窗口是指把窗口按照横向两个，纵向平均分布的方式堆叠排列。并排显示窗口可以使多个窗口以相同的大小、并列无叠加的形式最大限度地显示在桌面上。

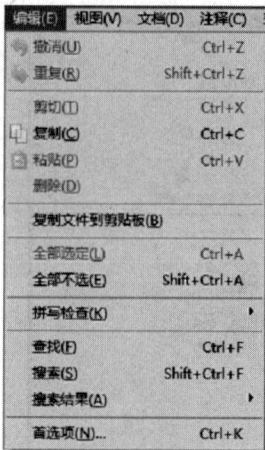

图 2.42 菜单

4. 菜单操作

菜单是操作命令的列表,Windows 以"菜单"的形式提供一系列操作命令。应用程序窗口中的菜单栏是由若干个菜单组成的,单击某个菜单名能打开窗口执行命令或打开下级菜单;关闭下拉菜单的方法有多种,如单击当前打开的菜单名;光标移出菜单单击;按 Esc 键;单击新菜单会自动关闭当前打开的菜单。

Windows 的菜单中有一些常用的通用约定(图 2.42)。

(1) 灰色显示的菜单命令:当菜单中的命令项呈现灰色时,表明该命令当前不能使用。

(2) 省略号(…):选择带有"…"的命令后,会打开一个相应的对话框,从而进行更多的设置。

(3) 箭头朝右的黑色三角形▶或箭头 >:表示该命令项还有子菜单,当用鼠标选择该命令时将自动显示其子菜单。

(4) 下拉项标记:▼。当用下拉菜单太长时会出现该符号,当用鼠标指针单击该符号时,菜单会自动伸长。

(5) 菜单命令后小括号里带字母:表示可以使用键盘上的组合键 Alt+字母来选择此菜单命令。如"编辑(E)"菜单,可以按 Alt+E 组合键打开。

(6) 菜单命令后的快捷键:表示不用打开下拉菜单,可以直接用快捷键选择此菜单命令。如"复制(C) Ctrl+C"菜单命令,可以直接用快捷键 Ctrl+C 执行复制操作。

5. 对话框的构成与操作

在 Windows 的菜单中,当选择带有"…"的命令执行后,会打开一个对话框。对话框是系统和用户之间进行会话的桥梁,是供用户输入信息或选择某项内容的窗体。对话框只能移动,不能像其他窗口一样可以随意改变大小。

对话框通常如图 2.43 所示。

(1) 标题栏:标题栏中包括对话框的名称,单击标题栏不松,拖动标题栏可以移动对话框。

(2) 选项卡:每个选项卡代表对话框的一个功能,每个选项卡中提供了许多内容供用户选择。单击某个选项卡名,可以进入该选项卡下的相关选项内容。

(3) 文本框:用户可以在其中输入文本或数据。

(4) 下拉列表框:与文本框相似,但在右端有一个向下的箭头,单击该箭头时,会展开一个可供用户选择的列表,从中可以选择需要的选项。

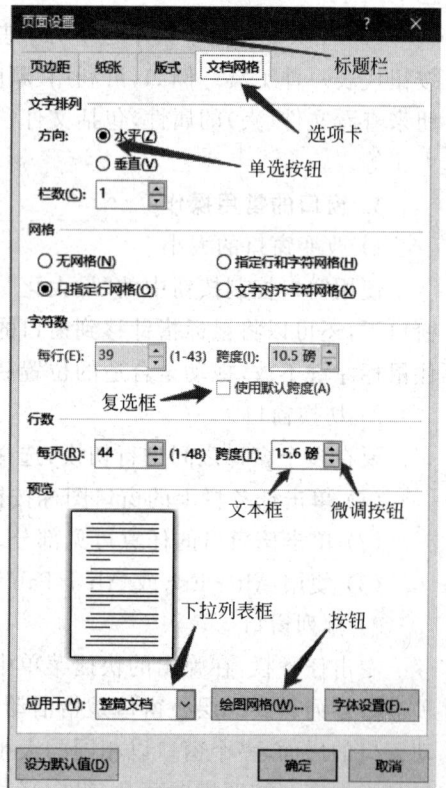

图 2.43 对话框

（5）单选按钮：一组带有白色凹入圆形按钮的选项，必须且只能选取一组中的一项，选中的圆形按钮中将出现圆点标记。

（6）复选框：一组带有白色凹入方形按钮的选项，可以选择多项也可以不选择任何一项，选中的方形按钮中将出现对号标记。

（7）微调按钮：在微调按钮的左侧微调框中可以输入数值，也可以通过微调按钮的向上箭头或向下箭头按钮来调整数值。

6．程序的启动与退出

在 Windows 系统中，启动应用程序有多种方法，常用的方法有以下 3 种。

（1）通过"开始"菜单启动应用程序。

① 单击"开始"菜单，选择"程序"命令。

② 如果需要的应用程序不在"程序"菜单中，则选择包含该应用程序的文件夹。

③ 找到应用程序后，单击应用程序名称即可。

（2）通过"此电脑"或"资源管理器"窗口启动应用程序。

在"此电脑"或"资源管理器"窗口中，找到需要启动的应用程序执行文件，双击执行文件即可启动该应用程序。

（3）利用桌面快捷方式图标启动应用程序。

若在桌面上放置了应用程序的快捷方式图标，双击该快捷方式图标，可以快速启动应用程序。

在 Windows 系统中，退出应用程序主要有以下 4 种方法。

（1）单击应用程序窗口右上角的"关闭"按钮。

（2）选择应用程序"文件"菜单中的"退出"命令。

（3）使用 Alt＋F4 组合键，关闭应用程序。

（4）使用"任务管理器"强制退出程序。当某个应用程序不响应用户的操作，或出现其他无法用鼠标处理的状况时，可以使用 Ctrl＋Alt＋Delete 组合键或 Ctrl＋Shift＋Esc 组合键打开"任务管理器"窗口，在其中选择要结束的应用程序，单击"结束任务"按钮，即可强制退出该应用程序（图 2.44）。

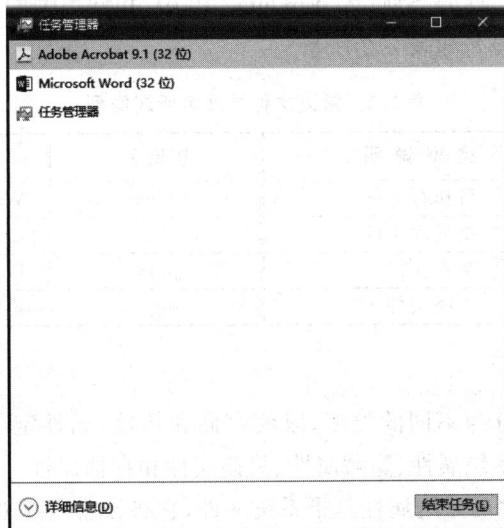

图 2.44　任务管理器

任务 2.3　Windows 10 的文件与文件夹

任务概述

　　计算机中所有的数据、信息和程序都是以文件的形式存储在磁盘上的,所以文件的管理对用户来说非常重要。Windows 系统主要通过"此电脑"和"资源管理器"来管理文件和文件夹,本任务将介绍文件和文件夹的基本操作,使读者能够更好地管理个人的文件和文件夹。

任务目标

➢ 了解文件的相关概念。
➢ 掌握资源管理器的使用方法。
➢ 掌握 Windows 10 的菜单及工具栏的使用方法。
➢ 掌握 Windows 10 中文件及文件夹的操作方法。

2.3.1　文件

　　文件是操作系统用来存储和管理信息的基本单位,它可以是应用程序、文档或计算机上的其他数据文件等。在计算机中所有的信息,不管是一组数据、一个视频、一张照片,还是一段程序,都要以文件的方式存放在计算机中。

　　文件在窗口中以图标的形式显示,文件图标的下方是文件名,如"学生信息表.xlsx",它包括文件名和扩展名两个部分。"."前面是文件名称,"."后面是扩展名。在同一个文件夹中任意两个文件的文件名不允许相同,但在不同的文件夹中可以有相同文件名的文件。

1. 文件类型

　　文件的扩展名表示文件的类型,在 Windows 10 中,相同类型的文件都有相同的图标和扩展名。常见的文件扩展名如表 2.2 所示。

表 2.2　常见文件扩展名所属类型

扩展名	类 型 说 明	扩展名	类 型 说 明
exe	可执行文件	docx	Word 文档文件
bat	批处理文件	xlsx	Excel 工作表文件
txt	文本文件	pptx	PowerPoint 演示文稿文件
rar	压缩文件	jpg	位图文件

2. 文件属性

　　文件属性把文件区分为不同的类型,以便存储和传输,属性定义了文件的某种独特性质。常见的文件属性有系统属性、隐藏属性、只读属性和存档属性。

　　(1)系统属性。文件的系统属性是指系统文件,它将被隐藏起来。在一般情况下,系统文件不能被查看,也不能被删除。系统属性是操作系统对重要文件的一种保护属性,防止这些文件意外损坏。

(2) 隐藏属性。查看磁盘文件的名称时,系统一般不会显示具有隐藏属性的文件(如果选中了"文件夹选项"→"查看"→"显示隐藏的文件、文件夹和驱动器"复选框,则会显示隐藏的文件或文件夹)。一般情况下,具有隐藏属性的文件不能被删除、复制和更名。

(3) 只读属性。对于具有只读属性的文件,可以查看文件,也可以复制文件,但不能修改和删除文件。如果将可执行文件设置为只读文件,可以避免意外的删除和修改,不会影响文件的正常执行。

(4) 存档属性。一个文件被创建之后,系统会自动将其设置成存档属性,这个属性常用于文件的备份。

练习 2-6

创建文本文件(.txt 文件),输入个人基本信息,以"个人信息"为文件名保存到计算机的"文档"中。具体操作步骤如下。

(1) 在"开始"菜单中选择 Windows 附件中的"记事本"。

(2) 在打开的"记事本"中输入个人信息。

(3) 在"记事本"菜单栏的"文件"中选择"保存"。

(4) 在弹出的对话框中选择"此电脑"下的"文档"目录,然后在"文件名"后的文本框中输入文件名"个人信息"。在保存类型后的下拉列表框中选择文件类型"文本文档(.txt)",如图 2.45 所示。

(5) 单击"保存"按钮,保存文件。

图 2.45 "另存为"对话框

2.3.2 浏览文件和文件夹

资源管理器是计算机文件管理的基础,可以在资源管理器中对文件和相关资源进行管理,资源管理器对文件管理有举足轻重的作用。

1. 启动资源管理器

启动资源管理器的方法有以下几种。

方法 1：单击"开始"菜单，在"Windows 系统"中选择"文件资源管理器"。

方法 2：右击"开始"菜单图标，在弹出的快捷菜单中选择"文件资源管理器"。

方法 3：使用 Windows+E 组合键。

注意：在 Windows 10 中，"资源管理器"与"此电脑"已经融合到一起。

2. 隐藏文件及文件夹扩展名的显示

为方便用户使用计算机，防止误操作，默认情况下 Windows 10 中不显示系统文件和设置为隐藏属性的文件，也不显示文件的扩展名。要显示隐藏文件或文件的扩展名，可以通过设置"文件夹选项"来实现。操作步骤如下。

（1）在"资源管理器"或"此电脑"窗口中，选择菜单栏中的"查看"选项卡。

（2）单击"选项"按钮，如图 2.46 所示。

（3）在打开的"文件夹选项"对话框中选择"查看"选项卡。

图 2.46 "查看"选项卡

（4）在"查看"选项卡的"高级设置"中选中"显示隐藏的文件、文件夹和驱动器"，可以显示隐藏的文件或文件夹。取消选中"隐藏已知文件类型的扩展名"，可以显示文件的扩展名，如图 2.47 所示。

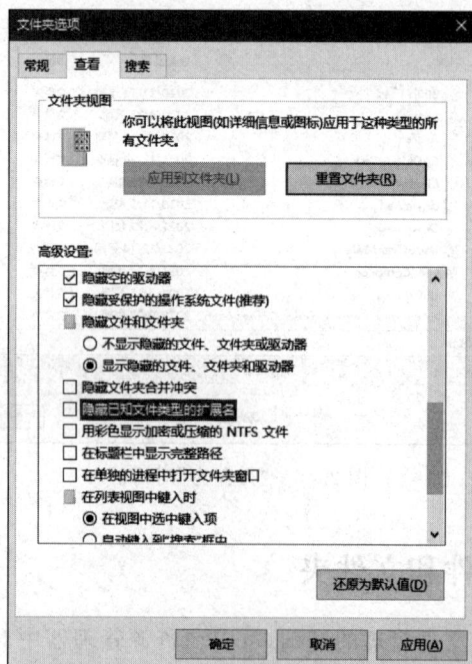

图 2.47 选项菜单

3. 文件列表的显示方式

在"资源管理器"或"此电脑"窗口中,在"查看"选项卡中的"布局"组中可以设置文件的显示方式为"超大图标""大图标""中图标""小图标""列表""详细信息""平铺""内容"。窗口中的文件、文件夹将以选择的方式显示,被选中的选项,将以浅蓝色背景显示,如图2.48所示。

图2.48 "详细信息"显示对象列表

4. 图标(文件)的排列方式

为方便用户查找文件,可以对文件或文件夹的图标(文件)进行排序显示。打开"查看"→"排序方式"菜单,其中包括"名称""修改日期""类型""大小""创建日期""作者"等菜单项,选择一种所需要的排列方式即可,如图2.49所示。也可以用鼠标在磁盘文件夹空白处右击,在出现的菜单中指定排序的方法。排序的主要目的是迅速找到需要的文件。例如,如知道文件名,将文件按名称排序后,就可以依据顺序找到相应的文件;按修改日期排序可以把最近修改的文件排到最前面或最后面;按类型排序可以把同类型的文件排在一起等。

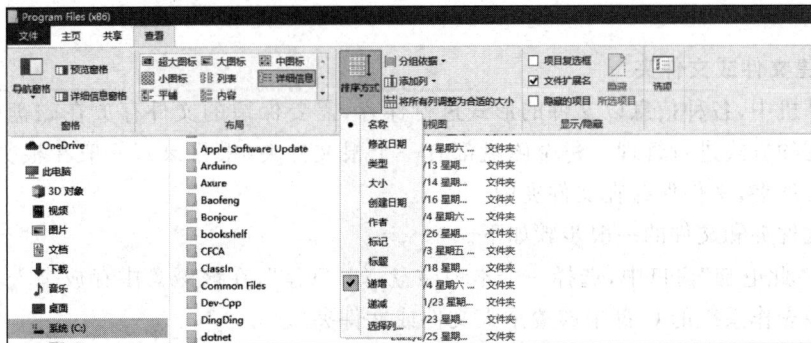

图2.49 排序方式

单击资源管理器上方的"名称""修改日期""类型""大小""创建日期""作者"等菜单项，可以实现快速排序。默认是升序排序，再次单击则变为降序排序。如单击"修改日期"项，文件按日期做升序排列，最新的文件排在文件列表最后；再次单击"修改日期"项，文件则按降序排序，最新的文件出现在文件列表最上边。

2.3.3 文件及文件夹操作

"此电脑"窗口是对文件和文件夹进行管理的工具，文件及文件夹操作都是在"此电脑"窗口中进行的，主要包括文件和文件夹的创建、保存、重命名、复制、移动和删除等操作。

1. 打开文件或文件夹

以打开"F:\河南测绘职业学院\时空大数据产业学院\大数据技术专业\授课计划.docx"为例，打开文件的具体操作步骤如下。

(1) 双击桌面上的"此电脑"图标，打开"此电脑"窗口。

(2) 在"此电脑"窗口中双击硬盘 F 的图标。

(3) 在打开的窗口中双击"河南测绘职业学院"文件夹图标，即可打开该文件夹。

(4) 在打开的文件夹中双击"时空大数据产业学院"文件夹图标，在打开的文件夹中双击"大数据技术专业"文件夹图标，在打开的文件夹中找到"授课计划.docx"文档，双击该文件即可打开该文件。

2. 选定文件或文件夹

对文件或文件夹进行操作前，首先要选定相应的文件或文件夹。被选中的文件或文件夹呈高亮显示。选定文件或文件夹的方式如下。

(1) 选定单个文件或文件夹：单击要选定的文件或文件夹图标。

(2) 选定多个连续的文件或文件夹：单击第一个文件或文件夹，按住 Shift 键不放，然后单击最后一个要选定的文件或文件夹。

(3) 选定多个不连续的文件或文件夹：单击选定第一个文件或文件夹，按住 Ctrl 键不放，然后分别单击需要选定的文件或文件夹。

(4) 选定所有文件或文件夹：单击"主页"→"全部选择"菜单项，即可选定全部文件或文件夹。也可以使用快捷键 Ctrl+A，选定全部文件或文件夹。

(5) 框选选定：在文件夹窗口中，在空白处按下鼠标左键不松开，拖动鼠标后将出现一个虚线框，用虚线框框住要选定的文件或文件夹，然后释放鼠标左键，虚线框内的文件即被选定。

3. 创建文件或文件夹

在计算机中，各种信息以文件的形式进行保存，需要保留的文件存放在磁盘中，文件一般以文件夹的方式进行管理。每个磁盘都有一个根文件夹(根目录)，一般在根文件夹中放置下一级文件夹，文件保存在文件夹中。

创建文件夹和文件的一般步骤如下。

(1) 在"此电脑"窗口中，选择一个本地磁盘，如"D 盘"，在该磁盘中存放个人文件夹(建议不在安装操作系统的 C 盘中放置个人文件或文件夹)。

(2) 选择"主页"→"新建文件夹"命令，或在窗口内容区空白处右击，在弹出的快捷菜单中选择"新建"→"文件夹"命令，系统会在当前根目录下创建一个文件夹。

4. 重命名文件或文件夹

文件和文件夹的名称可以根据需要进行修改,具体操作步骤如下。

(1) 选中需要重命名的文件或文件夹(单击)。

(2) 选择"主页"→"重命名"命令;或右击选中的文件或文件夹,在弹出的快捷菜单中选择"重命名"命令;也可以按 F2 键,文件或文件夹名称的周围出现可以编辑的方框(重命名框)。

(3) 在重命名框中输入新名称,按 Enter 键或用鼠标在其他地方单击并加以确认。

注意:如果文件名中显示了文件的扩展名,只须修改文件名称("."之前的部分),一般不要修改文件的扩展名。

5. 复制文件或文件夹

复制文件或文件夹制作一个备份,存储到新的位置。复制操作完成以后,原来的文件或文件夹仍保留在原位置。具体操作步骤如下。

(1) 选中需要复制的文件或文件夹。

(2) 选择"主页"→"复制到"命令,选择目标磁盘或文件夹。

也可以右击选中的文件或文件夹,在弹出的快捷菜单中选择"复制"命令,或按快捷键 Ctrl+C 复制选中的文件。

然后打开需要存放备份的磁盘或文件夹,在窗口内容的空白区域右击,在弹出的快捷菜单中选择"粘贴"命令;或按快捷键 Ctrl+V,完成文件或文件夹的备份。

6. 移动文件或文件夹

移动文件或文件夹的操作,就是把选中的文件或文件夹从磁盘或文件夹中移动到另一个磁盘或文件中,原位置的文件或文件夹消失。具体操纵步骤如下。

(1) 选中要移动的文件或文件夹。

(2) 选择"主页"→"移动到"命令,选择目标磁盘或文件夹。

也可以右击选中的文件或文件夹,在弹出的快捷菜单中选择"剪切"命令,或按快捷键 Ctrl+X。

然后打开目标磁盘或文件夹,在窗口内容的空白区域右击,在弹出的快捷菜单中选择"粘贴"命令;或按快捷键 Ctrl+V,完成文件或文件夹的移动。

7. 删除/还原文件或文件夹

无用的文件或文件夹应及时删除,以便释放更多可用的存储空间。

(1) 删除文件或文件夹的步骤如下。

① 选中要删除的文件或文件夹。

② 选择"主页"→"删除"命令,弹出的子菜单中包括"回收""永久删除""显示回收确认"。

a. 回收:将要删除的文件或文件夹直接拖曳到回收站中,是一种不完全删除的方法。回收站中的文件或文件夹可以使用还原的方法将其恢复到原来位置。

b. 永久删除:将要删除的文件从计算机中删除,而不经过回收站。选择此命令后,会弹出"删除文件"对话框,在对话框中单击"是"按钮。使用此种方法删除的对象,不可以进行还原或撤销删除操作,如图 2.50 所示。

c. 显示回收确认:此选项选中后,再选择"回收"命令时,会弹出"删除文件"对话框,询问是否确认要将此文件或文件夹放入回收站,如图 2.51 所示。

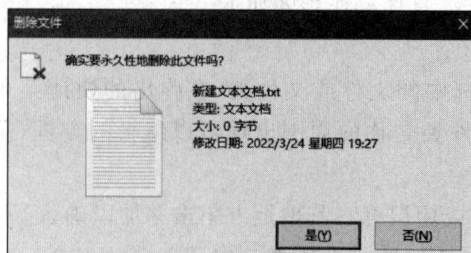

图 2.50 "删除文件"对话框 　　　　图 2.51 询问是否放入回收站

（2）还原删除文件或文件夹的步骤如下。

① 双击桌面上的"回收站"图标,在打开的"回收站"窗口中可以看到已经删除的文件或文件夹。

② 选中要恢复的文件或文件夹,选择"管理"→"还原选定的项目"命令,选定的对象将恢复到删除前的位置。

8. 搜索文件或文件夹

在使用计算机时,需要在计算机中查找一些文件或文件夹的存放位置,手动查找非常麻烦。Windows 10 中的搜索功能可以帮助用户快速找到所需要的文件或文件夹。具体操作步骤如下。

（1）打开"此电脑"窗口,在该窗口的搜索框中输入文件或文件夹名称,如"default.docx"。

（2）在搜索结果窗口中,可以看到搜索的文件,如图 2.52 所示。

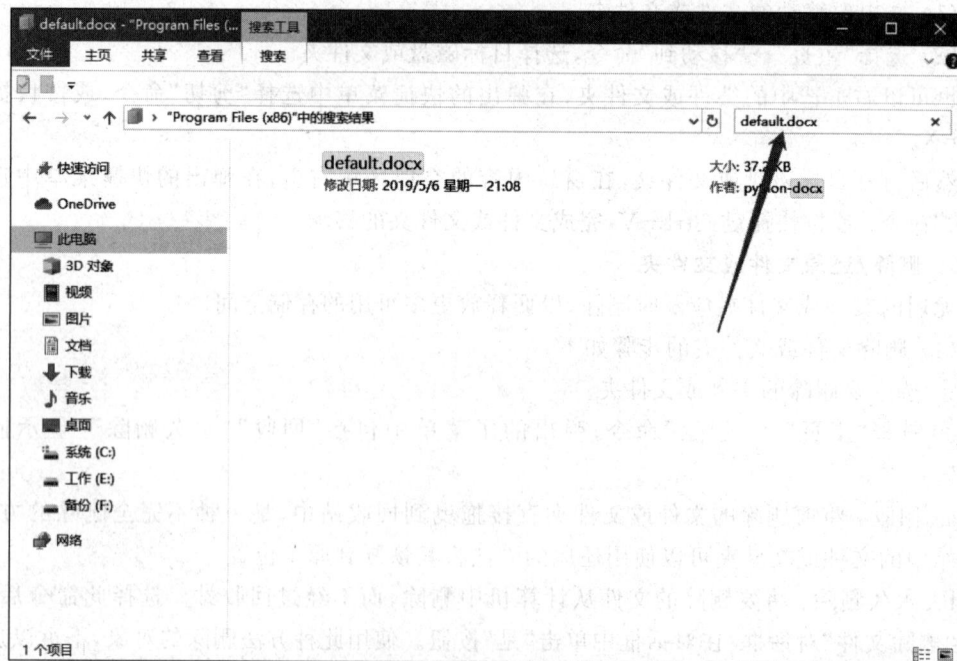

图 2.52 搜索结果

💡 **小技巧**

在搜索时,如果记不清文件名或要查找某类的文件,可以使用"＊"和"?"通配符进行搜索。其中"＊"可以代替任意字符,"?"可以代替单个字符。如"＊.txt"表示扩展名为"＊.txt"的所有文件;"＊.＊"表示所有文件和文件夹。

9. 共享文件夹

随着计算机网络的发展,出现了很多共享文件的方式,如微信、QQ等,这些对于较小的文件比较方便。在局域网中,传输大的文件可以使用共享文件夹的方式来实现。具体操作步骤如下。

(1) 选定要设置共享的文件夹。

(2) 右击,在弹出的快捷菜单中选择"属性"命令。

(3) 在属性对话框中选择"共享"选项卡,单击其中的"高级共享"按钮,如图2.53所示。

(4) 在弹出的"高级共享"对话框中选中"共享此文件夹"复选框,单击"确定"按钮,如图2.54所示。

(5) 设置完毕,在属性对话框中单击"确定"按钮。

图2.53　共享文件夹

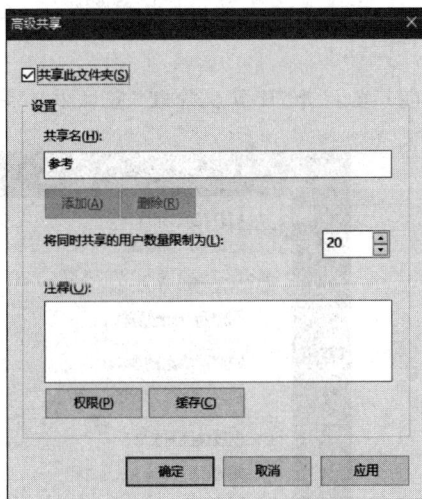

图2.54　"高级共享"对话框

➡ 任务2.4　Windows 10 磁盘管理与维护

📑 **任务概述**

计算机在运行过程中会产生"垃圾"文件。如果长时间不清理就会造成垃圾文件堆积,影响操作系统的运行,所以需要对计算机的磁盘进行清理和维护,如删除垃圾文件、删除没有用的应用程序、整理磁盘碎片等。

任务目标

➢ 掌握磁盘属性。
➢ 掌握 Windows 10 磁盘清理的操作。

2.4.1 磁盘管理

磁盘是存储计算机数据的设备,包括硬盘及其他可移动驱动器(移动硬盘、U 盘等)。磁盘管理是一项计算机使用时的常规任务,它是以一组磁盘管理应用程序的形式提供给用户,位于“计算机管理”中,它包括查错程序和磁盘碎片整理程序以及磁盘整理程序。

练习 2-7

为了方便管理计算机上的各个分区,Windows 10 提供了磁盘管理的功能,打开 Windows 10 磁盘管理的方法如下。

方法 1:

(1)右击桌面上的“此电脑”图标,在弹出的快捷菜单中选择“管理”命令,如图 2.55 所示。

(2)在打开“计算机管理”窗口中单击左侧的“磁盘管理”选项,如图 2.56 所示。

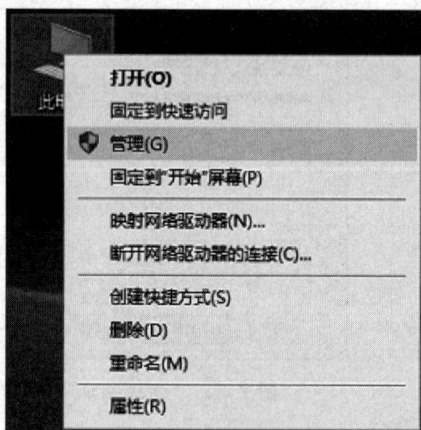

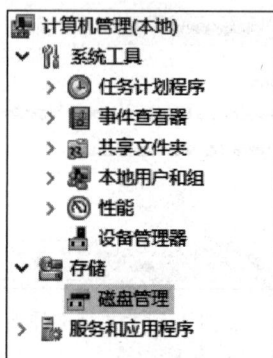

图 2.55 “管理”命令   图 2.56 “磁盘管理”选项

(3)在窗口中显示磁盘管理的内容,包括磁盘信息、文件系统、容量、可用空间等,如图 2.57 所示。

方法 2:右击左下角的“开始”菜单按钮,在弹出的快捷菜单中选择“磁盘管理”命令,如图 2.58 所示,可以快速打开 Windows 10 的磁盘管理窗口。

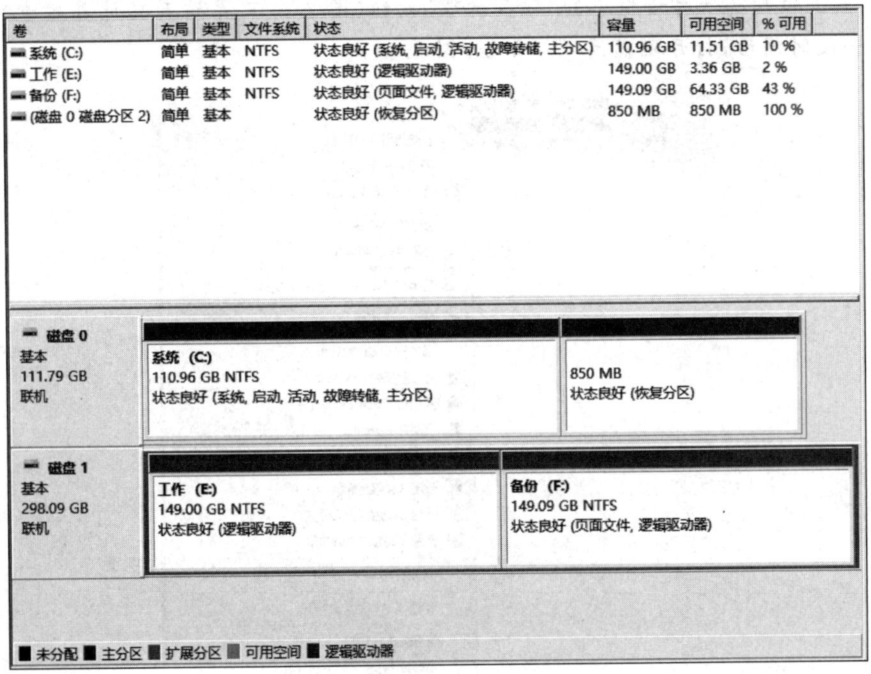

卷	布局	类型	文件系统	状态	容量	可用空间	% 可用
系统 (C:)	简单	基本	NTFS	状态良好 (系统, 启动, 活动, 故障转储, 主分区)	110.96 GB	11.51 GB	10 %
工作 (E:)	简单	基本	NTFS	状态良好 (逻辑驱动器)	149.00 GB	3.36 GB	2 %
备份 (F:)	简单	基本	NTFS	状态良好 (页面文件, 逻辑驱动器)	149.09 GB	64.33 GB	43 %
(磁盘 0 磁盘分区 2)	简单	基本		状态良好 (恢复分区)	850 MB	850 MB	100 %

磁盘 0
基本
111.79 GB
联机

系统 (C:)
110.96 GB NTFS
状态良好 (系统, 启动, 活动, 故障转储, 主分区)

850 MB
状态良好 (恢复分区)

磁盘 1
基本
298.09 GB
联机

工作 (E:)
149.00 GB NTFS
状态良好 (逻辑驱动器)

备份 (F:)
149.09 GB NTFS
状态良好 (页面文件, 逻辑驱动器)

■未分配 ■主分区 ■扩展分区 ■可用空间 ■逻辑驱动器

图 2.57　磁盘信息

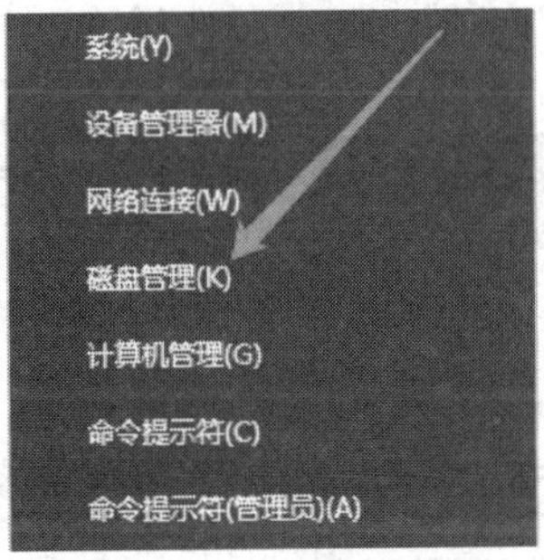

系统(Y)

设备管理器(M)

网络连接(W)

磁盘管理(K)

计算机管理(G)

命令提示符(C)

命令提示符(管理员)(A)

图 2.58　"磁盘管理"命令

2.4.2　磁盘清理

计算机经过长时间的使用,C 盘(系统安装磁盘)的可用空间会越来越小,因此在日常的使用过程中,要注意不要将体积过大的软件和游戏存放在 C 盘。Windows 10 自带的磁盘清理工具可以有效地清理掉垃圾数据,以便整理出更多的磁盘空间。

练习 2-8

清理计算机 C 盘(系统安装磁盘)的无效文件。具体操作步骤如下。

(1) 双击桌面上的"此电脑"图标,打开"此电脑"窗口。

(2) 在窗口的"设备和驱动器"中,右击 C 磁盘驱动器图标,从弹出的快捷菜单中选择"属性"命令(图 2.59),打开磁盘属性对话框。

（3）单击磁盘属性对话框中的"磁盘清理"按钮（图 2.60），系统开始计算磁盘可以释放的空间，一段时间后，打开磁盘清理对话框（图 2.61）。

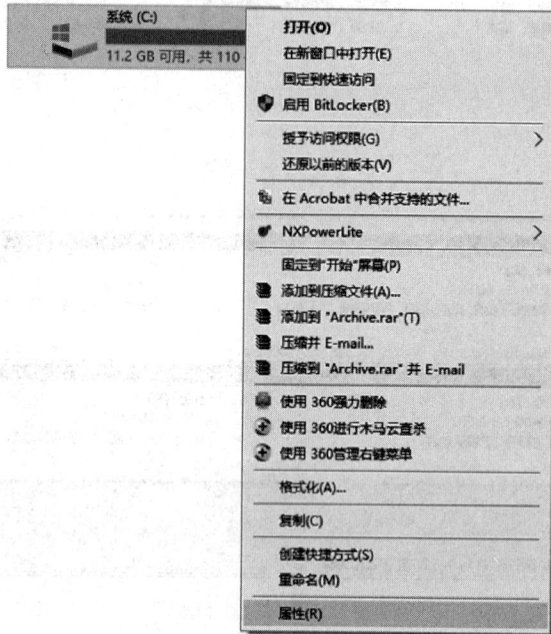

图 2.59 "属性"命令

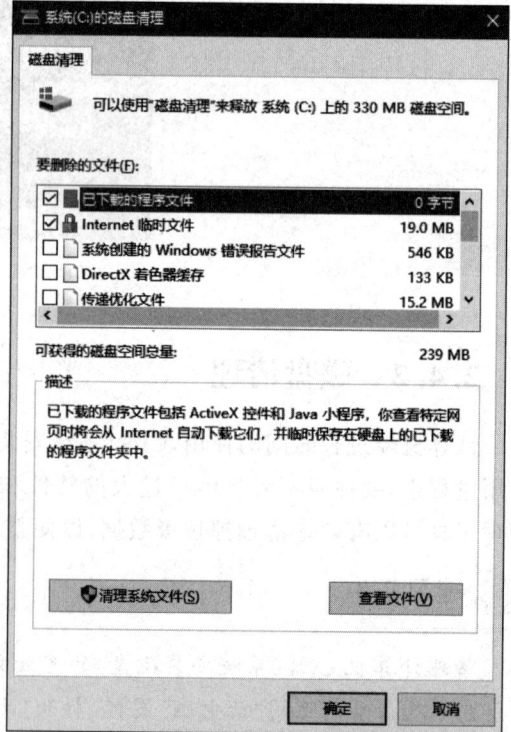

图 2.60 磁盘属性对话框

图 2.61 磁盘清理对话框

(4) 在"要删除的文件"中选择要删除的文件类型(选中前面复选框),单击"确定"按钮,在弹出的"磁盘清理"确认对话框中单击"删除文件"按钮,开始清理磁盘。

💡 **小技巧**

快速打开磁盘清理的快捷方式如下。

(1) 按 Windows+R 组合键,弹出"运行"对话框。

(2) 在"运行"对话框的"打开"文本框中输入磁盘清理工具命令 cleanmgr.exe,单击"确定"按钮,如图 2.62 所示。

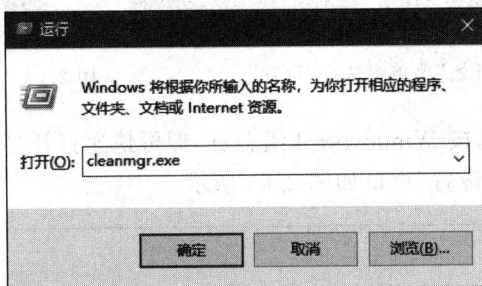

图 2.62 输入磁盘清理工具命令

(3) 在弹出的"磁盘清理:驱动器选择"对话框中选择要清理的磁盘驱动器,然后单击"确定"按钮,弹出磁盘清理对话框(图 2.61),选择要删除的文件类型后,清理磁盘。

任务 2.5 Windows 10 系统设置

📋 **任务概述**

"Windows 设置"是用来对 Windows 10 系统进行设置的工具集,通过"Windows 设置"中的多个应用程序,可以进行系统的设置。如更换自己喜欢的桌面背景;更改日期和时间;卸载应用程序等,都可以通过系统设置操作。

📇 **任务目标**

➤ 掌握 Windows 10 设置的打开方法。
➤ 掌握设置鼠标的方法。
➤ 掌握设置桌面背景及锁屏界面的方法。
➤ 软件的安装与卸载。
➤ 添加及删除输入法。

2.5.1 打开 Windows 10 设置

方法 1:单击"开始"菜单按钮,在弹出的"开始"菜单中选择"设置"命令(图 2.63)。

方法 2：右击"开始"菜单图标，在弹出的快捷菜单中选择"设置"命令（图 2.64）。

图 2.63　在"开始"菜单中选择"设置"　　　　图 2.64　选择菜单项中的"设置"命令

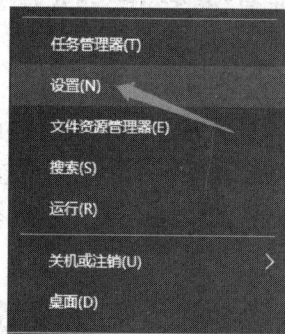

方法 3：使用快捷键，按 Windows＋I 组合键，即可快速打开"Windows 设置"窗口。打开后的"Windows 设置"窗口如图 2.65 所示。

图 2.65　Windows 设置

2.5.2　设置鼠标

在安装 Windows 10 时，系统已自动对鼠标进行了设置，但默认的设置不一定符合使用者的习惯，Windows 10 提供了鼠标的设置项，可以根据个人的喜好进行设置。

设置鼠标的操作步骤如下。

（1）按 Windows+I 组合键，打开"Windows 设置"窗口，如图 2.65 所示。

（2）单击"设备"图标（图 2.66）。

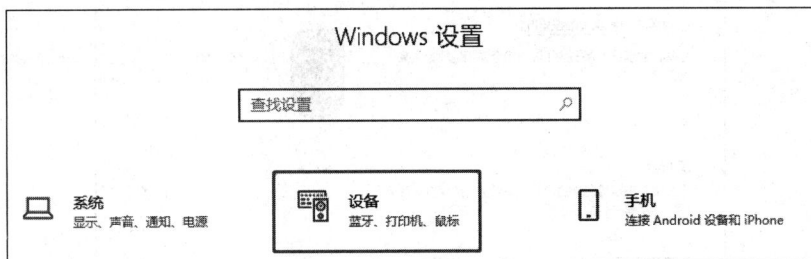

图 2.66 "设备"图标

（3）在打开的"设备"窗口中，单击左侧的"鼠标"后，在右侧显示鼠标的设置选项。单击"其他鼠标选项"，如图 2.67 所示。

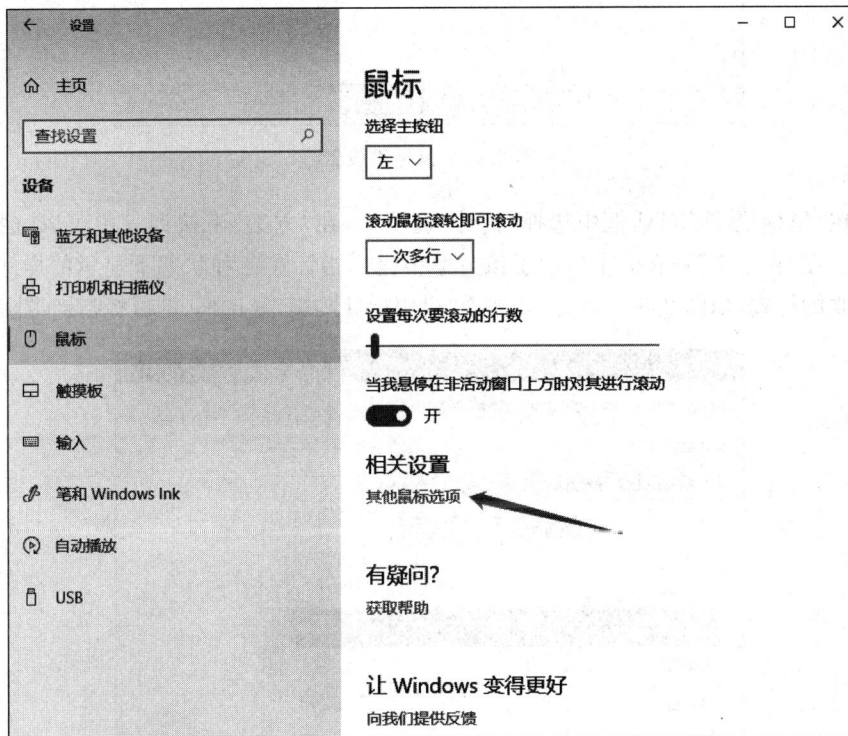

图 2.67 其他鼠标选项

（4）打开"鼠标 属性"对话框，选择"鼠标键"选项卡，在"鼠标键配置"选项组中，系统默认鼠标左边的按键为主要键。若选中"切换主要和次要的按钮"复选框，则设置右边的按键为主要键。在"双击速度"选项组中拖动滑块可以调整鼠标的双击速度。在"单击锁定"选项组中，若选中"启用单击锁定"复选框，则在使用鼠标移动对象时不用一直按着鼠标左键就可以实现。单击"设置"按钮，在弹出的"单击锁定的设置"对话框中可以设置单击锁定需要按下鼠标键或"轨迹球"的时间，如图 2.68 所示。

图 2.68　鼠标键设置

（5）在"鼠标 属性"对话框中选择"指针"选项卡，在"方案"下拉列表中可以选择自己喜欢的方案。在"自定义"列表框中显示了该方案中鼠标指针在各种状态下显示的样式，可以选择自己喜欢的样式，如图 2.69 所示。若选中"启用指针阴影"复选框，则鼠标指针带阴影。

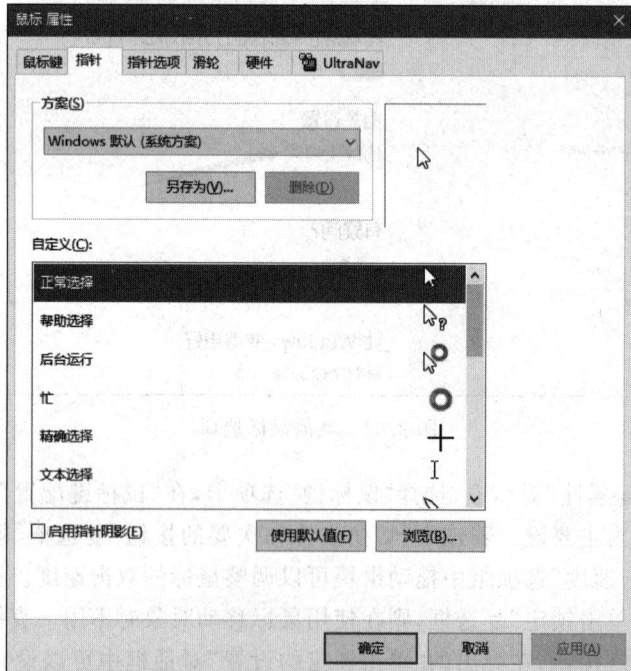

图 2.69　鼠标指针设置

（6）设置完成后，单击对话框下方的"确定"按钮。

2.5.3　设置桌面背景及锁屏界面

打开计算机进入 Windows 10 操作系统后，出现在桌面的背景颜色或图片就是桌面背景。锁屏界面是我们和 Windows 10 第一次交互的界面，在锁屏界面按 Enter 键，显示当前登录用户和需要输入的登录密码。

1. 设置桌面背景

（1）右击桌面空白处，在弹出的快捷菜单中选择"个性化"命令（图 2.70），打开"个性化"窗口，如图 2.71 所示。

（2）在"背景"下拉列表框中选择"图片""纯色""幻灯片"等选项，则下方的"选择图片"内容对应切换，如选择"纯色"，则下方出现选择背景色和自定义颜色，可以从中选择。

图 2.70　个性化设置

图 2.71　背景设置

（3）在"背景"下拉列表框中选择"图片"，可以选择 Windows 10 自带的背景图片。也可以单击"浏览"按钮，在本地磁盘中选择其他图片作为桌面背景。在"选择契合度"下拉列表框中，可以选择"填充""适应""拉伸""平铺""居中""跨区"等方式。契合度是指背景图片的摆放方式。填充是指把图片充满整个屏幕；适应是指系统自动设置摆放方式；居中是指背景图片是居中的(如果主题图片尺寸较小,主题图片只是在屏幕中间,四边没有充满图片);跨区是指为一台计算机有两个显示器时设置。

2. 设置锁屏界面

设置锁屏界面的操作步骤如下。

(1) 右击桌面空白处,在弹出的快捷菜单中选择"个性化"命令,打开"个性化"窗口。

(2) 在窗口左边选择"锁屏界面",如图 2.72 所示。

图 2.72　锁屏界面设置

(3) 在锁屏界面的"背景"下拉列表框中,选择"Windows 聚焦""图片""幻灯片"等选项。

① "Windows 聚焦":Windows 10 系统会自动下载一些高清的漂亮壁纸,让锁屏壁纸实现自动切换,让壁纸变得不再单调。

② "图片":可以选择 Windows 10 自带的背景图片,也可以单击"浏览"按钮,在本地磁盘中选择其他图片作为锁屏图片。

③ "幻灯片":以幻灯片的形式播放图库中的照片,可以在"高级幻灯片播放设置"中设置幻灯片播放多长时间后关闭屏幕。

2.5.4　软件的安装与卸载

Windows 10 系统中有各种应用软件,如微信、钉钉、图像处理软件 Photoshop 等,这些应用软件并不包含在 Windows 10 系统内,要使用它们,就需要进行软件的安装,当不再需要这些软件的时候,可以从系统中卸载,以节省系统资源。

1. 软件的安装

应用软件的安装方法相同，可以通过双击软件的 Setup 或 Install 程序图标进行安装。这里以安装 Dev-Cpp_5.11 软件为例说明。

练习 2-9

安装 Dev-Cpp_5.11 软件的具体操作步骤如下。

（1）双击 Dev-Cpp_5.11 安装文件，打开 Installer Language 对话框，如图 2.73 所示。

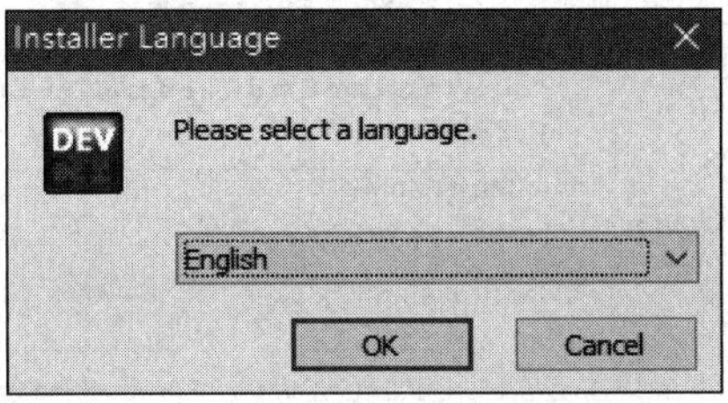

图 2.73　Installer Language 对话框

（2）选择对应语言（如 English），单击 OK 按钮，打开"许可协议"对话框，单击 I Agree 按钮，如图 2.74 所示。

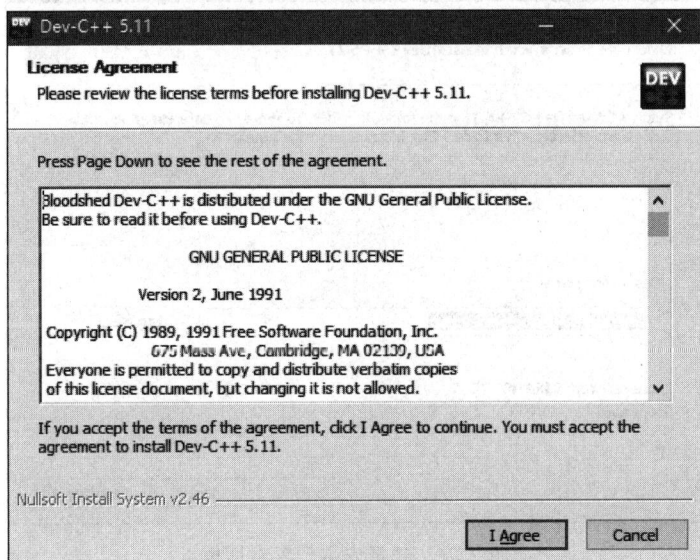

图 2.74　"许可协议"对话框

（3）在打开的选择组件对话框中，单击 Next 按钮，如图 2.75 所示。选择组件过程中，如无特殊需要，可以按系统默认选择项即可。

（4）在打开的选择安装位置对话框中，如果需要调整安装的路径，单击 Browse 按钮，选择安装的路径，默认安装在 C:\Program Files（x86）\Dev-Cpp 文件夹中。选择好安装路径后，单击 Install 按钮，如图 2.76 所示。一般来说，在安装应用软件时，选择的安装路径不要选择 Windows 系统所在的硬盘，这样可以提高系统运行效率。安装时，也可以自定义安装文件夹，单击 Browse 按钮，可以选择自定义安装的文件夹。

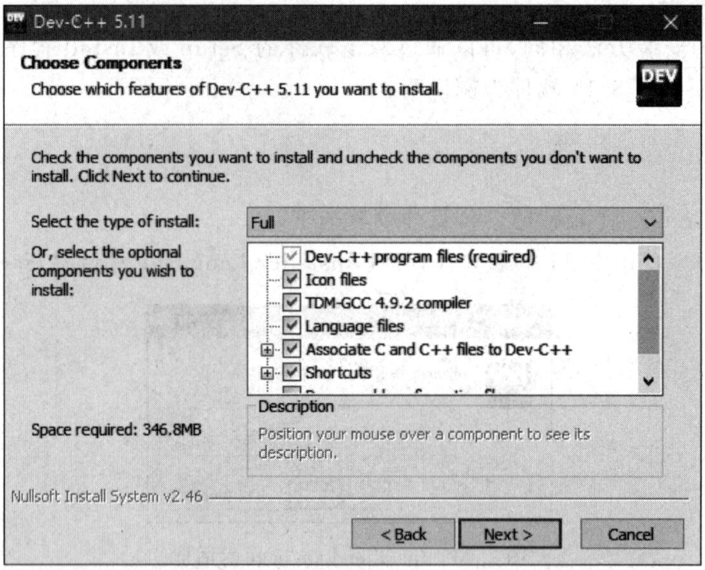

图 2.75　选择组件对话框

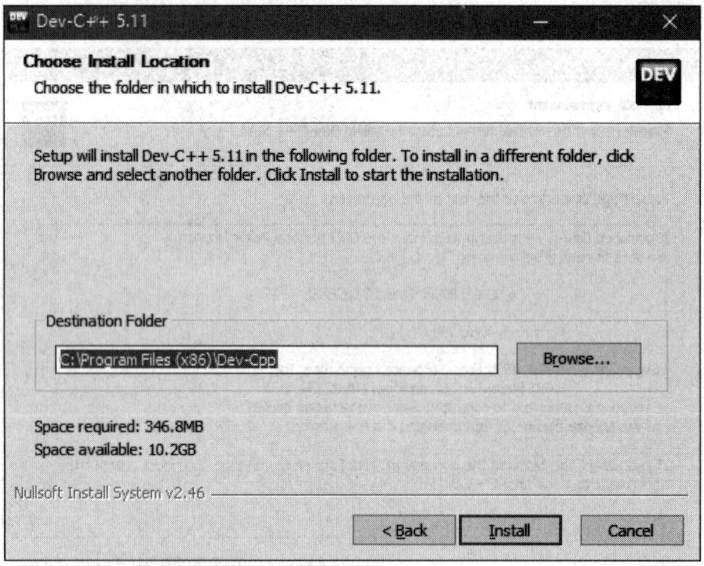

图 2.76　选择安装位置对话框

（5）安装完成后，弹出的对话框如图 2.77 所示，选中 Run Dev-C++ 5.11 复选框，单击
Finish 按钮，可启动该软件。

软件一般都有安装向导，可以根据安装向导提示自动完成安装，不需要进行太多的设
置。安装完成后，一般不需要重新启动计算机，而有些软件在完成安装后，会要求重新启动
计算机完成整个安装过程。

2. 软件的卸载

卸载应用软件的操作步骤如下。

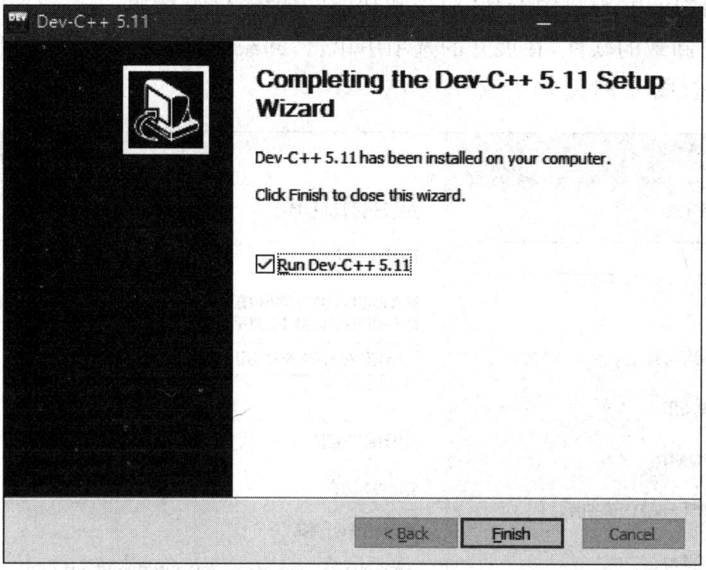

图 2.77 "安装完成"对话框

（1）按 Windows＋I 组合键，打开"Windows 设置"窗口，单击"应用"图标，如图 2.78 所示。

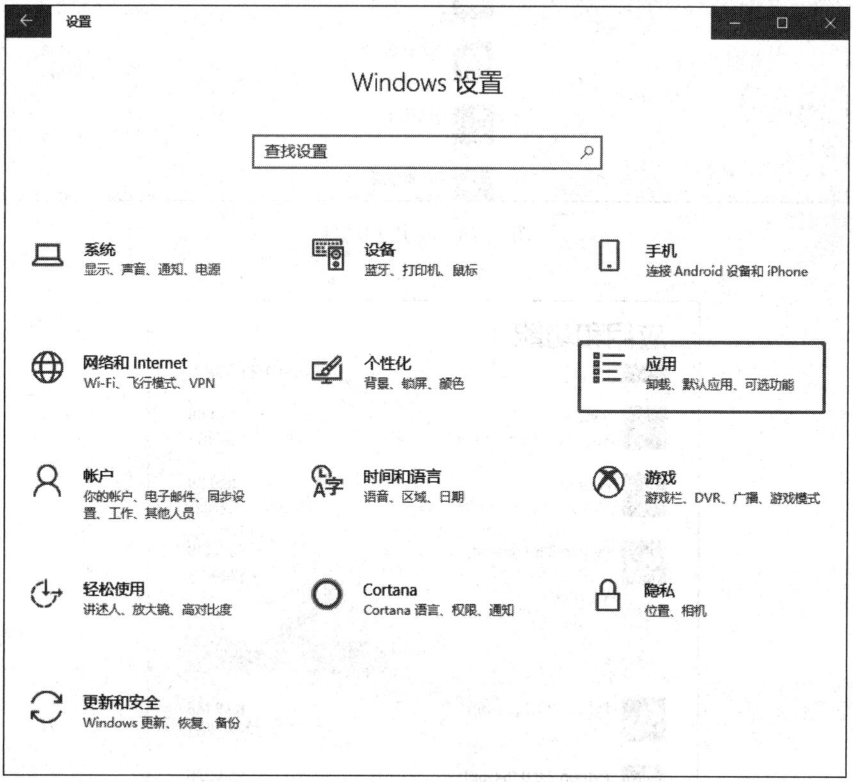

图 2.78 应用设置

（2）在打开"应用"窗口中选择"应用和功能"，如图 2.79 所示。

（3）单击要卸载的软件，在展开的选项中单击"卸载"按钮（图 2.80），在弹出的对话框中单击"卸载"按钮（图 2.81）。

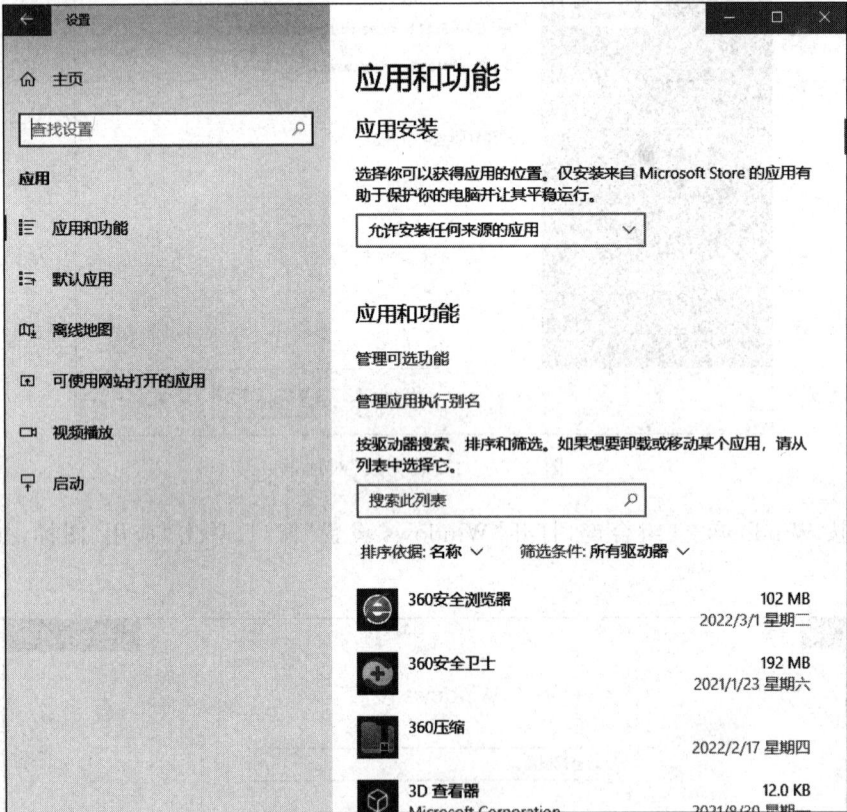

图 2.79　应用和功能

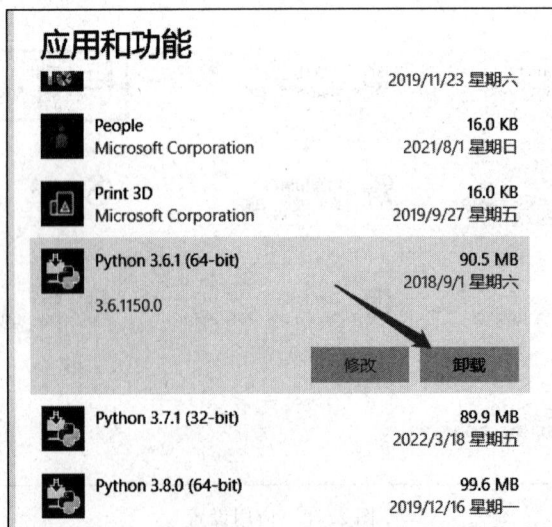

图 2.80　卸载

图 2.81　卸载对话框

（4）按照打开的软件卸载向导指示，完成软件的卸载。

2.5.5　添加及删除输入法

添加和删除输入法的操作步骤如下。

（1）按 Windows+I 组合键，打开"Windows 设置"窗口（图 2.78），在其中单击"时间和语言"图标，如图 2.82 所示。

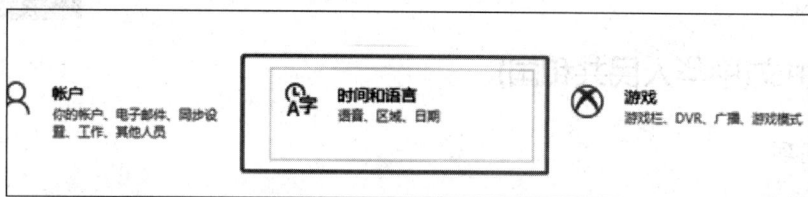

图 2.82　"时间和语言"图标

（2）在"时间和语言"窗口中选择"区域和语言"，如图 2.83 所示。

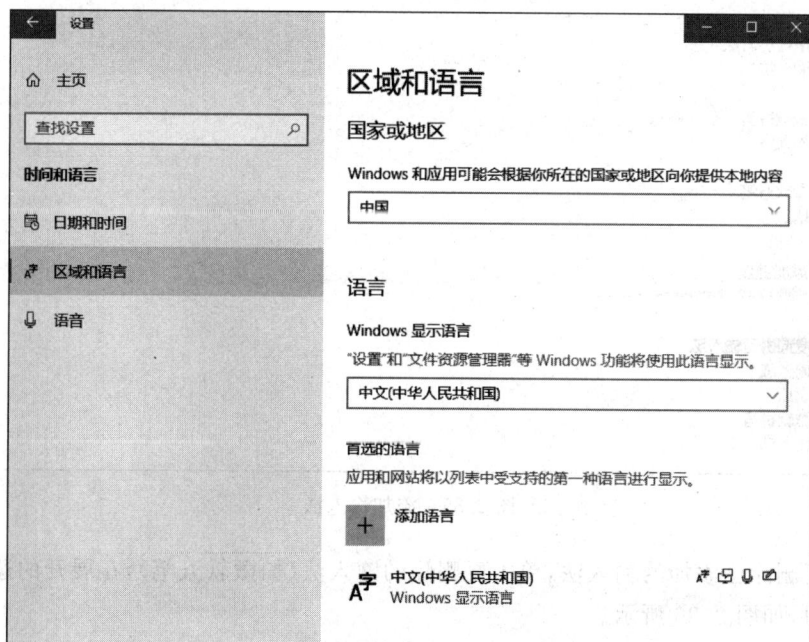

图 2.83　"区域和语言"选项

（3）单击"区域和语言"中的"添加语言"按钮，再单击"选项"按钮，如图 2.84 所示。

图 2.84　语言选项

（4）在打开的"语言选项"中单击"添加键盘"按钮，在展开的选项中选择要添加的输入法，如添加"微软五笔"输入法（图 2.85）。

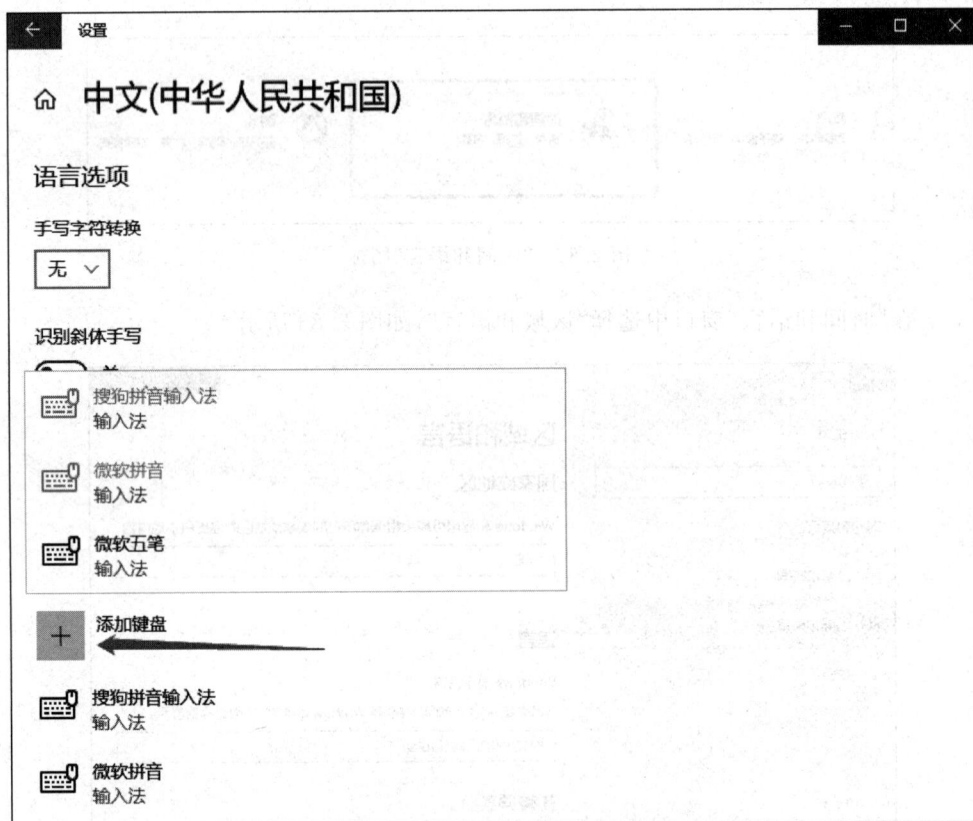

图 2.85　添加输入法

如果要删除已添加的输入法，单击要删除的输入法（如微软五笔），在展开的选项中单击"删除"按钮，如图 2.86 所示。

可以利用输入法的一些辅助功能进行特殊符号的输入。以搜狗输入法为例说明如下。在输入法图标上单击小键盘 ，然后选择其中的"特殊符号"，可以看到所有的特殊符号，选择要输入的符号单击，选中的符号即插入当前编辑文档光标处。

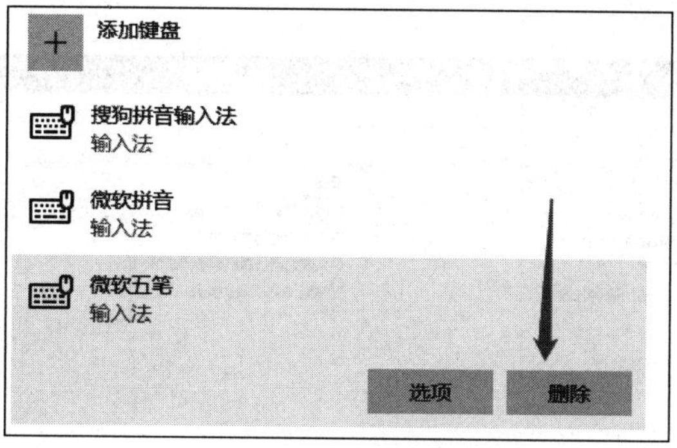

图 2.86　添加输入法

任务 2.6　能力拓展

2.6.1　设置/修改 Windows 10 登录账户的密码

具体操作步骤如下。

（1）右击"此电脑"图标，在弹出的快捷菜单中选择"管理"命令（图 2.87），打开"计算机管理"窗口。

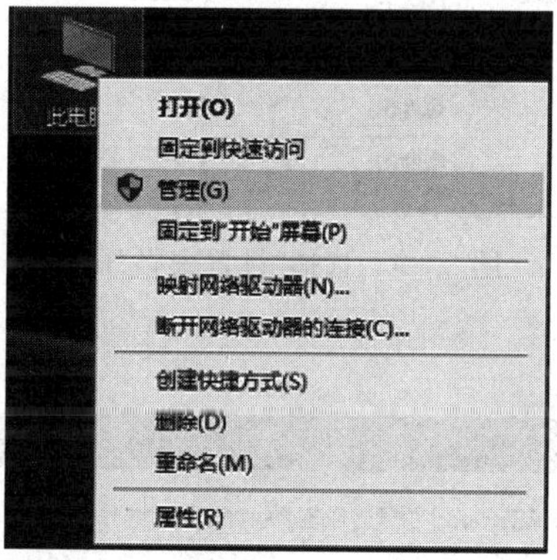

图 2.87　打开"计算机管理"窗口

（2）在"计算机管理"窗口左侧，单击"本地用户和组"，在展开的树状菜单中单击"用户"，在该窗口中间的内容区域，显示系统中已有的用户，包括 Administrator、Guest 等，如图 2.88 所示。

（3）右击 Administrator 用户，在弹出的快捷菜单中选择"设置密码"命令，打开"为 Administrator 设置密码"对话框（图 2.89）。

（4）单击"为 Administrator 设置密码"对话框中的"继续"按钮（图 2.90），打开输入新密码的对话框。

（5）输入新密码和确认密码后，单击"确定"按钮，如图 2.91 所示。

图 2.88 系统用户

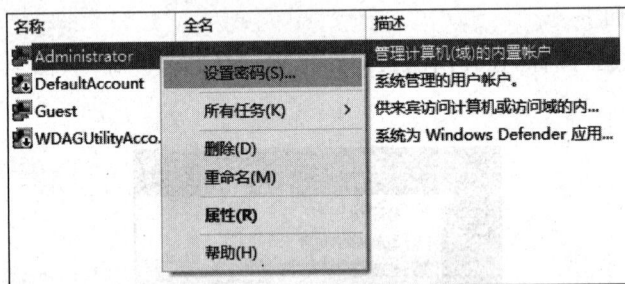

图 2.89 选择"设置密码"命令

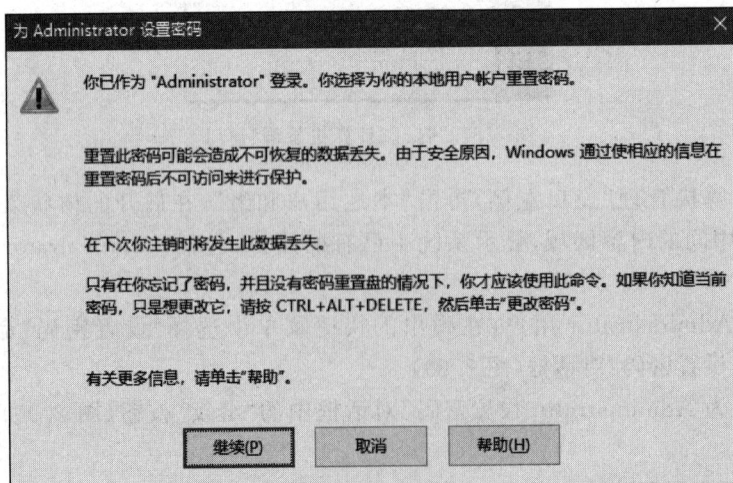

图 2.90 为账户设置密码

图 2.91 输入新密码

💡 小技巧

如果要删除用户的密码,只须将新密码和确认密码两个输入框中留空(不输入内容),单击"确定"按钮后即可将该用户的密码删除。

2.6.2 关闭 Windows 10 自动更新

具体操作步骤如下。

(1)右击"此电脑"图标,在弹出的快捷菜单中选择"管理"命令(图2.87),打开"计算机管理"窗口。

(2)在"计算机管理"窗口左侧,单击"服务和应用程序",在展开的树状菜单中单击"服务",在该窗口中间的内容区域,显示系统所有的服务,如图2.92所示。

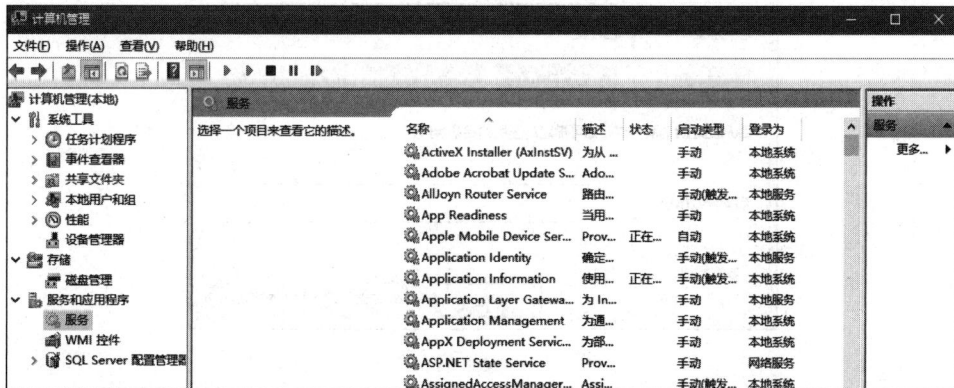

图 2.92 系统服务

(3)在服务列表中,右击 Windows Update,在弹出的快捷菜单中选择"属性"命令(图2.93),打开"Windows Update 的属性"对话框。

(4)在"常规"选项卡的"启动类型"下拉列表框中选择"禁用",单击"确定"按钮(图2.94)。

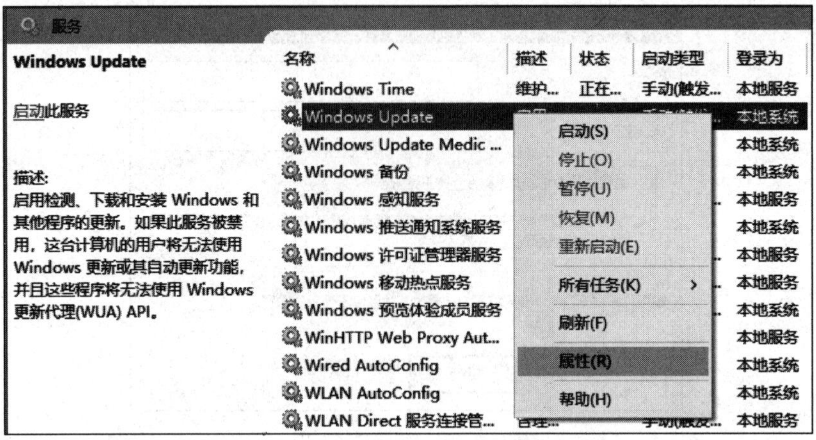

图 2.93　Windows Update 服务

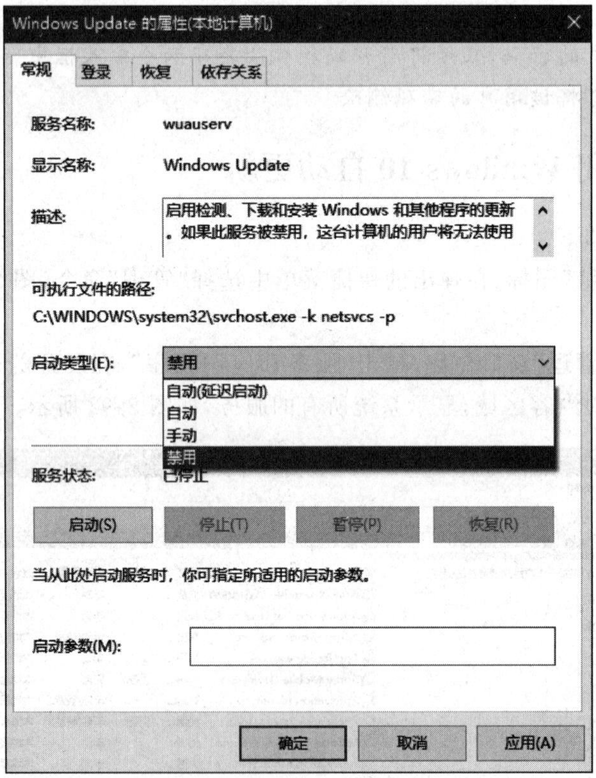

图 2.94　设置启动类型

第 3 章 WPS文字

WPS Office 是金山软件股份有限公司自主研发的一款办公软件套装,可以实现办公软件最常用的文字编辑、电子表格、幻灯片演示等多种功能。具有内存占用低、运行速度快、体积小巧、强大插件平台支持、免费提供海量在线存储空间及文档模板、支持阅读和输出 PDF 文件、全面兼容微软 Microsoft Office 格式等独特优势。WPS Office 可以运行于 Windows、Linux、Android、iOS 等多个平台。WPS Office 个人版对个人用户永久免费,包含的 WPS 文字、WPS 表格、WPS 演示三大功能模块,与 MS Word、MS Excel、MS PowerPoint 一一对应。本章学习 WPS Office 的文字编辑部分,它集编辑与打印为一体,不仅可以进行便捷的全屏幕编辑,还提供了输出格式控制及打印功能。打印的文稿美观规范,基本上能满足文字工作者、办公室文案编辑人员编辑、打印各种文件的需求。另外,使用这个软件也可进行艺术广告设计和书本、杂志报纸编排等工作。

⇒ 任务 3.1 WPS Office 基本操作

任务概述

本任务介绍 WPS Office 软件的基本操作。

任务目标

➢ 熟悉 WPS Office 的工作界面。
➢ 设置工作环境。
➢ 文档基础操作。
➢ 输入文本内容。
➢ 文本的基本编辑。
➢ 文本的拼写检查。

3.1.1 熟悉 WPS Office 的工作界面

1. 启动 WPS Office 软件

方法 1:通过"开始"菜单栏启动。

(1) 单击 Windows 桌面上左下角的"开始"菜单按钮 ▦ 。

(2) 在"开始"菜单中单击要搜索的英文字母 W,找到 WPS Office,如图 3.1 所示,单击

WPS Office 图标,稍后系统将会启动 WPS Office 软件。

方法 2:通过桌面快捷图标启动。

如果将 WPS Office 设置为桌面快捷方式,则可以通过双击该快捷方式启动 WPS Office,如图 3.2 所示。

图 3.1   通过"开始"菜单启动 WPS Office   图 3.2   通过桌面快捷方式启动 WPS Office

方法 3:通过 WPS 文档启动。

双击本地已经存在的 WPS 文档即可启动 WPS Office。

2. WPS Office 的页面布局

启动完成后,屏幕上显示的是 WPS 主窗口,如图 3.3 所示。该主窗口包含快速访问栏、字体组、菜单栏、样式栏等。

1)"文件"选项卡

"文件"选项卡是用户最常用的一个功能,单击界面左上角的"文件"选项卡标签,在下拉菜单中可以进行新建、打开、保存、打印文件等相关操作,同时还可以在下拉菜单中单击"选项"按钮,进行系统设置,如图 3.4 所示。

2)快速访问工具栏

快速访问工具栏排列着用户常用的工具按钮,主要包括保存、预览、撤销、恢复等。同时,用户也可以根据自己的需求设置一些自定义的命令按钮,方法如下。

(1)单击"自定义快速访问栏"按钮。

(2)在弹出的下拉菜单中选择需要在快速访问工具栏中显示的按钮名称,使其前面出现"√"符号。

3)标题栏

标题栏位于顶部,主要用于展示用户打开的文档名称以及对应的文件类型,同时,也可

图 3.3　页面布局

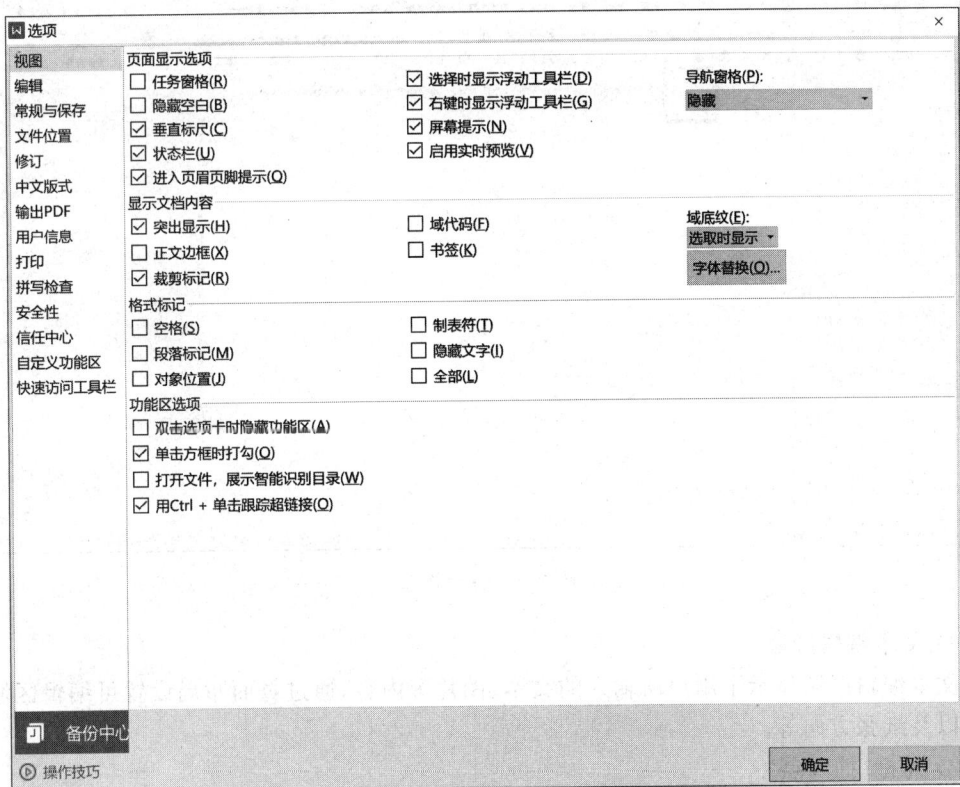

图 3.4　系统设置

以通过右击文档,进行保存、发送、删除等相关操作。

4) 功能区

菜单栏中包含的用户常用的操作工具按钮,位于标题栏下方。它由选项卡、组、命令和对话框等部分组成。

（1）选项卡：主要有开始、插入、页面布局、引用、审阅、视图、章节等，每个选项卡都包含一类的命令按钮。通过单击不同的选项卡标签，可以切换至对应的工具按钮列表。

（2）组：一个选项卡包含多个组，每个组中包含了同类型功能的所有工具按钮，例如"字体"组，就包含了字体大小、字体格式、字体颜色等相关的工具按钮。

（3）命令：命令就是用户要执行的某一操作，对应一个按钮，例如，加粗、增大字号、下标等，每一个命令对应一段后台执行的代码。一个文档的生成就是通过一系列组合命令实现的。

（4）对话框：有些组的右下角有一个对话框启动器按钮，当用户单击时会弹出一个对话框，这个对话框提供该组的所有功能。

5）标尺

标尺帮助用户确定当前编辑字符在页面中的位置，分为水平标尺和垂直标尺。另外，用户还可以通过标尺调整段落缩进、设置与清除制表位等操作，一般通过图3.5所示的向左、向右标尺按钮来实现。

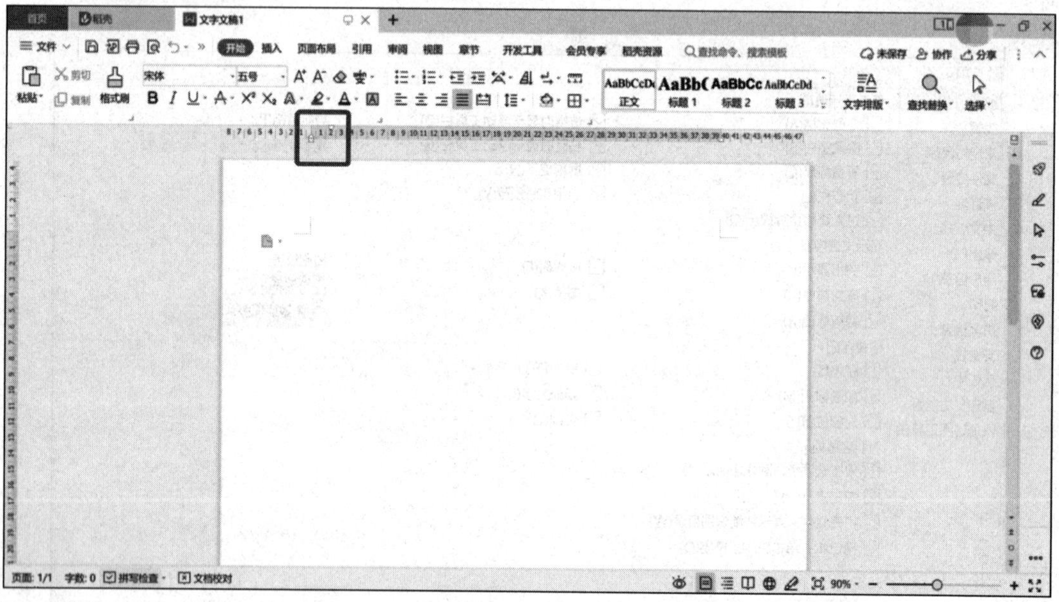

图3.5　标尺按钮

6）文本编辑区域

文本编辑区域显示了用户所输入的文本、图片等内容，通过页面布局设置可编辑区域的大小以及纸张方向等。

7）光标（插入点）

用户进行文本编辑时，首先需要确定光标所在位置，然后输入文字，此时，用户所输入的文字就会显示在光标位置。如果用户需要切换输入文字位置，可以通过单击或者通过键盘的上、下、左、右按键移动光标位置，位置正确后，再输入文字等内容。

8）滚动条

滚动条分为水平滚动条和垂直滚动条，当文档内容过长时，窗口会自动隐藏掉窗口外的文档内容,如果想要查看编辑当前窗口外的内容,就需要拖动水平或者垂直滚动条将要编辑或查看的内容显示出来。

9)视图按钮

视图按钮位于窗口最底端的右侧。为了便于查看文本内容,WPS文字编辑为用户提供了多种视图查看方式,包含阅读版式、写作模式、页面、大纲、Web版式、护眼模式等,可以通过"视图"选项卡"文档视图"组中的工具按钮进行切换,同时也可以通过视图按钮进行快捷的操作,单击不同的视图按钮,文本编辑区域显示对应的视图格式。

(1)阅读版式:以图书分页模式显示文档内容,可以通过左右两侧的按钮进行翻页,符合我们的阅读习惯,该模式下不可对文本内容进行编辑。

(2)写作模式:更加符合用户日常的文档编写模式,会帮用户隐藏掉多余的菜单栏,用户可以在简洁的界面里编写文档。

(3)页面:这是默认视图,一般新文档、编辑文档等绝大多数的编辑操作都是在此视图下进行。页面视图中显示的文档内容每一页都和用户打印的排版一致,便于用户清楚地看到打印出的文本格式,同时用户可以在该视图下使用所有的命令。

(4)大纲:通过此视图可以方便地查看、调整文档的层次结构,设置标题的大纲级别,成区块地移动文本段落,从整体性上查看文档内容。

(5)Web版式:是专门为了浏览编辑网页类型的文档而设计的视图,在此模式下可以直接看到网页文档在浏览器中显示的样子。

(6)护眼模式:当用户长时间编辑文档时,会产生视觉疲劳,对眼睛伤害极大,可以打开护眼模式,能有效地降低光线对于眼睛的伤害。

10)显示比例滑动条

显示比例滑动条位于窗口最下方的右侧,可以通过拖动滑动按钮缩小或者放大文本编辑区域,有利于我们更好地编辑文档。

3.1.2 设置工作环境

1. 自定义功能区

(1)单击"文件"→"选项"→"自定义功能区"选项,如图3.6所示。

(2)单击"新建选项卡"按钮,如图3.7所示。

(3)新建选项卡后,系统默认生成选项卡名称和组名,但其含义不明确,需要重命名选项卡和组名称。单击需要重命名的项,可以修改对应的名称,如图3.8所示。

(4)重命名选项卡和组名称后,在查找命令输入框中输入将要添加的命令,单击"添加"按钮,将命令添加到组中。如果添加失败,则选中右侧"组"中的命令,单击"删除"按钮,删除命令,处理完毕,单击"确定"按钮,如图3.9所示。

(5)单击"确定"按钮,自定义功能区任务完成,实际效果如图3.10所示。

2. 自定义快捷访问栏

(1)单击"自定义快速访问栏"按钮,如图3.11所示。

(2)在自定义快速访问栏列表中选择需要的命令,在左边出现"√"时,就可以在快速访问栏中看到刚才选择的工具按钮,同时,也可以选择列表中的其他选项,添加默认设置中的命令。添加后的效果如图3.12所示。

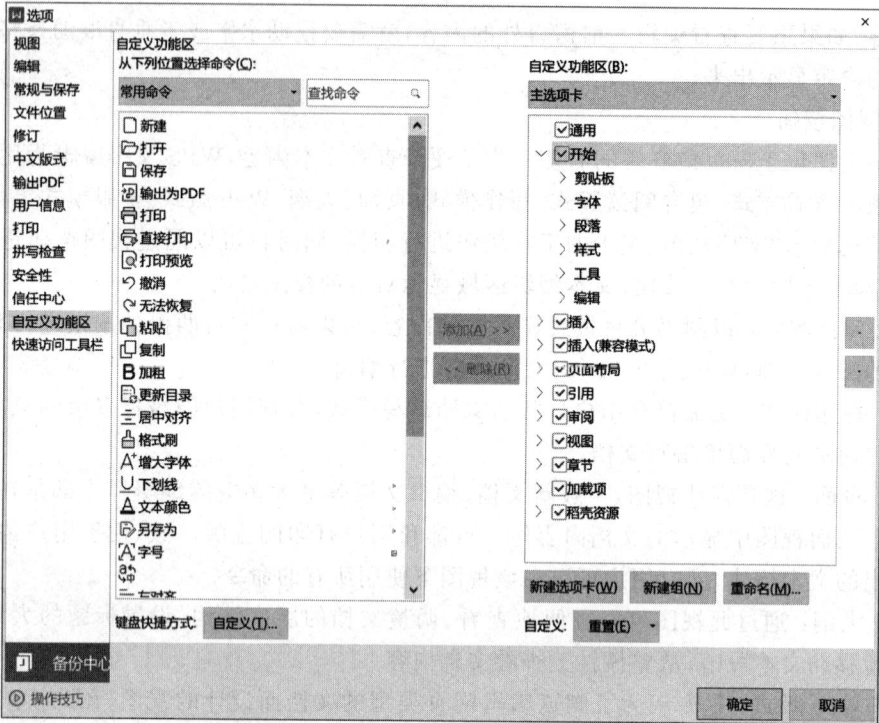

图 3.6　自定义功能区

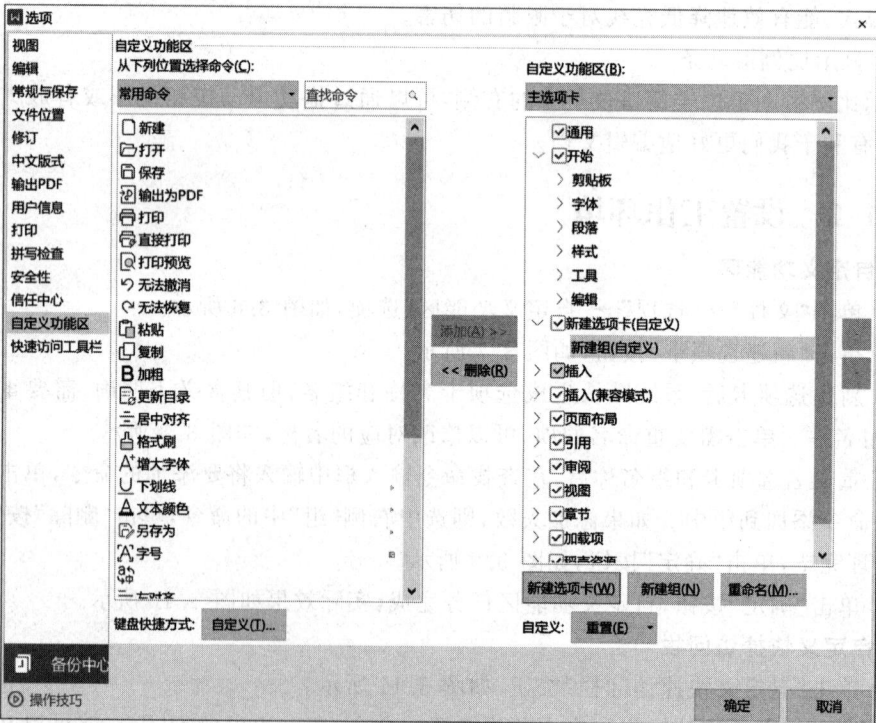

图 3.7　新建选项卡

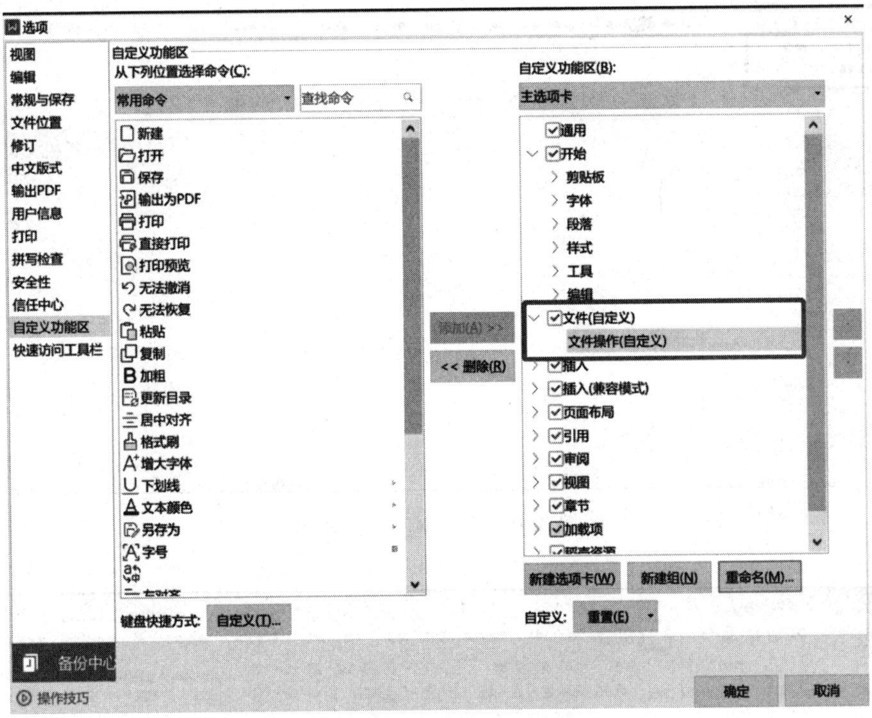

图 3.8 重命名选项卡和组名称

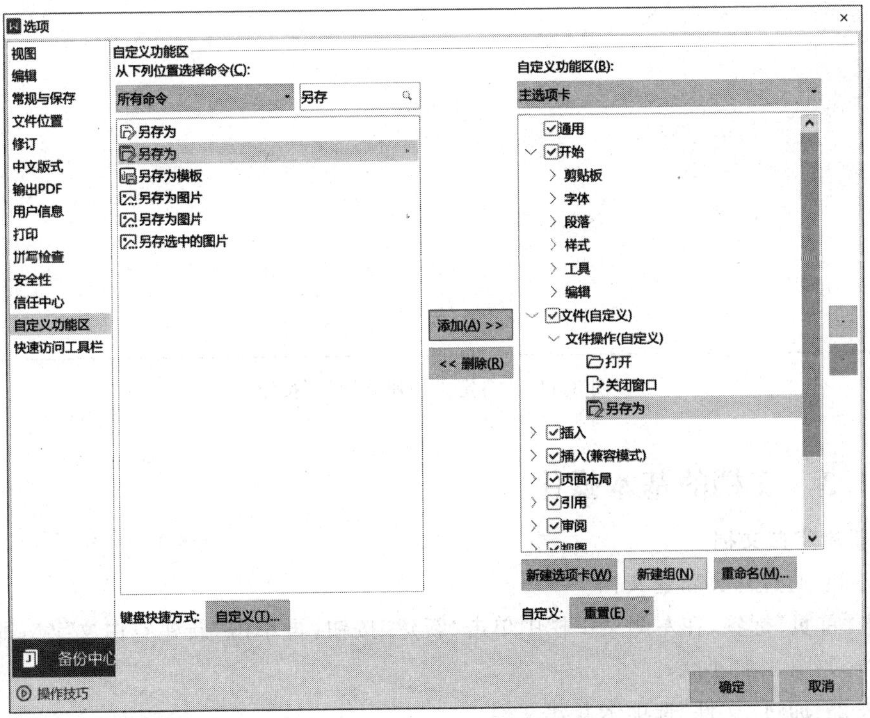

图 3.9 添加命令到自定义功能区中

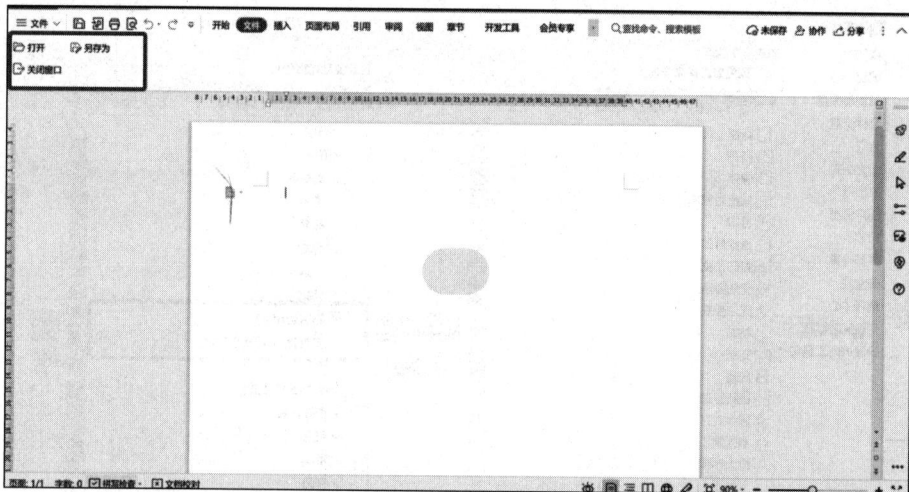

图 3.10　自定义功能栏效果

图 3.11　"自定义快速访问栏"按钮

3.1.3　文档的基本操作

1. 新建空白文档

方法 1：通过首页新建文档。

单击"首页"标签，在左侧菜单栏中单击"新建"按钮，再单击"新建空白文字"，即可创建空白文档，如图 3.13 所示。

方法 2：通过"文件"选项卡新建文档。

单击"文件"选项卡标签，在下拉菜单中单击"新建"按钮，同样会弹出图 3.13 所示的窗口，单击"新建空白文字"按钮，即可创建空白文档。

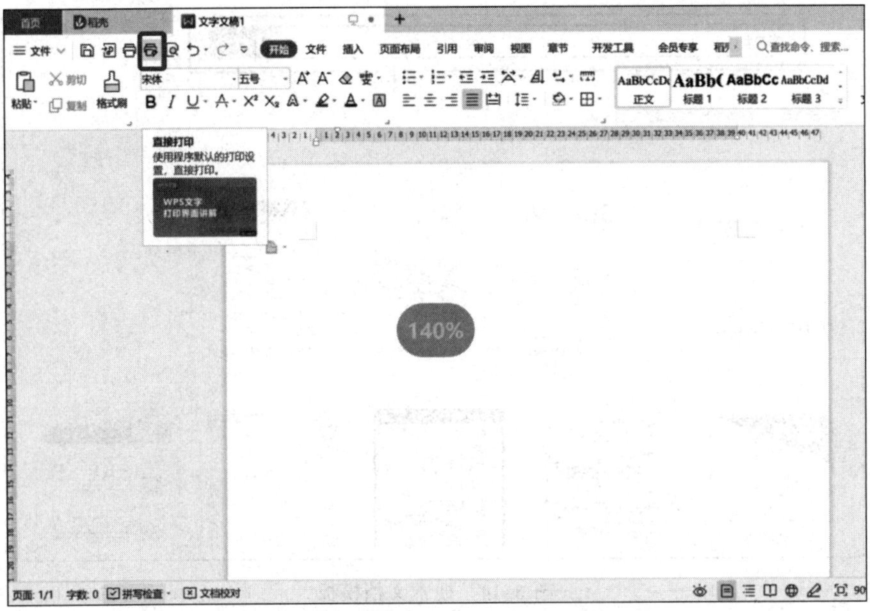

图 3.12　添加"直接打印"快速访问按钮

图 3.13　新建空白文字

方法 3：通过快捷键新建文档。

除了可以通过上述两种方式新建文档外，还可以通过 Ctrl＋N 组合键或单击自定义访问工具栏中的"新建" ▯ 按钮快速创建新的空白文档。

2. 通过模板创建文档

WPS Office 为我们提供了很多模板，例如常用的工作证明、毕业设计、登记表等，可以通过"首页"或者"文件"选项卡，创建我们所需要的模板文档。

（1）在"新建"任务窗格中找到搜索输入框，在输入框中输入查找的模板名称，如图 3.14 所示。

图 3.14　搜索文档模板

（2）单击查找到的文档模板，查看预览效果，如图 3.15 所示，如果符合需求，单击右侧的"免费下载"按钮。下载完成后，系统自动将模板导入，可以在模板基础上编辑修改。

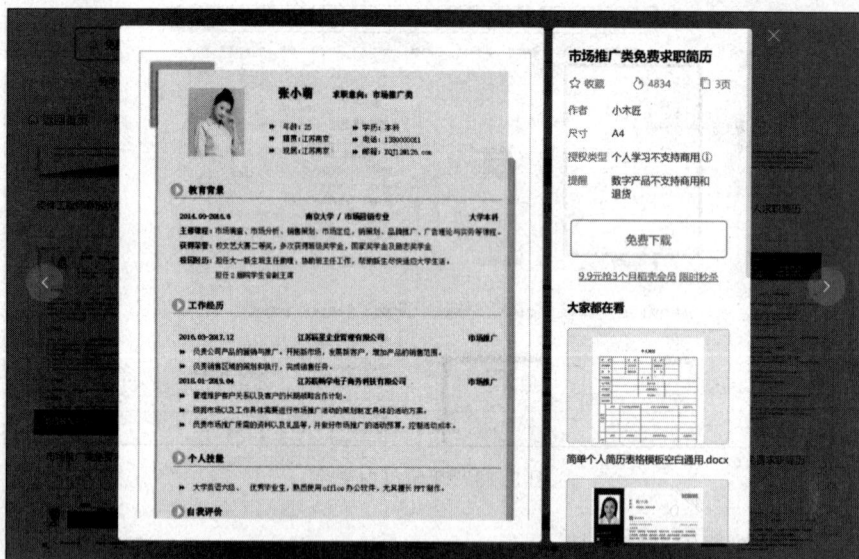

图 3.15　文档模板预览

提示：在实际工作中，有些场景没有符合需求的模板。当经过文档编写完成符合需求的文档后，可以保存为文档模板。即在保存时选择保存类型为"WPS 文字 模板文件（＊.wpt）"，这样下次就可以利用自己创建的模板完成文档的编写。

3. 打开文档

方法 1：在系统中打开文档。

在本地磁盘中找到需要打开的文档，右击，在打开方式中找到 WPS Office，单击即可打开文档。

方法2：通过WPS文字打开文档。

打开"文件"选项卡，在其中可以看到我们最近打开的文档列表。如果存在要找的文档，则单击文档名称可以直接打开；如果不存在要找的文档，则单击"打开"按钮，从本地磁盘中选择目标文档，找到后单击窗口中的"打开"按钮，即可打开文档进行编辑。

4. 关闭文档

在标题栏中右击，在下拉菜单中找到"关闭"命令，单击即可关闭文档，如图3.16所示。

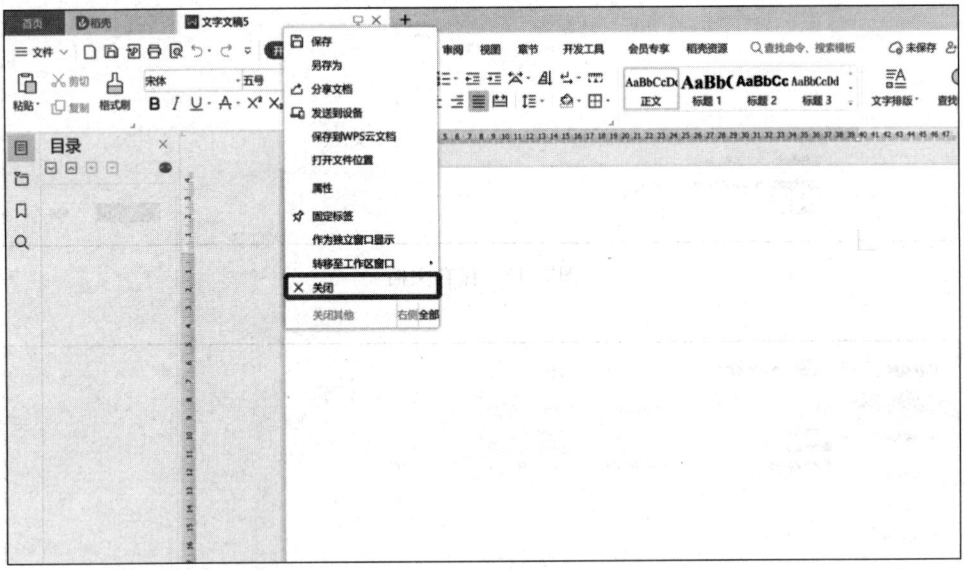

图3.16　通过标题栏关闭文档

关闭文档的快捷键为Ctrl+W，用户也可以直接按此快捷键关闭当前的文档窗口。

5. 保存文档

在进行文档编辑时，未保存的文档暂时存放在系统内存中，如果用户计算机关机或者断电时，内存中的数据会被清空，将导致文档内容丢失。为了防止文档内容丢失，应该将编辑的文档及时保存到本地磁盘中，避免数据丢失带来的问题。

方法1：保存新建文档。

新文档创建完成后，选择"文件"→"保存"命令，弹出"另存文件"对话框，如图3.17所示。

如图3.17所示，选择要将文档保存到本地磁盘的具体位置，例如在D盘下存在"文档"文件夹，通过单击找到对应文件夹后，打开该文件夹。

在"保存"对话框中的"文件名"文本框中输入要保存文档的名称。

在"文件类型"下拉列表框中选择用户要保存的文件类型，如图3.18所示。

也可以单击快速访问工具栏中的"保存"按钮 或者按快捷键Ctrl+S执行保存命令。如果当前编辑的文档已经存在于系统磁盘中，当再次执行"保存"命令时，不会跳出"另存文件"对话框，系统此时会自动将文档内容保存。

方法2：另存当前文档。

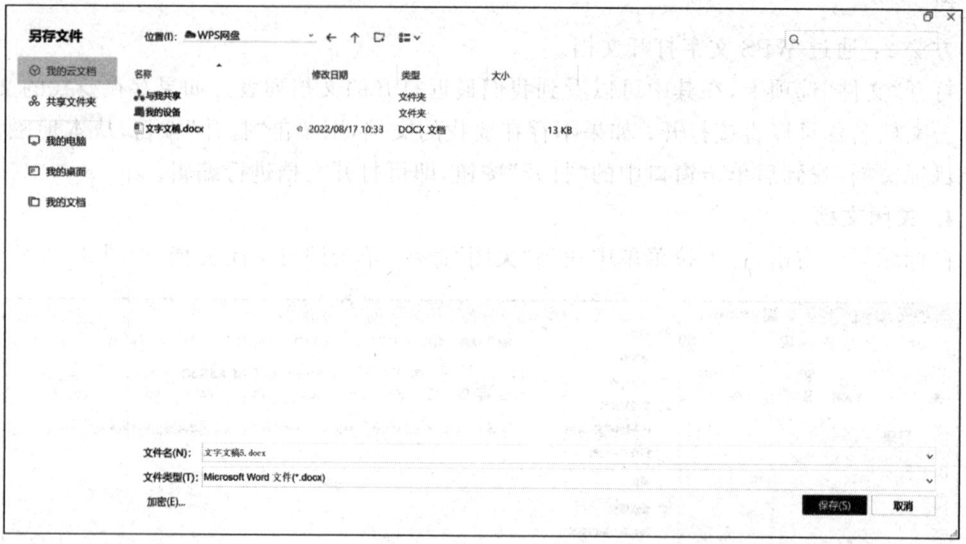

图 3.17　保存文档

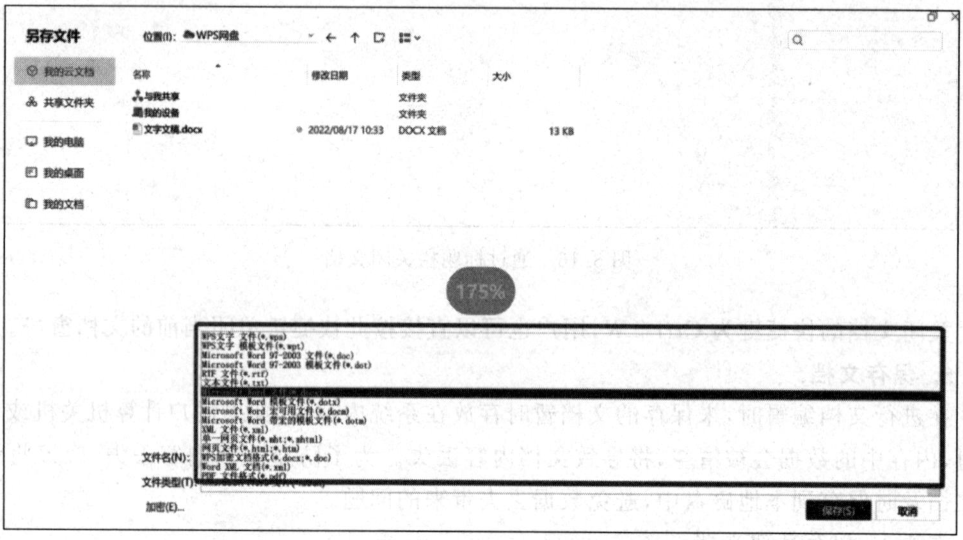

图 3.18　选择文档类型

在日常工作中,用户在某些场景需要对当前文档进行备份,然后对当前文档进行修改。此时,就需要对文档进行另存操作。

(1) 在磁盘中找到刚才保存的文档,右击,打开方式选择 WPS Office,单击打开文档。

(2) 选择"文件"→"另存为"命令,弹出"另存文件"对话框,如图 3.17 所示。

(3) 如果另存的文件想要改变位置,则重新选择文件的保存位置。

(4) 在"文件名"文本框中输入新的文档名称。

(5) 如果想要修改文件另存类型,则在"文件类型"下拉列表框中选择对应的文件类型,如图 3.18 所示。

(6) 单击"保存"按钮,当前文档将以新命名的文件名和格式保存到系统磁盘中。

3.1.4 输入文本内容

学习完文档创建、打开、保存、关闭后,就可以开始进行各种的文档编辑操作了。根据编辑文档的不同特点,可以选择合适的视图模式。本章涉及的例子均在页面视图下完成,如有特殊场景,将在文中提示。

1. 输入中英文字符

首先需要确定插入点(需要进行文字编辑的地方)的位置。

(1) 新建空白文档,按快捷键 Ctrl+N 创建文本文档。

(2) 保存新建文档到本地,右击标题栏中的"文字文稿1",选择"保存"命令,保存新建文本到本地磁盘。

(3) 确认插入点位置。保存文件到本地磁盘后,回到文档编辑窗口,在窗口中的文本编辑区域可以看到一个不断闪烁的竖形光标,称为插入点。随着用户的输入,插入点位置会不断地向后移动,已经输入的内容会显示在插入点之前。在文本编辑区域内的任何文字输入都是从插入点开始的。

在文档编辑过程中,还可能需要对内容进行修改,可以通过以下步骤完成。

(1) 默认情况下,一个空白文档的插入点在文档的第1行的第1个字符的位置。如果需要在文档中某个位置输入或修改文本内容,则需要将光标移动到该位置,然后双击,插入点就会移动到对应的位置。

(2) 也可以通过键盘操作改变插入点的位置,表3.1为常用的改变插入点位置的键盘组合搭配。

表 3.1 移动插入点的按键组合列表

按 键 组 合	操 作 结 果
←或→	将插入点向左或向右移动一个字符
Ctrl+←或→	将插入点向左或向右移动一个单词
↑或↓	将插入点向上或向下移动一行
Ctrl+↑或↓	将插入点向上或者向下移动一段文本
Tab	在表格中向右移动一个单元格
Shift+Tab	在表格中向左移动一个单元格
Home 或 End	将插入点移动到行首或者行尾
Page Up 或 Page Down	将插入点向上或向下移动一屏
Ctrl+Page Up 或 Page Down	将插入点移动到上页顶端或下页顶端
Ctrl+Home 或 End	将插入点移动到开头或结尾

(3) 通过定位按钮移动插入点。

① 按快捷键 Ctrl+G,打开"查找和替换"对话框,如图3.19所示。

② 在"定位目标"中选择不同的属性值可以定位到对应的位置。

③ 单击"关闭"按钮,关闭对话框,插入点移动到定位的位置。

插入点确定以后,就可以输入文档内容。

(1) 插入点确定完毕,开始在"文字文稿1"的文档编辑区域输入文档内容。

(2) 切换输入法,选择输入中文,就可以输入中文。

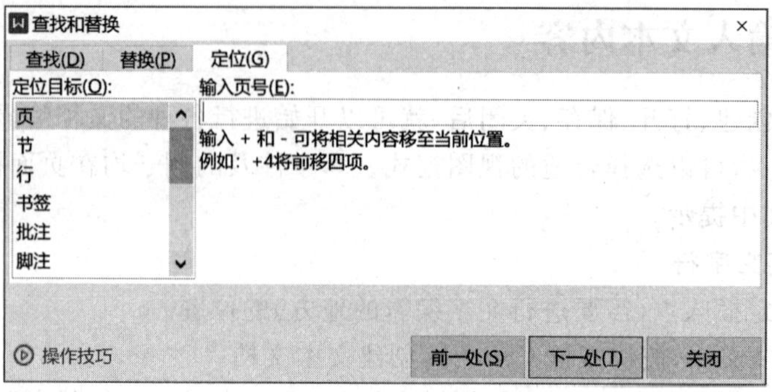

图 3.19　"查找和替换"对话框

　　（3）中文内容输入完毕，按 Shift 键，切换至英文输入法，可以进行英文输入，如图 3.20 所示。

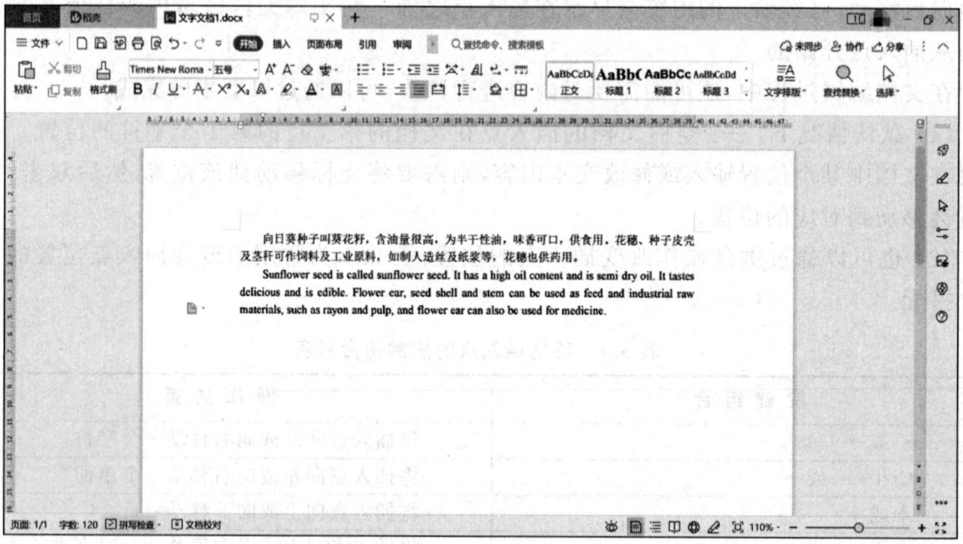

图 3.20　中英文输入效果图

2. 插入符号

对于一些特殊符号，可以按下列步骤输入。

（1）单击"插入"→"符号"按钮，如图 3.21 所示。

（2）打开"符号"对话框，如图 3.22 所示，可以根据具体需要通过字体或子集快速筛选出所需要的符号。

（3）在"在文字文档 1"中的段首插入符号，效果如图 3.23 所示。

3. 插入数学公式

在日常工作中，经常需要输入一些特殊的公式，WPS Office 为我们提供了公式编辑器，只需要按照给定的格式输入符号或字符，就能够生成一套复杂的数学公式。

（1）单击"插入"→"公式"按钮，如图 3.24 所示。

（2）打开"公式"对话框，对话框中提供了三种输入公式的方式。

图 3.21 "插入"选项卡中的"符号"按钮

图 3.22 "符号"对话框

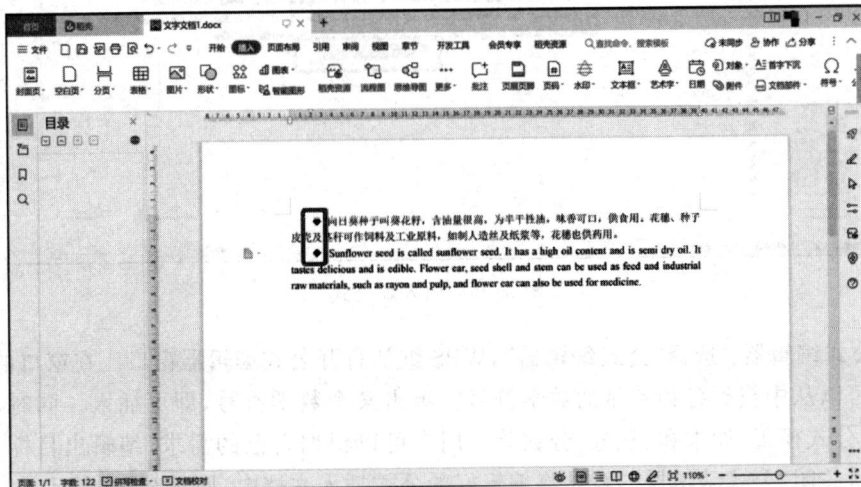

图 3.23 插入符号效果

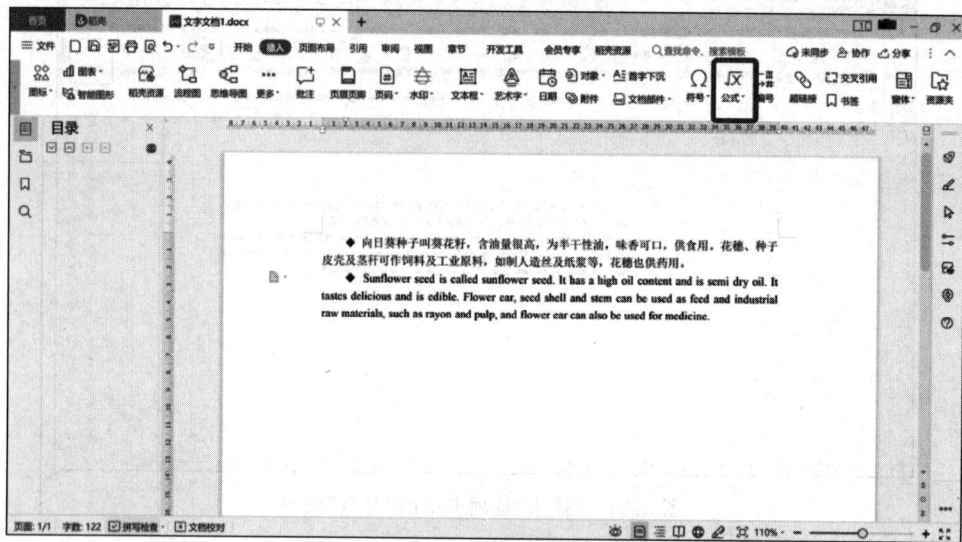

图 3.24 "插入"选项卡中的"公式"按钮

① 内置：WPS 内置了很多常用的公式，如果存在需要的公式，则单击即可插入。

② 插入新公式：如果内置的公式中没有需要的公式，可以选择"插入新公式"，则在当前插入点插入一个公式框，同时自动打开"公式工具"选项卡，用户可以自己定义公式内容，如图 3.25 所示。

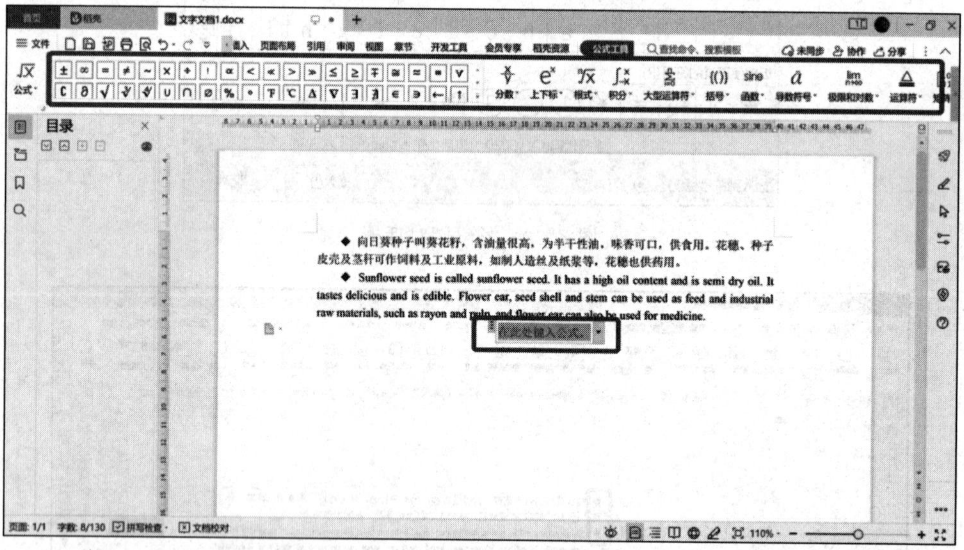

图 3.25 插入新公式

③ 公式编辑器：选择"公式编辑器"，WPS 默认打开公式编辑器窗口。在窗口的工具栏中，我们可以从中找到各种常见的数学符号。单击某个数学符号，即可插入。同时，还可以选择各种公式模板，如求和、积分、分数等。用户可以根据自己的需求，编辑出目标公式，编辑完成后，关闭"公式编辑器"，默认将编辑好的公式插入文档中，如图 3.26 所示。

如果要继续编辑公式对象，可单击该公式，此时在其周围将出现有 8 个控制点的虚线

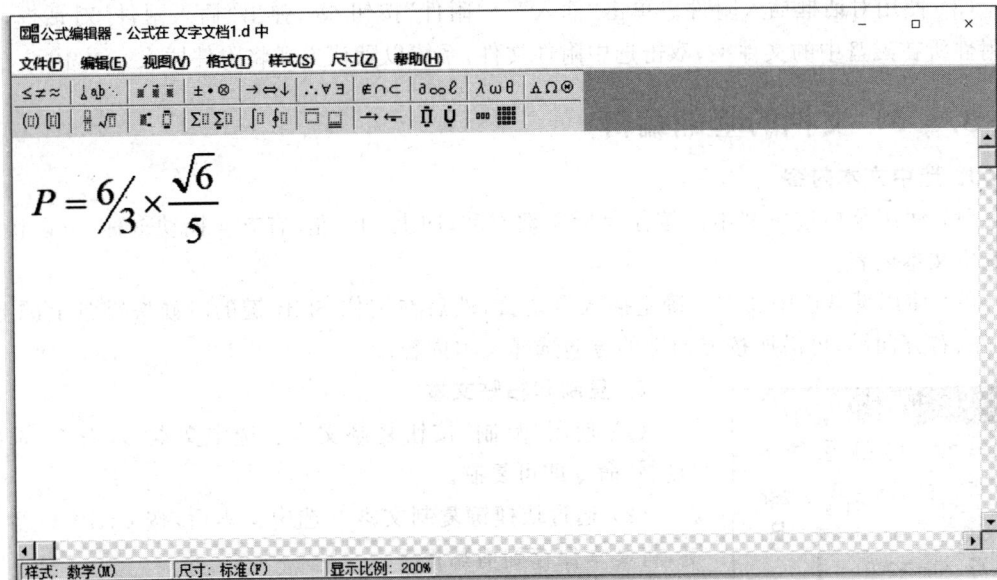

图 3.26 公式编辑器

框,通过它们可以进行公式的移动、缩放等相关操作。双击公式将重新进入编辑模式。

4. 插入对象或附件

在文档中还可以引用其他对象或者附件。对象主要包括其他文档、表格、音频、视频以及压缩包等,可以通过附件的形式插入文本文档中,来丰富文档内容。

单击"插入"→"对象"按钮 ⊚,弹出"插入对象"对话框,如图 3.27 所示。

(1)通过新建方式插入对象。选中"新建"单选按钮,在"对象类型"下拉列表框中选择要插入的对象类型,然后单击"确定"按钮,默认打开对应的对象编辑器。编辑完成后,单击"关闭"按钮,默认将对象文本插入当前插入点处。

(2)通过文件创建对象。如果磁盘中存在需要插入的对象,则直接选中"由文件创建"单选按钮,如图 3.28 所示。单击"浏览"按钮,打开对象所在文件夹,选中对象文件后,单击"确定"按钮,系统自动导入所选的对象文本内容。

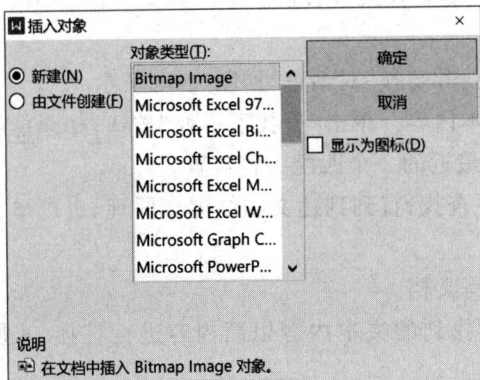

图 3.27 "插入对象"对话框

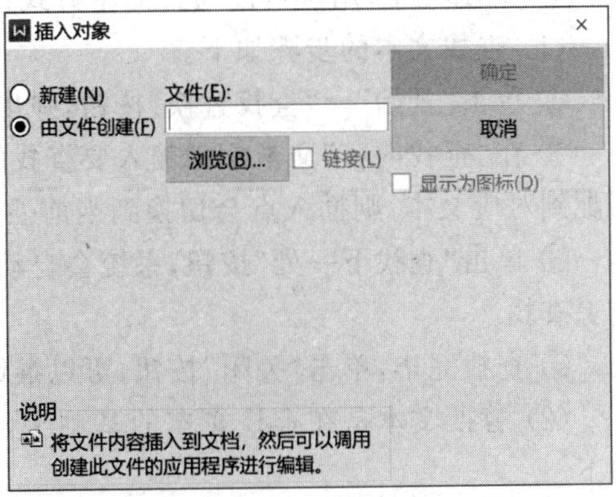

图 3.28 由文件创建

（3）使用对话框插入附件。单击"插入"→"附件"按钮 ✎ ,弹出"插入附件"对话框,打开附件所在磁盘中的文件夹,双击选中附件文件,系统以默认方式将附件插入文本中。

3.1.5   文档的基础编辑

1. 选中文本内容

（1）使用鼠标选中文本。按住鼠标左键不动,向上、下、左、右方向拖动鼠标,可以快捷地选中文本内容。

（2）使用键盘选中文本。确定插入点位置,然后在按住 Shift 键的时候按键盘上的上、下、左、右方向键,可沿所按方向键的方向选择文本内容。

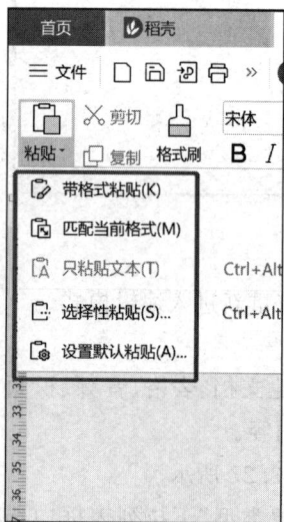

2. 复制和粘贴文本

（1）使用"复制"按钮复制文本。选中文本后,右击,选择"复制"命令即可复制。

（2）通过快捷键复制文本。选中文本后,按 Ctrl+C 组合键,将文本保存到剪贴板上。

复制文本以后,使用粘贴功能把已经复制的文本粘贴到插入点处。

文本复制完成后,找到插入位置后单击,当插入点闪烁时,单击"粘贴"按钮,如图 3.29 所示,在列表中选择粘贴方式,即可将复制的文本插入文档中。

图 3.29   粘贴方式

3. 删除或修改文本

选中不需要的文本,当将要删除的文本背景色为暗灰色时,表示文本被选中,此时,按 Delete 键,就可直接删除文字。

选中需要修改的文本内容,当选中文本背景色为暗灰色时,输入将要修改的文本内容,系统会自动替换为新输入的文本内容。

4. 查找和替换文本

用户在日常的文档编写中,经常需要查找一些文本,或者将某些文本替换成其他文本,在 WPS Office 中,用户可以通过简单方式进行快捷查找或者替换。

（1）查找文本的步骤如下。

① 单击"开始"→"查找替换"按钮,弹出"查找和替换"对话框,如图 3.30 所示。

② 在"查找内容"文本框中输入要查找的文本内容。单击"查找下一处"按钮,如果能够匹配到对应文本,则插入点会切换到当前插入点最近的一个匹配字符位置。

③ 单击"查找下一处"按钮,系统会自动向下查找,直到到达文本结尾。同理,也可单击向上查找。

④ 查找完毕,单击"关闭"按钮,可以继续编写文档。

（2）替换文本是在查找文本的基础上,对查找到的文本内容以新内容进行替换,步骤如下。

① 将插入点移动到将要进行查找替换的位置,单击"开始"→"查找替换"按钮,弹出"查找和替换"对话框。选择"替换"选项卡,在"查找内容"文本框中输入将要查找的文本内容,

图 3.30 "查找和替换"对话框

在"替换为"文本框中输入要替换的文本内容,单击"替换"按钮,系统自动完成替换操作,如图 3.31 所示。

查找替换完毕,单击"关闭"按钮,继续编辑文档。

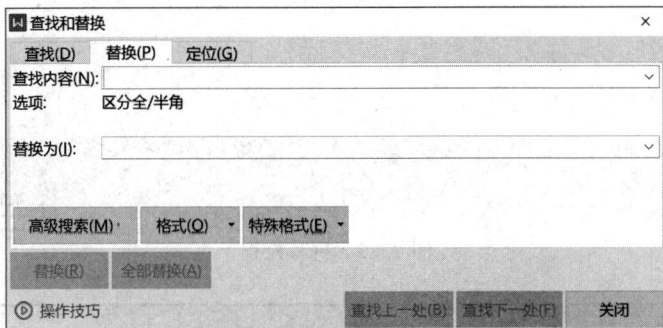

图 3.31 "替换"选项卡

3.1.6 拼写与语法检查

1. 拼写检查属性设置

拼写与语法检查是系统根据词典自动检查可能的输入错误。

单击"文件"→"选项"按钮,进入设置界面。在设置界面中找到"拼写检查"选项,用户可以根据需求勾选相关设置,更加准确地检查文档,如图 3.32 所示。

2. 忽略当前检查

可以根据需要,忽略系统做出的检查,对文档内容不做修改。

在编辑一些专业文档时,有些单词属于专业用语,词典中可能还没收录该单词,此时拼写检查也会报错,这时可以选中文本右击,然后选择"忽略一次",可以忽略本次检查,如图 3.33 所示。

练习 3-1

(1) 新建文档。创建"大学生假期生活调查问卷.docx"文档,并保存到本地磁盘。

(2) 输入文本内容。按照如图 3.34 所示样文一,输入文本内容和符号到新建文档中。

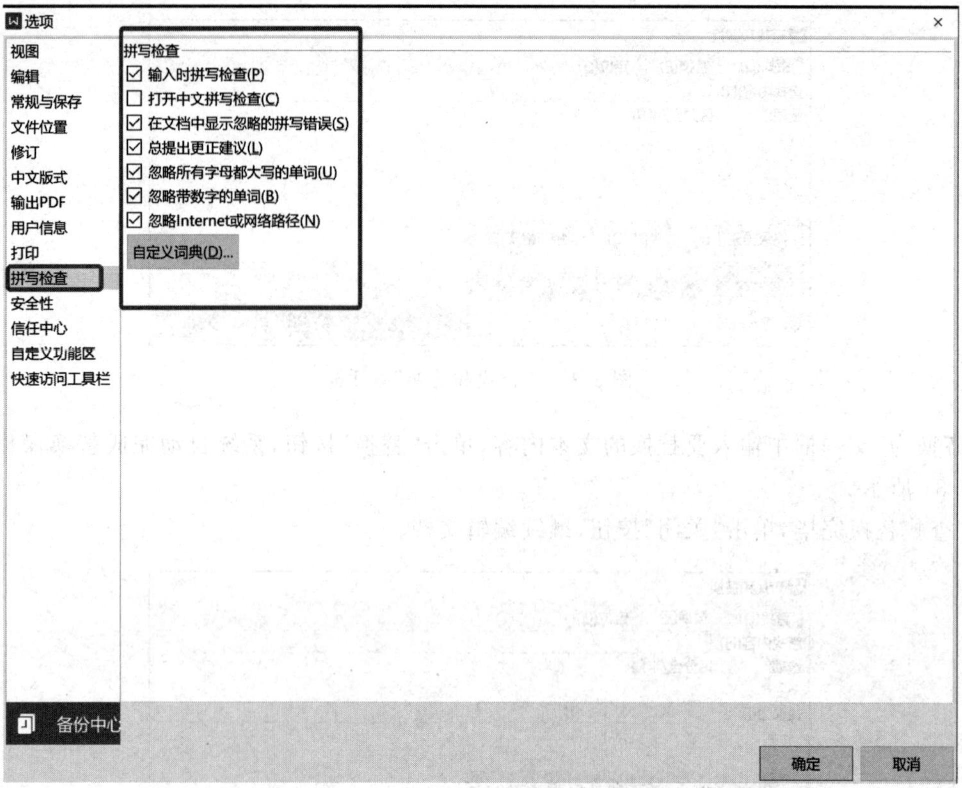

图 3.32　拼写检查

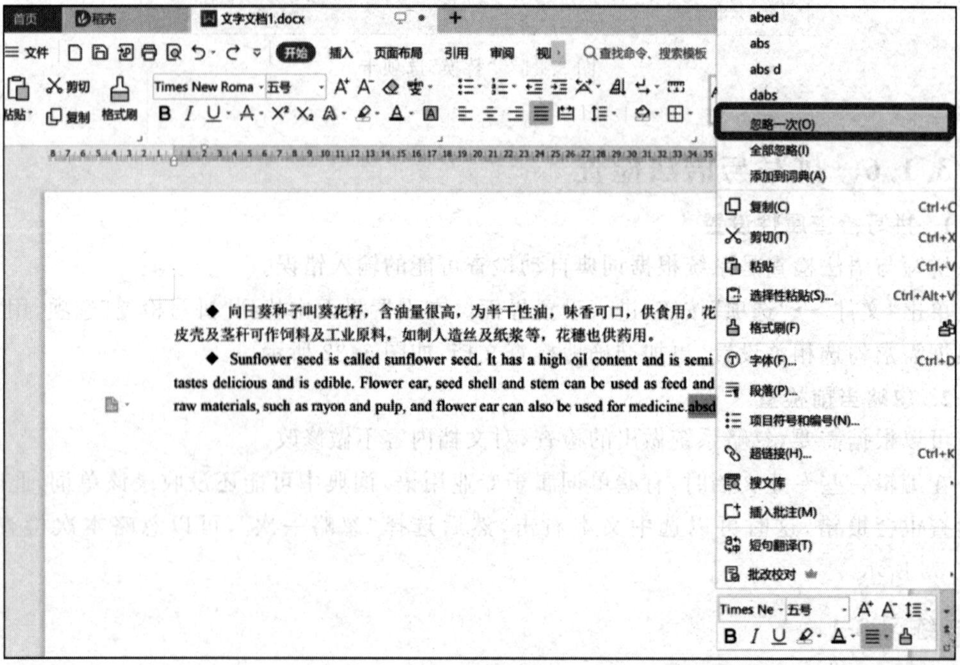

图 3.33　拼写检查忽略一次

（3）文本复制和粘贴。复制第二个选项放到第四个选项后面，作为第五个选项，将"2"改为"5"，将题目"您的性别"修改为"老师性别"。

（4）查找和替换。将文中所有"大学生"替换成"高中生"。

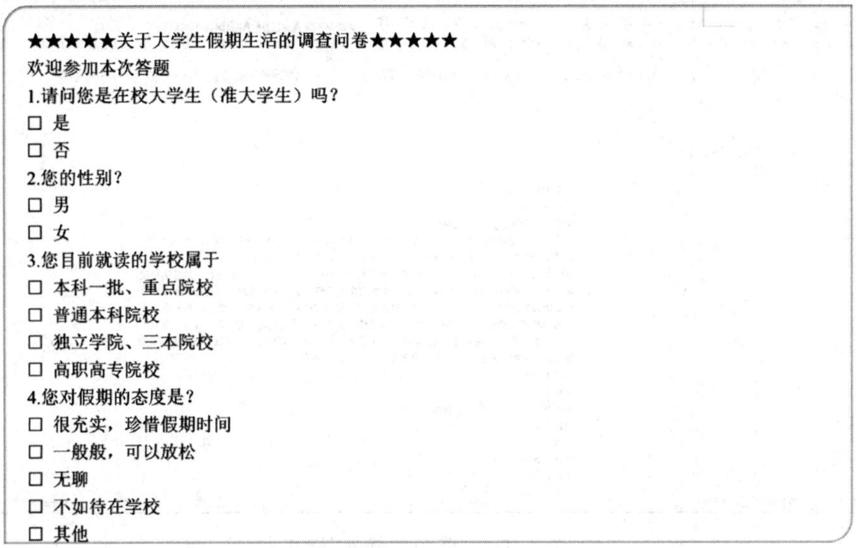

★★★★★关于大学生假期生活的调查问卷★★★★★
欢迎参加本次答题
1.请问您是在校大学生（准大学生）吗？
□ 是
□ 否
2.您的性别？
□ 男
□ 女
3.您目前就读的学校属于
□ 本科一批、重点院校
□ 普通本科院校
□ 独立学院、三本院校
□ 高职高专院校
4.您对假期的态度是？
□ 很充实，珍惜假期时间
□ 一般般，可以放松
□ 无聊
□ 不如待在学校
□ 其他

图 3.34 样文一

任务 3.2 文档排版

任务概述

本任务将对一份文档进行排版，以使文档易于阅读、版式大方美观。在这个过程中继续学习 WPS 文本编辑的一些内容。

任务目标

➢ 设置文本和段落。
➢ 设置项目符号和编号。
➢ 设置边框和底纹。
➢ 使用格式刷。

3.2.1 设置文本和段落

1. 设置文本对齐方式

为了文档的规范和美观，WPS Office 提供了左对齐、右对齐、居中对齐、两端对齐和分散对齐 5 种对齐方式。在日常工作中，可以根据文档需求来选择段落的对齐方式。

下面以设置居中对齐为例，说明操作方法。

如图 3.35 所示,图中为"吃鱼的好处"样文,文档第一行作为标题,应该设置对齐方式为居中对齐。

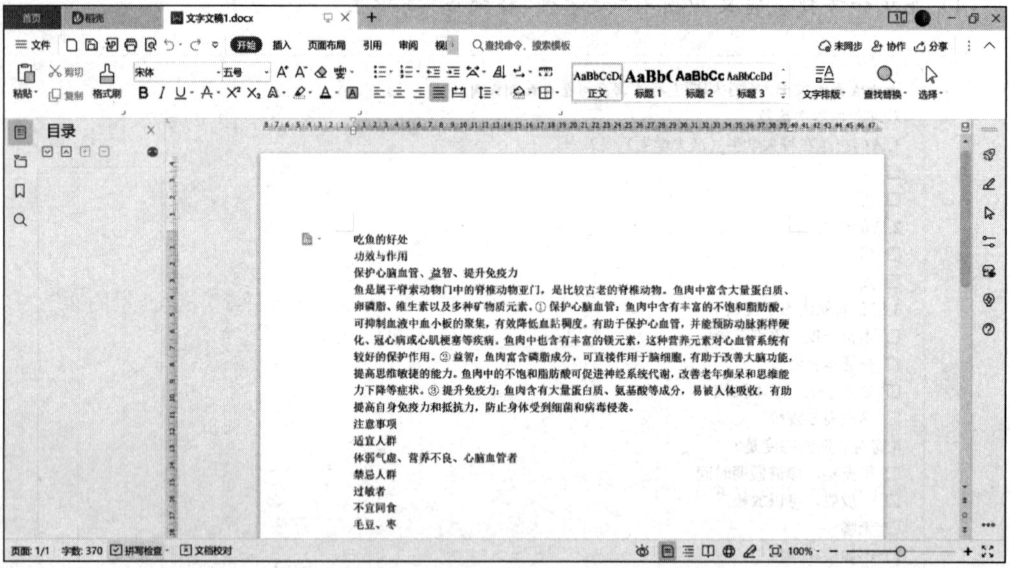

图 3.35　"吃鱼的好处"样文

将插入点移动到第一行任意位置,单击"开始"→"段落"→"居中对齐"按钮,系统自动将文本居中对齐显示,如图 3.36 所示。

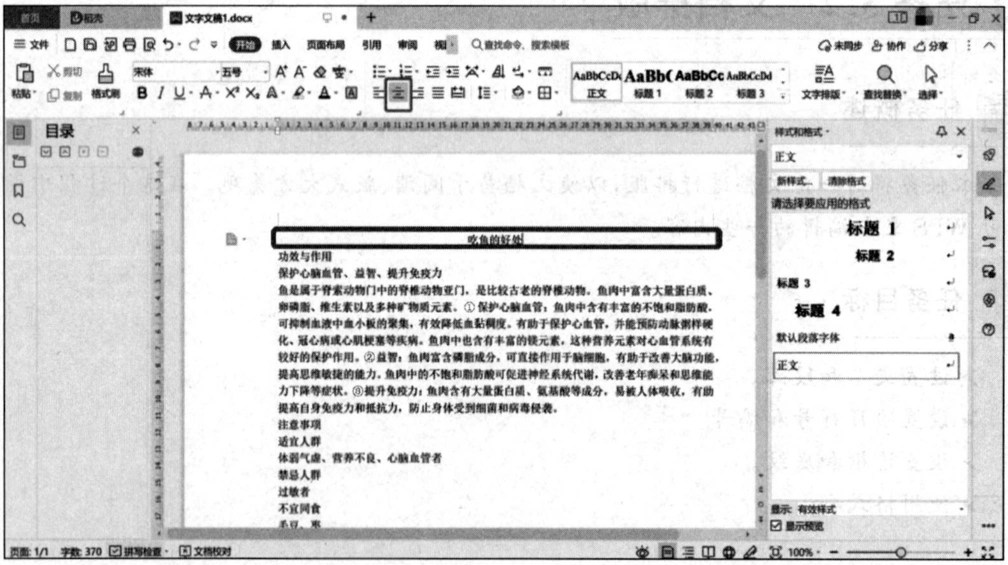

图 3.36　居中对齐效果展示

也可以通过"段落"对话框完成此操作。

选中"吃鱼的好处",单击"开始"→"段落"组中的对话框启动器按钮,打开"段落"对话框,如图 3.37 所示,对齐方式选择"居中对齐",单击"确定"按钮。

图 3.37 "段落"对话框

2. 设置字体格式

为了文章的美观和突出某些内容,需要对字体格式进行设置。例如,作为文章标题,为了更加突出,需要调大字体,同时进行加粗显示,这样在阅读时更加醒目。

(1) 设置字体,选中需要增大的字体,单击"开始选项卡"→"字体"→"字号"按钮,如图 3.38 所示,八号到初号字体依次增大,5 磅到 72 磅字体依次增大,用户需要根据需求设置合适大小的字体,这里选择"三号"字体。

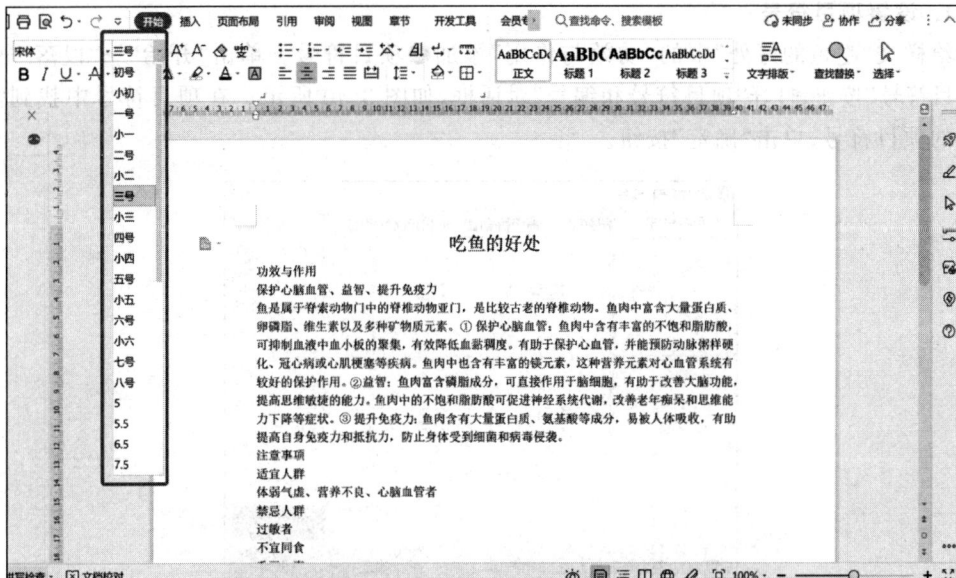

图 3.38 字号设置

(2) 单击"开始"→"字体"组中的对话框启动器按钮,打开"字体"对话框,如图 3.39 所示。可以在"字体"对话框中对选中的文本进行设置,这里设置字号为三号,在实际工作中,用户可以根据具体场景设置合适的字体格式。

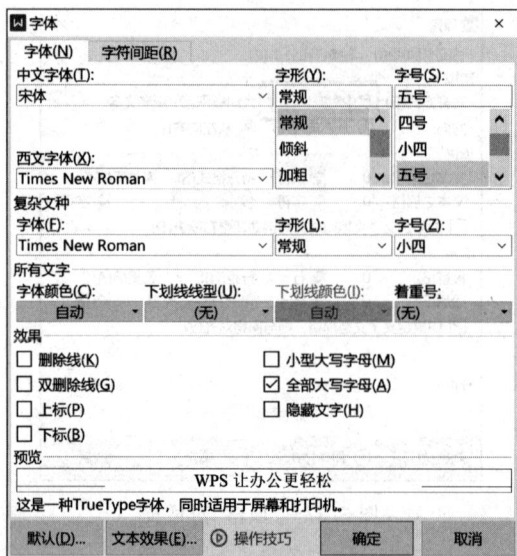

图 3.39 "字体"对话框

3.2.2 设置项目符号和编号

为了使文档更加美观和规范,WPS Office 提供了项目符号和编号设置,能够使文章展示得更加有条理且富有层次,便于阅读。

1. 设置项目符号

给样文"吃鱼的好处"中的"功效与作用"添加●项目符号。单击"开始"→"段落"→"插入项目符号"按钮,打开"项目符号和编号"对话框,如图 3.40 所示。在项目符号中找到需要插入的项目符号,单击"确定"按钮。

图 3.40 "项目符号和编号"对话框

2. 设置编号

给样文中功效与作用的内容添加编号,如图 3.40 所示。打开"编号"选项卡,在编号中选中合适的编号格式,单击"确定"按钮,如图 3.41 所示。

吃鱼的好处

● 功效与作用
1. 保护心脑血管
2. 益智
3. 提升免疫力

鱼是属于脊索动物门中的脊椎动物亚门，是比较古老的脊椎动物。鱼肉中富含大量蛋白质、卵磷脂、维生素以及多种矿物质元素。① 保护心脑血管：鱼肉中含有丰富的不饱和脂肪酸，可抑制血液中血小板的聚集，有效降低血黏稠度。有助于保护心血管，并能预防动脉粥样硬化、冠心病或心肌梗塞等疾病。鱼肉中也含有丰富的镁元素，这种营养元素对心血管系统有较好的保护作用。②益智：鱼肉富含磷脂成分，可直接作用于脑细胞，有助于改善大脑功能，提高思维敏捷的能力。鱼肉中的不饱和脂肪酸可促进神经系统代谢，改善老年痴呆和思维能力下降等症状。③ 提升免疫力：鱼肉含有大量蛋白质、氨基酸等成分，易被人体吸收，有助提高自身免疫力和抵抗力，防止身体受到细菌和病毒侵袭。
适宜人群
体弱气虚、营养不良、心脑血管者
禁忌人群
过敏者
不宜同食
毛豆、枣

图 3.41 添加编号效果展示

3.2.3 设置边框和底纹

段落内容设置完毕，用户还可以给文档添加边框和底纹，使文档整体更加美观，体现用户的文档处理能力。

1. 设置段落边框

选中需要添加边框的段落，单击"开始"→"边框"组中的对话框启动器按钮 □，在"边框和底纹"对话框中选择"边框"选项卡，如图 3.42 所示。

选择"方框"，再选择合适的"线型"和"宽度"，应用于"段落"，单击"确定"按钮。

2. 设置页面边框

选中需要添加边框的文本，单击"开始"→"边框"组中的对话框启动器按钮 □，在"边框和底纹"对话框中选择"页面边框"选项卡，如图 3.43 所示。

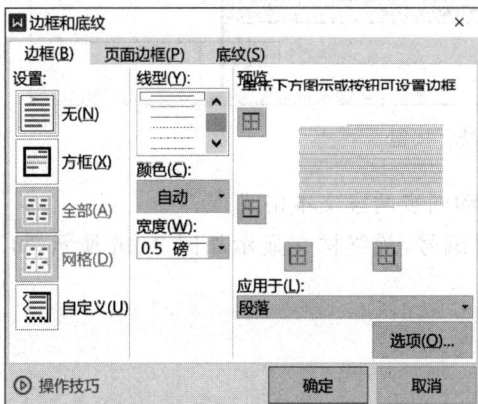

图 3.42 "边框"选项卡　　　　图 3.43 "页面边框"选项卡

选择"方框",再选择合适的"线型""宽度"及"颜色",应用于"整篇文档",单击"确定"按钮。

3. 设置底纹

选中需要添加底纹的文本,单击"开始"→"边框"组中的对话框启动器按钮 □,在"边框和底纹"对话框中选择"底纹"选项卡,如图 3.44 所示。

填充选择"橙色",应用于"段落",单击"确定"按钮。

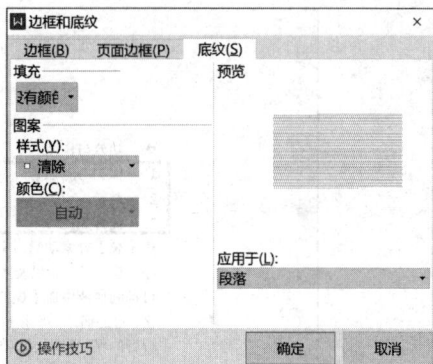

图 3.44　"底纹"选项卡

3.2.4　使用格式刷

在日常文档编辑中,经常需要使用统一的字体或者段落格式,WPS Office 提供了格式刷工具,该工具能方便、快捷地帮助用户复制字体或者段落格式,用于其他字体或者段落,使整篇文档更加美观、规范。

使用格式刷工具,将样文"吃鱼的好处"中的项目符号和编号格式应用于"适宜人群"及相关内容。选中带有项目符号的文本,单击"开始"→"格式刷"按钮(单击时只使用一次格式刷),如图 3.45 所示。

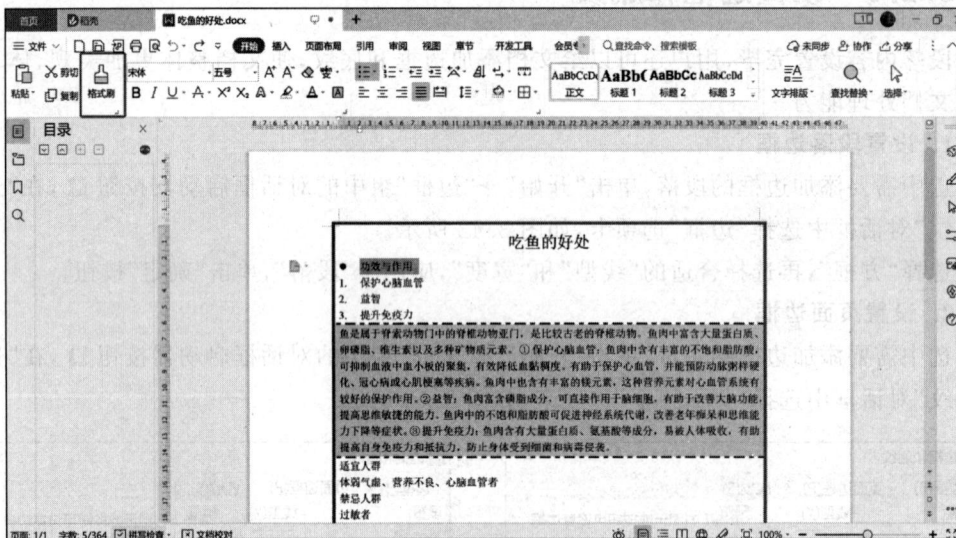

图 3.45　"格式刷"按钮

然后选中需要设置同样格式的文本,系统自动同步两段文本格式。

选中"适宜人群"下的段落,添加同样的项目编号,最终样文显示如图 3.46 所示,可与图 3.41 比较,文档更加美观和规范。

练习 3-2

(1) 打开(或新建)"中国网民调查报告.docx"文档,设置字体和段落。

设置第 1 行为文章标题,字体为"隶书""加粗",字号为"三号",段落格式为"居中对齐"。

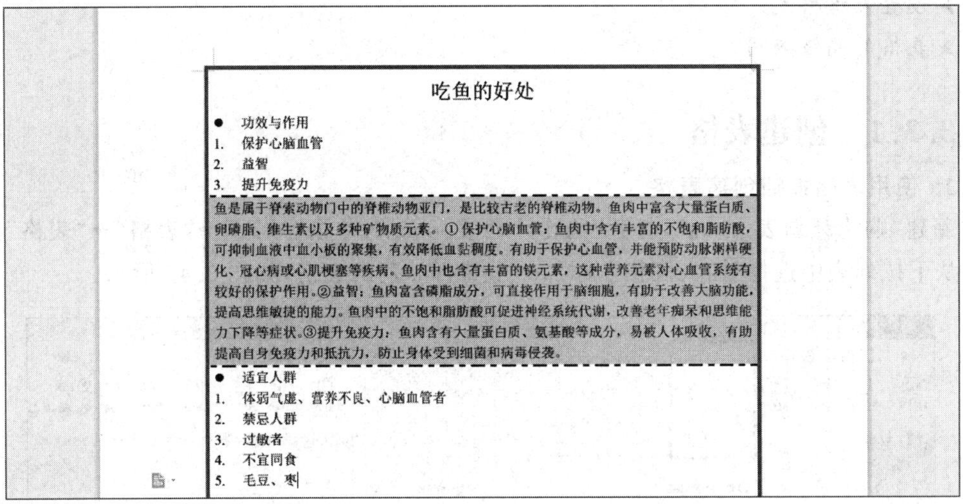

图 3.46 "吃鱼的好处"文本段落设置后效果

（2）给段落设置项目符号和编号。

给第 2 行添加项目符号■，第 3～5 行添加项目编号。

（3）使用格式刷。

将以上格式应用于"报告内容"。

（4）给段落添加边框。

给文档的第 7～20 行添加边框，格式为"方框"，线型为"虚线"，颜色为"浅蓝"，宽度为"1.5 磅"，只保留上边框，应用于段落。

（5）给文字设置底纹。

给文档的第 7～20 行文字添加底纹，填充颜色为"浅绿"，应用于"文字"。

（6）给页面添加边框。

设置页面边框为"方框"，线型为"实线"，颜色为"黑色"，宽度为"3 磅"，保留"四周边框"，应用于"整篇文档"。

任务 3.3　制作表格

任务概述

一份美观、规范的表格能够帮助人们更好地从文档中获取信息。本任务制作一份"购物计划表"。通过制作表格，学习文本编辑中表格的一些应用。

任务目标

➢ 创建表格。

➢ 编辑表格。

➢ 在表格中输入文本。

➢ 设置表格格式。

➢ 表格的高级应用。

3.3.1 创建表格

1. 使用表格按钮创建表格

新建"购物计划表.docx",打开"购物计划表.docx",单击"插入"→"表格"→"表格"按钮
▦,从下拉列表中选择"插入表格",添加一个 7 行 5 列的表格,如图 3.47 所示。

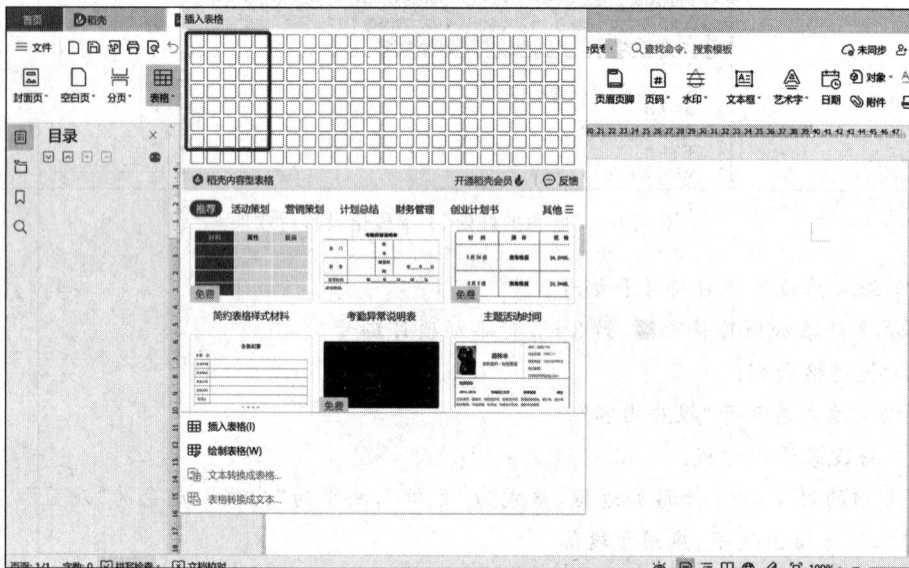

图 3.47 创建表格

图 3.48 "插入表格"对话框

2. 使用"插入表格"对话框创建表格

在"表格"下拉列表中选择"插入表格"命令,在弹出的对
话框中输入 7 行 5 列,如图 3.48 所示。

3. 绘制表格

从"表格"下拉列表中选择"绘制表格"命令,表格会以当
前插入点为起点。按住鼠标左键,向左、向右拖动可增减列
数,向上、向下拖动可增减行数,如图 3.49 所示。

4. 插入带有格式的表格

WPS Office 提供了很多免费的表格模板,用户可以根据
自己的需求,选择合适的表格模板,如图 3.50 所示。

3.3.2 编辑表格

1. 选定表格

表格创建完成后,单击表格任意位置,系统自动跳转到"表格工具"选项卡,如图 3.51 所
示。单击选中表格中一个单元格,就可以对单元格内容进行编辑,也可以通过"表格工具"选
项卡中的工具按钮来编辑表格。

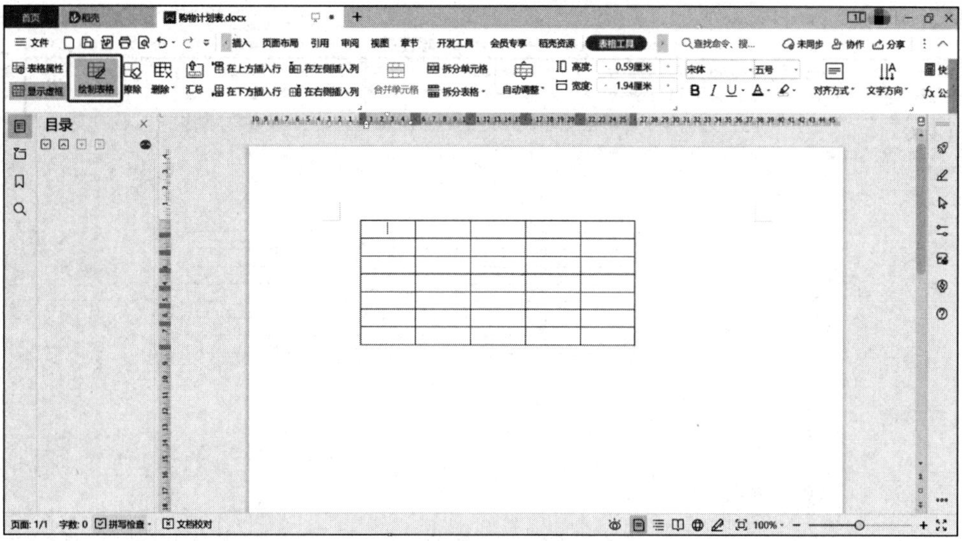

图 3.49 绘制表格

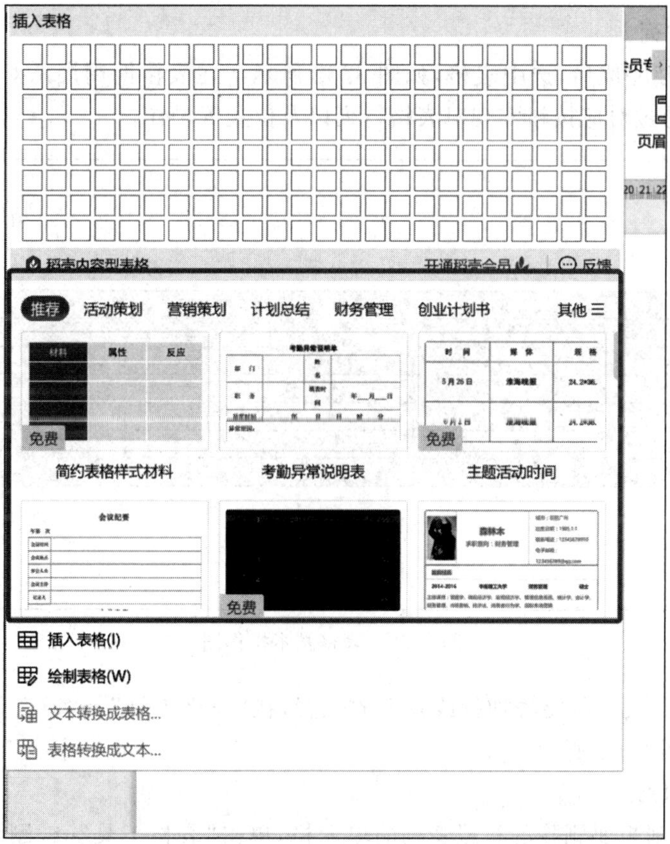

图 3.50 表格模板

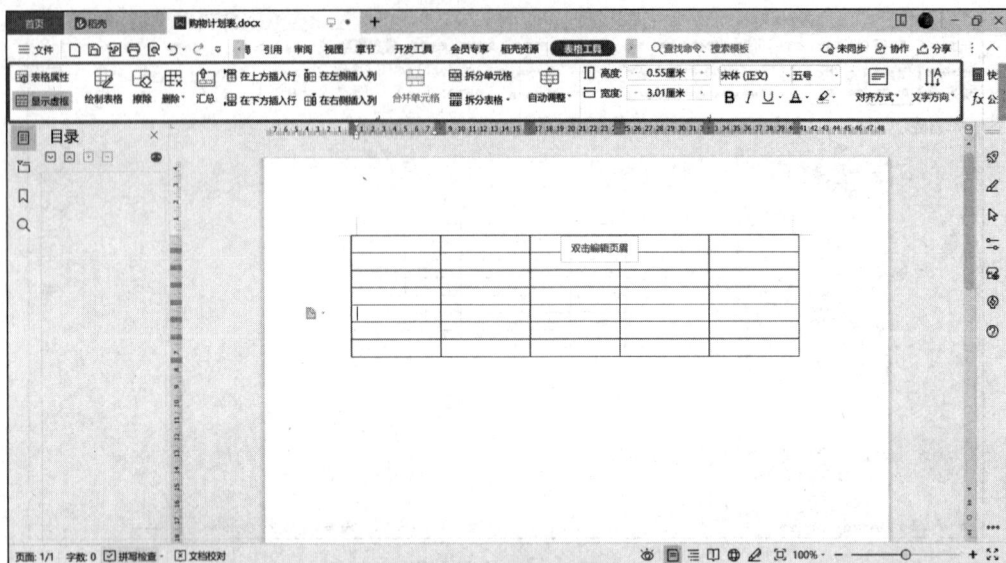

图 3.51　表格工具

2. 插入行和列

（1）表格创建完成后，选中表格，如图 3.52 所示。在表格四周展示对表格的基本操作按钮，用户可以通过对应按钮实现对表格行列以及位置等操作。

图 3.52　表格基本操作图

（2）将插入点放到需要添加行或者列的位置，在"表格工具"→"插入单元格"组中单击所需的按钮，如图 3.53 所示。

3. 删除行和列

将插入点放到想要删除的行或者列的单元格，单击"表格工具"→"删除"按钮田，然后选择想要的删除操作或者右击，在快捷菜单中选择"删除单元格"命令，系统会弹出"删除单元格"对话框，如图 3.54 所示，根据用户需求删除对应的行和列。

图 3.53　插入行或列

4. 合并和拆分单元格

为了满足用户对表格格式的要求，WPS Office 提供了合并或拆分单元格的功能，用户可根据实际需要将单元格进行合并和拆分。

（1）合并单元格。将插入点放到第 1 行，然后单击，当第 1 行的单元格显示为灰色，说明已经选中，单击"表格工具"→"合并单元格"按钮 ▦ ，或者右击，选择"合并单元格"命令，系统会自动将第 1 行单元格合并，如图 3.55 所示。也可以对任意相连的几个单元格组成的矩形区域进行合并。

图 3.54　"删除单元格"对话框

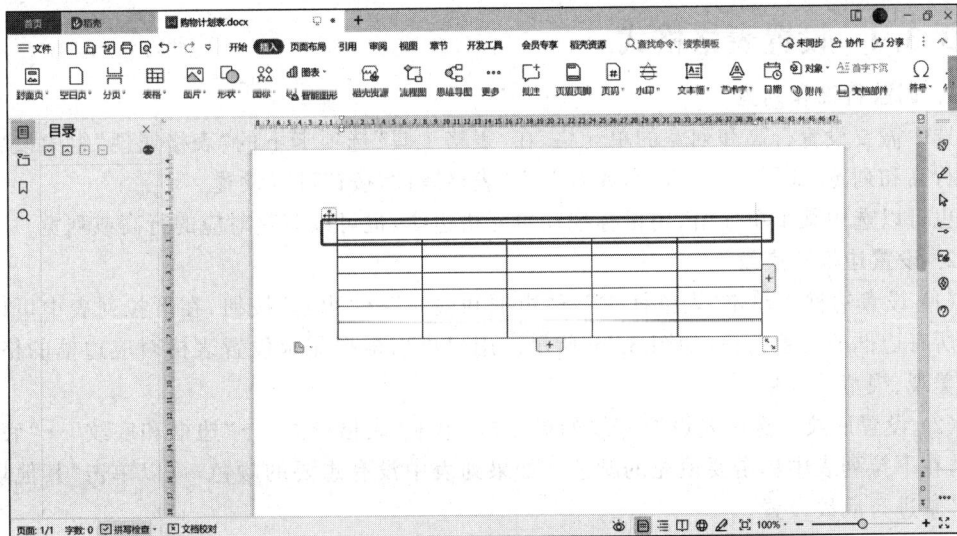

图 3.55　合并单元格

（2）拆分单元格时，需要先选中要拆分的单元格，在"表格工具"
选项卡中单击"拆分单元格"按钮，或者右击，选择"拆分单元格"命
令，在弹出的对话框中输入想要拆分的行数和列数，如图 3.56 所
示，系统自动将当前单元格拆分为对应行列的单元格。

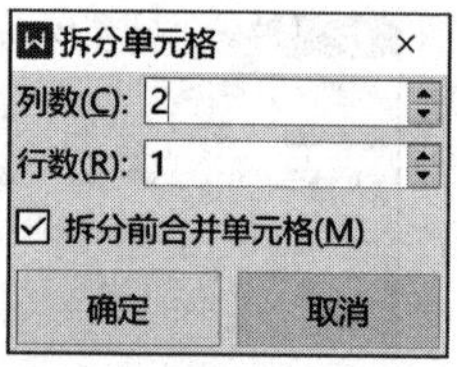

图 3.56　"拆分单元格"
对话框

3.3.3　在表格中输入文本

输入表格文本的具体步骤如下。

（1）将插入点放到第 1 行，输入文本内容"购物计划表"。选中文本，在"表格工具"选项
卡"字体"组中设置字号三号、加粗。

（2）输入购物清单内容，如图 3.57 所示。

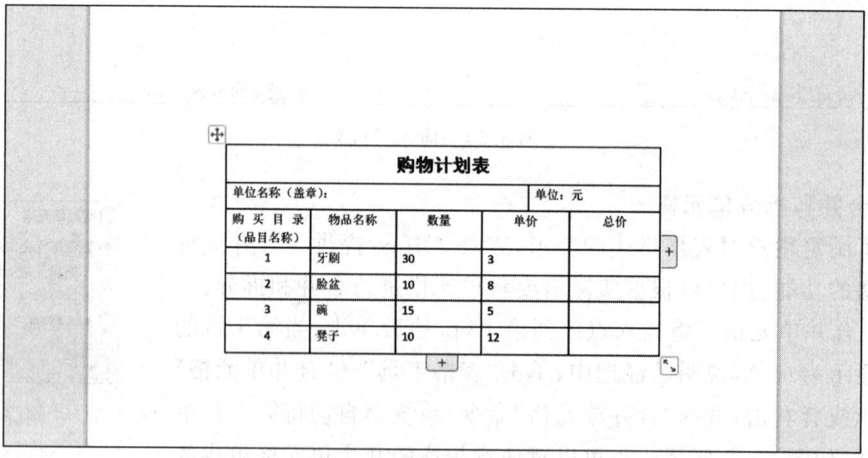

图 3.57　购物计划表

3.3.4　设置表格格式

1. 调整行高和列宽

选中需要设置行高和列宽的单元格，在"表格工具"选项卡下的"表格属性"组中设置对
应的行高和列宽，如图 3.58 所示，或者单击"表格属性"按钮进行设置。

也可以选中某个单元格，用鼠标拖动单元格边线，也可以调整对应的行高或列宽。

2. 设置边框和底纹

（1）设置边框。单击"表格样式"→"边框和底纹"→"边框"按钮，在下拉列表中可以看
到对所有边框的设置按钮，如图 3.59 所示。用户可以根据需求设置表格对应边框的格式，
达到美观、规范的效果。

（2）设置底纹。选中要设置底纹的单元格，单击"表格样式"→"边框和底纹"→"底纹"
按钮，在下拉列表中单击要填充的颜色。如果列表中没有想要的颜色，可以单击"其他填充
颜色"来进行底纹设置。

3. 套用表格格式模板

WPS Office 提供了很多免费的预设样式，用户可以根据需求，选择对应的表格样式，快
速设计出美观的表格样式，如图所 3.60 所示。

图 3.58 设置行高和列宽

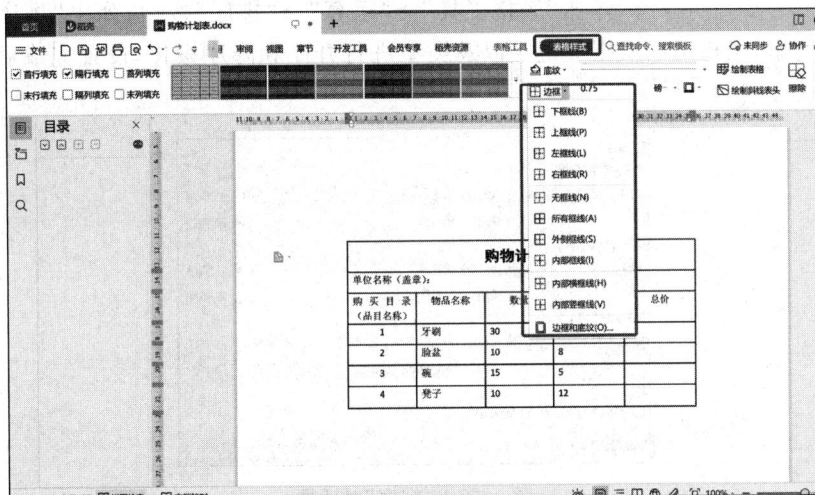

图 3.59 边框设置

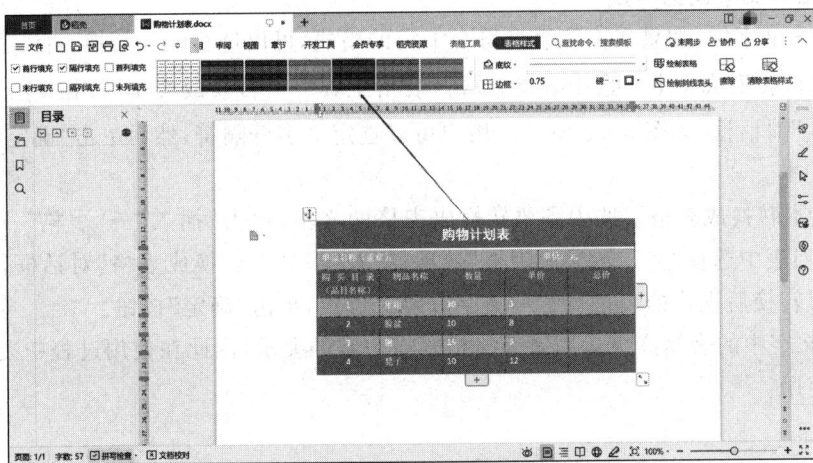

图 3.60 表格样式模板

3.3.5　表格的高级应用

1. 表格的数据计算

在 WPS Office 中，用户可以对表格中的数据进行基本的数据运算。在日常的工作中，很多场景下都需要用到这项功能。

图 3.61　"公式"对话框

要计算表格数据的和，可将插入点移动到求和的单元格，单击"表格工具"→"运算"→"公式"按钮 fx ，打开"公式"对话框，如图 3.61 所示。各选项说明如下。

（1）数字格式：计算结果的格式，如保留小数点后两位等。

（2）粘贴函数：可以选择公式运算，如求和、求平均数等。

（3）表格范围：可以选择计算的行和列。

2. 表格中的数据排序

单击"表格工具"→"运算"→"排序"按钮，弹出"排序"对话框，如图 3.62 所示，用户可以根据关键字以及类型进行升序和降序操作，设置完成后，单击"确定"按钮。

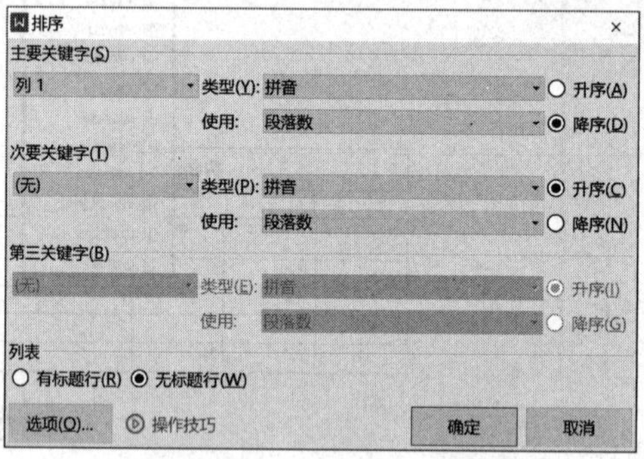

图 3.62　"排序"对话框

3. 表格和文本间的转换

在 WPS 文字中，如果文本和表格符合一定的格式，可以进行相互转换。

（1）表格转换成文本。选中表格，单击"表格工具"→"转换成文本"按钮 ，弹出"表格转换成文本"对话框，如图 3.63 所示。用户可以选定文字分隔符，然后单击"确定"按钮将表格转换成文本。

（2）文本转换成表格。选中需要转换成表格的文本，单击"插入"→"表格"→"表格"按钮，在下拉列表中选择"文本转换成表格"选项，打开"将文本转换成表格"对话框，如图 3.64 所示。设置转换后表格的表格尺寸和文字分隔符位置，单击"确定"按钮。

WPS 文字中的表格高级运用对表格格式有一定的要求，因此在使用过程中要根据实际情况进行使用。

练习 3-3

（1）新建文档。新建"个人简历.docx"，并保存到本地磁盘中。

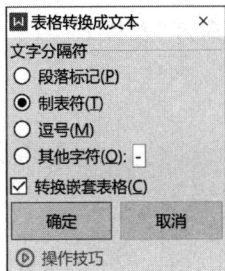

图 3.63　"表格转换成文本"对话框　　　图 3.64　"将文字转换成表格"对话框

（2）创建标题。在第 1 行输入"个人简历"作为标题，设置字体为"楷体"，字号为"小初"，"加粗"，段落为"居中对齐"。

（3）创建表格。在标题后插入 11 行 7 列的表格，设置第 1～5 行高为 1.20 厘米，宽为 2.29 厘米，第 6～11 行高为 2.00 厘米，宽为 2.29 厘米。

（4）合并单元格。将第 1～3 行第 7 列合并，第 4 行的第 6、第 7 列合并，第 5 行表格格式和第 4 行相同，第 6 行的第 2、第 3 列合并，第 5～7 列合并，第 7 行表格格式和第 6 行相同，第 8 行的第 2～7 列合并，第 9～11 行和第 8 行表格格式相同。

（5）输入表格文本。如图 3.65 所示，在新建表格中输入相应的文本。设置第 1～5 行字体为"宋体""加粗"，字号为"小四"。设置第 6～11 行字体为"宋体""加粗"，字号为"四号"。单元格文字对齐方式为"水平居中"。

图 3.65　"个人简历"表格文本内容

（6）使用表格模板。选择一种表格模板应用于"个人简历"表格上。

任务 3.4　制作图文并茂的文档

任务概述

在未来的工作中,我们有可能会收到一份制作图文并茂的文档的任务,本任务介绍如何通过 WPS 文字制作一份美观图文并茂的文档。

任务目标

➢ 插入图片。
➢ 插入艺术字。
➢ 插入 SmartArt 图形。
➢ 插入自选图形。
➢ 插入文本框。
➢ 插入图表。

3.4.1　插入图片

1. 插入计算机中的图片

（1）打开 WPS 文字,选择"文件"→"打开"命令,找到文档所在文件夹,选中"茶叶种类.docx",单击"打开"按钮,将文档在 WPS 文字中打开。

（2）单击"插入"→"图片"→"图片"按钮,在对话框中单击"本地图片",如图 3.66 所示。

（3）在本地文件中打开"茶叶图片资源"文件夹,在对应文档段落中插入相应的茶叶种类图片。

2. 插入联机图片

单击"插入"→"图片"→"图片"按钮,在"打开"对话框的"稻壳图片"文本框中输入想要查找的图片关键字,找到后双击该图片。

3. 编辑图片

单击图片,系统自动跳转到"图片工具"选项卡,如图 3.67 所示,用户可以根据需求对图片进行相关的操作。

3.4.2　插入艺术字

1. 添加艺术字

将插入点移动到想要添加艺术字的位置,单击"插入"→"艺术字"按钮,单击喜欢的预设样式,系统默认插入艺术字文本框,如图 3.68 所示。

2. 编辑艺术字

选择插入的艺术字,单击"文本工具"→"文本效果"组的对话框启动器按钮,系统默认在文档右侧打开"文本编辑"面板,如图 3.69 所示。

图 3.66　插入图片

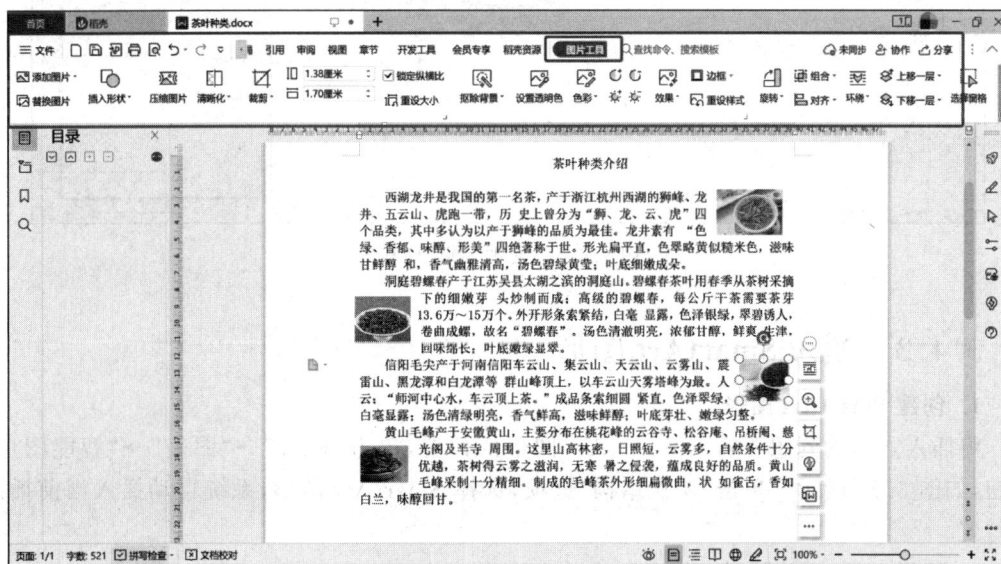

图 3.67　"图片工具"选项卡

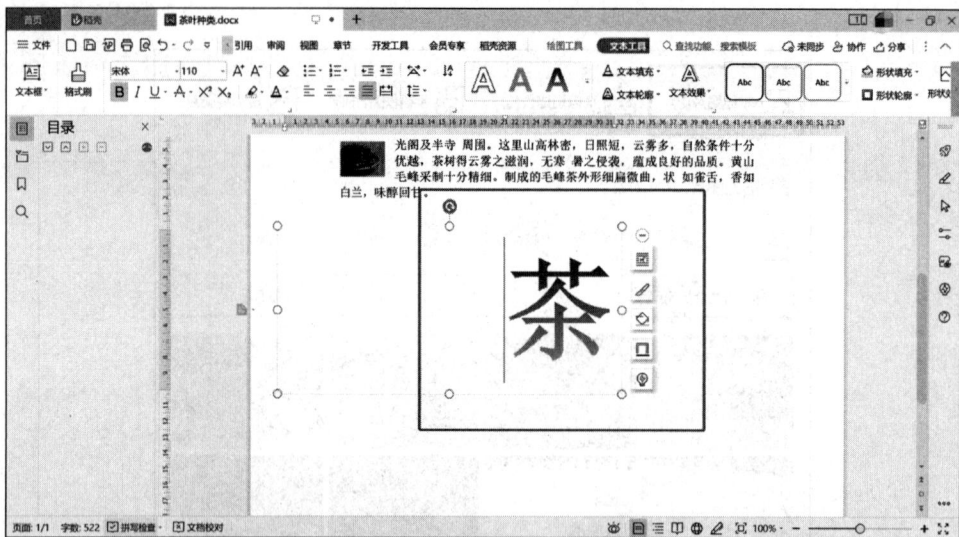

图 3.68　插入艺术字

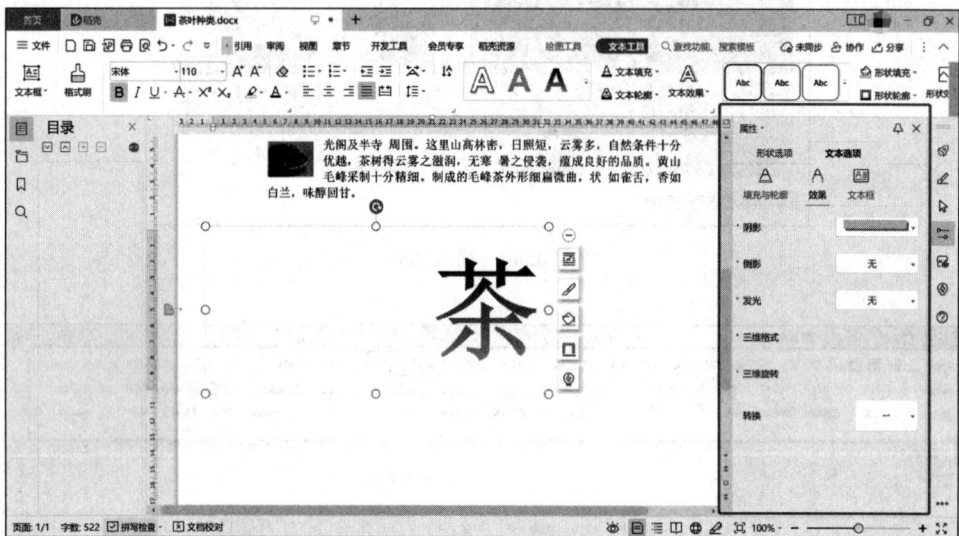

图 3.69　"文本编辑"面板

3.4.3　插入 SmartArt 图形

1. 创建 SmartArt 图形

将插入点移动到想要插入 SmartArt 图形的位置,单击"插入"→"图表"→"智能图形"按钮,如图 3.70 所示。单击"层次结构"选项,选择 SmartArt 图形,系统自动插入当前插入点位置。

2. 编辑 SmartArt 图形

选中新添加的 SmartArt 图形,系统自动转到"设计"选项卡,如图 3.71 所示。用户可以根据需求设置 SmartArt 图形的颜色、环绕、对齐等格式。同时,还可以选中一个项目框,

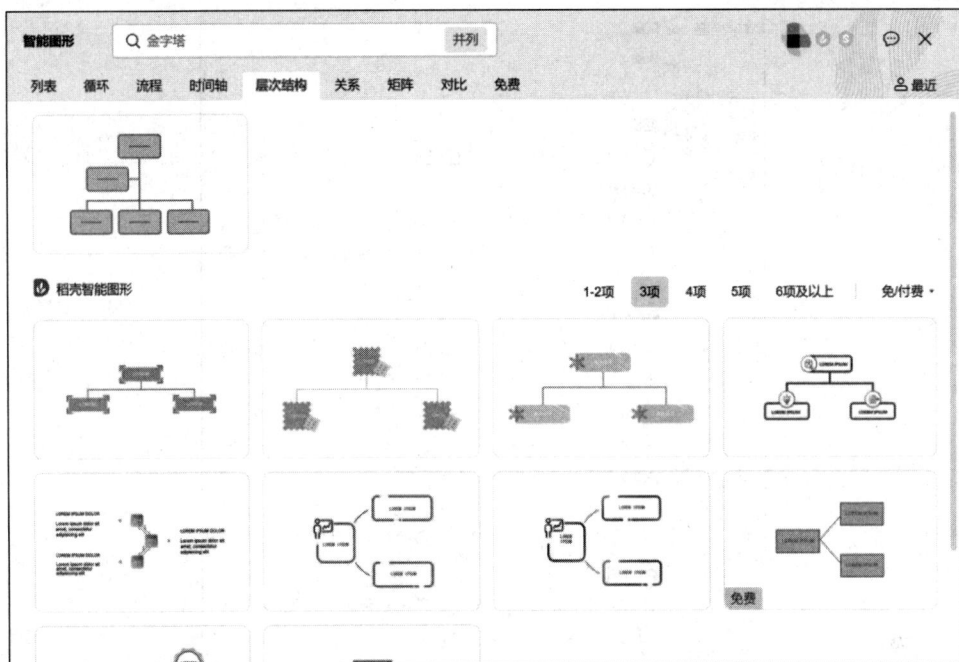

图 3.70　插入 SmartArt 图形

在该项目框的上、下、左、右分别插入新的项目框。

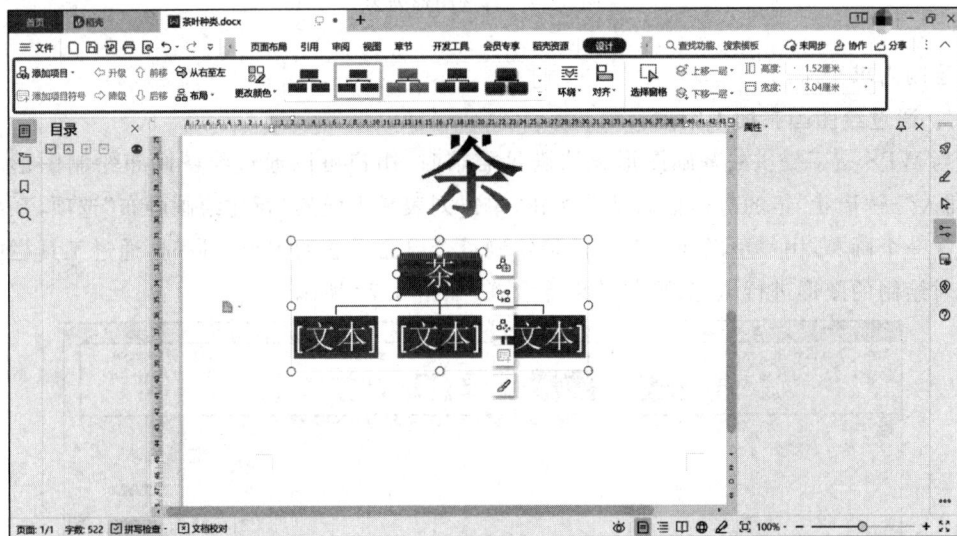

图 3.71　SmartArt 图形的"设计"选项卡

3.4.4　插入自选图形

1. 绘制自选图形

将插入点移动到想要插入自选图形的位置，单击"插入"→"形状"组的对话框启动器按钮，如图 3.72 所示。WPS 文字为用户提供了很多基础图形，这些基础图形可以满足基本的

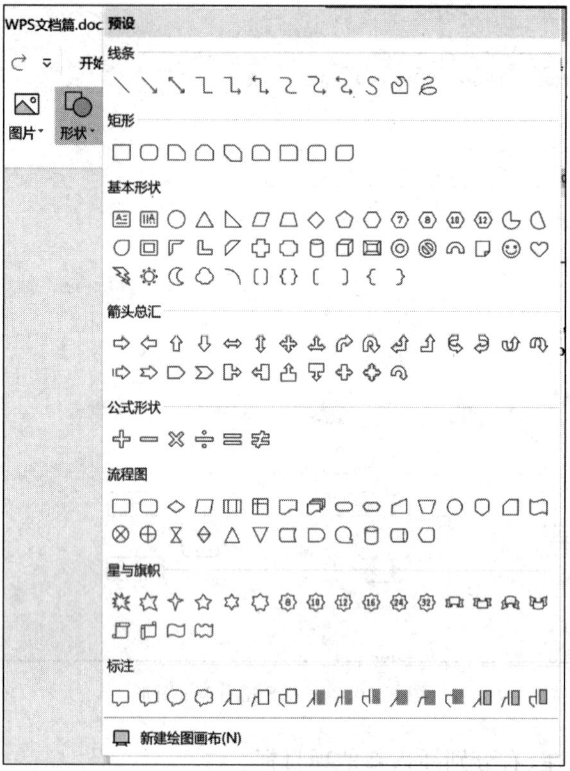

图 3.72　自选图形列表

图形绘制需求。

2. 通过绘图画布插入图形

当 WPS 文字提供的基础图形无法满足需求时,用户可以通过绘图画布绘制图形。单击"插入"→"形状"组的对话框启动器按钮,单击列表最下面的"新建绘画画布"选项,系统默认插入一个画布,用户可以通过基础图形绘制符合自己需求的图形。同时,通过工具栏中的工具对绘制的图形进行填充、形状效果等设置,如图 3.73 所示。

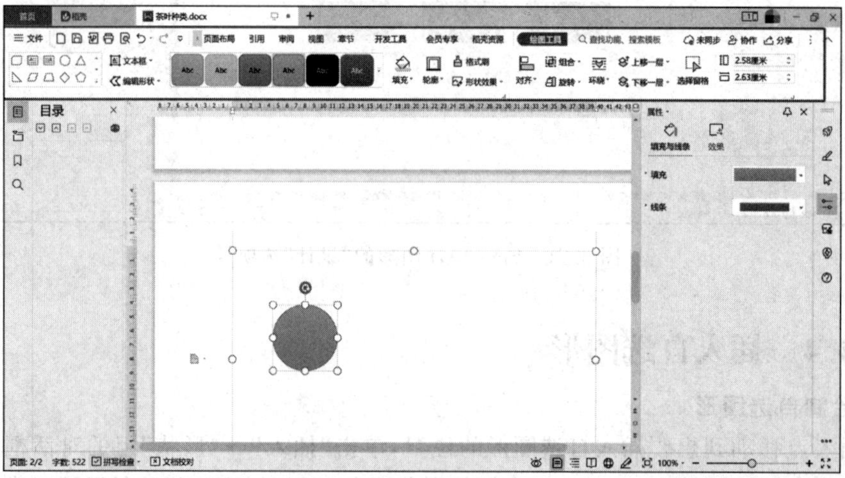

图 3.73　绘图画布

3.4.5 插入文本框

1. 插入文本框

单击"插入"→"文本框"→"文本框"按钮,打开"预设文本框"对话框。系统为用户提供了横向、竖向和多行文字的文本框格式,用户可以根据实际情况选择文本框格式。

2. 设置文本框

文本框插入完成后,单击插入的文本框,系统自动跳转到"文本工具"选项卡,如图 3.74 所示,可以对文本框以及文本内容进行设置。

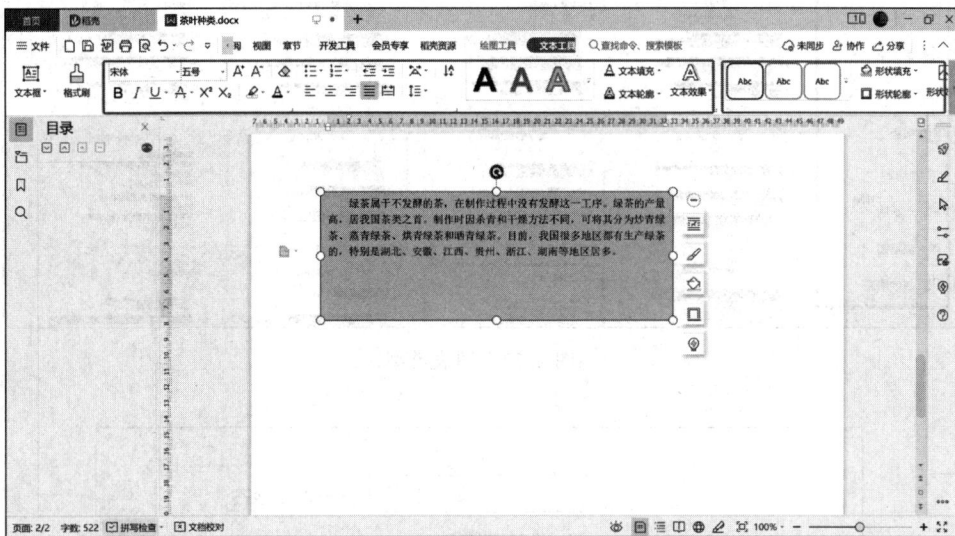

图 3.74 "文本工具"选项卡

3.4.6 插入图表

1. 图表的类型和结构

单击"插入"→"图表"组的对话框启动器按钮,选择"图表",如图 3.75 所示。WPS 文字为用户提供了多种图表结构,如常用的柱形图、折线图以及饼图等,用户可以根据文档编辑需求选择对应的图表类型。

在图表中选择对应的图表,如图 3.76 所示。例如,选择"饼图",系统默认在当前插入点位置插入一张饼图。图表结构一般包括图表标签、数据标签和图例,用户可以双击对应位置对图表进行编辑。

2. 设置图表样式

图表创建完成后,用户可以对文字和样式进行美化,如图 3.77 所示。

双击图表,系统自动跳转到"图表工具"选项卡。单击"添加元素"按钮,可以为图表添加对应的元素,如图表标签等。单击对应的数据标签,可以对标签颜色、填充、线条进行设置。单击"编辑数据"按钮,系统自动跳转到如图 3.78 所示页面,可以对图表中的数据和内容进行设置。用户可以通过 WPS 文字提供的图表工具编辑出一张内容丰富、界面美观的图表。

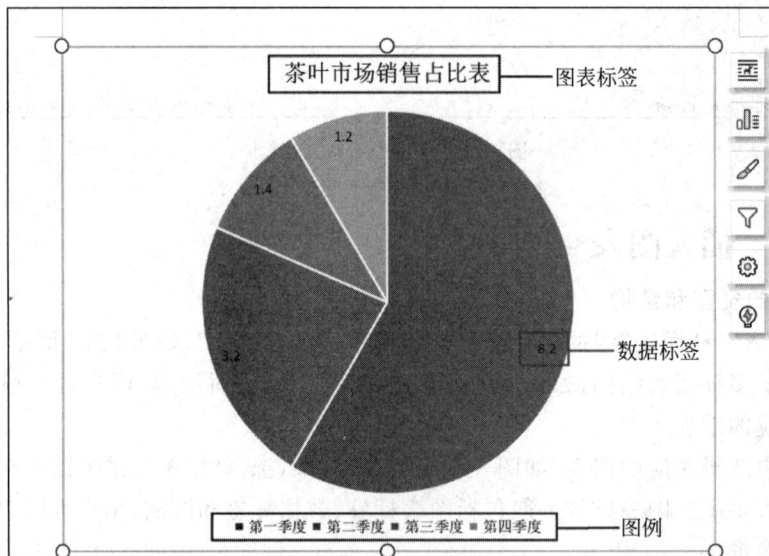

图 3.75　图表类型

图 3.76　图表结构

练习 3-4

（1）新建文档。创建"企业组织结构图.docx"文档，并保存到本地磁盘中。

（2）添加标题背景图片。添加本地图片作为标题背景图片，设置其高为 15.00 厘米、宽为 6 厘米。

图 3.77 图表编辑

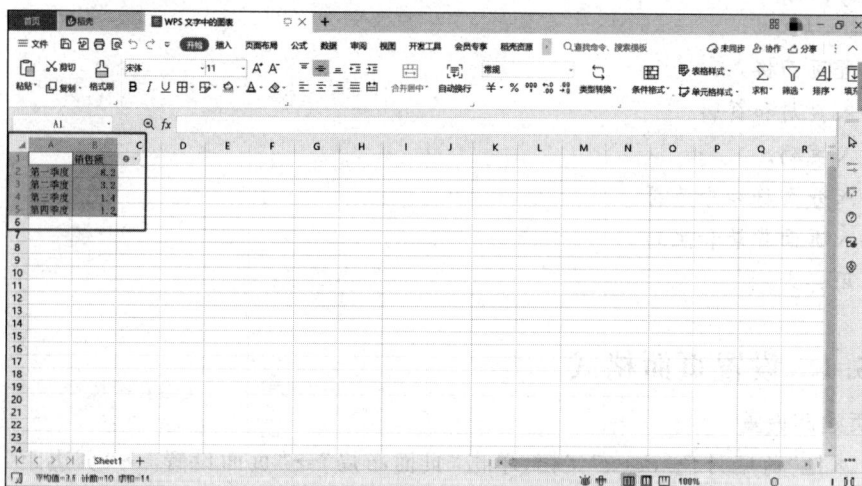

图 3.78 图表数据编辑

（3）添加文本框。在图片中添加横排文本框，效果为无填充、无线条。

（4）输入文本内容。在步骤（3）添加的文本框中输入"企业组织结构图"，字体格式为宋体、小一、加粗、居中对齐。文本效果为阴影向下偏移、紧密倒影、接触效果。

（5）插入形状和文本内容。选用"圆角矩形"作为结构图单元图形，按照表 3.2 所示绘制结构图。

表 3.2 "企业组织结构图"结构说明

董事会					
总经理					
副总经理			副总经理		
开发部	财务部	后勤部	销售部	行政部	监管部

董事会：形状高为 6.00 厘米、宽为 1.50 厘米，字体格式为宋体、小二、加粗。

总经理：形状高为 5.00 厘米、宽为 1.50 厘米，字体格式为宋体、小二、加粗。

副总经理：形状高为 4.00 厘米、宽为 1.50 厘米。字体格式为宋体、三号、加粗。

各部门：形状高为 1.50 厘米、宽为 4.00 厘米。字体格式为宋体、小二、加粗。

（6）插入连线。选择"肘形箭头连接符"作为连线，颜色填充为巧克力黄，宽度为 2.00 磅，连接各个单元图形。

（7）设置背景为"纹理"。

➡ 任务 3.5　文档页面设置

🖥 任务概述

本任务介绍 WPS 文字中页面设置的一些内容。

🖥 任务目标

➢ 设置页面格式。

➢ 插入页眉和页脚。

➢ 插入页码。

➢ 插入分页符和分节符。

➢ 插入页面背景和主题。

➢ 使用样式。

3.5.1　设置页面格式

1. 页边距设置

打开本地"荷塘月色.docx"文档，单击"页面布局"→"页面设置"→"页边距"按钮，如图 3.79 所示，系统默认为用户提供了普通、窄、适中、宽四种格式。

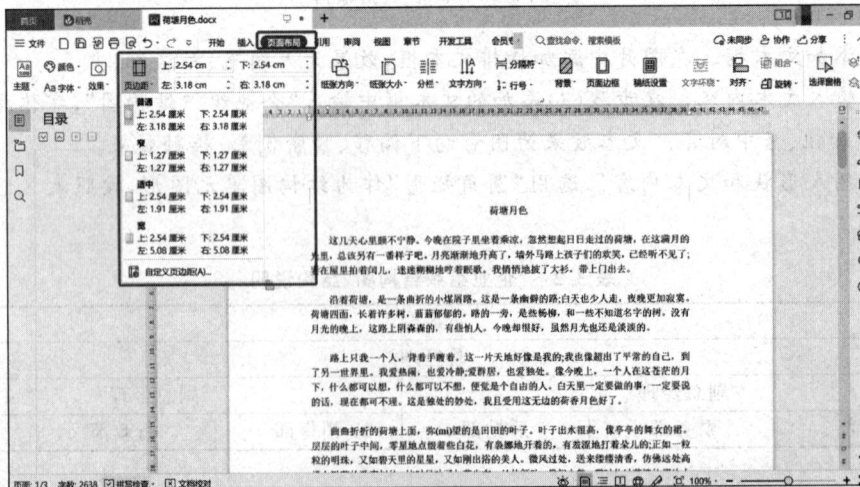

图 3.79　设置页边距

选择不同的格式,页边距显示效果不同,如图 3.80 所示。

图 3.80　页边距宽窄对比图

当系统提供的默认格式不符合用户需求时,用户可以选择自定义页边距。单击"页面布局"→"页面设置"→"页边距"按钮,选择"自定义页边距"选项,打开的对话框如图 3.81 所示。

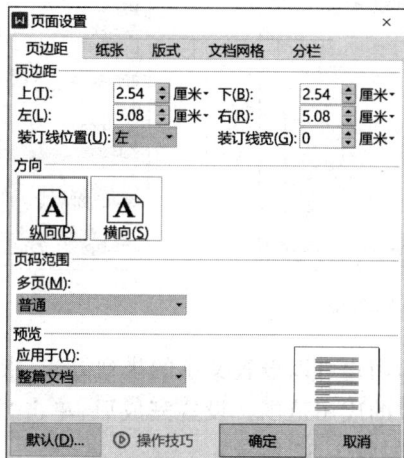

图 3.81　自定义页边距

在"上""下""左""右"文本框中输入对应的页边距值,系统将会调整页边距。

2. 设置纸张格式

(1)设置纸张方向。单击"页面布局"→"页面设置"→"纸张方向"按钮。系统为用户提供了两种纸张方向格式,分别是"纵向"和"横向",常用的就是纵向的纸张方向,通过图 3.82 可以比较两种格式的显示效果。

(2)设置纸张大小。WPS 文字为用户提供了多种常用的纸张格式,如常用的 A4、A3等,用户可以通过单击"页面布局"→"页面设置"→"纸张大小"按钮进行设置。在系统提供的纸张大小不能满足需求时,用户可以在"页面设置"对话框的"纸张"选项卡中自定义纸张大小,如图 3.83 所示。

3. 设置文档网格

在工作中,有些文档格式要求相对严格,比如一行多少字、一页多少行等。对于这种需求,用户可以通过文档网格来实现。单击"页面布局"→"页面设置"组的对话框启动器按钮,

图 3.82　"纸张方向"纵向和横向对比图

在"页面设置"对话框中选择"文档网格"选项卡，如图 3.84 所示。

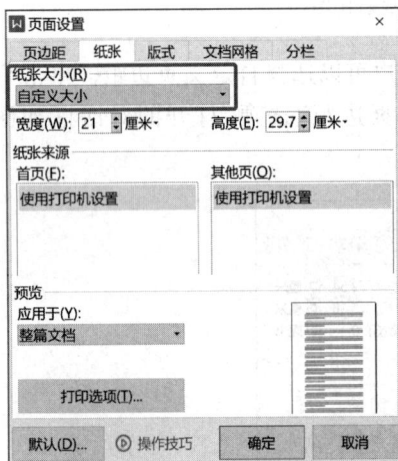

图 3.83　自定义纸张大小

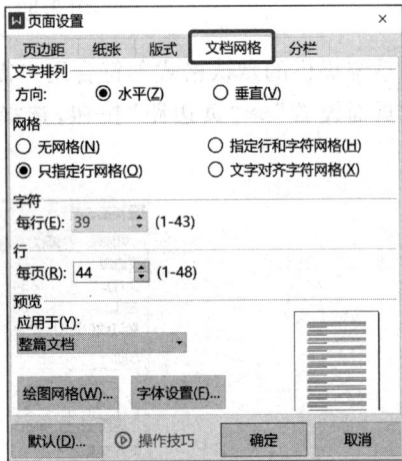

图 3.84　"文档网格"选项卡

在"文档网格"选项卡中，用户可以设置文字的排列方式、指定每行的字符数以及每页有多少行，同时可设置这种格式的应用范围。设置完成后，单击"视图"选项卡，选中"网格线"复选框，即可查看设置效果，如图 3.85 所示。

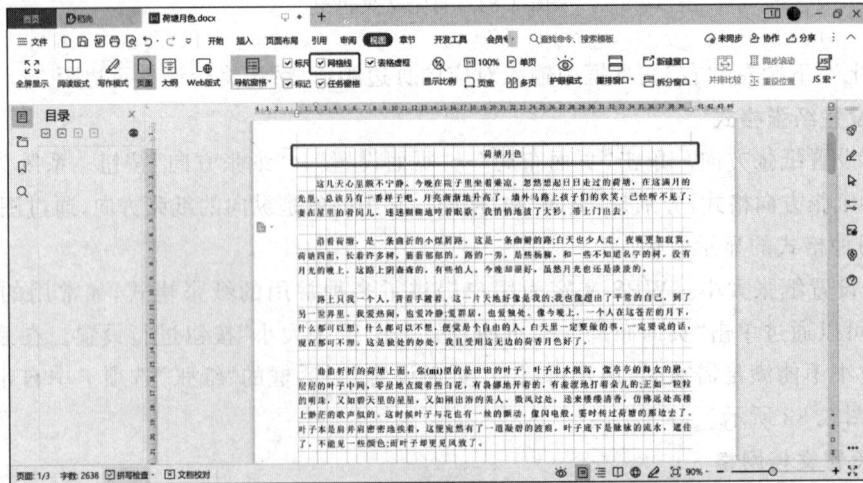

图 3.85　文档网格设置效果

3.5.2 设置页眉和页脚

1. 为首页创建页眉和页脚

单击"插入"→"页眉和页脚"按钮,或者双击页面顶部,可显示出"页眉页脚"选项卡,如图 3.86 所示。

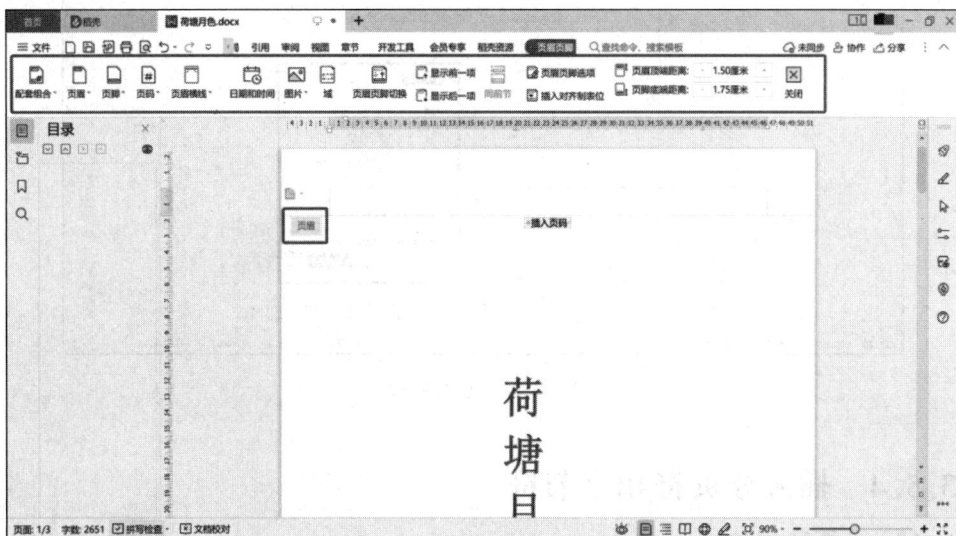

图 3.86 "页眉页脚"选项卡

在"页眉页脚"选项卡中,用户可以对相关属性进行设置。单击"页眉页脚选项"按钮,打开如图 3.87 所示的对话框。

选中"首页不同"复选框,则在页眉/页脚文本输入框中输入的文字只会显示在第一页的页眉或页脚中。

2. 为奇偶页创建页眉和页脚

如图 3.87 所示,选中"页面不同设置"下的"奇偶页不同"复选框,当用户在奇数页眉/页脚输入文本内容时,只会显示在奇数页的页眉/页脚中;在偶数页输入文本内容时,只会显示在偶数页的页眉/和页脚中。该选项可以和"首页不同"选项配合使用。

图 3.87 "页眉/页脚设置"对话框

3.5.3 插入页码

1. 创建页码

单击"插入"→"页码"按钮或者双击页码底部,系统自动打开"页眉页脚"选项卡,用户可以在底部添加页码。

2. 设置页码

将插入点放到页脚位置,单击"插入页码"按钮,在打开的对话框中选择样式、位置以及应用范围,如图 3.88 所示。用户可根据实际需求选择相关的页码属性,同时可配合页眉页脚设置一同使用。

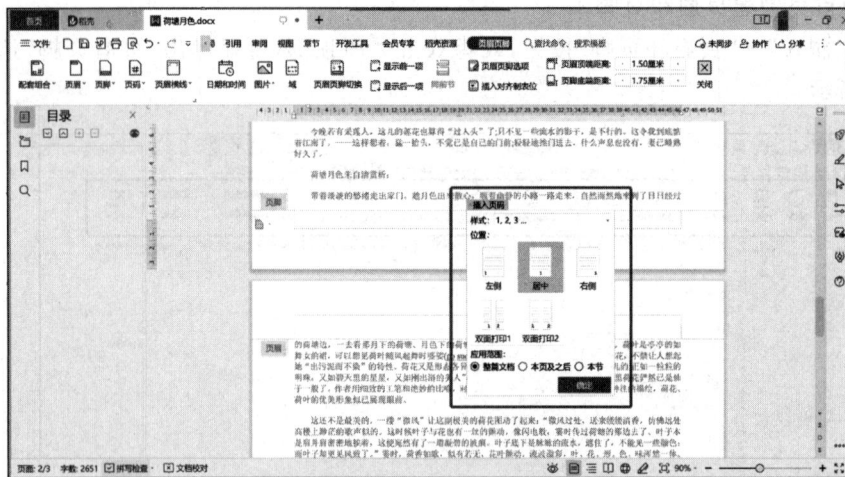

图 3.88　插入页码

3.5.4　插入分页符和分节符

1. 插入分页符

分页符的作用是从当前插入点开始,当前页结束,下一页开始。在日常文档编写中,当前章节编写完毕,需要从下一页开始时,可以在"插入"→"分页"按钮选择分页符,或者按 Ctrl+Enter 组合键,插入点自动跳转到下一页。

2. 插入分节符

分节符的作用是从当前插入点开始,前、后文档格式分开,可以分开编辑。例如上面讲到的纸张方向,通过分节符,用户可以实现同一篇文档不同的页面有不同的纸张方向。单击"插入"→"分页"按钮,如图 3.89 所示,在下拉列表中选择对应的分节符后,用户就可以对每个节进行单独设置。分节符常常配合页码设置使用。

图 3.89　使用分节符

3.5.5 插入页面背景和主题

为了使文档多样化，同时更加美观，用户可以给文档设置背景或者主题，通过添加这些元素，使文章更富有吸引力。

1. 设置纯色背景

单击"页面布局"→"背景"按钮，如图 3.90 所示。

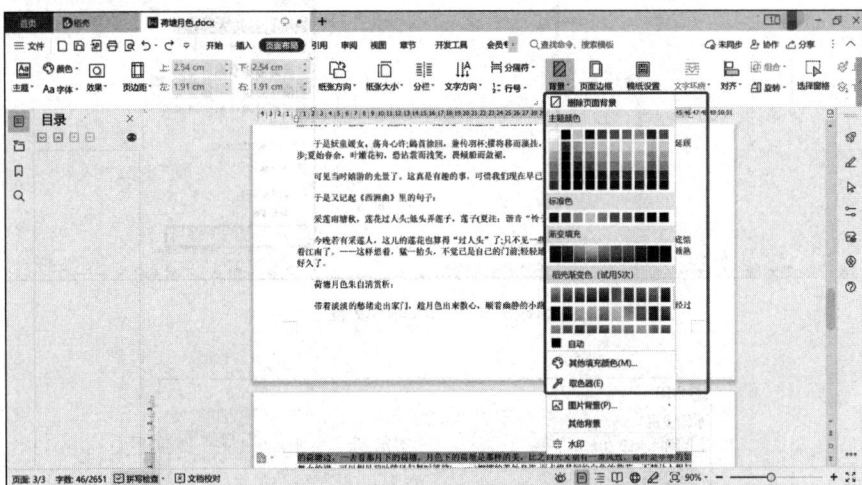

图 3.90　背景设置

用户可以单击合适的颜色来填充文档。如果页面中没有合适的颜色，还可以单击"其他填充颜色"，找到用户需要的颜色，找到后单击"确定"按钮，系统会自动给当前文档添加背景色。

2. 设置背景填充

除了可以填充纯色背景外，还可以添加其他背景，包括渐变、纹理和图案。单击"页面布局"→"背景"按钮，在下拉列表中选择"其他背景"选项，打开"填充效果"对话框，如图 3.91 所示。

系统提供了渐变、纹理、图案和图片 4 种方式，用户可以根据结合文档需求选择对应的填充效果来美化文档。

3. 设置水印

为了保护文档的知识产权，可以给文档添加水印。WPS 文字为用户提供了添加水印的便捷方式。单击"页面布局"→"背景"按钮，在下拉列表中选择"水印"选项，打开"水印"对话框，如图 3.92 所示。

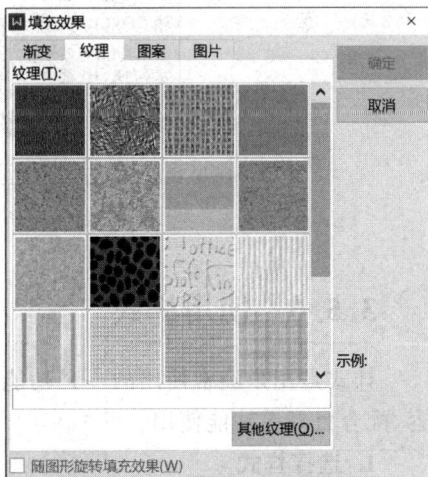

图 3.91　"填充效果"对话框

用户可以选择系统提供的默认类型的水印，还可以单击"自定义水印"下的"点击添加"按钮，设置自己文档的水印，如图 3.93 所示。

用户可以在"水印"对话框中设置水印内容及格式，这样就可以生成自定义的水印背景。

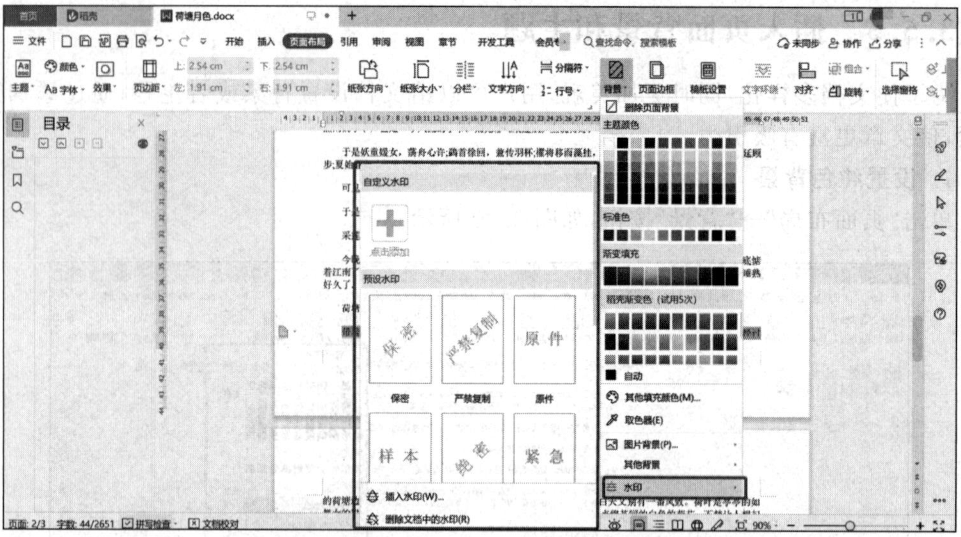

图 3.92 "水印"设置

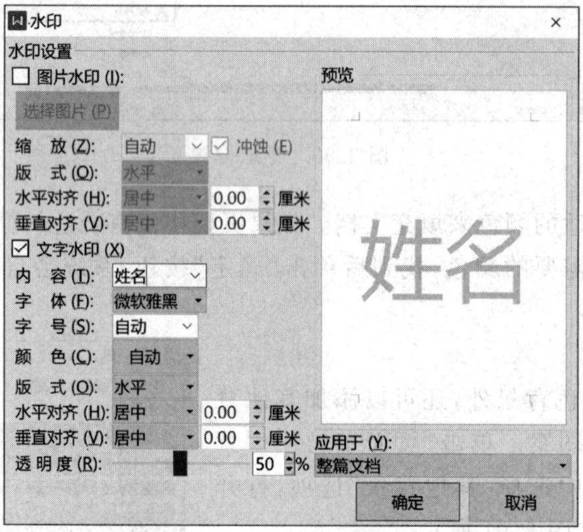

图 3.93 "水印"对话框

3.5.6 使用样式

样式是用户经常使用的一种功能,通过样式功能,用户可以编辑出有层次鲜明的文档内容,配合目录等功能使用。

1. 选择样式

在"开始"→"样式和格式"组中,系统为用户提供了一套样式,包括正文、标题等,通过给文本内容指定不同的标题级别,可使文档层次更加鲜明。

2. 修改样式

用户可以对样式进行修改,选择需要修改的样式,单击"修改样式"按钮,打开"修改样式"对话框,如图 3.94 所示。

在"修改样式"对话框中,用户可以对字体、段落、边框等进行个性化设置,使最终生成的样式更加美观、规范。

3. 新建样式

为了满足用户需求,WPS 文字还提供了新建样式的功能。单击"开始"→"样式与格式"按钮,在下拉列表中选择"新建样式"选项,打开"新建样式"对话框,如图 3.95 所示。

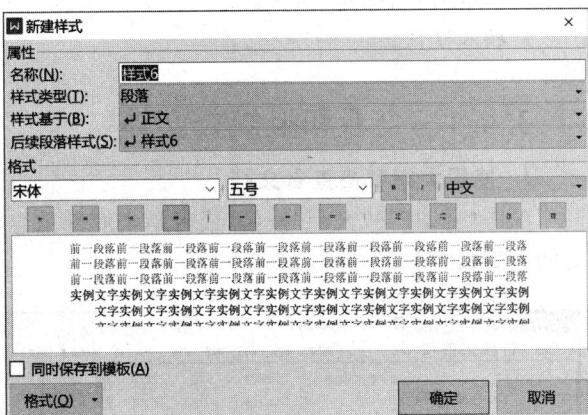

图 3.94 "修改样式"对话框   图 3.95 "新建样式"对话框

在"新建样式"对话框中,可以输入用户自定义的样式名称,同时设置自定义样式格式。设置完成后,选中"同时保存到模板"复选框,单击"确定"按钮,即可将新建的样式保存到模板中,方便用户以后使用。

练习 3-5

(1)新建文档。创建"大学生毕业自我鉴定书.docx"文档,并保存到本地磁盘中。

(2)设置页边距。设置页边距为:上 2.54 厘米,下 2.54 厘米,左 3.18 厘米,右 3.18 厘米。

(3)设置页眉。首页页眉为"封面",第 2 页页眉为"内容"。

(4)添加页码。为文档添加页码,位于页脚右侧,首页不添加页码,从第 2 页开始设置页码。

(5)添加背景。为文档添加蓝色背景。

(6)设置标题样式。为文档内容设置标题样式。

任务 3.6 编排长文档

任务概述

在日常工作中,用户除自己编辑文档外,同时也需要学会如何编辑团队的共享文档。WPS 文字为用户提供了丰富且易用的文档编排能力,如批注、修改等。本任务介绍如何编排长文档。

任务目标

➤ 查看和组织长文档。

➤ 插入目录。

➤ 插入书签。

➤ 插入批注。

➤ 插入脚注、尾注、题注。

➤ 插入修订。

3.6.1 查看和组织长文档

1. 使用大纲窗格查看文档

单击"视图"→"大纲"按钮，或者单击底部信息栏右侧的"大纲"按钮，进入大纲模式进行文档查看，如图3.96所示。

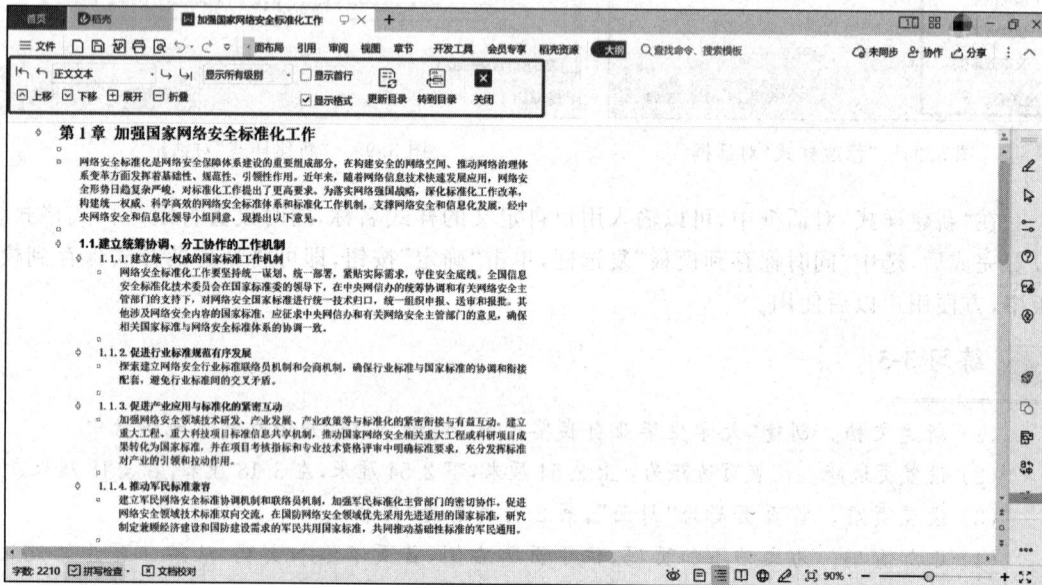

图3.96 大纲视图查看文档

2. 使用大纲视图组织文档

如图3.96所示，进入大纲视图后，系统跳转到大纲视图编辑页面，在目录栏中，可以选中标题，然后进行上移、下移、展开、折叠操作，同时可以根据标题级别进行筛选查看。

3. 使用导航窗格查看文档

单击"视图"→"导航窗格"按钮，在下拉列表中选择导航窗格的显示位置。系统提供了两种位置：向左或向右。选择完毕单击"确定"按钮，如图3.97所示。

在导航窗格中，系统提供了4个操作按钮，分别是展开目录层级、收缩目录层级、新增同级目录项、删除目录项，用户可根据需要单击操作按钮对文档进行编辑。

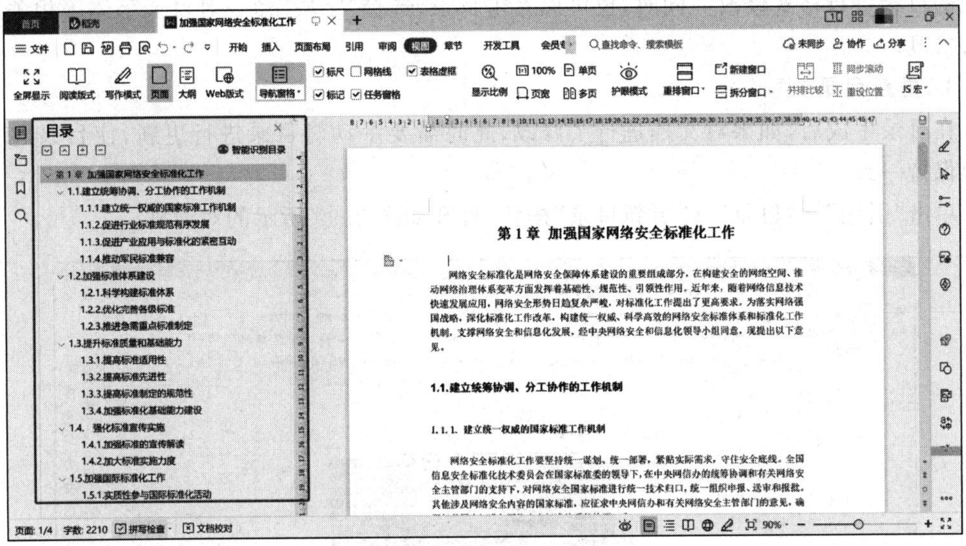

图 3.97 导航窗格页面图

3.6.2 插入目录

1. 创建目录

单击"引用"→"目录"→"目录"按钮,在下拉列表中选择想要创建的目录格式,单击"确定"按钮,创建的文档目录如图 3.98 所示。

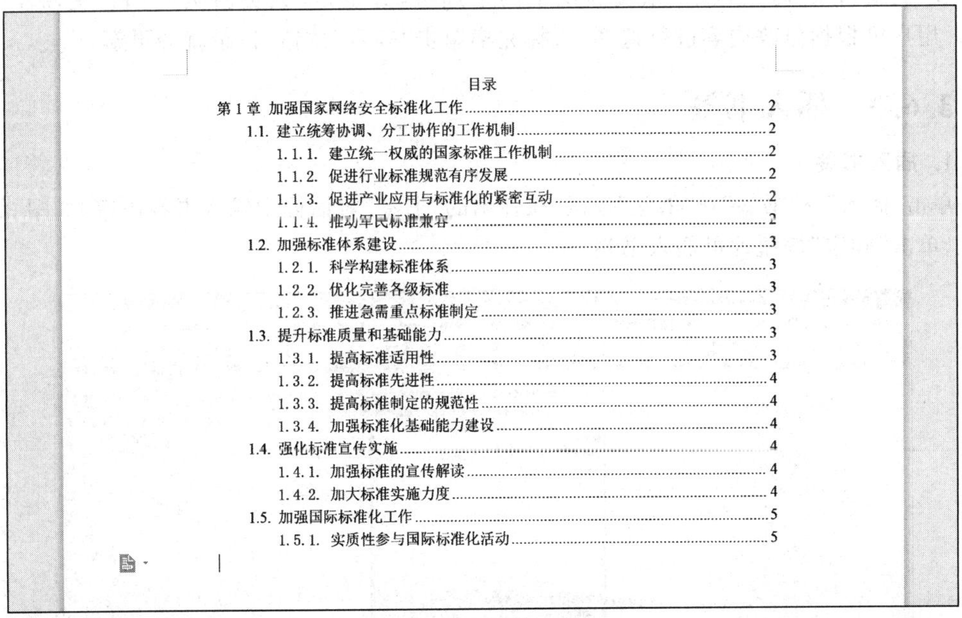

图 3.98 创建的文档目录

2. 修改目录

目录生成后,还可以对目录进行修改。选中创建的目录,单击"目录设置"按钮,可以对生成的目录进行格式修改。同时，也可以右击目录，选择"字段"命令对目录字体等相关属性进行修改。

3. 更新目录

在目录生成后，如果对文档进行了修改，此时需要手动对目录进行更新，使目录与文档内容保持一致。

单击"引用"→"目录"→"更新目录"按钮，打开如图 3.99 所示的对话框。

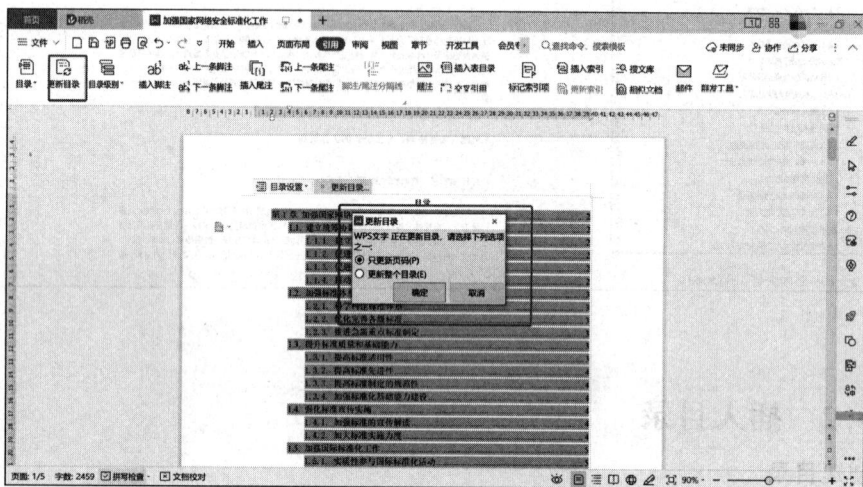

图 3.99　更新目录

在"更新目录"对话框中，系统提供了两个选项，分别是"只更新页码"和"更新整个目录"。用户可根据修改内容进行选择，选择完毕单击"确定"按钮，目录就会更新。

3.6.3　插入书签

1. 插入书签

单击"插入"→"书签"→"书签"按钮，在弹出的"书签"对话框中输入书签内容，如图 3.100 所示，单击"确定"按钮即可插入书签。

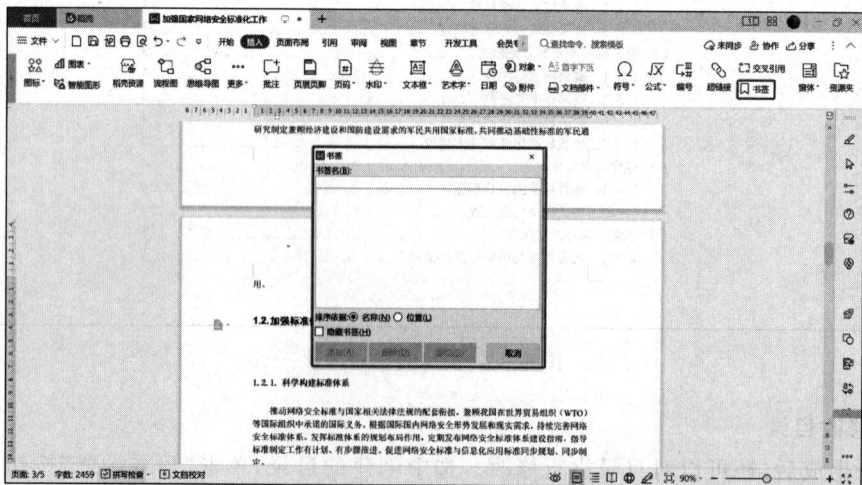

图 3.100　书签设置

　　书签插入完成后,系统会在书签位置显示书签符号。如果未显示,可选择"文件"→"选项"命令,在打开的"选项"对话框中选择"视图",再选中"书签"复选框,如图 3.101 所示。单击"确定"按钮返回文档,就能看到书签符号。

图 3.101　显示书签符号

2. 定位书签

　　单击"开始"→"查找替换"按钮,在下拉列表中选择"定位"选项,打开的对话框如图 3.102 所示。定位目标选择"书签",输入书签名或者在下拉选项中选择书签名,单击"定位"按钮,插入点将移动到书签位置。

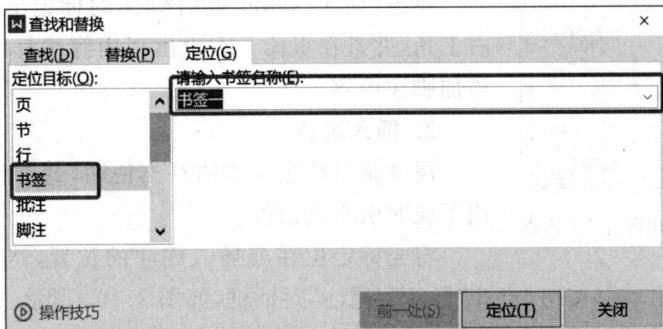

图 3.102　定位书签设置页面

3. 插入批注

　　在审阅其他人文档时,如果对于文档的内容有一些自己的建议,则可以通过 WPS 文字的批注功能给出自己的意见,返回给文档编写人。

选中需要添加批注的内容,单击"审阅"→"添加批注"按钮,即可对当前选中内容添加批注,如图 3.103 所示。

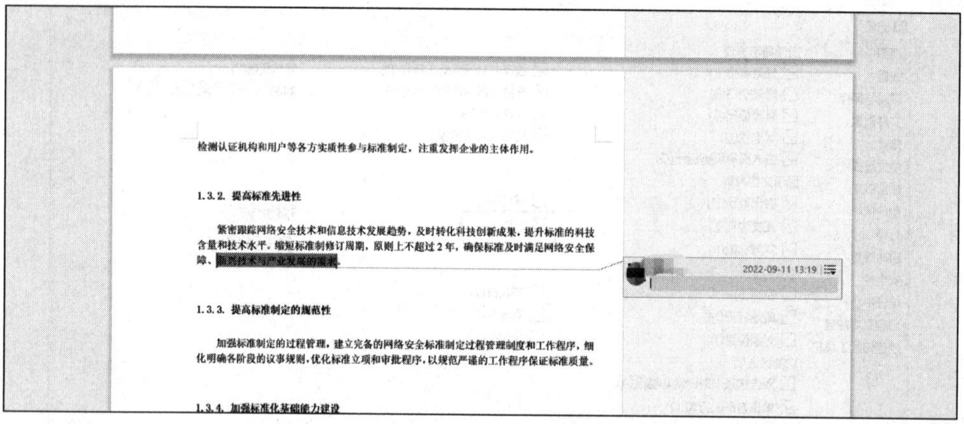

图 3.103 插入批注

批注添加完成后,用户可以在输入框中输入用户意见,也可单击右上角的"编辑"按钮对批注进行答复、解决、删除等操作。

3.6.4 插入脚注、尾注、题注

1. 插入脚注

脚注是对特定文本的补充说明,一般位于页面底部,是对某个内容的注释。

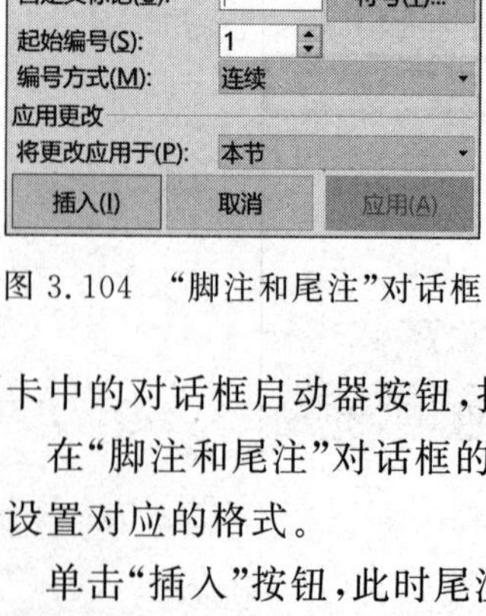

图 3.104 "脚注和尾注"对话框

将光标定位在要插入脚注的位置,然后单击"引用"选项卡中的对话框启动器按钮,打开"脚注和尾注"对话框,如图 3.104 所示。

"脚注和尾注"对话框共分为"位置""格式""应用更改"三个区域,用户可以根据实际场景设置对应的格式。

单击"插入"按钮,此时脚注的标记出现在特定文本的右上角,并且在页面下方也出现内容注释区域,可以在此处添加脚注内容。

2. 插入尾注

尾注是对特定文本的补充说明,通常位于文本的末尾,用于说明引文的出处。

将光标定位在要插入尾注的位置,然后单击"引用"选项卡中的对话框启动器按钮,打开"脚注和尾注"对话框,如图 3.104 所示。

在"脚注和尾注"对话框的"位置"选项组中选中"尾注"单选按钮,用户可以根据实际场景设置对应的格式。

单击"插入"按钮,此时尾注标记出现在特定文本的右上角,并且在页面下方也出现内容注释区域,可以在此处添加尾注文本内容。选中尾注,右击,在弹出的快捷菜单中选择"转换至脚注"命令,即可将尾注一键转换成脚注,如图 3.105 所示。

图 3.105　将尾注转换为脚注

3. 插入题注

WPS 文字中的题注用于给图片、表格、图表、公式等项目添加名称和编号。使用题注功能可以为文档中引用的图片、图表等内容编号并添加注释，在需要插入新题注时，可以快速更新题注编号。

单击"引用"→"题注"按钮，打开"题注"对话框，如图 3.106 所示。

用户可以在"题注"文本框中输入项目描述，并选择对应的标签。系统提供了五种默认的标签，用户可根据实际需求进行选择，同时还可以单击"新建标签"按钮设置自定义的标签。

接着选择题注位置，再单击"编号"按钮为题注编号，如图 3.107 所示。编号有两种方式，第一种是直接编号，一般适用于短文档；第二种是包含章节编号，此时可以根据不同章节选择题注编号起始样式。需要注意，如果标题中没有设置样式，则会出现错误提示，因此在使用包含章节编号前，首先要确定标题是否已设置有样式格式，此方式一般适用于多章节的长文档。

图 3.106　"题注"对话框

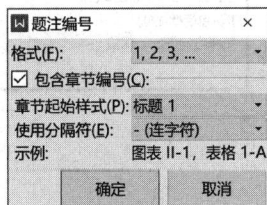

图 3.107　"题注编号"对话框

设置完成后，单击"确定"按钮，即可插入题注。

3.6.5　文档修订

1. 添加修订

单击"审阅"→"修订"按钮，或者使用快捷键 Ctrl＋Shift＋E。进入修订模式后，用户对文档的修改动作都会记录下来，并且以不同的形式展现。

2．编辑修订

例如，选中"网络安全标准化"后，设置其加粗显示，此时在文本的右侧就会显示出修订记录，如图 3.108 所示。

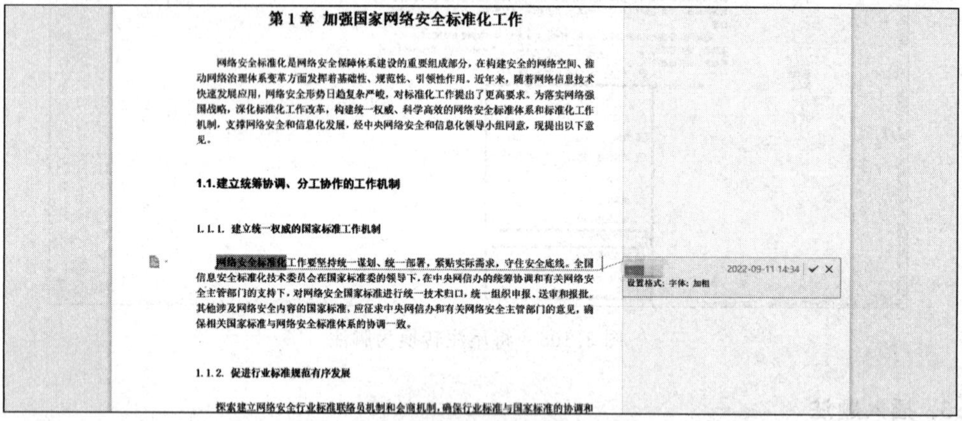

图 3.108　修订模式下修改字体格式

用户可以对修订的显示方式进行设置，单击"修订"选项卡的对话框启动器，选择"修订"选项，进入"修订"设置页面，在"修订"属性设置页面中可以修改标记、批注框和打印，如图 3.109 所示。

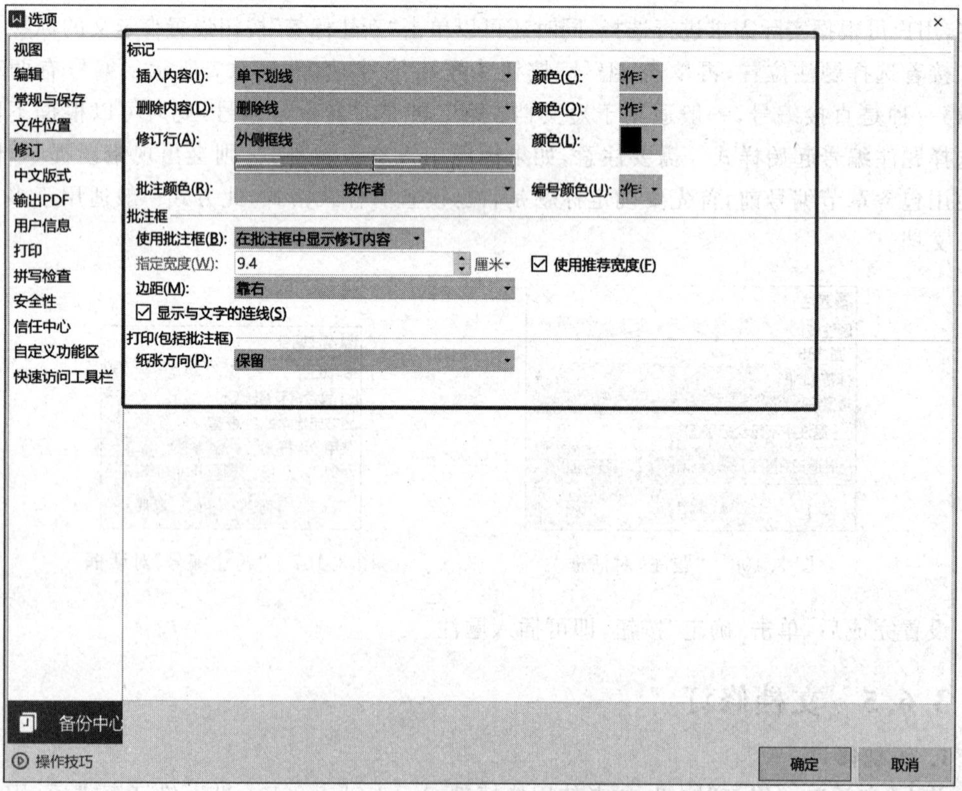

图 3.109　"修订"属性设置页面

用户可以对修订的用户名进行设置。单击"修订"选项卡的对话框启动器按钮,选择"更改用户名"选项,系统转到用户名设置页面。更改用户名的作用是方便多人修改时进行分辨。

练习 3-6

(1) 导入本地文档"商业计划书"。

(2) 为文档添加目录。

(3) 删除 1.2 节"公司简介"标题。

(4) 更新目录。

(5) 为文档设置批注。为 5.3 节"风险分析"设置批注,批注内容为"请详细描述"。

任务 3.7　文档的网络应用

任务概述

WPS 文字不仅为用户提供了强大的文字处理能力,同时也支持高级的网络应用。本任务介绍 WPS 文字的网络应用。在日常工作中,我们经常需要发送一些邀请函给客户,这种文档的特点是格式一致,内容中存在一些特定的文本,此时,通过邮件合并功能很快地完成我们的工作。

任务目标

➤ 添加超链接。

➤ 邮件合并。

➤ 文档的保护。

➤ 打印文档。

3.7.1　超链接

1. 插入网址超链接

移动插入点到要插入超链接的位置,单击"插入"→"超链接"按钮,打开"插入超链接"对话框,如图 3.110 所示。

在"插入超链接"对话框左侧选择"原有文件或网页",在"要显示的文字"文本框中输入的字符会显示到文档中。单击"屏幕显示"按钮,弹出"屏幕显示"对话框,输入屏幕显示文本,当插入点放到文档超链接文本上时,会显示屏幕设置的文本。在"地址"文本框中输入网络地址,按住 Ctrl 键,单击对应文字,即可跳转到地址所对应的页面。

2. 跳转到其他文档

单击"插入"→"超链接"按钮,在打开的对话框中选择"原有文件或网页",选择需要插入的文档,修改显示文字,最后单击"确定"按钮。在文档中单击此链接,就可以跳转到其他文档了。

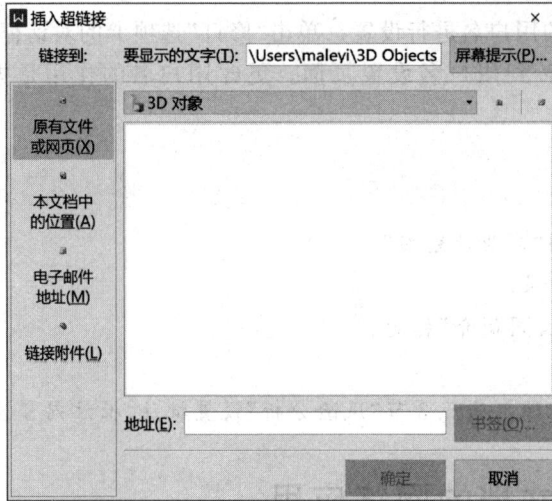

图 3.110 "插入超链接"对话框

3. 跳转到文档中的其他位置

单击"插入"→"超链接"按钮,在打开的对话框中选择"本文档中的位置",设置文档中的位置与要显示的文字。单击"确定"按钮,在文档中单击此链接就可以跳转到文档中的其他位置了。

3.7.2 邮件合并

1. 创建主文档

(1) 打开"录取通知单.docx"文档,其文本内容如图 3.111 所示。

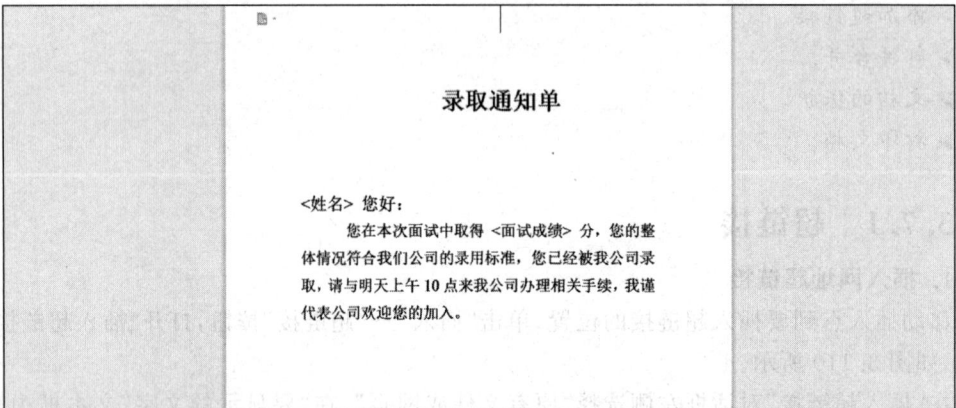

图 3.111 "录取通知单"文本内容

(2) 单击"引用"→"邮件"按钮。

2. 选择数据源

(1) 单击"邮件合并"→"打开数据源"按钮,选择本地文件"录取成绩数据源.et",单击"打开"按钮。

(2) 选中文档中的"姓名",单击"邮件合并"→"插入合并域"按钮,在"插入域"对话框中选择"数据库域"和"姓名",如图 3.112 所示。

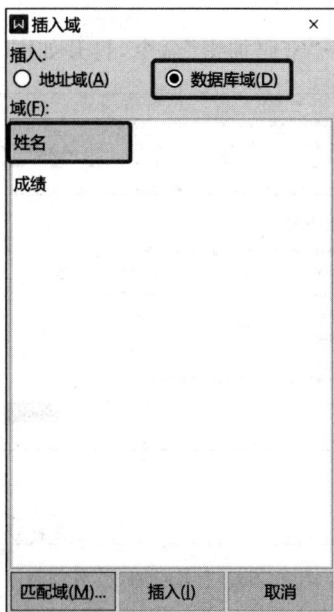

图 3.112　邮件合并"插入域"对话框

（3）单击"插入"按钮后,再单击"取消"按钮。

（4）以同样的方法插入"成绩"域。

3．合并文档

数据源插入完成后,单击"邮件合并"→"合共到新文档"按钮,在"合并到新文档"对话框中选择"全部"选项,即可生成所有的录取通知单,效果如图 3.113 所示。

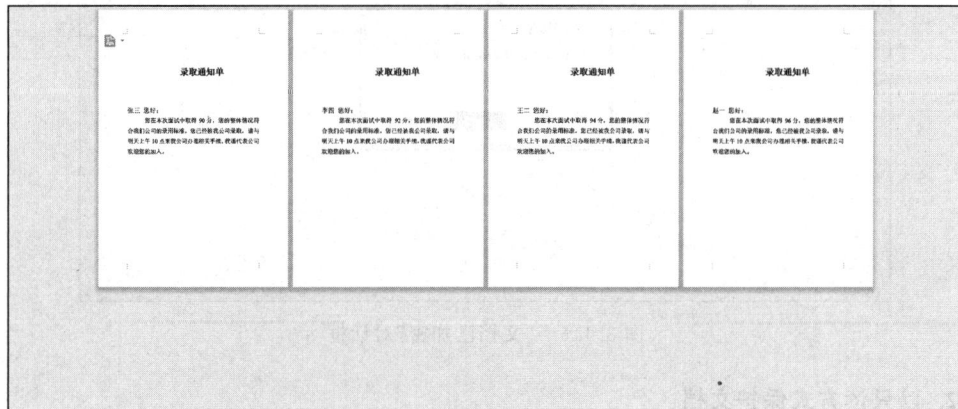

图 3.113　"录取通知单"效果图

3.7.3　文档的保护

WPS 文字为用户提供了文档加密功能,能够对文档进行实体级别的保护,只有正确输入文档的密码才能打开,这样,实体文件流出后别人也无法打开,起到了很好的保护作用。

1. 加密文档

选择"文件"→"文件加密"→"密码加密"命令,打开如图 3.114 所示的对话框。

图 3.114 "密码加密"对话框

在"打开权限"中输入密码,单击"应用"按钮。

重新打开加密后的文档,系统会提示"文档已加密",需要输入密码才能打开,如图 3.115 所示。

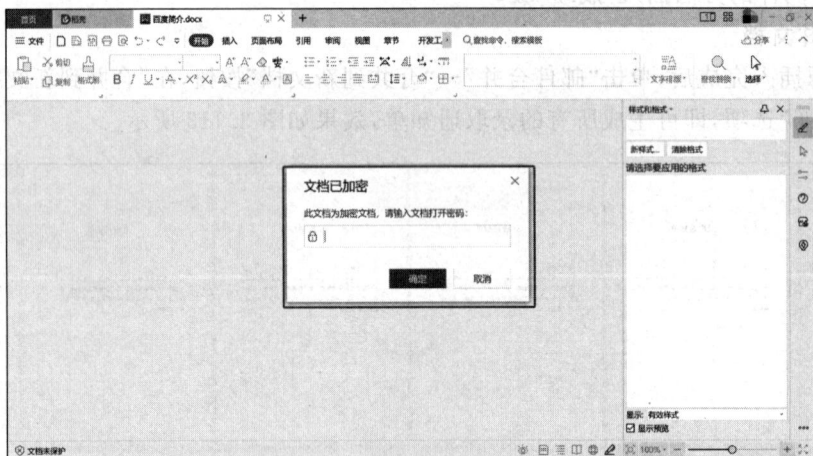

图 3.115 "文档已加密"对话框

2. 以只读方式保护文档

有些文档用户希望其他人可读,但是没有编辑权限,此时可通过"编辑权限"设置即可实现。

选择"文件"→"文件加密"→"密码加密"命令,打开"密码加密"对话框,如图 3.114 所示。在"编辑权限"中输入密码,单击"应用"按钮。

重新打开文件,弹出如图 3.116 所示的对话框。

用户可以通过输入密码编辑文档,或者以只读方式打开查看文档。

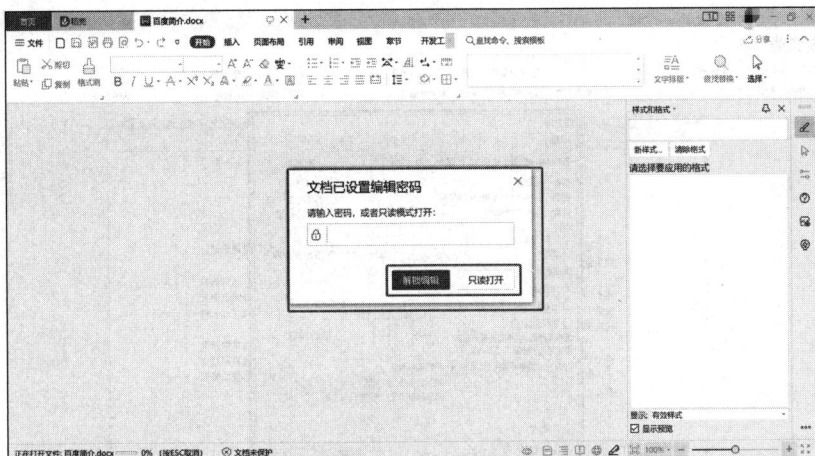

图 3.116　打开只读文档

3.7.4　打印文档

很多场景下,用户精心编排的文档需要通过打印机打印成实体文档,WPS文字集成了打印功能,便于用户快捷地打印编写的文档。

1. 文档预览

单击"文件"→"打印"→"打印预览"按钮,如图 3.117 所示。

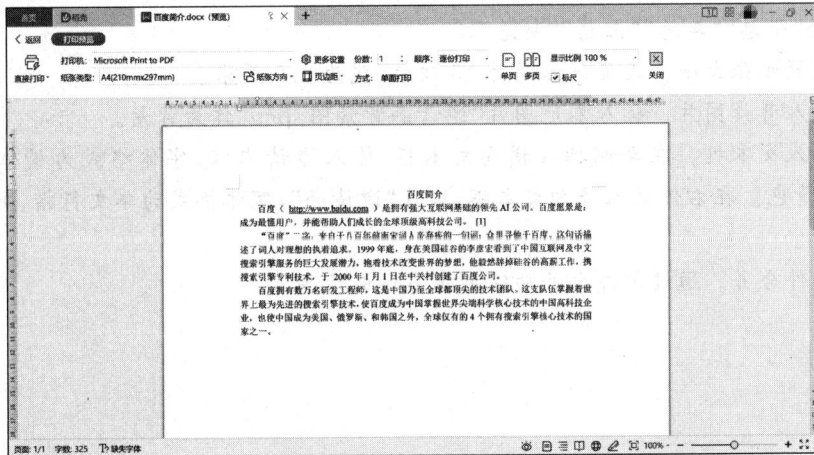

图 3.117　打印预览

打开预览页面后,可以在"打印预览"选项卡中进行相关设置,效果满意后,返回文档编辑状态。

2. 打印

单击"文件"→"打印"→"打印"按钮或者使用快捷键 Ctrl＋P,弹出"打印"对话框,如图 3.118 所示。

在"打印"对话框中,可以进行打印机选择、对打印份数等相关属性进行设置等操作。用

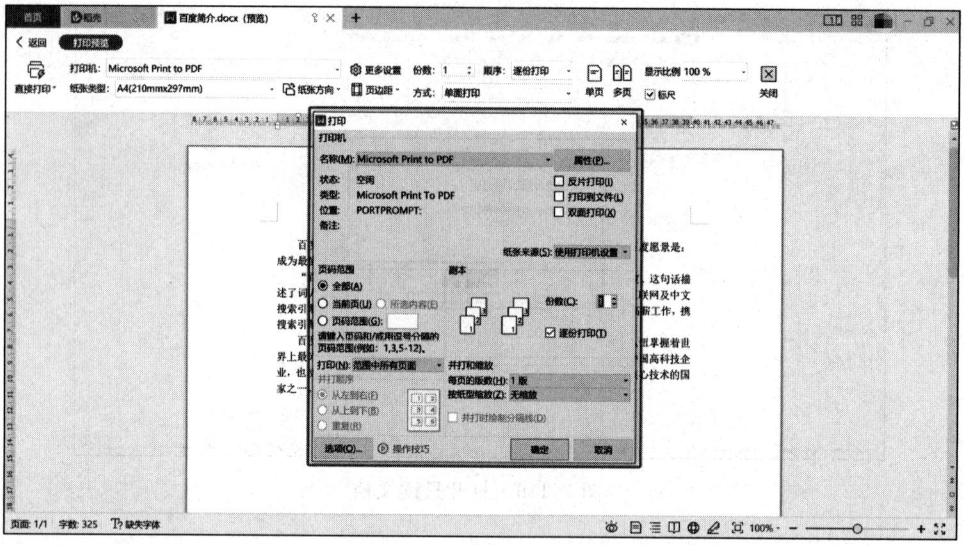

图 3.118 "打印"对话框

户可根据实际需求设置，设置完成后，单击"确定"按钮，打印机就会打印出文档。

练习 3-7

(1) 创建"邀请函.docx"主文档。创建"邀请函.docx"文档，并保存到本地。

(2) 创建数据源文件。创建"邀请函数据.et"文件，输入数据，添加一列，列名为"姓名"，数据为"张总""李总""王总""赵总"。

(3) 设置纸张大小。设置纸张高为 15 厘米、宽为 9.5 厘米。

(4) 插入背景图片。插入本地图片"邀请函背景图.png"作为背景。

(5) 插入文本框。在左侧插入横向文本框，输入邀请内容，字体格式为楷体、加粗、小四，颜色为黄色。在右侧插入竖向文本框，输入"邀请函"，字体格式为华文行楷、加粗、小初，颜色为黄色。

(6) 邮件合并。通过邮件合并功能创建多份邀请函。

第 4 章 WPS表格

WPS 表格(又称 WPS-ET)是 WPS Office 的办公组件之一,类似于微软公司的 Excel,是应用较多的电子表格处理软件之一。其使用方法、函数及 VBA 编程,均可深度兼容微软公司的 Excel,且拥有符合中文用户使用习惯的特点。

WPS 表格作为电子表格软件的一种,可以输入输出、显示数据,可以帮助我们制作各种复杂的图表和财务统计表,并且可以对输入的数据进行各种复杂的运算和数据统计。WPS 表格可以方便地进行数据的统计、处理、分析,是学习、生活和工作中的好帮手,当前已广泛应用于管理、统计、分析、金融等领域。熟练应用表格工具进行数据处理已经是现代职业最基础和必备的岗位能力。

任务 4.1 WPS 表格基本操作

任务概述

对学生信息进行汇总,并制作出班级同学信息表格,既能方便老师对班级学生进行合理、清晰的管理,又能满足快速查询学生信息的需要。

任务目标

➤ 了解 WPS 表格的创建。
➤ 了解 WPS 表格的界面组成。
➤ 掌握在 WPS 表格中各种数据的录入方法。
➤ 掌握 WPS 表格工作簿、工作表和单元格的基本操作。

4.1.1 初识 WPS 表格

1. 启动 WPS 表格

启动 WPS 表格的步骤如下。

(1) 运行 WPS Office 软件后,单击左侧导航中的"新建"按钮,如图 4.1 所示。

(2) 在打开的"新建"窗口中单击左侧的"新建表格"选项,如图 4.2 所示。

(3) 在打开的新建表格选项中单击右侧的"新建空白表格"选项,如图 4.3 所示。

(4) 创建的 WPS 空白表格如图 4.4 所示。

图 4.1 新建 WPS 表格

图 4.2 新建表格

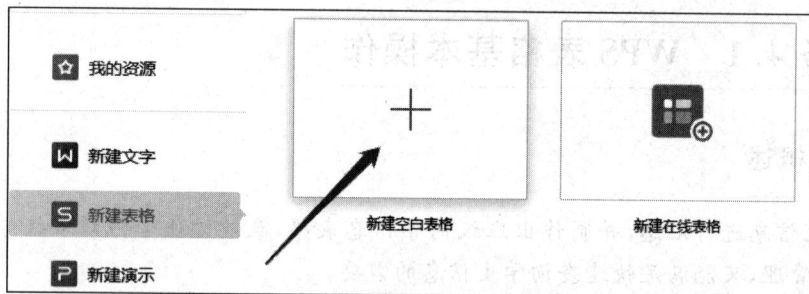

图 4.3 新建空白表格

图 4.4 WPS 空白表格

2. WPS 表格的工作界面

启动 WPS 表格后会出现如图 4.5 所示的工作界面，它由功能区、标题栏、工作表标签等组成。

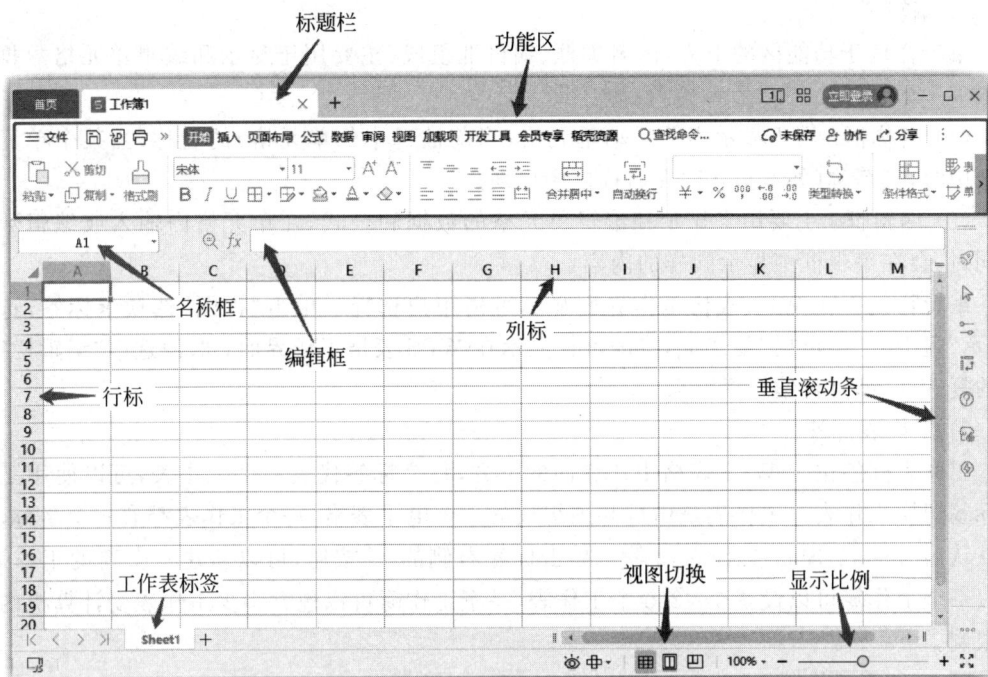

图 4.5 WPS 表格工作界面

1）文件

单击"文件"选项卡标签，打开"文件"选项卡，其中包含新建、打开、保存、另存为、输出为PDF、输出为图片、打印、退出等命令。

2）快速访问工具栏

快速访问工具栏位于 WPS 表格工作界面的顶部，其中包含了 WPS 表格常用的"保存""打印""撤销""恢复"等按钮。为了方便操作，还可以将常用的命令按钮添加到其中。单击快速访问工具栏右侧的 ⊡ 按钮，在弹出的下拉列表中选择需要在快速访问工具栏中显示的按钮名称，使其前面出现"√"，即可添加相应的按钮。

3）标题栏

标题栏位于快速访问工具栏的左侧，用于显示当前打开表格的名称和程序名。

4）功能区

功能区位于 WPS 工作界面的顶部区域，它由选项卡、组和命令组成。

（1）选项卡：功能区中有"开始""插入""页面布局""公式""数据""审阅""视图""加载项""开发工具"等可以任意切换的选项卡，每个选项卡可以实现 WPS 表格中的某一类功能。

（2）组：一个选项卡中包括多个组，组中集合了同类功能所能涉及的所有命令（注意，登录 WPS 账号后才能使用组中的命令）。例如，"对齐"组中包含了设置单元格文本时常用的多个下拉列表框和按钮。

（3）命令或按钮：组中的各种按钮或下拉列表选项，会根据执行操作的不同自动进行显示。

5）编辑栏

编辑栏位于功能区的下方，由名称框、编辑框组成，主要用于显示和编辑单元格数据和公式。

（1）名称框：用于显示当前活动单元格（当前被选中的单元格）的名称，当某个单元格被选中时，其名称（如 C4）立即在名称框中出现。

（2）编辑框：主要用来显示和编辑单元格的数据和公式，在单元格内输入或编辑数据的同时，会在编辑框中显示同样的内容。

编辑栏是否在 WPS 表格工作界面显示可由用户选择。单击"视图"选项卡标签，选中"显示"组中的"编辑栏"复选框，将编辑栏显示在 WPS 表格工作界面；取消选中"编辑栏"前面的复选框，即可将编辑栏隐藏。

6）工作表标签

工作表标签位于 WPS 表格工作界面的下方，每个标签代表一个工作表，可以使用工作表标签切换工作表。工作表是由行和列组成的一个电子表格，每个工作表都有一个名称，系统默认为 Sheet1、Sheet2、Sheet3 等。单击标签右侧的 + 按钮，可以新建一个新的工作表。一般一个工作簿可以设置 1～255 个工作表，一个工作簿可以包含多少工作表受计算机内存的限制。

7）工作表工作区

工作表工作区是位于工作簿标题栏与标题栏之间的区域，WPS 表格的编辑主要在这一区域内完成。

WPS 表格的工作表是由行和列相交形成的"框"，称为单元格。用户可以把数据输入单元格保存。每个单元格都有名称，有列字母（列表）和行号组成，如 A3、C2、B51 等，称作单元格名称（也称地址）。

单元格是 WPS 表格存储数据的基本单位，当前的活动单元格用一个加粗的边框来标识。在屏幕上显示的工作表部分只是工作表的一部分，对于较大的工作表，可以用上下或左右滚动条查看工作表没有显示的部分。在列标和行号的交汇处有一个"全选"按钮，如图 4.6 所示，单击该按钮将选中当前工作表格的所有单元格。

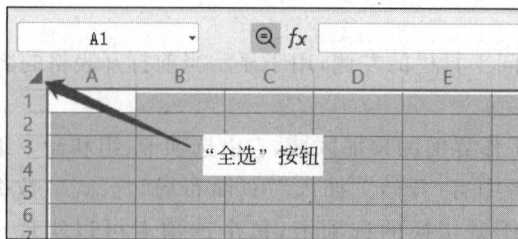

图 4.6　"全选"按钮

3. 退出 WPS 表格

操作完 WPS 表格后，应正确地退出。退出 WPS 表格的方法有以下几种。

（1）选择"文件"→"退出"命令。

（2）单击 WPS 表格窗口右上角的"关闭"按钮 ✕。

（3）按 Alt＋F4 组合键。

注意：如果已对工作簿的内容进行了修改，而没有保存文件，退出 WPS 表格时会弹出提示对话框，询问是否要在退出之前保存文件，用户可根据需要选择适当的选项。

4.1.2 向表格中输入数据

向 WPS 表格中输入数据，一般采用以下三种方法。

（1）单击要输入数据的单元格，然后直接输入数据。

（2）单击单元格，然后单击"编辑栏"中的编辑框，在编辑框中编辑或添加数据。

（3）双击单元格，单元格内将出现插入光标，用户可以移动光标到适当位置后再开始输入，这种方法通常用于修改单元格中的内容。

下面通过在 Sheet1 工作表中输入班级学生信息的内容，学习在 WPS 表格中输入数据的操作，如图 4.7 所示。

	A	B	C	D	E	F	G	H	I
		学生信息表							
		序号	姓名	性别	出生日期	年龄	手机号码	家庭住址	身份证号码
		1	张一博	男	2003年5月1日	19	13588785643	河南省郑州市二七区陇海路2号	412728200305013455
		2	李红霞	女	2003年9月15日	19	13667321765	河南省郑州市金水区金水路213号	412728200309152122
		3	王源	男	2003年10月22日	19	13390787798	河南省郑州市管城区紫荆山路1号	412728200310227621
		4	李阳	男	2003年5月16日	19	13288652199	河南省郑州市二七区航海路156号	412728200305162047
		5	李颖	女	2003年11月20日	19	13878553217	河南省郑州市金水区金水路20号	412728200311208002

图 4.7 学生信息表内容

在 WPS 表格中输入的内容，包含了文本型数据、数值型数据、日期型数据等多种类型的数据，也可以在单元格中输入批注信息及公式。

（1）文本型数据。文本型数据是 WPS 表格中常用的数据，包括字母、数字、文字和符号等字符，如姓名、家庭住址等，WPS 表格会处理为文本型数据。

注意：默认情况下，文本型数据在单元格中左对齐。

输入文本型数据的注意事项如下。

① 数字文本数据是用来表示某种标记，而不是用于计算的数字。输入时应在数字前面加一个英文单引号（'）作为前缀。WPS 表格将单引号后面的数字作为文本处理，录入的单引号不会出现在单元格中。

② 如果输入的内容超过了该单元格宽度，仍可以继续输入。当右侧单元格为空时，输入的数据在显示上会"覆盖"右侧单元格，而实际上仍属于本单元格。

（2）数值型数据。WPS 表格的数值型数据由数字 0～9 及某些特殊字符组成。特殊字符包括："（）""＋""－""＊""\""，""e""％"等，如"e"用于科学记数法，"，"为千分位符号。

（3）日期或时间型数据。WPS 表格将日期和时间型数据当作数字处理。输入日期或时间数据时，需要使用定界符进行分隔 WPS 表格才能识别。

使用日期或时间型数据时的注意事项如下。

① 输入日期时，可以使用"-"或"/"，分隔开年月日。例如，要输入 2022 年 10 月 4 日，应

输入"2022-10-4"或"2022/10/4"。

② 输入时间时,可以使用":"分隔开时分秒。例如,要输入 20 时 40 分 28 秒,应输入"20:40:28"。

③ 在同一单元格中输入日期和时间,应在日期和时间之间用空格隔开。

④ 可以使用 Ctrl+;组合键输入当前系统日期,使用 Ctrl+Shift+;组合键输入当前系统时间。

(4) 逻辑型数据。逻辑型数据表示为逻辑值 TRUE(真)或 FALSE(假),一般在单元格中进行数据之间的比较运算时自动产生的结果,如在单元格中输入"=3>5",结果显示为 FALSE。

(5) 自动填充功能快速输入数据。WPS 表格提供了自动填充功能,能够快速输入重复的数据以及具有一定规律的数据。

自动填充功能的使用方法如下。

① 连续区域的相同数据填充。例如,选择 D3 单元格,输入内容"郑州市",然后将鼠标指针放在单元格选中框右下角,鼠标指针变成十字状后,拖动到 D8 单元格,那么 D4 到 D8 单元格内容将被全部填充为"郑州市"。

② 连续区域的数据序列填充。数据序列是指有序变化的数据依次排列的效果。如常用的"1、2、3、4、…"是标准的等差数列,该数列要确定起始数值"1"和等差步长"1"即可输入。例如,在单元格 B5 中输入 1,B6 中输入 2,然后同时选中单元格 B5、B6 两个单元格,将鼠标指针放在单元格选中框右下角,鼠标指针变成十字状后,拖动到 D10 单元格(图 4.8),这些单元格将会被填充数据序列。

3	学生信息表						
4	序号	姓名	性别	出生日期	年龄	手机号码	家庭住址
5	1	张一博	男	2003年5月1日	19	13588785643	河南省郑州市二七区陇海路2号
6	2	李红霞	女	2003年9月15日	19	13667321765	河南省郑州市金水区金水路213号
7		王源	男	2003年10月22日	19	13390787798	河南省郑州市管城区紫荆山路1号
8		李阳	男	2003年5月16日	19	13288652199	河南省郑州市二七区航海路156号
9		李颖	女	2003年11月20日	19	13878553217	河南省郑州市金水区金水路26号
10	5						
11							

图 4.8   数字序列填充

③ 相同数据填充。例如,选定 E7~E12 单元格,输入"郑州市",按 Ctrl+Enter 组合键即可将单元格 E7~E12 内容全部输入为"郑州市"。

练习 4-1   制作本班级人员信息表

(1) 新建空白表格。

(2) 填充班级人员信息。

任务 4.2   设置数据清单的格式及打印

任务概述

输入完班级同学信息表内容后,表格已基本成型。下面进一步对其进行编排,设置其应有的格式,进行严谨的数据显示及效果的美化,最终将其打印出来。

任务目标

➢ 掌握 WPS 表格中各种数据格式的设置。

➢ 掌握 WPS 表格的打印操作及设置。

4.2.1 数据清单的格式设置

1. 设置标题

表格的标题通常设置为明显的、突出的格式。标题文字的字体、字号会选用和数据不同的设置,如加粗显示、放在整个数据清单的上方居中位置等。

(1) 设置标题字体格式。选择标题所在的单元格,选择"开始"→"字体"组中的选项即可设置文字的字体、字号和字形等,如图 4.9 所示。

图 4.9　设置标题字体

(2) 设置标题居中。在标题所在行中,选中单元格 B2～I2,即 B2:I2 单元格区域,单击"开始"→"对齐方式"→"合并居中"按钮,如图 4.10 所示。

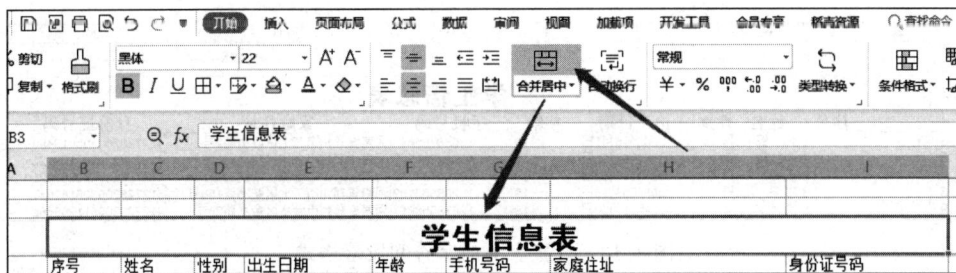

图 4.10　设置标题合并居中

2. 设置表头

数据表的第 1 行一般为该表的表头,用来对相应列中的数据进行说明。表头通常设置为明显的、突出的格式。

1) 调整行高和列宽

WPS 表格可以对不同行、列的行高和列宽设置为不同的值。同一行的高度相同,同一列的宽度相同。

要调整表头所在行的高度,可以选择表头行,右击行号,在弹出的快捷菜单中选择"行高"命令,在弹出的对话框中输入具体数据值,然后单击"确定"按钮(图4.11)。也可以将鼠标指针指向表头行行号的下边线处,进行拖曳改变行的高度。

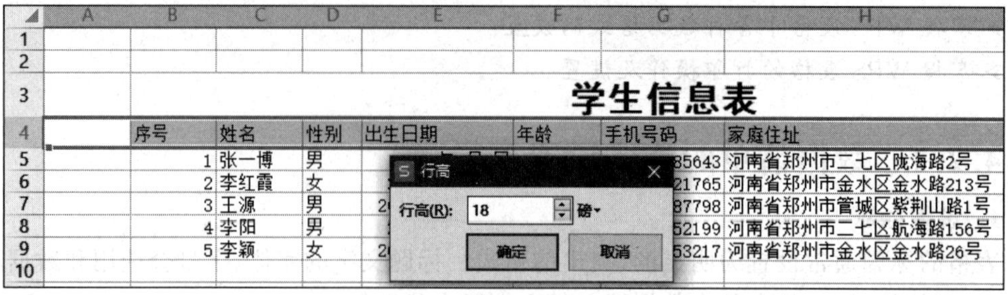

图4.11　设置表头行高

右击列标,在弹出的快捷菜单中选择"列宽"命令,在弹出的对话框中可以精确地设置列宽;也可以将鼠标指针指向列标的左边或右边线处,进行拖曳调整列宽。

💡 小技巧

将鼠标指针指向行号下边线,待指针呈上下箭头形状时,双击下边线,可根据该行内容自动设置行高。将鼠标指针指向列表右边线,待指针呈左右箭头形状时,双击右边线,可根据该列内容自动设置列宽。

2)设置字符和段落格式(图4.12)

选择表头数据所在单元格,在"开始"选项卡的"字体"组中设置字体为宋体、14磅、加粗。

选择表头数据所在单元格,单击"开始"→"对齐方式"→"居中"按钮 ≡ ,设置表头单元格文字居中对齐。

将"家庭住址"列的宽度设置为30磅。

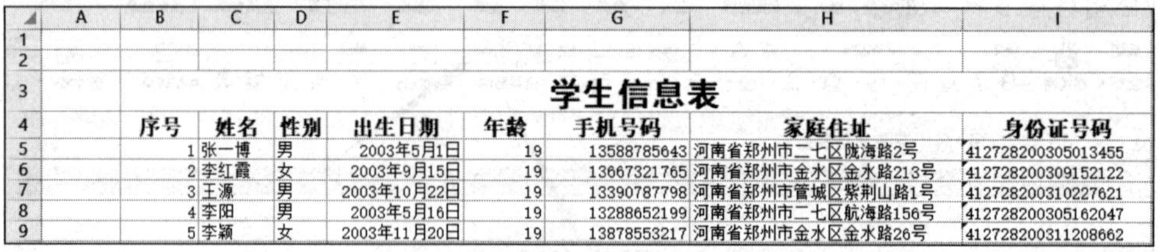

图4.12　设置表头的字符和段落格式

3. 设置数据区域

设置日期型数据格式的方式如下。

(1)选择表格数据区域中日期数据所在的单元格。

(2)单击"开始"→"数字"组右下角的 ⌐ 按钮,打开"单元格格式"对话框。

(3)选择"单元格格式"对话框中的"数字"选项卡,在"分类"列表中选择"日期"选项,在"类型"列表中选择日期数据的显示类型,如图4.13所示,设置好后单击"确定"按钮。

图4.13　设置日期型数据格式

4．设置边框和底纹

1）设置内外边框

（1）选择表格数据清单中除标题外的所有单元格。

（2）单击"开始"→"字体"→"边框"按钮田▼右侧的下三角形按钮，在弹出的下拉列表中选择"其他边框"选项，或右击选中的单元格，在弹出的快捷菜单中选择"设置单元格格式"命令。

（3）打开"单元格格式"对话框的"边框"选项卡，在"样式"列表框中选择双线样式，然后单击"外边框"按钮，如图4.14所示，为所选单元格区域添加双线样式外边框。

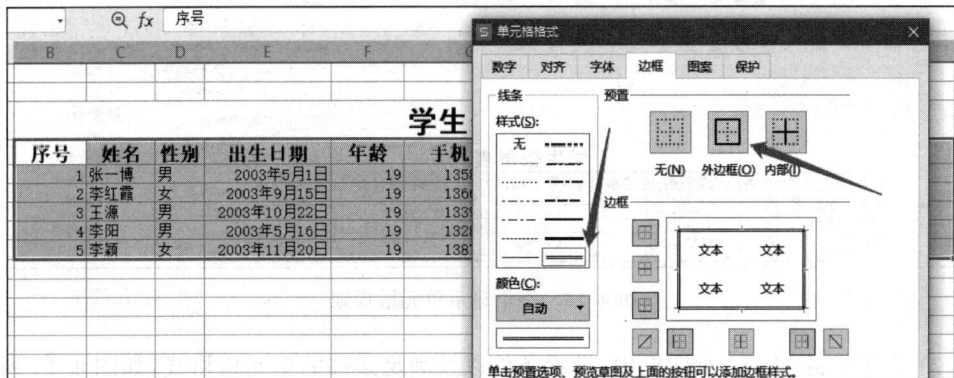

图4.14　设置双线样式外边框

（4）在"样式"列表框中选择细单实线样式，然后单击"内部"按钮，为所选区域设置内框线。

（5）单击"确定"按钮。

2）设置底纹

选择表头所在单元格，单击"开始"→"字体"→"填充颜色"按钮 🎨 ·右侧的下三角形按钮，在弹出的下拉列表中选择表头的底纹颜色，如图4.15所示。

图4.15　设置底纹

5. 条件格式

在 WPS 表格中，可以根据单元格中的数值是否超出指定范围或在限定范围之内，动态地为单元格套用不同的字体样式、图案和边框。例如，将学生信息表中3～5的序号，用红色底纹和深红色字体效果显示，操作步骤如下。

（1）选择要设置条件格式的单元格 B5～B9（B5:B9），单击"开始"→"样式"→"条件格式"按钮 🔲，在弹出的下拉列表中选择"突出显示单元格规则"→"介于"命令，如图4.16所示。

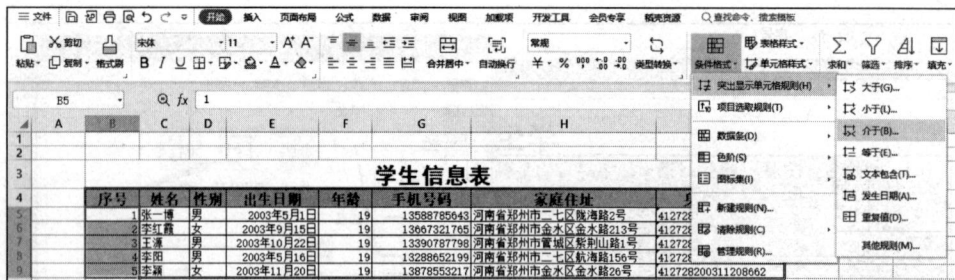

图4.16　突出显示单元格规则

（2）在弹出的"介于"对话框中，设置条件以及满足条件的单元格格式，如图4.17所示，单击"确定"按钮后的效果如图4.18所示。

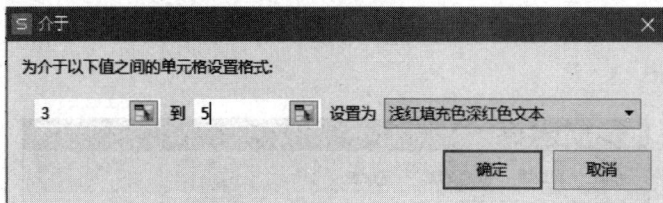

图 4.17 设置"介于"条件格式

图 4.18 设置条件格式后的效果

4.2.2 页面设置

1. 设置纸型

在"页面布局"选项卡的"页面设置"组中单击"纸张大小"按钮，在弹出的下拉列表中选择 A4 选项，如图 4.19 所示。

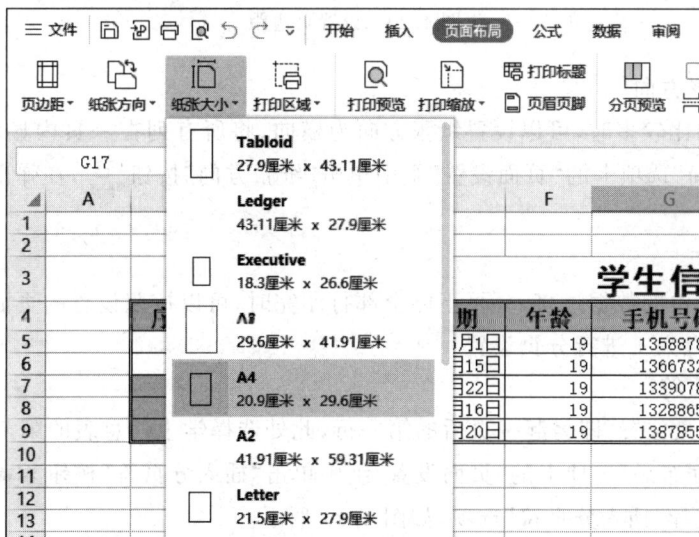

图 4.19 设置纸型

📖 小知识

A4 纸的规格为 21cm×29.7cm（210mm×297mm），世界上多数国家或地区所使用的纸张尺寸都是采用这一标准。

2. 设置页边距

在"页面布局"选项卡的"页面设置"组中单击"页边距"按钮，在弹出的下拉列表中选择"自定义边距"选项,在弹出的"页面设置"对话框中设置页边距和表格在纸张中的居中方式,如图4.20所示。

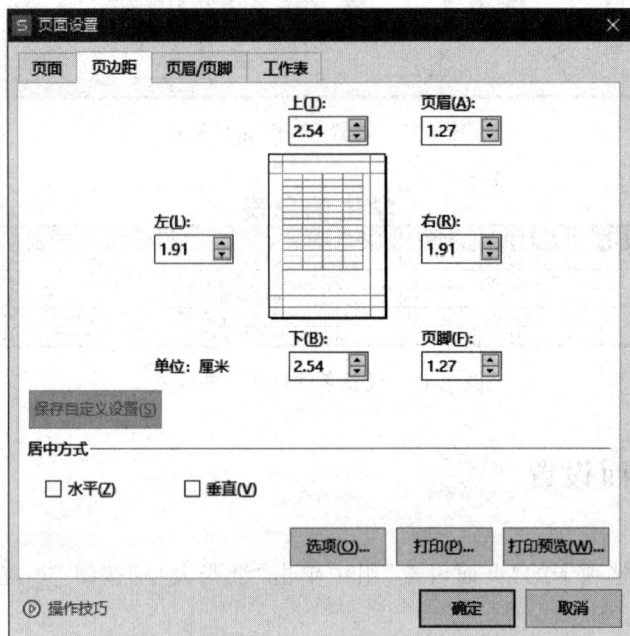

图4.20　设置页边距

3. 设置纸张方向

数据表中列比较多时,可以设置纸张方向为横向,将所有列在一页内显示,设置方法如下:在"页面布局"选项卡的"页面设置"组中单击"纸张方向"按钮,在弹出的下列表中选择"横向"选项。

4. 设置分页

当数据清单中的数据过多,一页不能全部打印完时,可以按照设置的页面大小进行自动分页打印,也可以人工进行分页设置。

1) 插入分页符

(1) 选择分页位置,即另起一页后的第一行,此处选择学生信息表的第7行。

(2) 在"页面布局"选项卡的"页面设置"组中单击"插入分页符"按钮,在弹出的下拉列表中选择"插入分页符"选项,如图4.21所示。

(3) 插入的分页符在表格普通视图中显示为一条灰色的线,如图4.22所示。

2) 删除分页符

选择分页符的下一行的任一单元格,在"页面布局"选项卡的"页面设置"组中单击"插入分页符"按钮,在弹出的下拉列表中选择"删除分页符"选项。

💡 **小技巧**

分页后,在"视图"选项卡的"工作簿视图"组中单击"页面布局"按钮,可以查看当前表格在页面中的效果。查看后在"视图"选项卡的"工作簿视图"组中单击"普通"按钮,即可

图 4.21　插入分页符

图 4.22　插入分页符效果

返回普通视图。

4.2.3　打印

WPS 表格的打印方法如下。

(1) 选择"文件"→"打印"→"打印预览"命令，如图 4.23 所示。

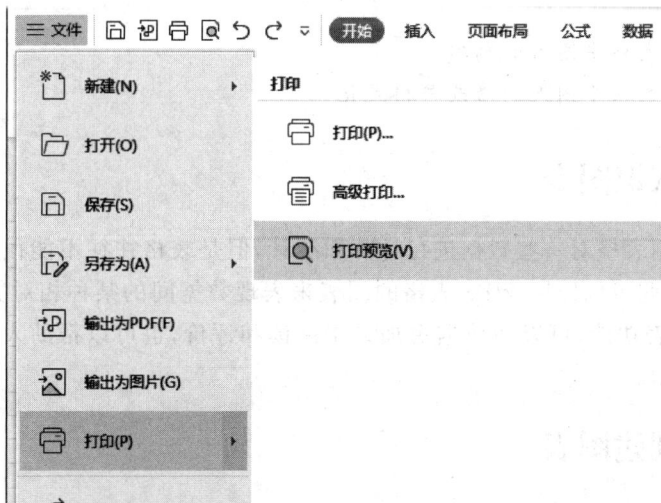

图 4.23　选择"打印预览"命令

（2）在打开的"打印预览"窗口中，根据需要设置"打印机""打印范围""打印方式""打印顺序"等选项，在窗口中可以预览打印效果，如图 4.24 所示。

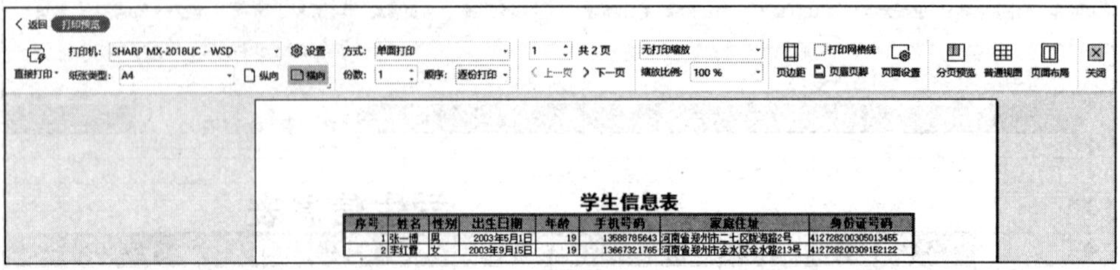

图 4.24 打印设置

（3）单击"直接打印"按钮 ，即可实现表格的打印。

（4）打印结束后，单击左上角的"返回"按钮 ，即可返回普通视图。

练习 4-2

（1）在练习 4-1 表格基础上，调整美化表格。

（2）设置打印格式，并打印。

任务 4.3 制作图表

任务概述

商品销售统计表制作完成后，通常需要对表格的数据进行统计与分析，因此需要建立更直观的商品销售统计图表。

任务目标

➢ 掌握 WPS 表格中图表的创建。

➢ 掌握 WPS 表格中图表的修改与格式化。

4.3.1 认识图表

人们通常使用表格对一些数据进行计算和统计，但是表格往往不能很直观地反映出这些数据的走向，因此可以使用 WPS 表格的图表来表现数据间的某种相对关系。WPS 表格提供了强大的图表功能，可以使数据更加易于阅读和评价，也可以帮助人们分析和比较数据，如图 4.25 所示。

4.3.2 创建图表

（1）在 WPS 中创建一个表格，将其保存为"服装销售统计表"，在 Sheet1 工作表中输入服装销售统计表内容，然后选择要建立图表的单元格区域，如图 4.26 所示。

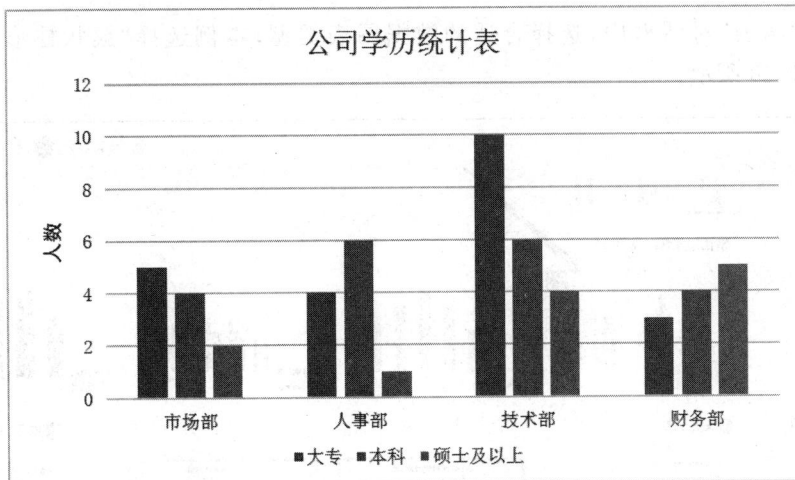

图 4.25　公司学历统计图表

图 4.26　选择建立图表区域

（2）单击"插入"→"图表"→"全部图表"按钮 ，弹出"图表"对话框，如图 4.27 所示。

图 4.27　"图表"对话框（1）

（3）在"图表"对话框中，选择合适的数据图表类型，本例选择"簇状柱形图（预设图表）"，如图 4.28 所示。

图 4.28　"图表"对话框（2）

（4）单击"簇状柱形图"后，创建图表，如图 4.29 所示。

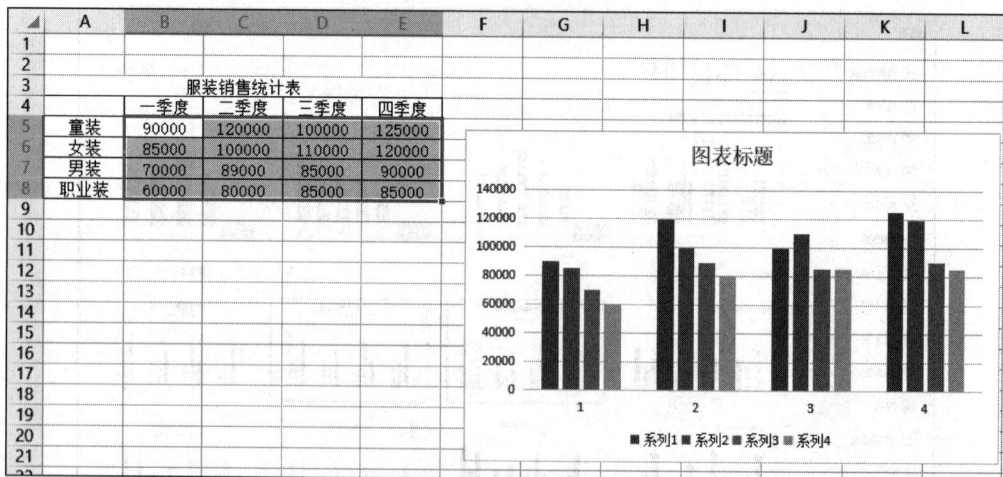

图 4.29　创建图表

（5）选择"图表工具"→"图表元素"→"图表标题"选项，如图 4.30 所示。

（6）修改图表标题内容，如图 4.31 所示。

图 4.30 选择图表元素

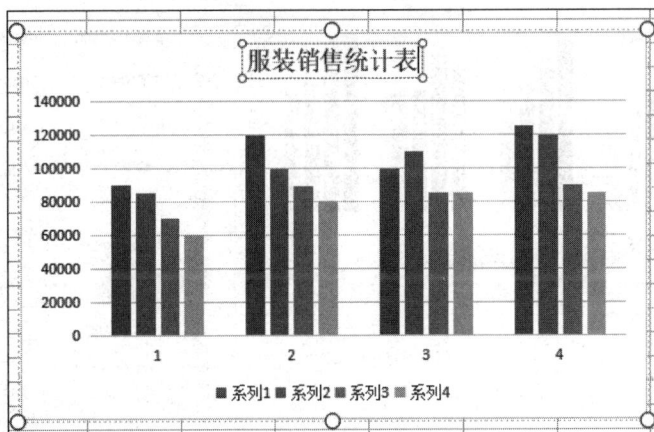

图 4.31 修改图表标题

4.3.3 修饰图表

（1）选择"图表工具"→"添加元素"→"轴标题"→"主要纵向坐标轴"选项，如图 4.32 所示。

（2）添加"主要纵向坐标轴"后，在图表左侧显示"坐标轴标题"。双击"坐标轴标题"，在表格右侧弹出的面板中依次选择"文本选项"→"文本框"→"文字方向"，在"文字方向"中选择"堆积"，如图 4.33 所示。

（3）修改添加的"坐标轴标题"内容为"销售金额"，如图 4.34 所示。

（4）选择"图表工具"→"添加元素"→"轴标题"→"主要横向坐标轴"选项，如图 4.35 所示。

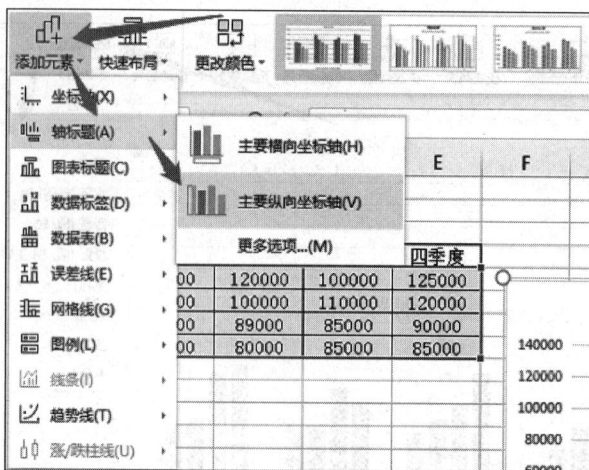

图 4.32　添加图表元素

图 4.33　修改纵向坐标轴标题文字方向

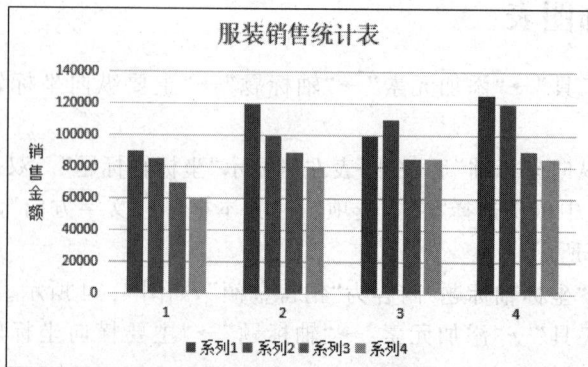

图 4.34　修改纵向坐标轴标题内容

图 4.35　添加横向坐标轴标题

（5）将新添加的"横向坐标轴标题"内容修改为"季度"，如图 4.36 所示。

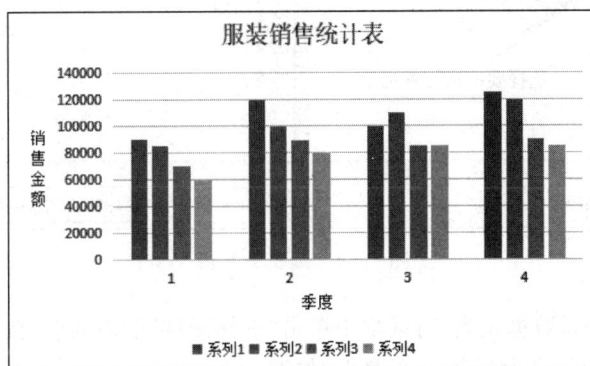

图 4.36　修改横向坐标轴标题内容

（6）选中图表后，单击右侧的布局按钮 ，在弹出的面板中选择"快速布局"→"布局9"，如图 4.37 所示。

图 4.37　修改图表布局

（7）单击"图表工具"选项卡中的"选择数据"按钮，如图4.38示。

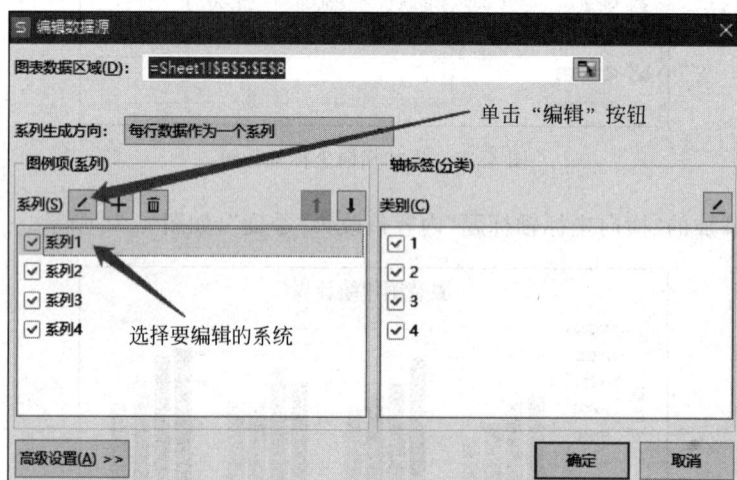

图4.38 "选择数据"按钮

（8）在弹出的"编辑数据源"对话框中选择要编辑的"系列"后，单击"编辑"按钮，如图4.39所示。

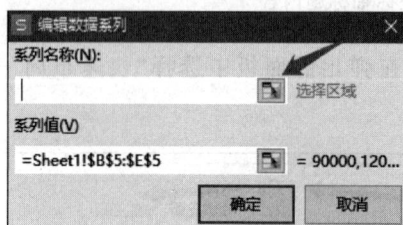

图4.39 编辑数据源

（9）在弹出的"编辑数据系列"对话框中单击"选择区域"前面的按钮，如图4.40所示。
（10）"编辑数据系列"对话框将会缩小，如图4.41所示。

图4.40 "编辑数据系列"对话框　　图4.41 缩小后的"编辑数据系列"对话框

（11）单击表格中的"童装"单元格，单元格的名称将会自动填充到"系列名称"对话框中，如图4.42所示。按Enter键，返回"编辑数据源"对话框，如图4.43所示。
（12）重复以上操作，完成系列名称的修改，结果如图4.44所示。单击"确定"按钮，完成数据源系列的修改，如图4.45所示。
（13）单击"图表工具"选项卡中的"选择数据"按钮，在弹出的"编辑数据源"对话框中选择要编辑的"类别"后，单击类别上方的"编辑"按钮，如图4.46所示。
（14）打开"轴标签"对话框，如图4.47所示。

图 4.42 选择系列名称

图 4.43 "编辑数据源"对话框

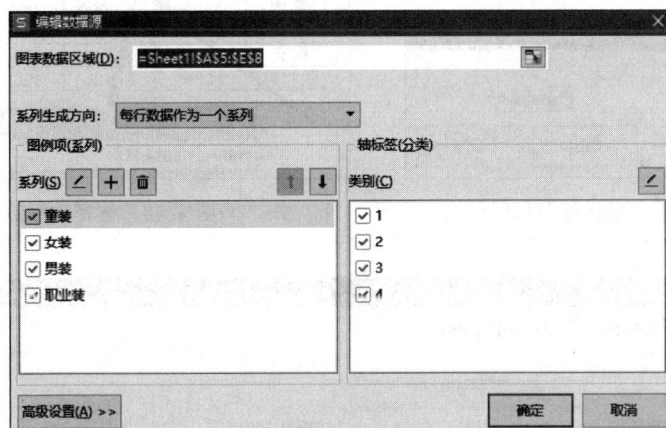

图 4.44 修改系列名称

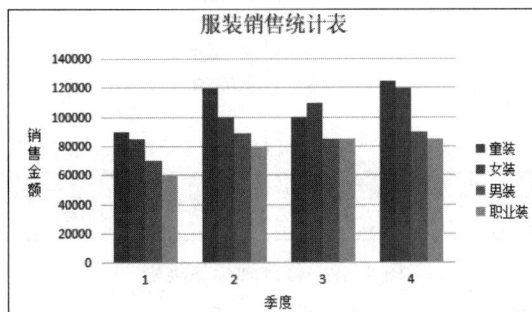

图 4.45 系列名称最终效果

(15) 单击"一季度"单元格,按住鼠标左键不放,向右滑动将"二季度""三季度""四季度"单元格同时选中,四个单元格的名称将会自动填充到"轴标签区域"对话框中,如图 4.48 所示。按 Enter 键,返回"编辑数据源"对话框,如图 4.49 所示。

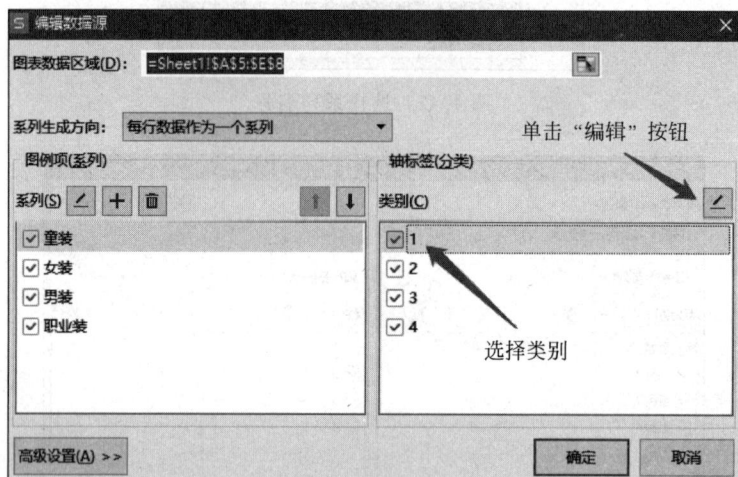

图 4.46　编辑类别

图 4.47　"轴标签"对话框

图 4.48　选择轴标签

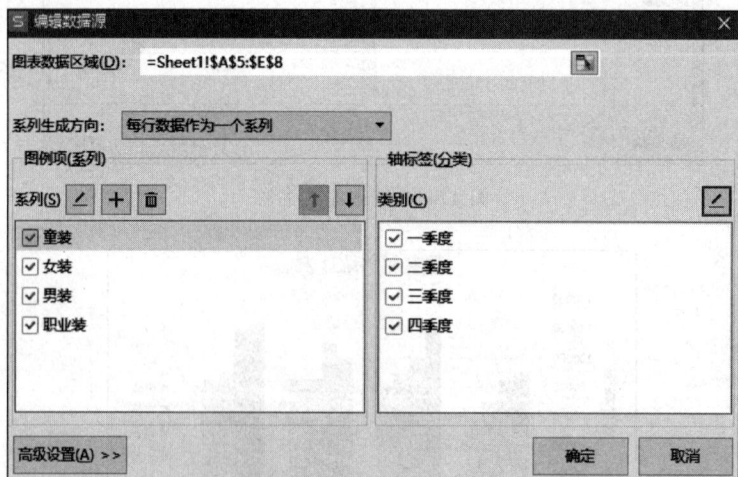

图 4.49　修改轴标签类别

（16）单击"编辑数据源"对话框中的"确定"按钮，最终完成效果如图4.50所示。

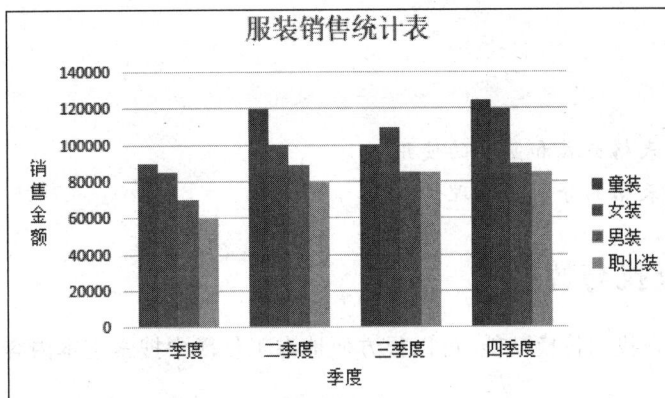

图4.50 服装销售统计图表

练习 4-3

（1）创建一个表格，保存为"洗护用品销售数据表"，如图4.51所示。

商品	1月	2月	3月	4月	5月	6月	7月	8月	9月	10月	11月	12月
洗发水	553	167	565	699	418	352	547	849	419	537	391	727
护发素	797	147	395	265	125	160	597	684	590	985	278	588
沐浴露	914	773	785	232	745	246	484	259	681	549	192	403
磨砂膏	159	655	896	749	219	684	489	552	102	767	241	337
润体乳	748	883	929	790	108	507	635	597	633	842	780	966
护手霜	403	464	586	305	487	947	983	657	862	589	235	777
护肤水	203	123	974	801	686	323	167	567	955	324	123	113
洁面膏	853	951	721	165	243	968	623	608	384	386	952	870
洗面奶	880	773	328	706	583	148	472	828	755	465	790	884
卸妆油	386	234	669	898	708	143	441	433	734	223	119	861

图4.51 洗护用品销售数据表

（2）根据图表数据，制作销售数据表柱形图。

任务4.4 数据处理

任务概述

期末考试后，教师要对学生的成绩进行评定，那么如何通过对学生成绩的处理结果来反映学生情况呢？建立学生成绩表并录入相关信息后，可以使用 WPS 表格的数据处理进行统计分析。

任务目标

➤ 掌握 WPS 表格公式和函数的使用。
➤ 掌握 WPS 表格的分析与管理。

4.4.1　查找与替换

WPS 表格的查找和替换功能，可以很方便地在工作簿中搜索文本内容或者把目标内容替换为新内容。

例如，将学生成绩表 Sheet1"班级"列中的"大数据"全部替换为"22 级大数据"的操作步骤如下。

（1）打开"学生成绩表.xlsx"，在 Sheet1 中选中单元格区域 C14：C19。选择"开始"→"查找" →"替换"选项，如图 4.52 所示。

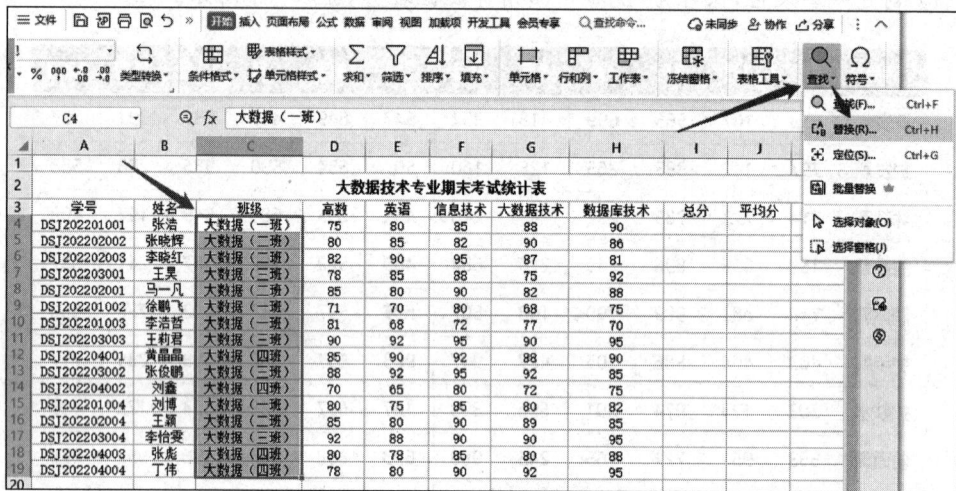

图 4.52　"替换"选项

（2）在打开的"替换"对话框的"查找内容"文本框中输入"大数据"，"替换为"文本框中输入"22 级大数据"，如图 4.53 所示。

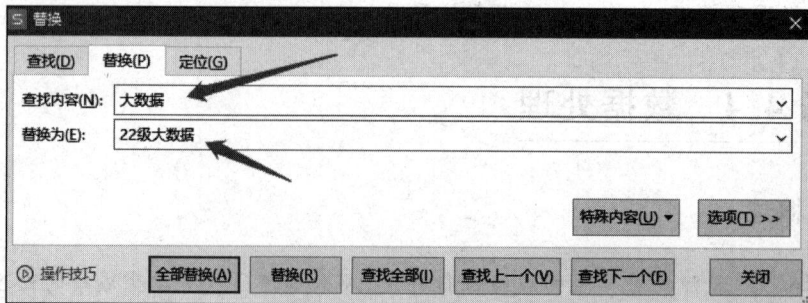

图 4.53　"替换"对话框

(3) 单击"替换"对话框中的"全部替换"按钮,在弹出的提示对话框中单击"确定"按钮,如图 4.54 所示。提示对话框中显示进行了多少处替换。

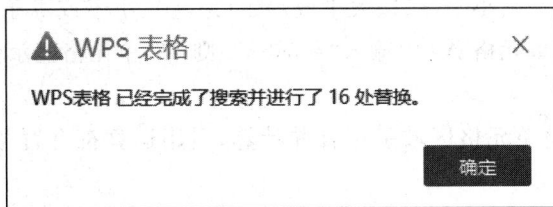

图 4.54 替换提示对话框

(4) 关闭"替换"对话框,替换结果如图 4.55 所示。

	大数据技术专业期末考试统计表									
学号	姓名	班级	高数	英语	信息技术	大数据技术	数据库技术	总分	平均分	名次
DSJ202201001	张浩	22级大数据(一班)	75	80	85	88	90			
DSJ202202002	张晓辉	22级大数据(二班)	80	85	82	90	86			
DSJ202202003	李晓红	22级大数据(二班)	82	90	95	87	81			
DSJ202203001	王昊	22级大数据(三班)	78	85	88	75	92			
DSJ202202001	马一凡	22级大数据(二班)	85	80	90	82	88			
DSJ202201002	徐鹏飞	22级大数据(一班)	71	70	80	68	75			
DSJ202201003	李浩哲	22级大数据(一班)	81	68	72	77	70			
DSJ202203003	王莉君	22级大数据(三班)	90	92	95	90	95			
DSJ202204001	黄晶晶	22级大数据(四班)	85	90	92	88	90			
DSJ202203002	张俊鹏	22级大数据(三班)	88	92	95	92	85			
DSJ202204002	刘鑫	22级大数据(四班)	70	65	80	72	75			
DSJ202201004	刘博	22级大数据(一班)	80	75	85	80	82			
DSJ202202004	王颖	22级大数据(二班)	85	80	90	89	85			
DSJ202203004	李怡雯	22级大数据(三班)	92	88	90	90	95			
DSJ202204003	张虎	22级大数据(四班)	80	78	85	80	88			
DSJ202204004	丁伟	22级大数据(四班)	78	80	90	92	95			

图 4.55 替换结果

4.4.2 公式与函数

数据计算是 WPS 表格最常用的功能,一般采用两种方式:运用公式和运用函数。

1. 运用公式

用数字和运算符组成的等式叫作公式,在 WPS 表格中,规定在单元格中凡是由等号开头的都是公式。

WPS 表格的运算符是公式中的特定符号,用来对公式中的数据进行特定类型的运算,包括数值运算符、文本运算符、关系运算符和引用运算符四类。

1) 数值运算符

数值运算符用于基本的数学运算,运算结果为数值类型。数值运算符主要包括括号"()"、正(+)、负(-)、加(+)、减(-)、乘(*)、除(\)。

2) 文本运算符

文本运算符 & 用来将两个及以上的文本连接成为一个新的文本。例如,在单元格 B2 中输入"大数据基础",在单元格 B3 中输入"=B2&"平台架构""(注意函数和公式中,文本内容的输入均需使用英文半角的双引号进行框定),则在 B3 单元格中显示内容为"大数据基础平台架构"。

3) 关系运算符

关系运算符用来比较两个数值,得到布尔类型的结果 TRUE(真)或 FALSE(假)。关系运算符主要有大于(＞)、小于(＜)、大于或等于(＞＝)、小于或等于(＜＝)、等于(＝)、不等于(＜＞)。例如,在单元格 A3 中输入"＝5＞3",则 A3 单元格显示内容为 TRUE。

4) 引用运算符

引用运算符用来将单元格区域引用合并计算,引用运算符有冒号(:)、逗号(,)和空格三种。

(1) 冒号(:):区域运算符,对两个引用之间,同时包括两个引用在内的左、右单元格进行引用。例如,A5:D20 是以 A5 为左上单元格、D20 为右下单元格的一个区域。

(2) 逗号(,):联合运算符,将多个引用合并为一个引用,例如,SUM(A5:A10,C5:C10)是对 A5:A10 区域和 C5:C10 区域进行 SUM(求和)运算。

(3) 空格:交叉运算符,产生对两个引用共有的单元格的引用。例如,B7:D10C6:C11 是 B7:D10 区域和 C6:C11 区域的交叉(重叠)部分,即为 C7:C10。

例如,使用公式统计学生成绩表 Sheet1 中每个学生总分的操作步骤如下。

(1) 打开"学生成绩表.xlsx",在 Sheet1 中选中单元格 I4,输入公式"＝D4+E4+F4+G4+H4"。

(2) 输入公式后,按 Enter 键,WPS 表格自动计算并将结果显示在单元格 I4 中,公式内容显示在编辑栏中,如图 4.56 所示。

学号	姓名	班级	高数	英语	信息技术	大数据技术	数据库技术	总分	平均分	名次
		大数据技术专业期末考试统计表								
DSJ202201001	张浩	22级大数据(一班)	75	80	85	88	90	418		
DSJ202202002	张晓辉	22级大数据(二班)	80	85	82	90	86			
DSJ202202003	李晓红	22级大数据(二班)	82	90	95	87	81			
DSJ202203001	王昊	22级大数据(三班)	78	85	88	75	92			

图 4.56   计算总分

(3) 选中单元格 I4,将鼠标指针移动到 I4 单元格右下角,当鼠标指针变成黑色十字形状时,按住鼠标左键向下拖动至单元格 I19,可以复制公式并自动计算出其他学生的总分。

2. 运用函数

使用函数可以简化公式,同时也可以完成公式无法完成的功能。WPS 表格中的函数有数据库函数、日期与时间函数、工程函数、财务函数、信息函数、逻辑函数、查询和引用函数、数学和三角函数、统计函数、文本函数以及用户自定义函数等。

WPS 表格中运用函数的格式如下。

函数名(参数 1,参数 2,参数 3,…)

参数可以是单元格、常量、区域、区域名、公式或其他函数。

1) SUM 函数

功能:计算区域单元格中所有数字之和。

格式：SUM(参数 1,参数 2,参数 3,…)

说明：SUM 函数的参数可以是数字、逻辑值(布尔类型值)及数值表达式。如果输入函数名为小写字母,按 Enter 键后将自动转换为大写形式。

举例：

(1) SUM(5,12),计算结果等于 17。

(2) SUM("2",1,TRUE),计算结果等于 4。计算时文本数字自动转换成对应的数值 2,布尔类型值 TRUE 自动转换成对应的数值 1。提示,布尔类型值 TRUE 对应数值 1,FALSE 对应数值 0。

(3) 如果单元格 C2:G2 中的数字分别为 3、7、9、22 和 31,则 SUM(C2:E2)的结果是 19;SUM(C2:G2,10)的结果是 82。

2) MAX/MIN 函数

功能：计算单元格区域中的最大/最小值。

格式：MAX/MIN(参数 1,参数 2,参数 3,…)

说明：MAX/MIN 函数的参数可以是数字、逻辑值(布尔类型值)、空白单元格及数值表达式。如果参数是不能转成数值的文本或错误值,将产生错误。

举例：如果单元格 C2:G2 中的数值分别为 3、7、9、22 和 31,则 MAX(C2:G2)的结果是 31,MIN(C2:G2)的结果是 3。

3) AVERAGE 函数

功能：计算区域单元格中的平均值。

格式：AVERAGE(参数 1,参数 2,参数 3,…)

说明：AVERAGE 函数的参数可以是数字或引用。

举例：如果单元格 C2:G2 中的数值分别为 3、7、9、22 和 31,则 AVERAGE(C2:G2)的结果是 14.4。

4) COUNT 函数

功能：计算区域单元格中数字项的个数。

格式：COUNT(参数 1,参数 2,参数 3,…)

说明：COUNT 函数的参数必须是数值类型。

举例：如果单元格 C2:G2 中的数值分别为 3、7、9、22 和 31,则 COUNT(C2:G2)的结果是 5。

5) RANK.EQ 函数

功能：计算指定的数值在一列数值中相对于其他数值的大小排名；如果多个数值排名相同,则返回该组数值的最佳排名。

格式：RANK.EQ(Number,Ref,Order)

说明：

(1) Number 为指定的数字。

(2) Ref 为一组数据或对一个数据列表的引用,非数字的值将被忽略。

(3) Order 用于指定排位的方式。如果为 0 或者省略,则降序；非 0,则升序。

举例：如果单元格 C2:G2 中的数值分别为 3、7、9、22 和 31,则 RANK.EQ(E2,$C

$2:\$G\$2,0)$的结果是 3；RANK.EQ(F2,$\$C\$2:\$G\$2,1)$的结果是 4。

例如，使用函数统计学生成绩表 Sheet1 中每个学生平均分的操作步骤如下。

（1）打开"学生成绩表.xlsx"，在 Sheet1 中选中单元格 J4，单击编辑栏中的 *fx* 按钮，打开"插入函数"对话框，如图 4.57 所示。

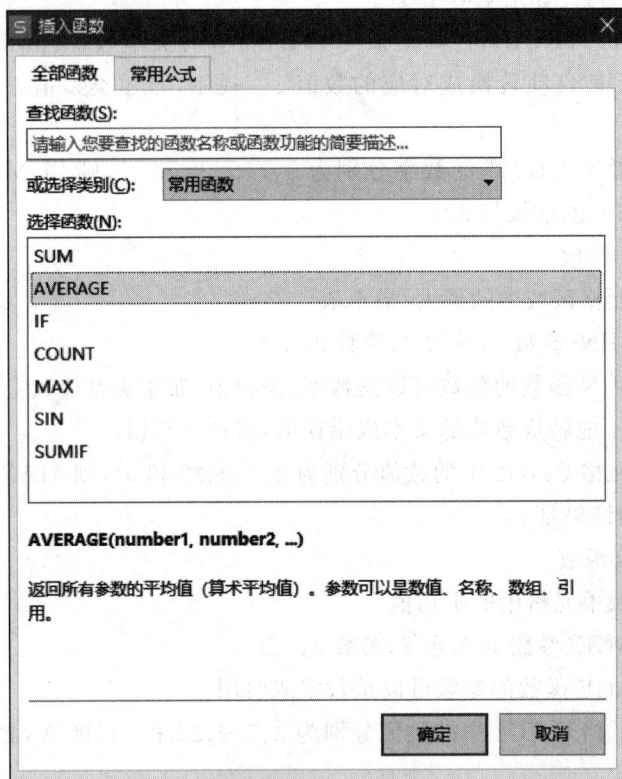

图 4.57 "插入函数"对话框

（2）在打开的"插入函数"对话框中，在"选择函数"列表中单击 AVERAGE 后，单击"确定"按钮，弹出"函数参数"对话框，如图 4.58 所示。

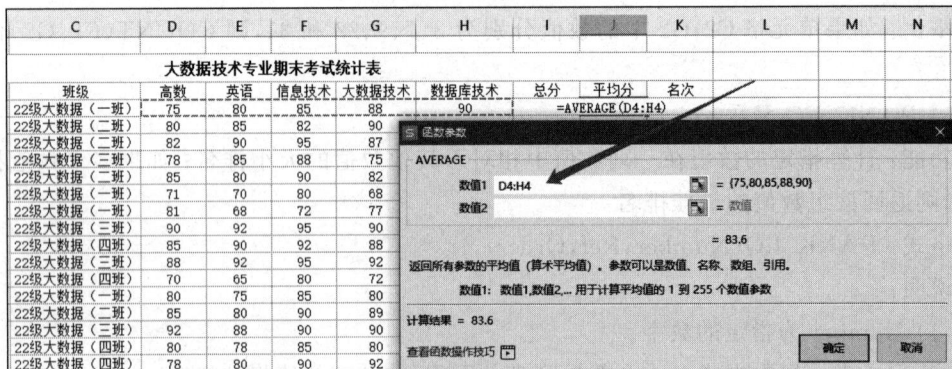

图 4.58 "函数参数"对话框

（3）在"函数参数"对话框中，在"数值1"文本框中输入区域 D4：H4，单击"确定"按钮，WPS表格将计算结果显示在单元格中 J4 中。

（4）选中单元格 J4，将鼠标指针移动到 J4 单元格右下角，当鼠标指针变成黑色十字形状时，按住鼠标左键向下拖动至单元格 J19，可以复制函数并自动计算出其他学生的平均分，结果如图 4.59 所示。

	A	B	C	D	E	F	G	H	I	J	K
1											
2				大数据技术专业期末考试统计表							
3	学号	姓名	班级	高数	英语	信息技术	大数据技术	数据库技术	总分	平均分	名次
4	DSJ202201001	张浩	22级大数据（一班）	75	80	85	88	90	418	83.6	
5	DSJ202202002	张晓辉	22级大数据（二班）	80	85	82	90	86	423	84.6	
6	DSJ202202003	李晓红	22级大数据（二班）	82	90	95	87	81	435	87	
7	DSJ202203001	王昊	22级大数据（三班）	78	85	88	75	92	418	83.6	
8	DSJ202202001	马一凡	22级大数据（二班）	85	80	90	82	88	425	85	
9	DSJ202201002	徐鹏飞	22级大数据（一班）	71	70	80	68	75	364	72.8	
10	DSJ202201003	李浩哲	22级大数据（一班）	81	68	72	77	70	368	73.6	
11	DSJ202203003	王莉君	22级大数据（三班）	90	92	95	90	95	462	92.4	
12	DSJ202204001	黄晶晶	22级大数据（四班）	85	90	92	88	90	445	89	
13	DSJ202204002	张俊鹏	22级大数据（三班）	88	92	95	92	85	452	90.4	
14	DSJ202204002	刘鑫	22级大数据（四班）	70	65	80	72	75	362	72.4	
15	DSJ202201004	刘博	22级大数据（一班）	80	75	85	80	82	402	80.4	
16	DSJ202202004	王颖	22级大数据（二班）	85	80	90	89	85	429	85.8	
17	DSJ202203004	李怡雯	22级大数据（三班）	92	88	90	90	95	455	91	
18	DSJ202204003	张彪	22级大数据（四班）	80	78	85	80	88	411	82.2	
19	DSJ202204004	丁伟	22级大数据（四班）	78	80	90	90	95	435	87	

图 4.59　计算平均分

例如，使用函数按总分高低填写学生成绩表 Sheet1 中每个学生名次的操作步骤如下。

（1）打开"学生成绩表.xlsx"，在 Sheet1 中选中单元格 K4，在编辑栏中输入"=RANK. EQ(I4，$I$4：$I$19,0)"，按 Enter 键，WPS表格自动计算并将计算结果显示在单元格中，如图 4.60 所示。

K4		fx	=RANK.EQ(I4, $I$4:$I$19, 0)								
	A	B	C	D	E	F	G	H	I	J	K
1											
2				大数据技术专业期末考试统计表							
3	学号	姓名	班级	高数	英语	信息技术	大数据技术	数据库技术	总分	平均分	名次
4	DSJ202201001	张浩	22级大数据（一班）	75	80	85	88	90	418	83.6	10
5	DSJ202202002	张晓辉	22级大数据（二班）	80	85	82	90	86	423	84.6	
6	DSJ202202003	李晓红	22级大数据（二班）	82	90	95	87	81	435	87	
7	DSJ202203001	王昊	22级大数据（三班）	78	85	88	75	92	418	83.6	
8	DSJ202202001	马一凡	22级大数据（二班）	85	80	90	82	88	425	85	
9	DSJ202201002	徐鹏飞	22级大数据（一班）	71	70	80	68	75	364	72.8	
10	DSJ202201003	李浩哲	22级大数据（一班）	81	68	72	77	70	368	73.6	
11	DSJ202203003	王莉君	22级大数据（三班）	90	92	95	90	95	462	92.4	
12	DSJ202204001	黄晶晶	22级大数据（四班）	85	90	92	88	90	445	89	
13	DSJ202204002	张俊鹏	22级大数据（三班）	88	92	95	92	85	452	90.4	
14	DSJ202204002	刘鑫	22级大数据（四班）	70	65	80	72	75	362	72.4	
15	DSJ202201004	刘博	22级大数据（一班）	80	75	85	80	82	402	80.4	
16	DSJ202202004	王颖	22级大数据（二班）	85	80	90	89	85	429	85.8	
17	DSJ202203004	李怡雯	22级大数据（三班）	92	88	90	90	95	455	91	
18	DSJ202204003	张彪	22级大数据（四班）	80	78	85	80	88	411	82.2	
19	DSJ202204004	丁伟	22级大数据（四班）	78	80	90	90	95	435	87	

图 4.60　输入函数

（2）选中单元格 K4，将鼠标指针移动到 K4 单元格右下角，当鼠标指针变成黑色十字形状时，按住鼠标左键向下拖动至单元格 K19，可以复制函数并自动计算出其他学生的名次，结果如图 4.61 所示。

4.4.3　数据排序

排序，顾名思义就是按一定的顺序排列数据。在我们的生活和工作中可以看到很多应

	学号	姓名	班级	高数	英语	信息技术	大数据技术	数据库技术	总分	平均分	名次
			大数据技术专业期末考试统计表								
4	DSJ202201001	张浩	22级大数据（一班）	75	80	85	88	90	418	83.6	10
5	DSJ202202002	张晓辉	22级大数据（二班）	80	85	82	90	86	423	84.6	9
6	DSJ202202003	李晓红	22级大数据（二班）	82	90	95	87	81	435	87	5
7	DSJ202203001	王昊	22级大数据（三班）	78	85	88	75	92	418	83.6	10
8	DSJ202202001	马一凡	22级大数据（二班）	85	80	90	82	88	425	85	8
9	DSJ202201002	徐鹏飞	22级大数据（一班）	71	70	80	68	75	364	72.8	15
10	DSJ202201003	李浩哲	22级大数据（一班）	81	68	72	77	70	368	73.6	14
11	DSJ202203003	王莉君	22级大数据（三班）	90	92	95	90	95	462	92.4	1
12	DSJ202204001	黄晶晶	22级大数据（四班）	85	90	92	88	90	445	89	4
13	DSJ202203002	张俊鹏	22级大数据（三班）	88	92	95	92	85	452	90.4	3
14	DSJ202204002	刘鑫	22级大数据（四班）	70	65	80	72	75	362	72.4	16
15	DSJ202201004	刘博	22级大数据（一班）	80	75	85	80	82	402	80.4	13
16	DSJ202202004	王颖	22级大数据（二班）	85	80	90	89	85	429	85.8	7
17	DSJ202203004	李怡雯	22级大数据（三班）	92	88	90	90	95	455	91	2
18	DSJ202204003	张虎	22级大数据（四班）	80	78	85	80	88	411	82.2	12
19	DSJ202204004	丁伟	22级大数据（四班）	78	80	90	92	95	435	87	5

图 4.61　计算名次

用，如考试分数由高到低排序、按部门排序、按姓氏笔画排序等。

1. 根据单列的数据内容进行排序

例如，将"大数据技术专业期末考试统计表"以"总分"为主要关键字进行降序排序的操作步骤如下。

（1）打开"学生成绩表.xlsx"，单击 Sheet1 行和列交汇处的 ◢ 按钮，全选 Sheet1 全部单元格，按 Ctrl+C 组合键复制全部单元格，如图 4.62 所示。

	A	B	C	D	E	F	G	H	I	J	K
1											
2				大数据技术专业期末考试统计表							
3	学号	姓名	班级	高数	英语	信息技术	大数据技术	数据库技术	总分	平均分	名次
4	DSJ202201001	张浩	22级大数据（一班）	75	80	85	88	90	418	83.6	10
5	DSJ202202002	张晓辉	22级大数据（二班）	80	85	82	90	86	423	84.6	9
6	DSJ202202003	李晓红	22级大数据（二班）	82	90	95	87	81	435	87	5
7	DSJ202203001	王昊	22级大数据（三班）	78	85	88	75	92	418	83.6	10
8	DSJ202202001	马一凡	22级大数据（二班）	85	80	90	82	88	425	85	8
9	DSJ202201002	徐鹏飞	22级大数据（一班）	71	70	80	68	75	364	72.8	15
10	DSJ202201003	李浩哲	22级大数据（一班）	81	68	72	77	70	368	73.6	14
11	DSJ202203003	王莉君	22级大数据（三班）	90	92	95	90	95	462	92.4	1
12	DSJ202204001	黄晶晶	22级大数据（四班）	85	90	92	88	90	445	89	4
13	DSJ202203002	张俊鹏	22级大数据（三班）	88	92	95	92	85	452	90.4	3
14	DSJ202204002	刘鑫	22级大数据（四班）	70	65	80	72	75	362	72.4	16
15	DSJ202201004	刘博	22级大数据（一班）	80	75	85	80	82	402	80.4	13
16	DSJ202202004	王颖	22级大数据（二班）	85	80	90	89	85	429	85.8	7
17	DSJ202203004	李怡雯	22级大数据（三班）	92	88	90	90	95	455	91	2
18	DSJ202204003	张虎	22级大数据（四班）	80	78	85	80	88	411	82.2	12
19	DSJ202204004	丁伟	22级大数据（四班）	78	80	90	92	95	435	87	5
20											
21											

图 4.62　全选并复制单元格

（2）单击 Sheet1 后面的 ＋ 按钮新建工作表，如图 4.63 所示。

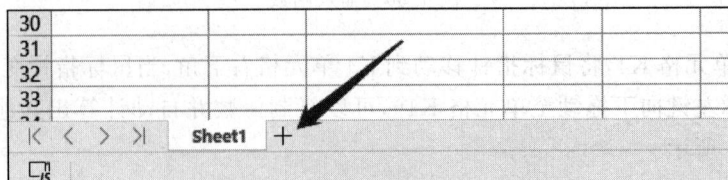

图 4.63　新建工作表

（3）在新建的 Sheet2 中，单击行和列交汇处按钮 ◢，全选 Sheet2 全部单元格，如图 4.64

所示。按 Ctrl＋V 组合键粘贴全部单元格，将 Sheet1 中的数据复制到 Sheet2。

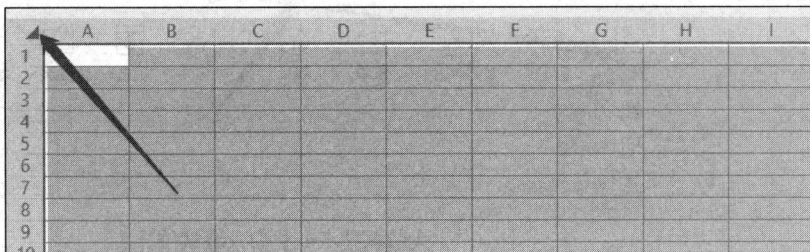

图 4.64　全选单元格

（4）选中 Sheet2 工作表，单击"总分"列中任一单元格，选择"数据"→"排序"→"降序"选项，表中的数据会按要求重新排列，结果如图 4.65 所示。如果要按"总分"升序排列，则选择"排序"→"升序"选项。

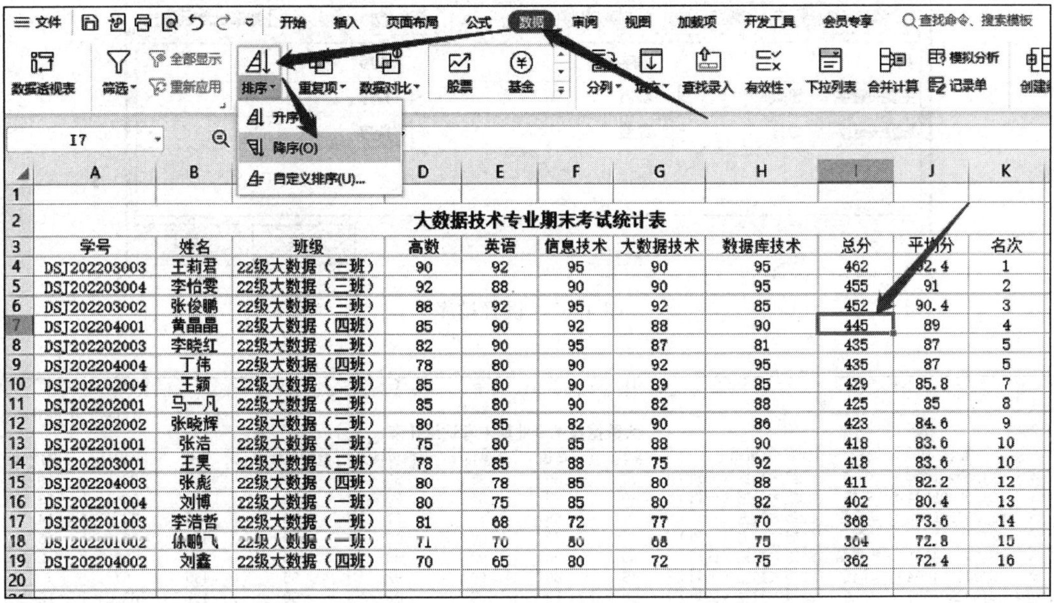

图 4.65　总分降序排列

2. 根据多列的数据内容进行排序

例如，将"大数据技术专业期末考试统计表"以"班级"为主要关键字，以"总分"为次要关键字进行降序排序，并对高数、英语、信息技术、大数据技术、数据库技术 7 列数据使用"图标集"中的"四等级"的条件格式，实现数据的可视化。具体操作步骤如下。

（1）打开"学生成绩表.xlsx"，单击 Sheet2，选中工作表中数据的任意单元格，选择"数据"→"排序"→"自定义排序"选项，如图 4.66 所示。

（2）在弹出的"排序"对话框中，设置"主要关键字"为"班级"，排序依据为"数值"，次序为"降序"。单击"添加条件"按钮，添加"次要关键字"为"总分"，排序依据为"数值"，次序为"降序"，如图 4.67 所示。

（3）单击"排序"对话框中的"确定"按钮，排序结果如图 4.68 所示。

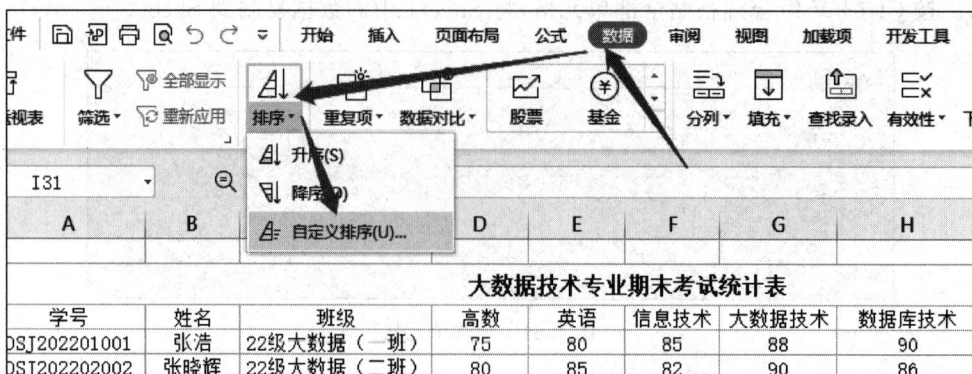

图 4.66 自定义排序

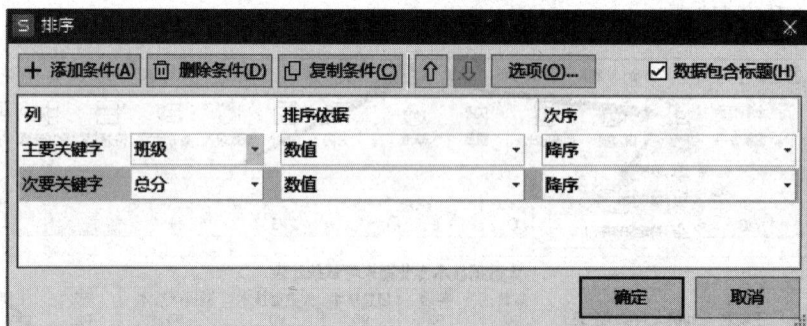

图 4.67 设置排序

图 4.68 排序结果

（4）选中 Sheet2 工作表的 D4：H19 单元格区域，选择"开始"→"条件格式"→"图标集"→"四等级"选项，如图 4.69 所示。

（5）在 WPS 表格中插入"图标集"可快速判断数据大小，增加数据表的可读性，如图 4.70 所示。"图标集"分方向、形状、标记、等级等类别，可以根据实际情况选择合适的图标。

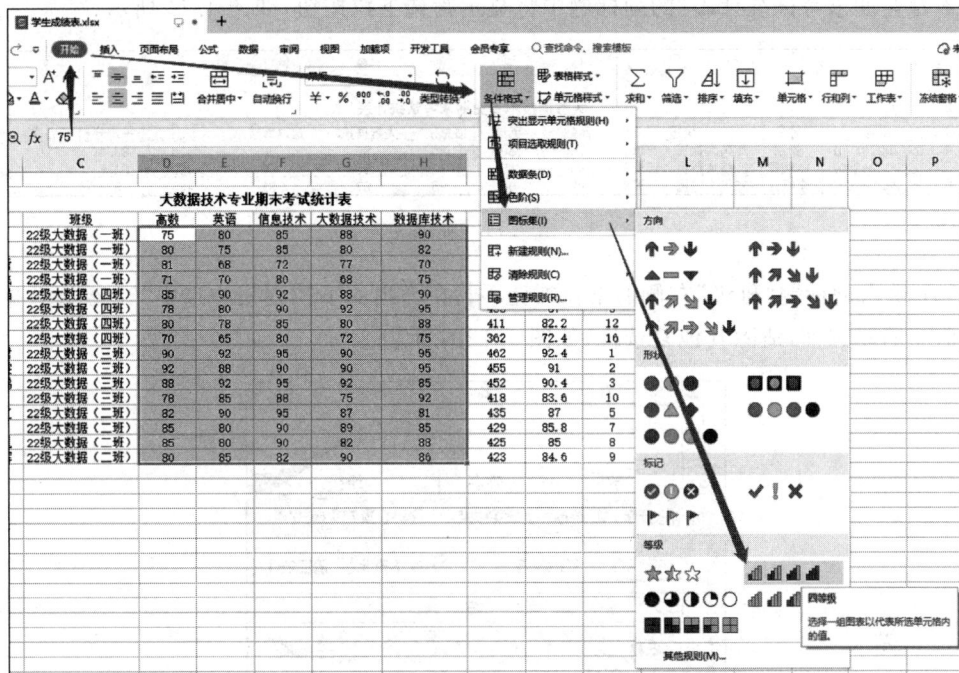

图 4.69　设置条件格式

图 4.70　图标集"四等级"效果

4.4.4　数据筛选

筛选,顾名思义就是根据用户要求将满足条件的数据通过筛选过滤出来,提高工作效率,而且不容易发生遗漏,同时又能减少差错。WPS表格的筛选一般分为普通筛选和用户自定义筛选。

例如,在"大数据技术专业期末考试统计表"中,筛选出 22 级大数据(一班)数据库技术科目在 75 分以上(含 75 分)并且小于 90 分的数据。具体操作步骤如下。

(1) 复制 Sheet1 工作表内容到 Sheet3 工作表。

(2) 选定 Sheet3 中需要筛选的数据区域,单击"数据"选项卡中的"筛选"按钮 ,"大数据技术专业期末考试统计表"的列标题中将显示筛选下拉按钮,如图 4.71 所示。

	A	B	C	D	E	F	G	H	I	J	K
1											
2				大数据技术专业期末考试统计表							
3	学号	姓名	班级	高数	英语	信息技	大数据技	数据库技术	总分	平均分	名次
4	DSJ202202001	张浩	22级大数据（一班）	75	80	85	88	90	418	83.6	10
5	DSJ202202002	张晓辉	22级大数据（二班）	80	85	82	90	86	423	84.6	9
6	DSJ202202003	李晓红	22级大数据（二班）	82	90	95	87	81	435	87	5

图 4.71 筛选

（3）单击列标题"班级"右侧的下拉按钮 ▼,在弹出的下拉列表中选中"22级大数据（一班）"前面的复选框,清除其他复选框,如图 4.72 所示。

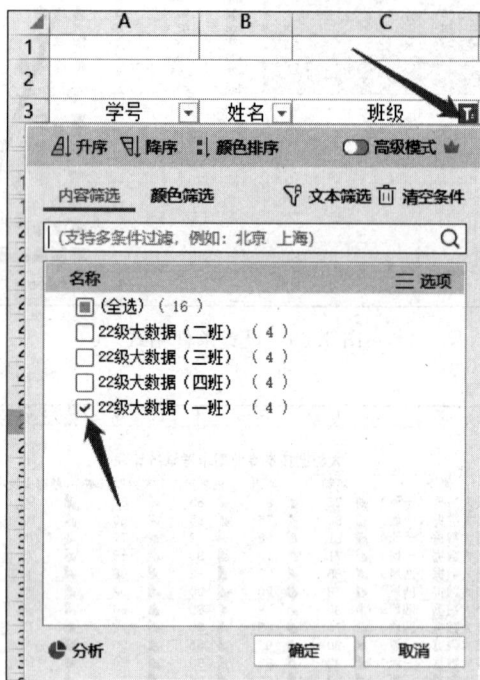

图 4.72 筛选菜单

（4）单击"确定"按钮,筛选出"22级大数据（一班）"学生的信息,如图 4.73 所示。

	A	B	C	D	E	F	G	H	I	J	K
1											
2				大数据技术专业期末考试统计表							
3	学号	姓名	班级	高数	英语	信息技	大数据技	数据库技术	总分	平均分	名次
4	DSJ202201001	张浩	22级大数据（一班）	75	80	85	88	90	418	83.6	10
9	DSJ202201002	徐鹏飞	22级大数据（一班）	71	70	80	68	75	364	72.8	15
10	DSJ202201003	李浩哲	22级大数据（一班）	81	68	72	77	70	368	73.6	14
15	DSJ202201004	刘博	22级大数据（一班）	80	75	85	80	82	402	80.4	13

图 4.73 筛选结果（1）

（5）单击"数据库技术"右侧的下拉按钮 ▼,在弹出的下拉列表中选择"数字筛选"→"自定义筛选"选项,如图 4.74 所示。

（6）在弹出的"自定义自动筛选方式"对话框中,选择"大于或等于",输入 75;选择"小于",输入 90,如图 4.75 所示。

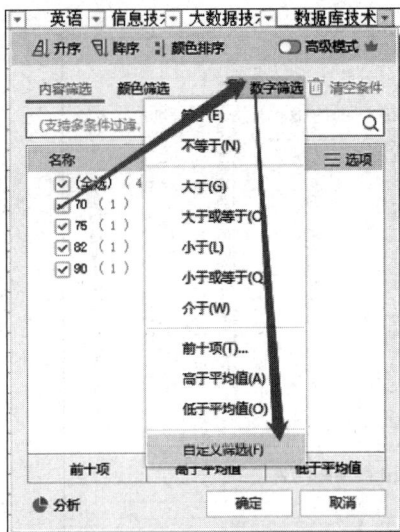

图 4.74 自定义筛选

图 4.75 "自定义自动筛选方式"对话框

（7）单击"自定义自动筛选方式"对话框中的"确定"按钮，筛选结果如图 4.76 所示。

如果要取消某列的筛选，可以单击该列右侧下拉按钮，在弹出的下拉列表中选择"清除筛选条件"选项。

图 4.76 筛选结果（2）

4.4.5 合并计算

合并计算是指将多个相似格式的工作表或数据区域，按指定的方式进行自动匹配计算，其计算方式不仅有求和，也有计数、平均值、乘积等。合并计算的具体方法有两种：通过分类进行合并计算和通过位置进行合并计算。

1. 通过分类进行合并计算

例如，在"大数据技术专业期末考试统计表"中利用数据合并功能，统计每个班级的各科平均成绩。具体操作步骤如下。

（1）复制 Sheet1 工作表内容到 Sheet4 工作表。

（2）在 Sheet4 中，输入"各班各科平均成绩"数据内容，如图 4.77 所示。

（3）选中 C25 单元格，单击"数据"选项卡中的"合并计算"按钮 ，如图 4.78 所示。

（4）在弹出的"合并计算"对话框中的"函数"下拉列表中选择"平均值"，作为汇总函数，如图 4.79 所示。

（5）单击"引用位置"文本框右侧的 按钮，在工作表中选定 C4：H19 单元格区域，然后按 Enter 键返回"合并计算"对话框。在"标签位置"选项组中选中"最左列"复选框，如图 4.80 所示。

	A	B	C	D	E	F	G	H	I	J	K
1											
2					大数据技术专业期末考试统计表						
3	学号	姓名	班级	高数	英语	信息技术	大数据技术	数据库技术	总分	平均分	名次
4	DSJ202201001	张浩	22级大数据（一班）	75	80	85	88	90	418	83.6	10
5	DSJ202202002	张晓辉	22级大数据（二班）	80	85	82	90	86	423	84.6	9
6	DSJ202202003	李晓红	22级大数据（二班）	82	90	95	87	81	435	87	5
7	DSJ202203001	王昊	22级大数据（三班）	78	85	88	75	92	418	83.6	10
8	DSJ202202001	马一凡	22级大数据（二班）	85	80	90	82	88	425	85	8
9	DSJ202201002	徐鹏飞	22级大数据（一班）	71	70	80	68	75	364	72.8	15
10	DSJ202201003	李浩哲	22级大数据（一班）	81	68	72	77	70	368	73.6	14
11	DSJ202203003	王莉君	22级大数据（三班）	90	92	95	90	95	462	92.4	1
12	DSJ202204001	黄晶晶	22级大数据（四班）	85	90	92	88	90	445	89	4
13	DSJ202203002	张俊鹏	22级大数据（三班）	88	92	95	92	85	452	90.4	3
14	DSJ202204002	刘鑫	22级大数据（四班）	70	65	80	72	75	362	72.4	16
15	DSJ202201004	刘博	22级大数据（一班）	80	75	85	80	82	402	80.4	13
16	DSJ202202004	王颖	22级大数据（二班）	85	80	90	89	85	429	85.8	7
17	DSJ202203004	李怡雯	22级大数据（三班）	92	88	90	90	95	455	91	2
18	DSJ202204003	张虎	22级大数据（四班）	80	78	85	00	00	411	82.2	12
19	DSJ202204004	丁伟	22级大数据（四班）	78	80	90	92	95	435	87	5
20											
21											
22											
23					各班各科平均成绩						
24			班级	高数	英语	信息技术	大数据技术	数据库技术			
25											
26											
27											
28											

图 4.77　各班各科平均成绩

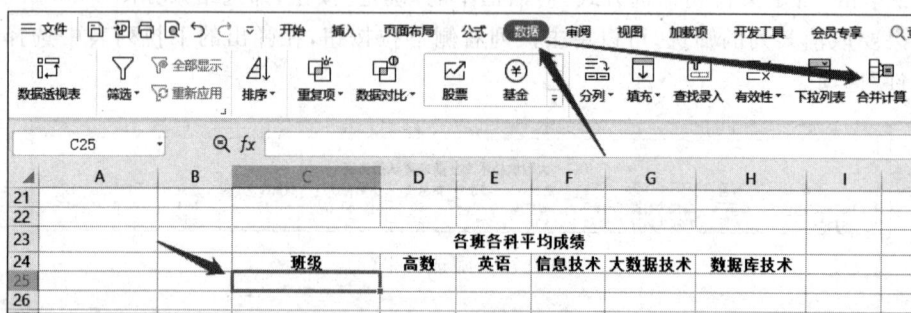

图 4.78　选中单元格

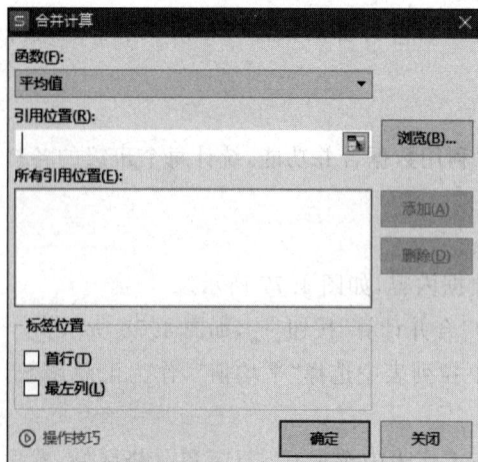

图 4.79　选择合并计算函数

图 4.80　选择引用位置和标签位置

（6）单击"合并计算"对话框中的"确定"按钮，合并计算结果如图 4.81 所示。

各班各科平均成绩					
班级	高数	英语	信息技术	大数据技术	数据库技术
22级大数据（一班）	76.75	73.25	80.5	78.25	79.25
22级大数据（二班）	83	83.75	89.25	87	85
22级大数据（三班）	87	89.25	92	86.75	91.75
22级大数据（四班）	78.25	78.25	86.75	83	87

图 4.81 合并计算结果

2. 通过位置进行合并计算

通过位置进行合并计算与通过分类进行合并计算方法步骤基本相同，但必须注意以下问题。

（1）要确保参与合并计算的每个数据源区域都具有相同的布局。

（2）在"合并计算"对话框中，将"标签位置"选项组中的复选框全部清除，也即是"首行""最左列"都不选中。

练习 4-4

（1）制作"成绩表"，如图 4.82 所示。

（2）计算学生总成绩，并根据成绩从高到低进行排序。

姓名	数学	语文	英语	物理	化学	生物
张瑞	98	76	58	84	63	69
李露	64	64	58	77	52	52
王灿	75	77	76	71	54	82
赵婀	52	71	75	96	90	58
诸葛君阳	55	85	82	58	100	63
李磊	76	88	75	69	75	54
韩梅梅	99	79	96	52	95	56
陆华	63	90	90	91	99	94
林子涵	90	74	55	71	53	64
钱琳	90	63	61	85	73	87
曹景	91	81	87	65	78	71
孟平	100	64	56	69	91	56

图 4.82 练习 4-4 样表

任务 4.5 能力拓展

任务概述

数据透视表是 WPS 表格中一个强大的数据分析工具。下面通过实际案例介绍数据透视表的定义和应用方法。

任务目标

➢ 创建数据透视表。

➢ 设置数据透视表字段的汇总方式。

➢ 取消数据透视表的总计。

4.5.1 创建数据透视表

"数据透视表"是指将筛选、排序和分类汇总等操作依次完成,并生成汇总表格,是 WPS 表格强大数据处理能力的具体体现。

例如,使用"学生成绩表.xlsx"工作簿 Sheet1 工作表中的数据,以"班级"为单位进行筛选,以"姓名"为行标签,以"高数""英语""信息技术"为求和项,建立数据透视表。具体操作步骤如下。

(1)新建 Sheet5 工作表,选定 Sheet5 工作表的 A1 单元格。

(2)在 Sheet5 中,单击"插入"→"数据透视表"按钮 ,弹出"创建数据透视表"对话框,如图 4.83 所示。

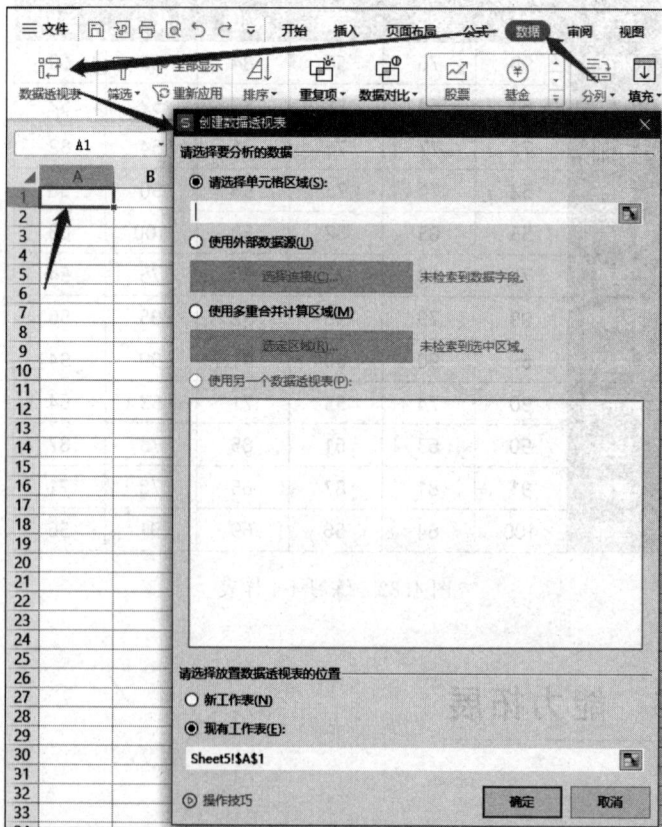

图 4.83 "创建数据透视表"对话框

（3）在"请选择要分析的数据"选项组中选中"请选择单元格区域"单选按钮，然后单击下方文本框右侧的 ![] 按钮，对话框折叠后，选定 Sheet1 工作表的单元格 A3：K19 区域，然后按 Enter 键，重新展开"创建数据透视表"对话框。返回 Sheet5 工作表，在"请选择放置数据透视表的位置"选项组中选中"现有工作表"单选按钮，位置为 Sheet5！$A$1，如图 4.84 所示。

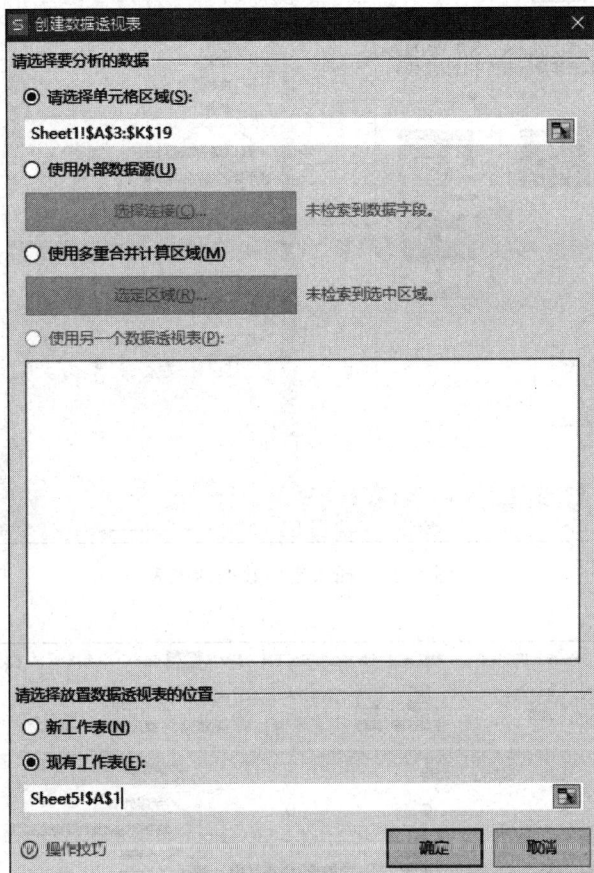

图 4.84　设置要分析的数据

（4）单击"创建数据透视表"对话框中的"确定"按钮，将空白数据透视表添加到目标位置，并在 WPS 表格右侧显示"数据透视表字段列表"窗格，如图 4.85 所示。

（5）在"数据透视表字段列表"窗格中，将"将字段拖动至数据透视表区域"中的"班级"字段拖动至"筛选器"区域，将"姓名"字段拖动至"行"区域，将"高数""英语""信息技术"字段拖动至"值"区域，数据透视表结果如图 4.86 所示。

（6）在生成的数据透视表中，单击"班级（全部）"后面的下拉按钮 ![]，在弹出的下拉列表中选择"22 级大数据（一班）仅筛选此项"，如图 4.87 所示，单击"确定"按钮，数据透视表筛选结果如图 4.88 所示。

注：如果要删除数据透视表，可单击透视表的任意位置，然后在"分析"选项卡中单击"删除数据透视表"按钮。

图 4.85　插入空白数据透视表

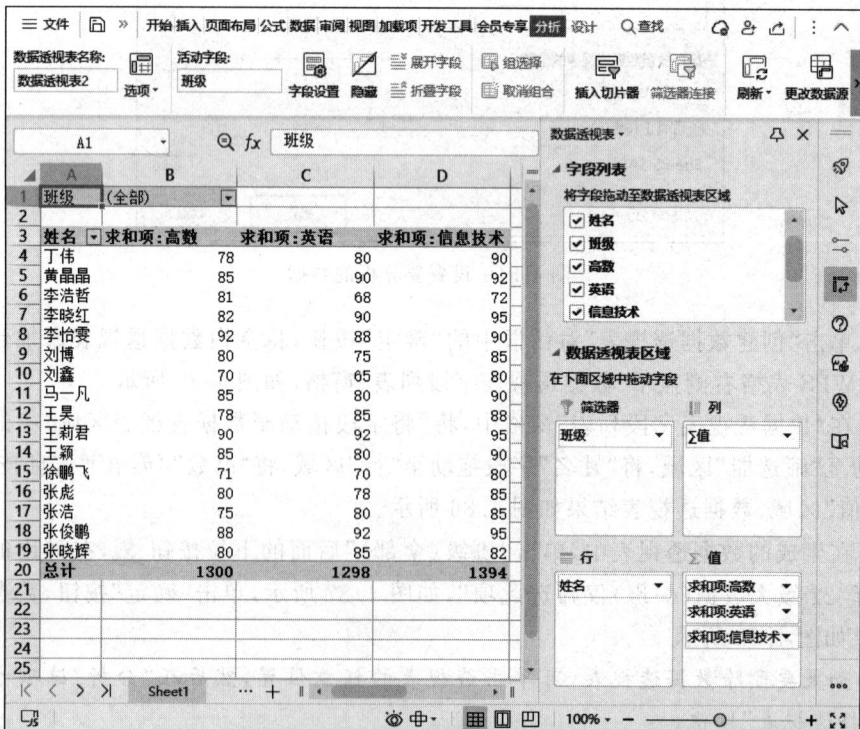

图 4.86　数据透视表结果(1)

图 4.87 数据透视表结果(2)

图 4.88 数据透视表筛选结果

4.5.2 设置数据透视表字段的汇总方式

例如,将任务 4.4 中制作的数据透视表中的"高数""英语""信息技术"字段的计算类型从"求和"修改为"平均值"。具体操作步骤如下。

(1)在数据透视表中双击"求和项:高数"字段按钮,弹出"值字段设置"对话框,在"值汇总方式"选项卡的列表中选择计算类型为"平均值",如图 4.89 所示。

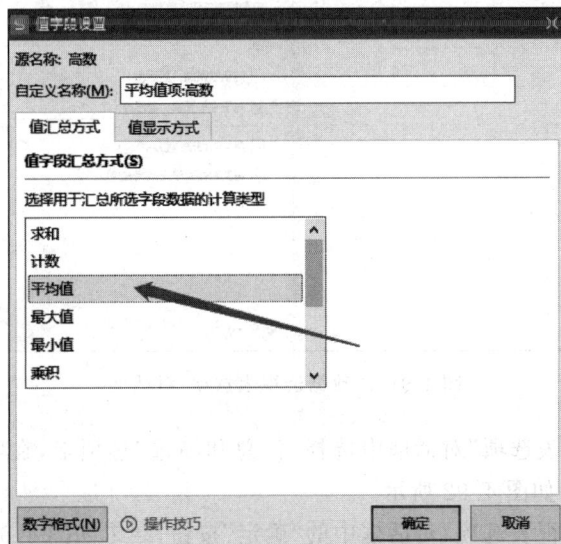

图 4.89 设置字段计算类型

（2）单击"值字段设置"对话框中的"确定"按钮，完成"高数"计算类型的修改。

（3）按照同样的步骤，将"英语""信息技术"的计算类型由"求和"修改为"平均值"，结果如图 4.90 所示。

	A	B	C	D
1	班级	22级大数据（一班）		
2				
3	姓名	平均值项:高数	平均值项:英语	平均值项:信息技术
4	李浩哲	81	68	72
5	刘博	80	75	85
6	徐鹏飞	71	70	80
7	张浩	75	80	85
8	总计	76.75	73.25	80.5

图 4.90　数据透视表改为平均值结果

4.5.3　取消数据透视表的总计

默认情况下，在数据透视表的底行显示"总计"项。创建不带"总计"项的数据透视表的操作步骤如下。

（1）单击数据透视表中的任意位置，在"分析"选项卡中单击"选项"按钮 ，弹出"数据透视表选项"对话框，如图 4.91 所示。

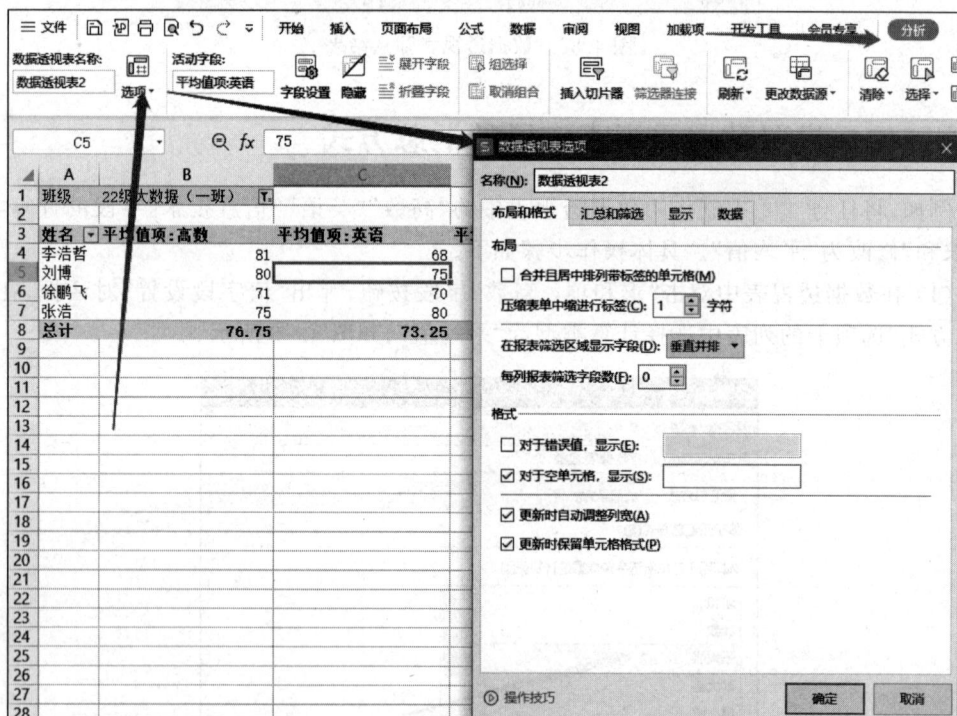

图 4.91　"数据透视表选项"对话框

（2）在"数据透视表选项"对话框中选择"汇总和筛选"选项卡，在"总计"选项组中清除"显示列总计"复选框，如图 4.92 所示。

（3）单击"数据透视表选项"对话框中的"确定"按钮，结果如图 4.93 所示。

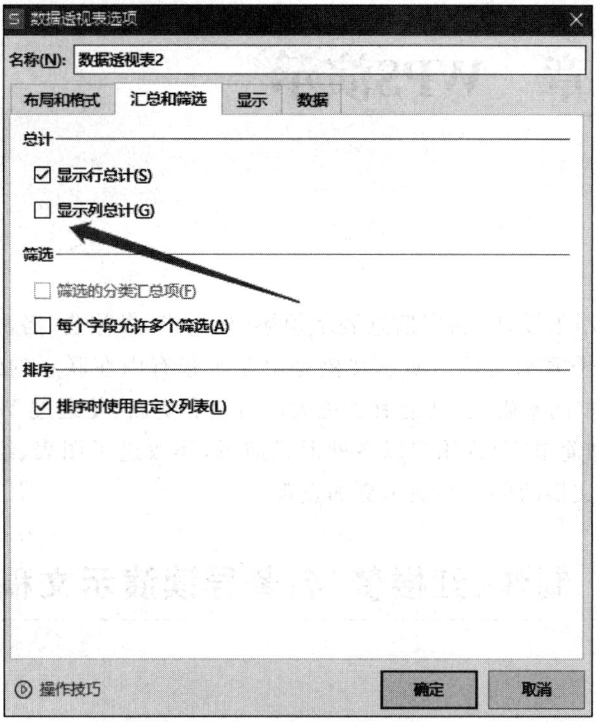

图 4.92　数据透视表选项

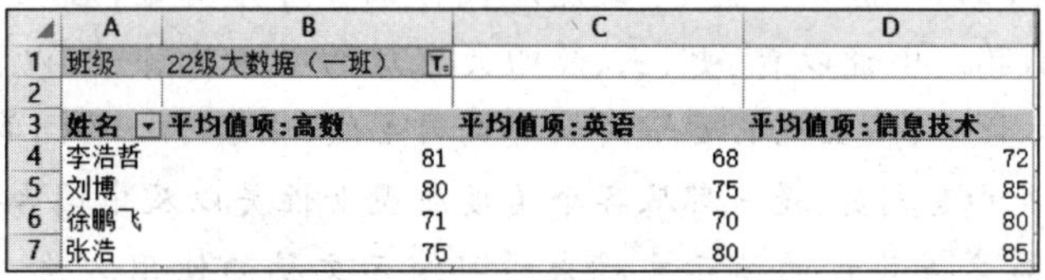

图 4.93　取消"总计"项的数据透视表

第 5 章 WPS演示

WPS演示专门用于设计、制作信息展示领域(如演讲、做报告、各种会议、产品展示、商业演示等)的各种电子演示文稿。演示文稿是由若干张有内在联系的幻灯片组合而成的。WPS演示在以前版本的基础上,功能有了更大的改进和更新,使通过 WPS Office 对演示文稿的共享和协作更加简单,允许用户以多种形式演示,还改进了图表、绘图、图片、文本和打印方式,从而使演示文稿的创建和演示更加直观。

任务 5.1 制作《红楼梦》名著导读演示文稿

任务概述

《红楼梦》别名《石头记》《金玉缘》等,是中国古代章回体长篇小说,中国古典四大名著之一。其通行本共 120 回,一般认为前 80 回是清代作家曹雪芹所著,后 40 回作者为无名氏,整理者为程伟元、高鹗。小说以贾、史、王、薛四大家族的兴衰为背景,以富贵公子贾宝玉为视角,以贾宝玉与林黛玉、薛宝钗的爱情婚姻悲剧为主线,描绘了一些闺阁佳人的人生百态,展现了真正的人性美和悲剧美,是一部从各个角度展现女性美以及中国古代社会百态的史诗性著作。通过制作该名著导读的演示文稿来学习演示文稿的使用方法,首页效果如图 5.1 所示。

任务目标

➢ 创建和保存演示文稿。
➢ 认识幻灯片中的对象,掌握其基本操作。
➢ 学会使用幻灯片基本样式。
➢ 掌握幻灯片的基本操作。

5.1.1 演示文稿基本操作

1. 基本概念

(1)演示文稿:一套完整的演示文稿一般包含片头动画、封面、前言、目录、过渡页、图表页、图片页、文字页、封底、片尾动画等。

(2)幻灯片:幻灯片是演示文稿的核心部分,一个小的演示文稿由几张幻灯片组成,而一个大的演示文稿由几百甚至更多的幻灯片组成。

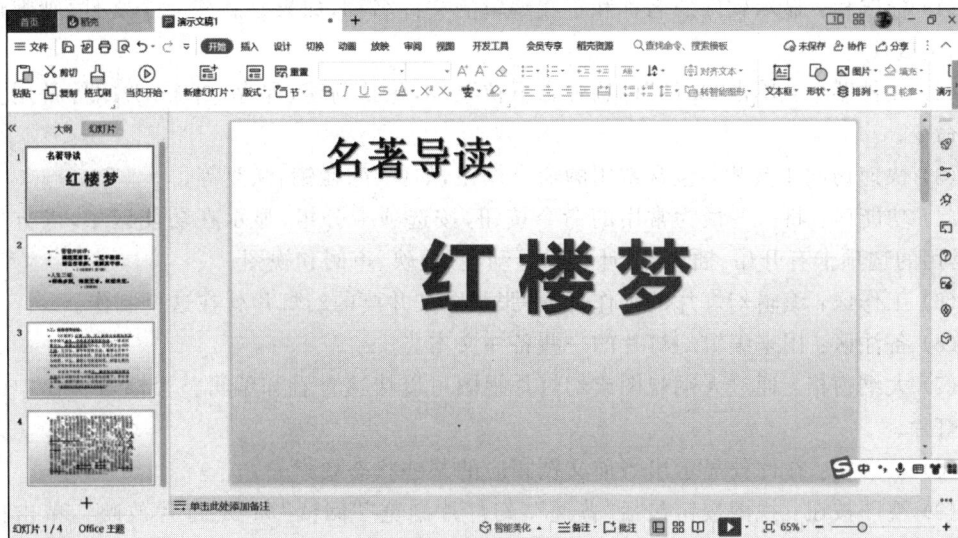

图 5.1 《红楼梦》演示文稿效果图

（3）占位符：占位符是幻灯片的一个虚线框，虚线框内部有"单击此处添加标题"之类的添加内容文字提示，单击可以添加相应的内容，并且提示语会自动消失。占位符既可以移动、改变大小、删除，还可以自行添加。

2. WPS 演示的工作界面

WPS 演示启动后，在屏幕上即可显示出其工作界面的主窗口，如图 5.2 所示，它主要包括标题栏、文件菜单、快速访问工具栏、功能区、工作区、备注区、大纲窗格、状态栏、视图按钮和缩放滑块。

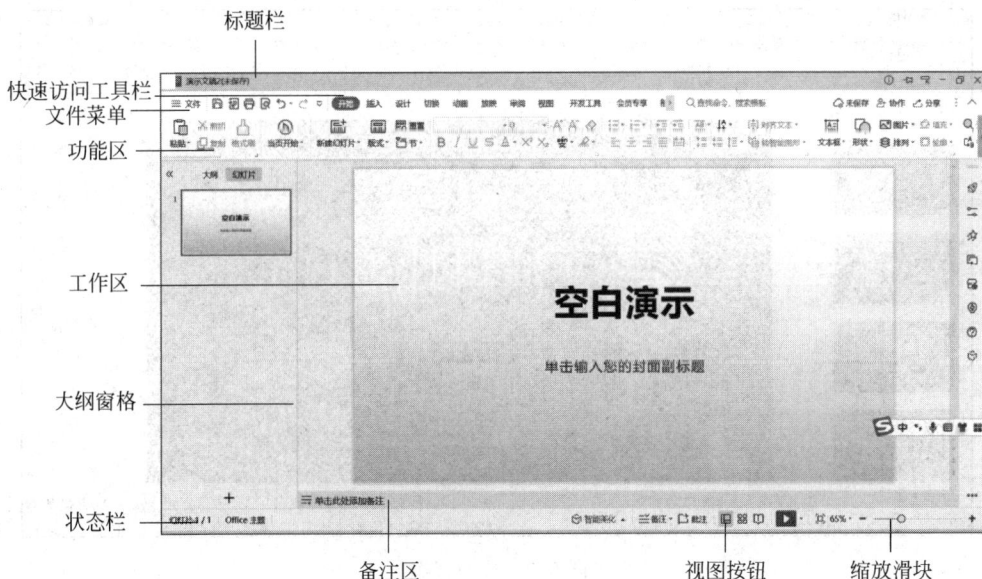

图 5.2 WPS 演示的工作界面

（1）标题栏：显示软件的名称和正在编辑的文件名称，如果是新建一个文件，则默认为"演示文稿 1"。

（2）文件菜单：单击"文件"标签弹出下拉菜单，包括新建、保存、打开、关闭等常用文件操作命令。

（3）快速访问工具栏：包含常用的命令按钮，如保存、撤销、恢复等。

（4）功能区：将一些最为常用的命令按钮，按选项卡分组，显示在功能区中，以方便调用，常用的选项卡有开始、插入、设计、切换、动画、放映、审阅和视图。

（5）工作区：编辑幻灯片的工作区，一张张图文并茂的幻灯片就在这里制作。

（6）备注区：用来编辑幻灯片的一些备注文本。

（7）大纲窗格：通过大纲视图或幻灯片视图可以快速查看和编辑整个演示文稿中的任意幻灯片。

（8）状态栏：在此处显示出当前文档相应的某些状态要素。

（9）视图按钮：视图按钮包括"普通""幻灯片浏览""阅读"和"幻灯片放映"，单击按钮可以快速地切换视图。

（10）缩放滑块：用于更改正在编辑的文档的显示比例设置。

3. WPS 演示的视图方式

WPS 演示提供普通视图、幻灯片浏览视图、幻灯片阅读视图、幻灯片放映视图等视图方式，可以方便地对演示文稿进行编辑和观看。单击 WPS 演示工作窗口右下方的视图按钮，即可以在各种视图之间切换，也可以在"视图"功能区中切换视图方式。在一种视图中对演示文稿进行修改后，自动反映在演示文稿的其他视图中。

（1）普通视图。WPS 演示的默认视图方式，主要用来编辑演示文稿的总体结构或编辑单张幻灯片或大纲，如图 5.3 所示。

图 5.3　普通视图

普通视图包含 3 种窗格：左边是大纲窗格，右边上部是幻灯片窗格，下部是备注窗格。默认情况下，幻灯片窗格较大，其余两个窗格较小，但可以通过拖动窗格边框来改变窗格大小。

（2）幻灯片浏览视图。演示文稿的全部幻灯片以压缩形式排列。该视图方式最容易实现移动、复制、插入和删除幻灯片的操作，在此视图下也可以改变幻灯片的版式和结构。如更换演示文稿的背景、移动或复制幻灯片等，但不能对单张幻灯片的具体内容进行编辑。幻灯片浏览视图如图 5.4 所示。

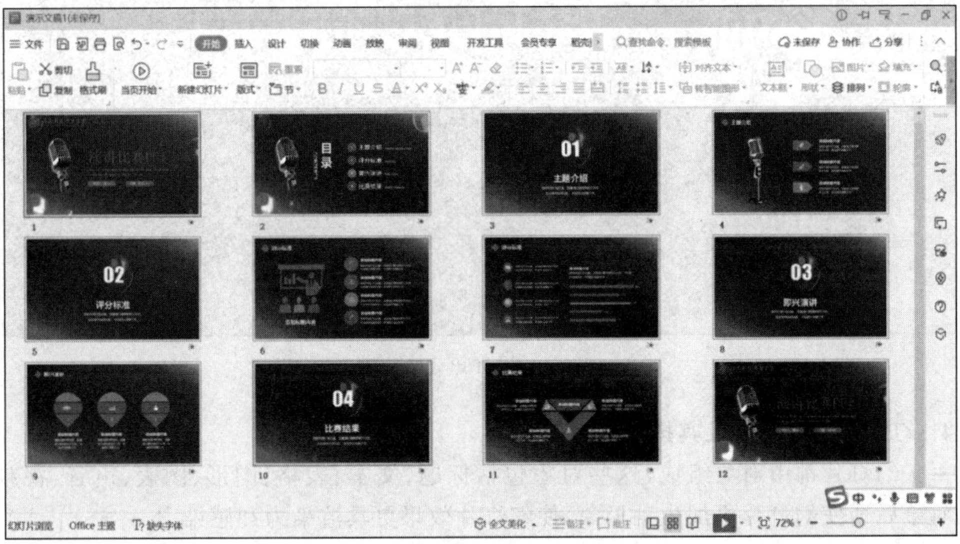

图 5.4 幻灯片浏览视图

（3）阅读视图。阅读视图下仅显示标题栏、阅读区和状态栏，主要用于浏览幻灯片的内容。在此模式下，演示文稿中幻灯片将以窗口大小进行放映。阅读视图如图 5.5 所示。

图 5.5 阅读视图

（4）幻灯片放映视图。这是一种动态的视图方式。单击"幻灯片放映"按钮后，从当前幻灯片开始全屏幕放映演示文稿。单击鼠标可以从当前幻灯片切换到下一张幻灯片，继续放映，按 Esc 键可立即结束放映。幻灯片放映视图如图 5.6 所示。

图 5.6　幻灯片放映视图

4. 幻灯片中的对象及其操作

每张幻灯片都由对象组成,这些对象包括标题、文本、表格、图形、图表、声音、视频等。插入对象后会使幻灯片更加生动形象,使幻灯片效果更具渲染力和感染力。

(1) 插入文本。在幻灯片中插入文本最常用的是使用占位符输入,若想在占位符以外的其他位置输入文本,则必须插入文本框并在其中输入所需内容。

(2) 插入图形对象。WPS 演示中可以插入的图形对象很丰富,常用的图形对象有表格、图片、形状、图表、各类插图和艺术字等。

切换到"插入"选项卡,会显示出常用图形对象的选项,如图 5.7 所示,选择不同的选项可以插入不同的对象,并能对其进行简易编辑。

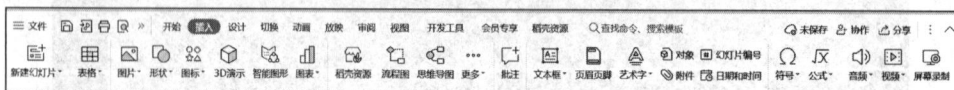

图 5.7　"插入"选项卡

(3) 插入音频和影片。在幻灯片中可以插入音频和视频文件,可以在"插入"选项卡中找到"音频"或者"视频"按钮,单击此按钮,即弹出选项列表,单击其中一个选项,选择准备好的文件即可,如图 5.8 所示。

5. 幻灯片中的操作

1) 插入新幻灯片

插入新幻灯片一般可在普通视图和幻灯片浏览视图下进行操作,常用的方法有以下 3 种。

图 5.8　"音频、视频"选项

(1) 在"开始"选项卡中单击"新建幻灯片"按钮。

(2) 在普通视图下,在左边的幻灯片列表区按 Enter 键。

(3) 在幻灯片列表区右击,在弹出的快捷菜单中选择"新建幻灯片"命令。

2）删除幻灯片

常用的方法有以下两种。

（1）在幻灯片列表区选定要删除的幻灯片后，按 Backspace 或 Delete 键。

（2）在幻灯片列表区选定要删除的幻灯片后右击，在弹出的快捷菜单中选择"删除幻灯片"命令。

3）移动幻灯片

移动幻灯片可以调整幻灯片的排列顺序，常用的移动幻灯片的方法有以下两种。

（1）在幻灯片列表区选中目标幻灯片，将其拖曳到目标位置。

（2）在幻灯片列表区选中目标幻灯片后执行剪切操作，选中目标位置后再执行粘贴操作。

4）复制幻灯片

复制幻灯片常用的有以下两种方法。

（1）在幻灯片列表区选中幻灯片后按住 Ctrl 键将其拖曳到目标位置。

（2）在幻灯片列表区选中幻灯片后执行复制，选中目标位置后再执行粘贴操作。

💡 **小技巧**

选定一张幻灯片，则移动或复制一张幻灯片；如果选定多张，再按上面的步骤操作，就可以移动或复制多张幻灯片。

5.1.2 演示文稿的创建和保存

1. 创建新演示文稿

双击桌面快捷方式 WPS Office 或选择"开始"→"所有程序"→"WPS Office"→"新建演示"命令启动，将自动创建一个新演示文稿，出现一张"标题"版式的幻灯片。

1）制作标题幻灯片

（1）单击标题占位符，输入"名著导读"。

（2）单击副标题占位符，输入"红楼梦"，如图 5.9 所示。

图 5.9 标题幻灯片

2）制作内容幻灯片

（1）选择"开始"→"幻灯片"→"新建幻灯片"命令，插入一张"标题和内容"版式的幻灯片。

（2）单击标题占位符，输入"内容介绍"。

（3）单击内容占位符，将"文字素材"中的内容介绍文字复制粘贴到此处，如图 5.10 所示。

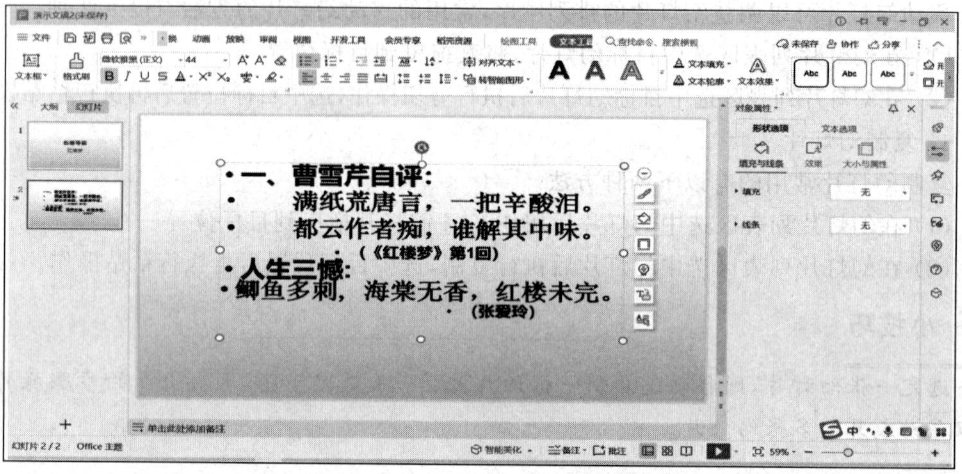

图 5.10　内容幻灯片

（4）重复上述步骤，再插入 4 张幻灯片，并在相应的位置复制粘贴相关的角色介绍文字内容。

2. 添加视频文件

在演示文稿中，可以链接到外部视频文件或音频文件。WPS 演示支持的视频格式也比较多，如表 5.1 所示的这些视频格式都可以被添加到演示文稿中。

表 5.1　WPS 演示支持的视频文件格式

视 频 类 型	文件扩展名
Windows Media	.asf、.asx、.wm、.wmx、.wmd、.wmz、.dvr-ms
Windows 视频	.avi
电影文件	.mepg、.mpg、.mpe、.mlv、.m2v、.mod、.mp2、.mpv2、.mp2v、.mpa
QuickTime	.qt、.mov、.3g2、.3gp、.dv、.m4v、.mp4
Adobe Flash Media	.swf
QuickTime 音频文件（aiff）	.3g2、.3gp、.aac、.m4a、.m4b、.mp4

（1）选择"开始"→"幻灯片"→"新建幻灯片"命令，插入一张"标题和内容"版式的幻灯片。

（2）在内容占位符中单击"插入"按钮，弹出"视频文件"对话框，如图 5.11 所示。

（3）找到已准备好的视频素材"《红楼梦》主题曲《枉凝眉》.mp4"，单击"打开"按钮。

（4）单击此视频下方的播放按钮就可以观看视频。

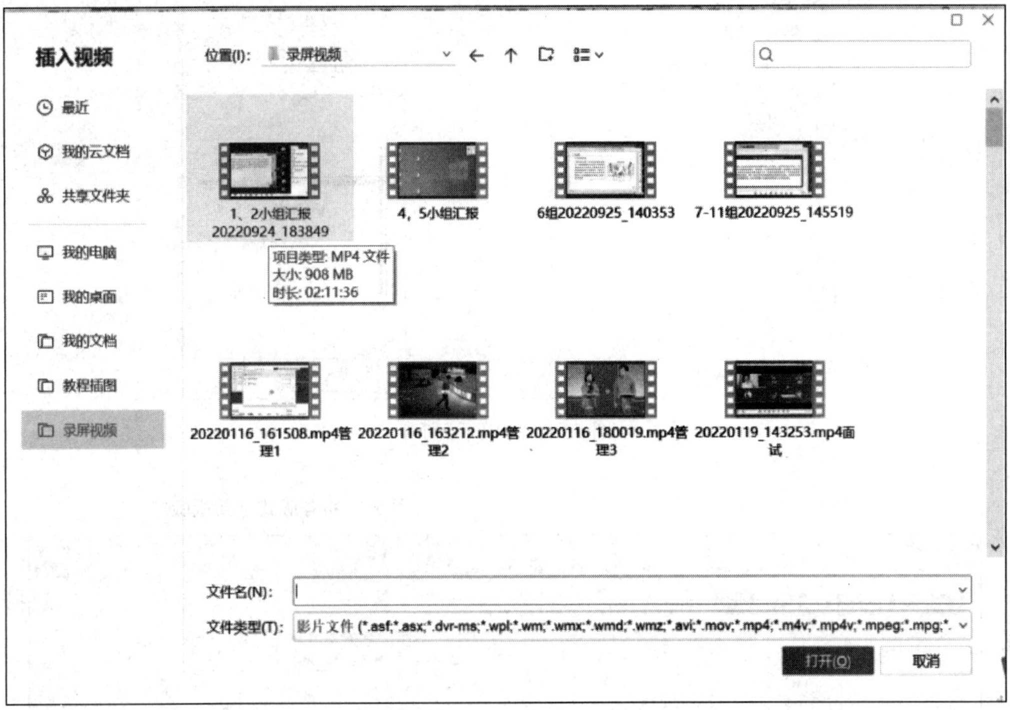

图 5.11　插入视频文件

3. 保存演示文稿

单击"快速访问工具栏"中的"保存"按钮,弹出"另存为"对话框,选择保存位置,输入文件名称"名著导读",单击"保存"按钮后,该文件便以"名著导读.pptx"文件名保存在指定的位置。

5.1.3　演示文稿模板的使用

WPS演示提供了大量精美别致的专业模板,可以方便快捷地制作具有专业水平的演示文稿。除了系统内置的专业模板外,用户还可以直接到 WPS 演示的网站上下载更多、更新的优秀模板。

选择"文件"→"新建"命令,在工作窗口右侧会显示一个"本机上的模板"任务窗格,上半部分区域列出了 6 种创建演示文稿的方法:空演示文稿、最近打开的模板、样本模板、主题、我的模板和根据现有内容新建;下半部分则显示出 WPSOffice.com 提供的模板。

(1) 单击"本机上的模板"按钮,弹出本机模板列表,如图 5.12 所示。选择其中一个,单击"创建"按钮,则将该模板应用于当前演示文稿。

(2) 单击"版式"按钮,可打开"推荐排版"或"母版版式"列表,可以根据演示文稿的主题从中选择适合的版式,如图 5.13 所示。

(3) 单击任务窗格中的在线演示文稿按钮,例如单击"分析报告"按钮,打开分析报告模板样式,选择"调查分析报告演示文稿",单击"下载"按钮,即可下载该模板。下载的模板存放在"我的模板"中,当要应用模板时随时可以调用。

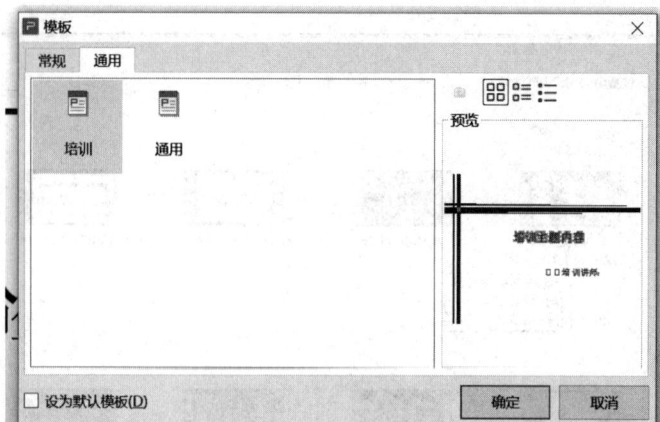

图 5.12　"模板"列表

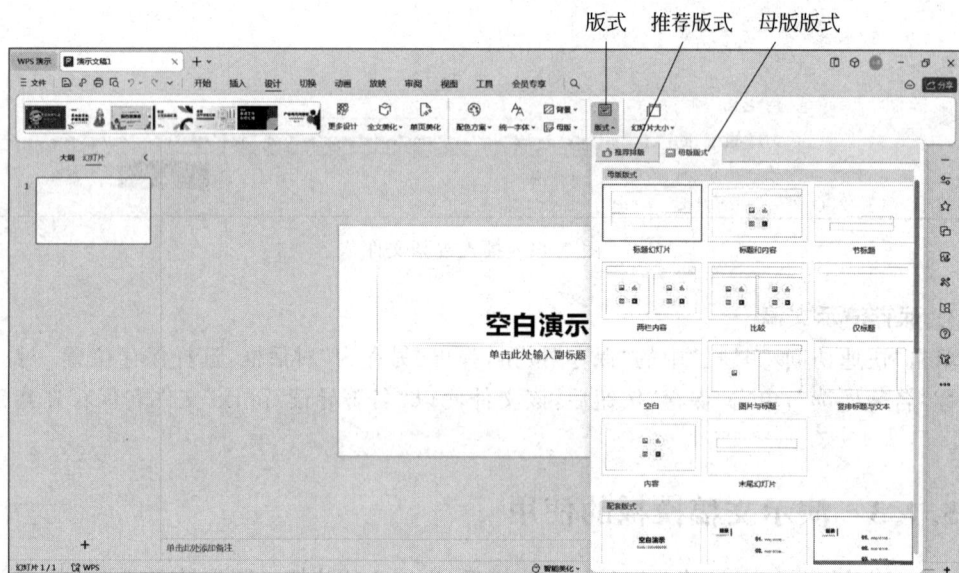

图 5.13　"版式"列表

练习 5-1

设计一个自我介绍演示文稿,要求如下。

(1) 使用基础模板,演示文稿不得少于 5 张幻灯片。

(2) 向演示文稿中添加音频和视频。

→ 任务 5.2　修饰《红楼梦》名著导读演示文稿

任务概述

任务 5.1 中对《红楼梦》名著导读的介绍只是完成了初稿,下面来对这个演示文稿进行修饰,最终效果如图 5.14 所示。

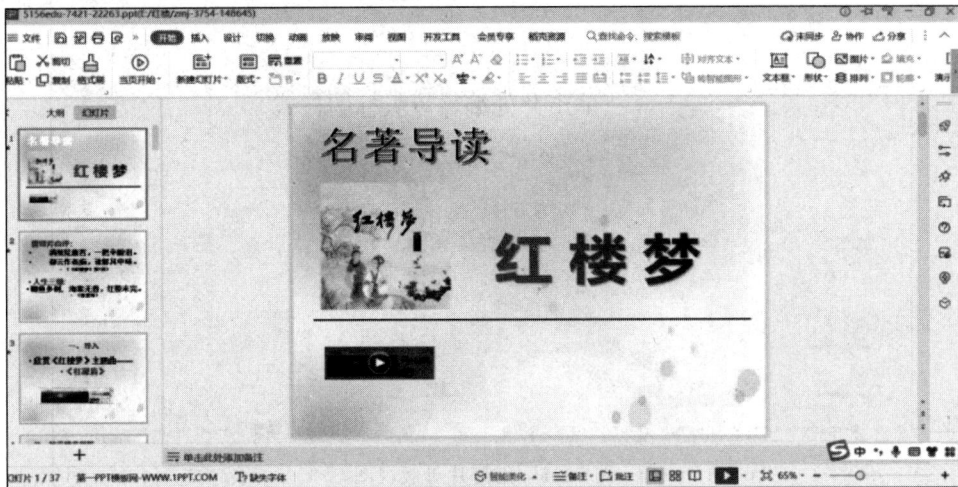

图 5.14　修饰后的演示文稿效果图

任务目标

➤ 学会使用幻灯片母版。

➤ 学会应用主题。

➤ 学会设置幻灯片背景。

➤ 掌握常见的图片编辑操作。

5.2.1　演示文稿母版的使用

1. 演示文稿的修饰

WPS 演示的特色之一就是能使演示文稿的所有幻灯片都具有一致的外观,通常有 3 种方法,即母版、配色方案和调整背景颜色,并且以上 3 种方法是相互影响的,如果其中一种方案被改变,则另两种方案也会发生相应的变化。

(1)创建母版。母版用于定义演示文稿中所有幻灯片或页面格式。每个演示文稿的关键组件(如幻灯片、标题幻灯片、备注和讲义)都有一个母版。

幻灯片母版通常用来统一整个演示文稿的格式,一旦修改了幻灯片母版,则所有采用这一母版建立的幻灯片格式也随之改变。

单击“视图”→“幻灯片母版”按钮,进入幻灯片母版视图状态,如图 5.15 所示。此时“幻灯片母版”选项卡也被自动打开,用户可以根据需要,在相应的母版中添加对象,并对其进行编辑修饰,创建自己的幻灯片母版。设置完成后,单击“关闭”命令,完成创建母版的操作。

说明:在母版视图中创建的对象,在幻灯片视图中是无法编辑的。

(2)应用主题样式。WPS 演示中提供了很多模板,它们将幻灯片的配色方案、背景和格式组合成各种主题。这些模板称为“配色方案”。通过选择“配色方案”并将其应用到演示文稿,可以让整个演示文稿的幻灯片风格一致。

创建好演示文稿的初稿后,单击“设计”→“配色方案”按钮,弹出可用主题的列表,当单

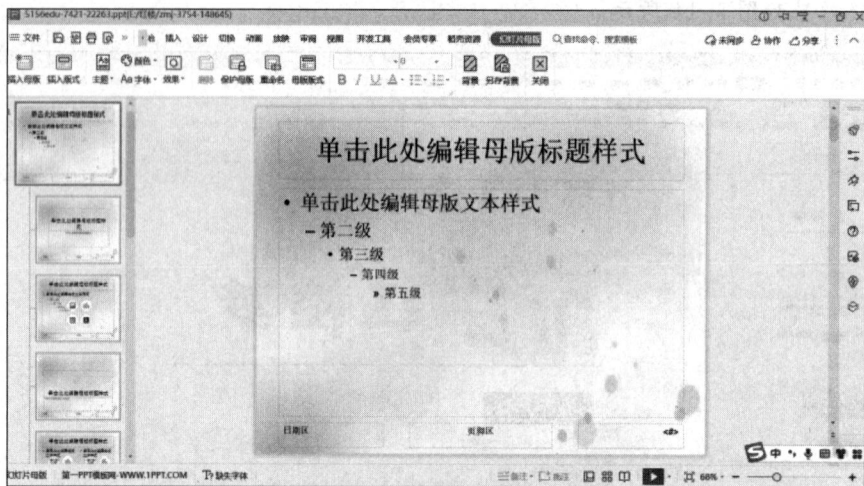

图 5.15   幻灯片母版视图

击"更多"按钮时,将会显示所有的可用配色。将鼠标指针指向某一配色方案,可以预览该配色方案在演示文稿应用后的实际效果。如果效果满意,单击此配色方案即可将该方案应用于演示文稿的所有幻灯片。

(3) 调整背景颜色。应用了一种配色方案后,如果用户觉得所套用样式中的颜色不是自己喜欢的,则可以更改背景颜色。背景颜色是指文件中使用的颜色集合,更改背景颜色对演示文稿的效果最为显著。用户可以直接从"背景"下拉列表中选择预设的背景样式,也可以在线自定义下载选择不同背景样式来快速更改演示文稿的背景。

2. 图形对象的编辑

演示文稿中的图形可以来自图片文件、剪贴画、屏幕截图和相册,还可以是图表、SmartArt 图形和自选图形,并且可以根据需要对这些图形对象进行编辑,如添加、缩放、移动、复制、删除、裁剪、调整亮度、对比度、设置填充颜色、填充效果、边框颜色、阴影和三维效果等。

5.2.2   演示文稿的修饰

1. 打开演示文稿

启动 WPS 演示后,选择"文件"→"打开"命令,在"打开"对话框中找到目标文件"名著导读.ppt"所在文件夹,打开"名著导读.ppt"文件。

2. 设计背景

用空演示文稿创建幻灯片采用白底黑字,难免单调,可以应用设计样式使幻灯片色彩更鲜艳,画面更丰富,操作步骤如下。

(1) 切换到"设计"选项卡,单击功能区中的"展开"按钮,单击展开列表中的任意一个样式,如图 5.16 所示。

(2) 将鼠标指针指向某种样式后,会将该主题的预览效果显示出来,挑选出满意的效果后单击该设计样式即可应用于演示文稿。本例中使用"薄荷味的夏天",应用后的效果如图 5.17 所示。

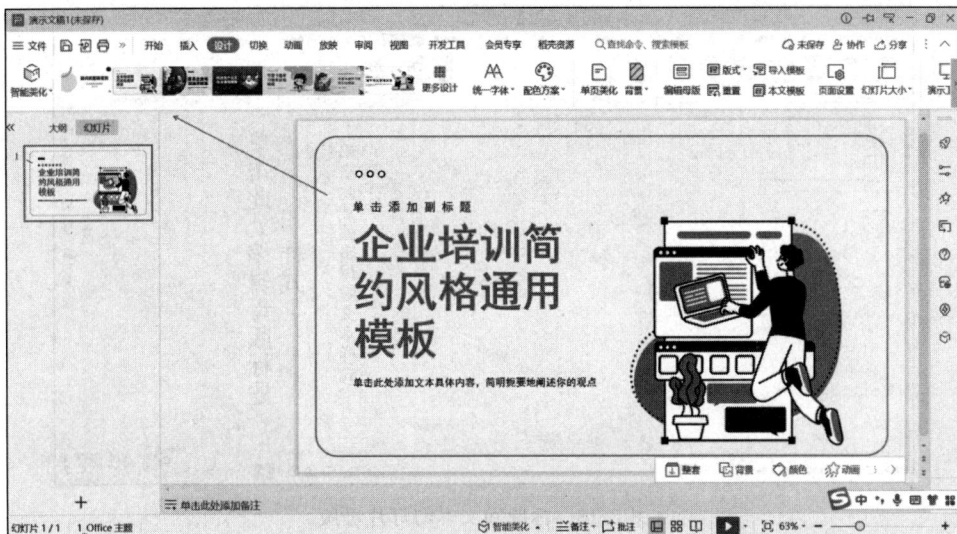

图 5.16 设计样式列表

图 5.17 应用"薄荷味的夏天"选项

3. 创建幻灯片母版

（1）选择"视图"→"幻灯片母版"命令，切换到幻灯片母版编辑状态，如图 5.18 所示。

（2）单击左侧窗格中第二张幻灯片，即"标题幻灯片"。

（3）选择"插入"→"图像"→"图片"命令，在弹出的对话框中找到素材图片所在位置，选择"红楼梦.jpg"文件，将此图片调整适当的大小、位置，将其置于幻灯片左侧。

（4）单击左侧窗格中第 3 张幻灯片即"标题和内容"版式，选中占位符"单击此处编辑母版标题样式"，设置字体为黑体、44 磅、加粗，文字选择"居中"，选择"绘图工具"→"艺术字样式"命令，选择纯色填充橙色，同时调整标题框的大小，在填充颜色中选择白色。

（5）选中"单击此处编辑母版标题样式"，设置字体为黑体、44 磅，颜色选择标准色

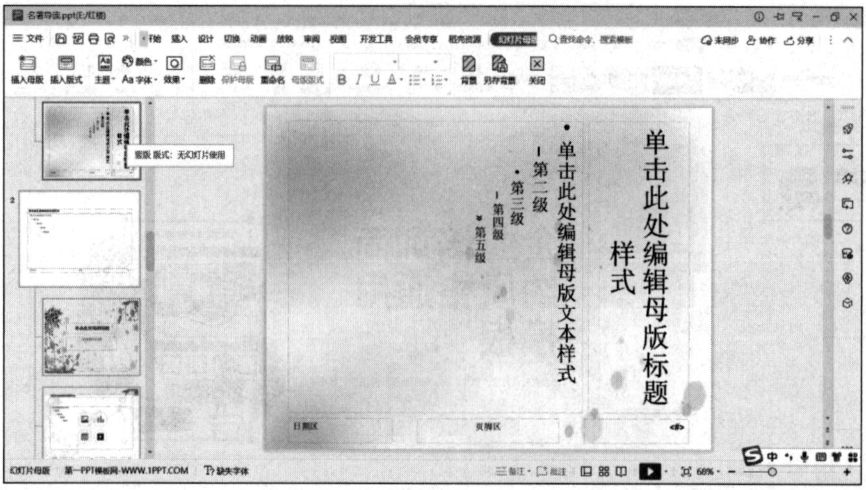

图 5.18　标题和文本幻灯片母版

红色。

（6）选中"单击此处编辑母版文本样式"，设置字体为华文新魏、28 磅，颜色选择紫色。

（7）选择"关闭"→"关闭母版视图"命令，如图 5.19 所示，完成母版的创建，切换回幻灯片编辑状态。

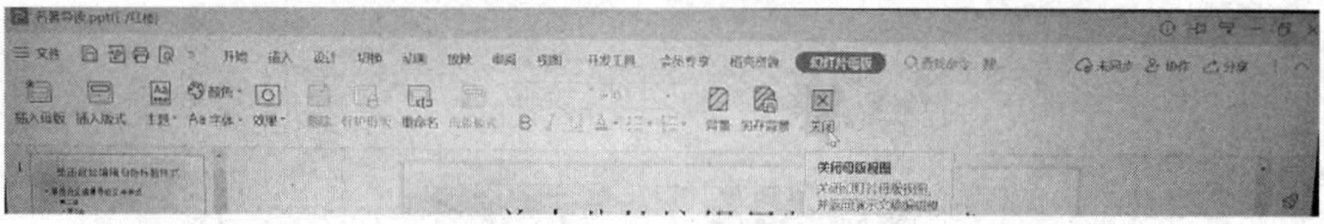

图 5.19　"幻灯片母版"选项卡

4. 修饰标题幻灯片

（1）选中标题幻灯片，选中标题"名著导读"，按 Delete 键将其删除。再按一次 Delete 键，删除"单击此处添加标题"占位符。

（2）选择"插入"→"艺术字"命令，选择第 2 行第 1 列样式即"填充黑色，文本 1，轮廓背景 1，清晰阴影背景 1"，标题幻灯片中出现"请在此处输入文字"，输入"名著导读"。

（3）选择"文本效果"选项，选择一种发光字体，如第 2 行第 2 列即"矢车菊蓝，8pt 发光，着色 2 "样式。

（4）将字体设置为华文新魏、66 磅、加粗，上端文字左对齐，下端右对齐。

（5）用同样的方法删除副标题。选择"插入"→"艺术字"命令，选择第 1 行第 6 列样式即"渐变填充－亮石板灰"，选择"文本填充"选项，设置为"橙红色－褐色渐变"。选择"文本轮廓"选项，设置为"黑色，文本 1"，字体为楷体、72 磅，结果如图 5.20 所示。

5. 修饰内容幻灯片

（1）第 9 张幻灯片的设置步骤如下。

① 选中第 9 张幻灯片。选择"插入"→"图像"→"图片"命令，选择准备好的人物图片插入，调整图片的占位符大小和位置。

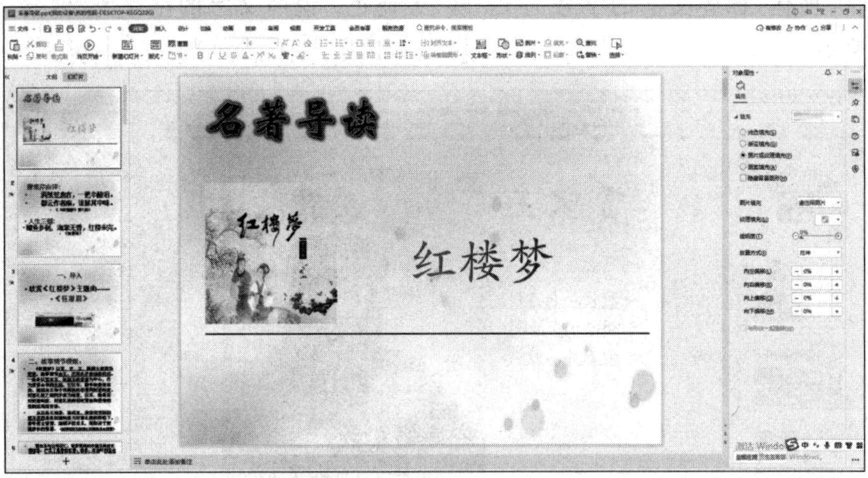

图 5.20　设置标题幻灯片

② 选择"插入"→"图像"→"图片"命令,插入已有的素材图片,可根据个人需求选择图片处理。具体设置如下:可加边框、加蒙层、创意裁剪、拼图、局部突出,可满足基本图片处理需求。

③ 选择"插入"→"文本"→"文本框"→"横排文本框"命令,输入角色介绍的文字说明,设置字体为宋体,字号为 28,结果如图 5.21 所示。

图 5.21　设置第 9 张幻灯片

(2) 第 10 张幻灯片的设置步骤如下。

① 选中第 10 张幻灯片。选择"插入"→"图像"→"图片"命令,选择准备好的"贾宝玉.jpg"图片插入,调整图片的占位符大小和位置。

② 选择"插入"→"图像"→"图片"命令,插入已有的素材图片,单击图片处理"加边框",根据配色选择自己喜欢的即可,示例选择第一个边框。

③ 选择"插入"→"文本"→"文本框"→"横向文本框"命令,输入角色介绍的文字说明,

设置字体为楷体,标题文字的字号为 66 磅,天蓝色;说明文字的字号为 28 磅,红色,如图 5.22 所示。

图 5.22   设置第 10 张幻灯片

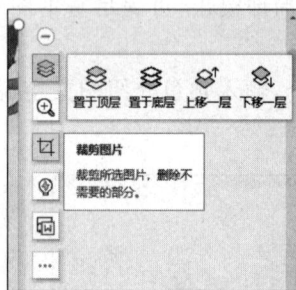

图 5.23   置于底层

6. 添加背景幻灯片

为使制作的幻灯片更加多样化、美观,可以在原有基础上添加背景图片。操作步骤如下。

(1)选择"插入"→"图片"命令。

(2)选中第 2 张幻灯片,选择"插入"→"图片"→"选择背景图片"命令,插入图片后调整图片的大小。右击,选择"置于底层"命令,如图 5.23 所示,结果如图 5.24 所示。

7. 给演示文稿添加音乐

(1)选择第 2 张幻灯片,单击"插入"→"音频"按钮。

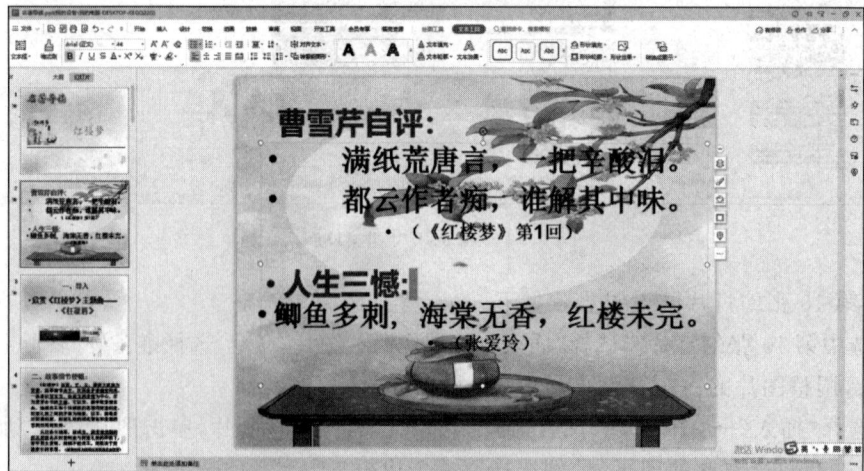

图 5.24   背景图片

（2）选择音视频素材中的"枉凝眉.mp3"，单击"插入"按钮。

（3）在"音频工具"→"播放"→"音频选项"组中设置"开始"方式为"跨幻灯片播放"，选中"放映时隐藏"复选框使喇叭图标在幻灯片放映时隐藏。选中"循环播放，直至停止"和"播放完返回开头"复选框，如图 5.25 所示。

图 5.25 "音频选项"组

（4）由于第 13 张幻灯片有视频，为了不影响视频的声音效果，浏览到第 13 张幻灯片时该音频要停止播放。设置方法如下。

① 选中插入的音频喇叭。选择"跨幻灯片播放"→"至 13 页停止"选项，如图 5.26 所示。

图 5.26 设置音频停止页码

② 还可以选中插入的音频喇叭，设置音频在当前页播放，如图 5.27 所示。

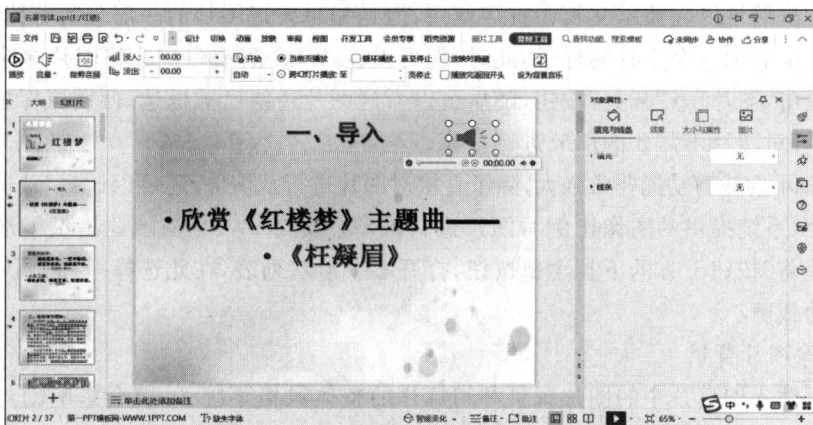

图 5.27 插放音频

5.2.3 演示文稿的图片和视频编辑

1. 图片编辑

1）屏幕录制，图片截取、裁剪

在制作演示文稿时，经常需要抓取桌面上的一些图片，如程序窗口、电影画面等，WPS

Office 中新增了一个屏幕录制功能,这样就可轻松截取、导入桌面图片。

操作时,首先在 WPS 演示中打开需要插入图片的演示文稿并切换到"插入"选项卡,单击该选项卡中的"屏幕录制"按钮,弹出一个下拉菜单,在此可以看到屏幕上所有已开启的窗口缩略图,如图 5.28 所示。

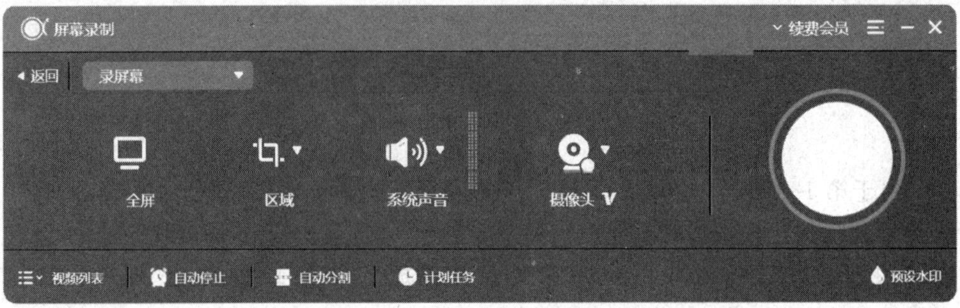

图 5.28   "屏幕录制"对话框

单击其中某个窗口缩略图,即可将该窗口进行截图并自动插入文档中。如果想截取桌面某一部分的图片,则可以在屏幕录制工具栏单击"截图"按钮,可以自动截图并保存,如图 5.29 所示。

图 5.29   屏幕录制工具栏

截图后虽然可以在演示文档中直接使用,但是如果要把图片的一部分裁剪掉,比如只要在演示文档中展示一个工具的样子,此时,就可以在 WPS 演示中快速将图片多余的部分进行裁剪。单击"图片"→"裁剪"按钮,随后可以看到图片边缘已被框选,使用鼠标拖动任意边框,这样即可对图片不需要的部分进行裁剪。

WPS 演示的裁剪功能非常强大,除了直接对图片进行裁剪外,还可以通过"裁剪"→"按比例"选项按照系统提供的图像比例对图片进行裁剪。此外,WPS 演示还提供了形状裁剪功能,单击"裁剪"按钮下方的下拉菜单按钮,打开多个形状列表,在此选择一种图形样式,这样图片会自动裁剪。

2)去除图片背景

如果所插入幻灯片中的图片背景和幻灯片的整体风格不统一,就会影响幻灯片播放的效果,这时可以对图片进行调整,去除掉图片上的背景。

首先单击已插入的图片,在图像编辑界面单击"抠除背景"按钮,进入"智能抠图"界面,可选择一键抠人像,一键抠图形按钮,选择换背景,单击复制图片或者完成抠图即可使用。

说明:WPS 演示提供的"抠除背景"功能可以选择系统提供的背景颜色,也可单击"+",更换自己准备好的背景图片。

2. 多媒体编辑

在演示文稿中插入音频或视频文件后,可以对音频或视频进行裁剪,保留所需要的部分。选择"视频工具"→"裁剪视频"命令,弹出对话框,调整开始时间和结束时间即可。如果要设置音频或视频是否自动播放,可以在"视频工具"或"音频工具"的相应选项组中将"开始"设置为"自动"或者"单击时"。

在幻灯片放映视图中,可以将鼠标指针移动到视频窗口中,单击"播放"或"暂停"按钮,视频就能播放或暂停播放。如果想继续播放,再次单击即可,同时也可以调节前后视频画面和视频音量。

在 WPS 演示中,可以随心所欲地选择实际需要播放的音频或视频片段。单击"播放"组中的"裁剪音频"或"裁剪视频"按钮,在"裁剪音频"或"裁剪视频"窗口中可以重新设置音频或视频文件的播放起始点和结束点,从而可以随心所欲地选择需要播放的音频或视频片段。

练习 5-2

设计一个演示文稿,主题以活动策划为主,可以是读书会、营销比赛等。要求如下。
(1) 内容积极向上,图文并茂,演示文稿不得少于 8 张幻灯片。
(2) 页面配色及布局美观大方,演示文稿中包括的对象形式丰富。
(3) 添加多媒体素材,如背景音乐、视频、图形图片、按钮等。
(4) 设置演示文稿的格式,包括幻灯片的版式、设计模板、背景、配色。

任务 5.3　让名著导读演示文稿动起来

任务提出

任务 5.2 中的"名著导读.ppt"文件虽然已经图文并茂,但略显呆板,如果能为演示文稿中的对象加入一定的动画效果,幻灯片的放映效果就会更加生动精彩,不仅可以增加演示文稿的趣味性,还可以吸引观众的眼球,最终效果图如图 5.30 所示。

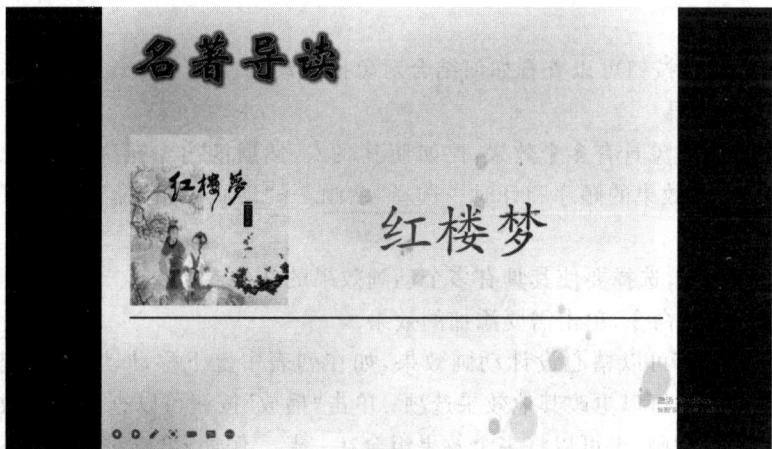

图 5.30　加入动画效果

任务目标

➢ 掌握幻灯片的动画设置。

➢ 掌握幻灯片的切换方式。

➢ 掌握超链接和动作设置。

5.3.1 演示文稿的动画效果

1. 创建自定义动画效果

为幻灯片上的文本、图片等对象加入一定的动画效果,不仅可以增加演示文稿的趣味性,而且可以吸引观众的注意力。

WPS 演示的自定义动画效果可以分为 4 类,即进入动画、强调动画、退出动画和动作路径动画。

(1) 进入动画,可以使对象逐渐淡入、从边缘飞入幻灯片或者跳入视图中,主要用于赋予对象进入的效果,一般作为对象动画的开始。

(2) 强调动画,可以使对象缩小或放大、更改颜色或沿其中心旋转等效果,主要用于赋予对象强调的效果,一般位于进入动画之后。

(3) 退出动画,包括使对象飞出幻灯片、从视图中消失或者从幻灯片旋出等效果,主要用于赋予对象退出的效果,一般位于进入或强调动画之后。

(4) 动作路径动画,使用它可以使对象上下移动、左右移动或者沿着星状或圆形图案移动,也可以绘制自己的动作路径,主要用于赋予对象有个性需求的路径效果。

2. 添加动画效果

(1) 单击幻灯片中要添加动画效果的对象,然后选择"动画"→"添加动画"命令,随后将会出现可用动画选项的菜单。

(2) 使用"动画"选项卡可以移动鼠标预览效果,或单击"更多进入/强调/退出效果"选项,以查看整个动画库。

(3) 如果想要更改动画方向或者更改一组对象的动画方式等操作,可单击"动画窗格"选项。

(4) 单击"预览"按钮可以查看如何结合对象播放动画。

3. 设计动画效果

有时希望一个对象具有多个效果,比如使其飞入,然后淡出。在这种情况下,最好是使用动画窗格,可查看效果的顺序和计时。选择"动画"→"动画窗格"命令就可以在窗口右侧看到打开的动画窗格。

(1) 在幻灯片上,选择要使其具有多个动画效果的文本或对象。

(2) 选择"动画"命令,单击需要添加的效果。

使用"动画窗格"可以精心设计动画效果,如在列表中上下移动动画以更改播放顺序;选择一种效果并右击可以更改其他效果选项;单击"播放"按钮可以查看动画效果。既可以单独使用任何一种动画,也可以将多个效果组合在一起。例如,可以对一行文本应用"飞入"进入效果和"放大/缩小"强调效果,使它在飞入的同时逐渐放大。单击"动画"按钮添加效果,然后将该动画的"开始"设置为"与上一动画同时"发生。

4. 删除动画效果

单击具有过多效果的对象,所有属于该对象的效果将突出显示在动画窗格中。

在"动画窗格"中,选中要删除的效果,单击下拉按钮可以打开选项列表,然后单击"删除"按钮。

(1) 删除一个对象的所有动画效果。选中要删除动画的对象,选择"动画"→"无"选项。

(2) 删除一张幻灯片的所有动画效果。在"动画窗格"中,单击列表中的第一个效果,然后按住 Shift 键并单击列表中的最后一个效果,这样就可以选中属于该幻灯片的所有动画效果。然后选择"动画"→"无"选项。

5. 幻灯片切换

幻灯片切换效果是在演示文稿播放时从一张幻灯片移到下一张幻灯片时在"幻灯片放映"视图中出现的动画效果。可以控制切换效果的速度,添加声音,甚至还可以对切换效果的属性进行自定义。

(1) 向幻灯片添加切换效果。在幻灯片普通视图中,单击左边窗格的"幻灯片"选项卡,选择要向其应用切换效果的幻灯片缩略图。在"幻灯片切换"选项卡中选择要应用于该幻灯片的幻灯片切换效果。

(2) 设置切换效果的计时。若要设置上一张幻灯片与当前幻灯片之间的切换效果的持续时间,可执行下列操作:在"幻灯片切换"选项卡"修改切换效果"组的"速度"选项卡中,输入或选择所需的速度。

若要指定当前幻灯片在多长时间后切换到下一张幻灯片,可采用下列步骤之一。

① 若要在单击鼠标时切换幻灯片,选中"幻灯片切换"选项卡下"换片方式"组中的"单击鼠标时换片"复选框。

② 若要在经过指定时间后自动切换幻灯片,选中"幻灯片切换"选项卡下"换片方式"组中的"设置自动换片时间"复选框,并在后面的框中输入所需的秒数。

(3) 向幻灯片切换效果添加声音。在幻灯片普通视图中,切换到左边窗格的"幻灯片"选项卡,选择要向其添加声音的幻灯片缩略图。单击"幻灯片切换"选项卡下"修改切换效果"组中的"声音"下拉按钮,然后执行下列操作之一。

① 若要添加列表中的声音,请选择所需的声音。

② 若要添加列表中没有的声音,请选择"来自文件"选项,找到要添加的声音文件,然后单击"确定"按钮。

说明:如果要将演示文稿中的所有幻灯片应用相同的幻灯片切换效果,单击"幻灯片切换"→"换片方式"→"应用于所有幻灯片"按钮即可。

6. 动作设置和超链接

WPS演示可以为幻灯片中的对象,如文本、图片或按钮形状等分配动作或添加超链接。例如移动到下一张幻灯片、移动到上一张幻灯片、转到放映的最后一张幻灯片,或者转到网页或其他 WPS 演示文稿或文件等,具体操作步骤如下。

(1) 在"视图"选项卡的"演示文稿视图"组中单击"普通"选项。

(2) 选定要设置动作的对象。

(3) 选择"插入"→"动作"命令。

(4) 弹出"动作设置"对话框,在"鼠标单击"选项卡或"鼠标移过"选项卡中进行设置。

（5）要选择在单击或将指针移过图片、剪贴画或按钮形状时发生的动作，请执行下列操作之一。

① 要使用不带相应动作的图片、剪贴画或按钮形状，选择"无动作"选项。

② 要创建超链接，选择"超链接到"选项，然后选择超链接动作的目标。

③ 要运行某个程序，单击"运行程序"→"浏览"按钮，然后找到要运行的程序。

④ 要运行宏，单击"运行宏"按钮，然后选择要运行的宏。仅当演示文稿包含宏时，"运行宏"设置才可用。在保存演示文稿时，必须将它另存为"启用宏的 WPS 演示放映"。

⑤ 如果希望被选为动作按钮的图片、剪贴画或按钮形状执行某个动作，单击"对象动作"按钮，然后选择想让它执行的动作。

⑥ 若要播放声音，选中"播放声音"复选框，然后选择要播放的声音。

（6）设置完成后单击"确定"按钮。

5.3.2 演示文稿的动画设计与实施

1. 让幻灯片中的对象动起来

1）为标题幻灯片中的对象添加动画效果

（1）选定幻灯片中的标题占位符，单击"动画"选项卡下"动画"组的动画库快翻按钮，选择"翻转式由远及近"动画效果，如图 5.31 所示。

图 5.31 动画列表

（2）选中幻灯片 1 中的副标题占位符，在动画库中选择"进入"动画，效果为温和型下降。

2）设置两个动画的自动播放

（1）选中标题占位符，选择"动画"→"动画窗格"选项，设置"开始"为"与上一动画之后"，设置"速度"为"0.5 秒"。

（2）选中副标题占位符，选择"动画"→"动画窗格"选项，设置"开始"为"与上一动画之后"，设置"速度"为"2 秒"。

（3）单击"放映" 🔲 按钮或按 F5 键，观看幻灯片动画效果。

3）为幻灯片 2 添加动画效果。

选定幻灯片 2 中的自评文字的矩形框，单击"动画"选项卡下"动画"组中的"展开"按钮，在动画列表进入中选择"更多选项"选项，如图 5.32 所示。在弹出的动画列表中选择"渐变式缩放"效果，如图 5.33 所示。将"速度"设置为"0.5 秒"，"开始"方式设为"单击时"。

4）为幻灯片 9 添加动画效果

（1）选定幻灯片 9 中的图片，单击"动画"选项卡下"动画"组中的"展开"按钮，在弹出的动画列表中选择"进入"组中的"轮子"动画效果。

（2）单击旁边的文字说明图片，在"更多进入效果"中选择"百叶窗"选项。

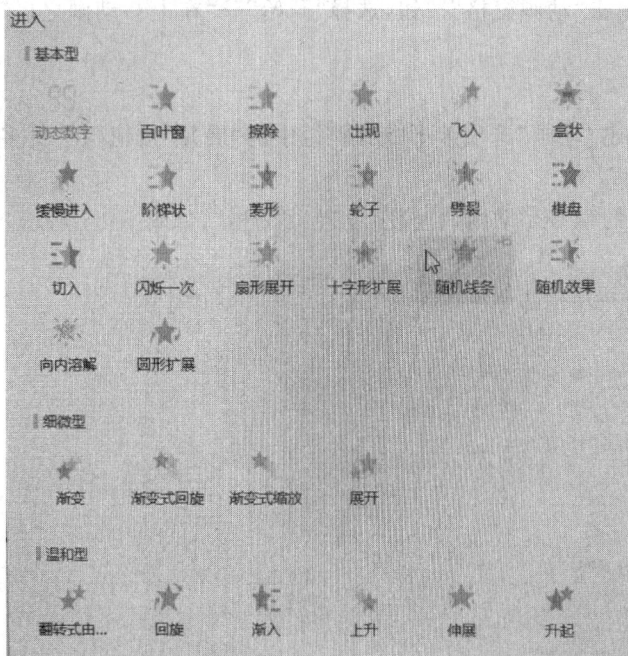

图 5.32 更多动画

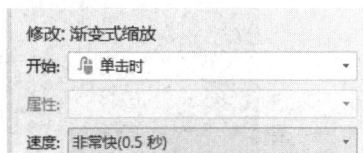

图 5.33 设置动画效果

（3）单击旁边的文字说明图片，单击"动画"→"开始"→"在上一动画之后"按钮。

（4）按照同样方式为幻灯片上的图片和文字均添加动画效果，如图 5.34 所示。

图 5.34 幻灯片 9 动画效果

5）为幻灯片 10 添加动画效果

（1）选定幻灯片 10 中的图片，单击"动画"选项卡下"动画"组中的"展开"按钮，在"更多进入效果"中选择动画模式为"百叶窗"。

（2）单击旁边的文字说明图片，在进入动画中选择"回旋"。

（3）单击旁边的文字说明图片，单击"动画窗格"按钮，选择"开始"→"在上一动画之后"选项。

6）为幻灯片 13 添加动画效果

（1）选定幻灯片 13 中的图片，单击"动画"选项卡下"动画"组中的"展开"按钮，在"更多进入效果"中选择动画模式为"阶梯状"。

（2）在动画库中选择动作路径中的"心形"动画，"速度"设置为"2 秒"，如图 5.35 所示。

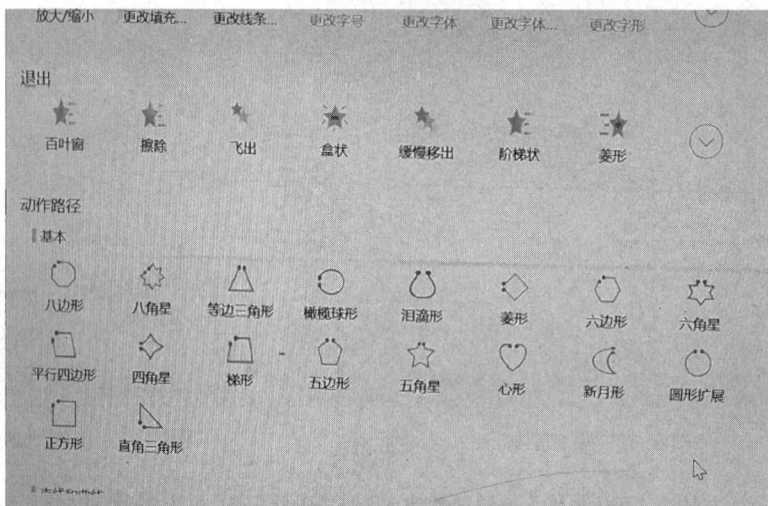

图 5.35　选择动作路径

选择动作路径后，会出现一个圆圈，即为动作路径动画的路径，可以通过拉伸收缩来改变动画的路径，如图 5.36 所示。

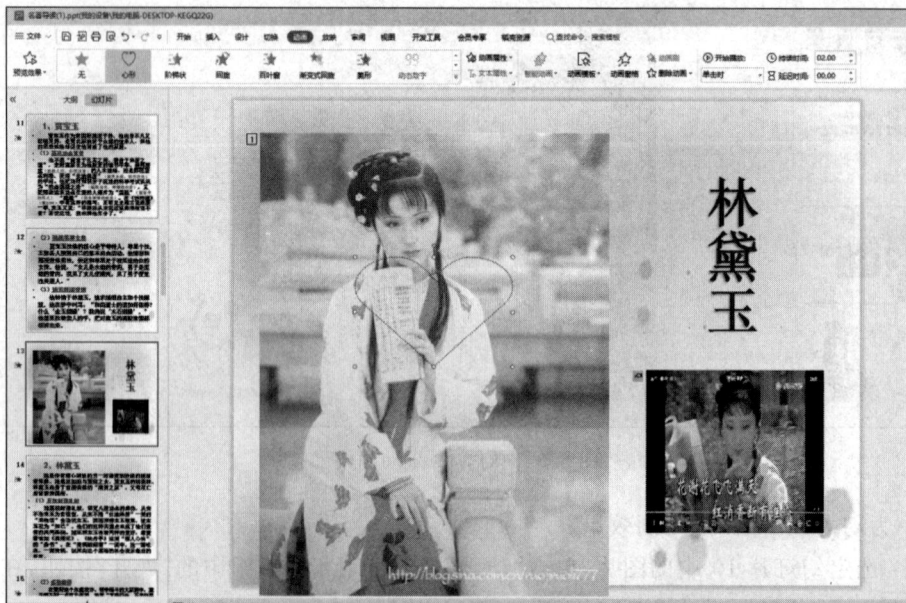

图 5.36　动作路径效果

7) 为幻灯片 2 添加动画效果

(1) 选中幻灯片 2 中第一个文字矩形框。在动画库中选择"形状",触发方式选择为"单击时"。

(2) 选择角色图片,在动画库中选择进入动画"弹跳"。

(3) 选中幻灯片 2 中第二个文字矩形框,在动画库中选择"擦除",触发方式选择为"在上一动画之后",如图 5.37 所示。

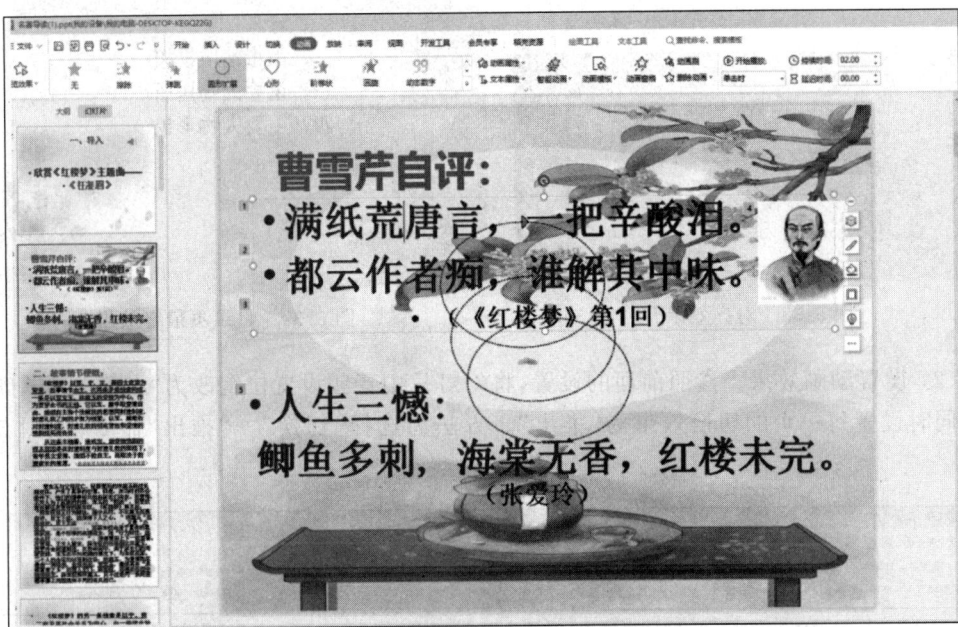

图 5.37　为幻灯片 2 添加动画效果

说明:动画是非常有趣的,但动画过多会适得其反,建议谨慎使用动画和声音效果,因为过多的动画会分散观众的注意力。

2. 让幻灯片动起来

单击"切换"选项卡下"切换到此幻灯片"右边的快翻按钮,选择一种切换方式,如"立方体"。可以为每张幻灯片设置切换方式,如果单击"应用于全部幻灯片"按钮,则将这种幻灯片切换方式应用于本演示文稿的所有幻灯片,在这里把幻灯片的进入方式设置为"左侧进入",然后设置全部应用。

3. 加入目录页,设置超链接

为了预先给观众提供整个演示文稿的内容,可以添加目录页。WPS 演示文稿的放映顺序是从前向后播放的,如果要控制幻灯片的播放顺序可以进行动作设置。

(1) 制作一张目录幻灯片。具体操作步骤如下。

① 选中第一张幻灯片,选择"新建幻灯片"→"空白"命令。

② 选择"插入"→"文本框"→"横排文本框"命令,输入"目录",选择"开始"→"绘图"→"形状填充"→"标准色"命令,设置为"橙色"。

③ 插入已有的目录素材,选择"插入"→"图片"命令。

④ 在"目录"文本框下方插入一个横排文本框,输入"①内容介绍",然后复制 3 个,分别

输入其他目录内容并修改序号。

⑤ 选中上述四个目录,排列在一列上,在弹出的工具栏中单击"左对齐"按钮,效果如图 5.38 所示,最终效果如图 5.39 所示。

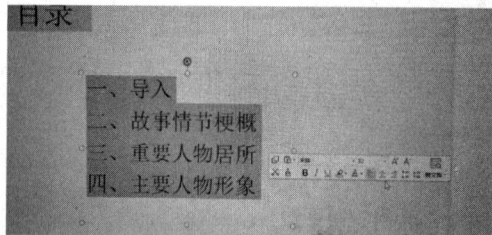

图 5.38　对齐效果

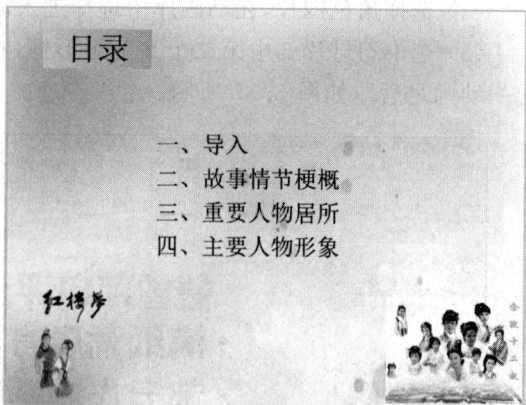

图 5.39　目录页最终效果

(2) 设置动画效果。参照前面的设置,将幻灯片中音频设置位置改为"在第 2 张幻灯片后",同时设置每一页的切换效果为"推出"。方法为选择"切换"→"推出"命令,如图 5.40 所示。

图 5.40　推出

图 5.41　"动作设置"对话框

(3) 设置页面动作链接。具体操作步骤如下。

① 选择"视图"→"幻灯片母版"命令。

② 选择"插入"→"形状"→"矩形"命令。

③ 选择"开始"→"绘图"→"形状填充"命令,选择"主体颜色,白色,背景 1"。

④ 选择"插入"→"文本框"→"横排文本框"命令,输入"上一页"。

⑤ 复制上述 3 个文本框,分别输入"下一页""返回目录""结束放映"。

⑥ 选中"上一页"文本框,单击,在弹出的"动作设置"对话框中选择超链接到"上一张幻灯片",如图 5.41 所示。

按照此方法,设置接下来的 3 个按钮,分别完成"下一页""返回目录""结束放映"按钮设置,如图 5.42 所示。

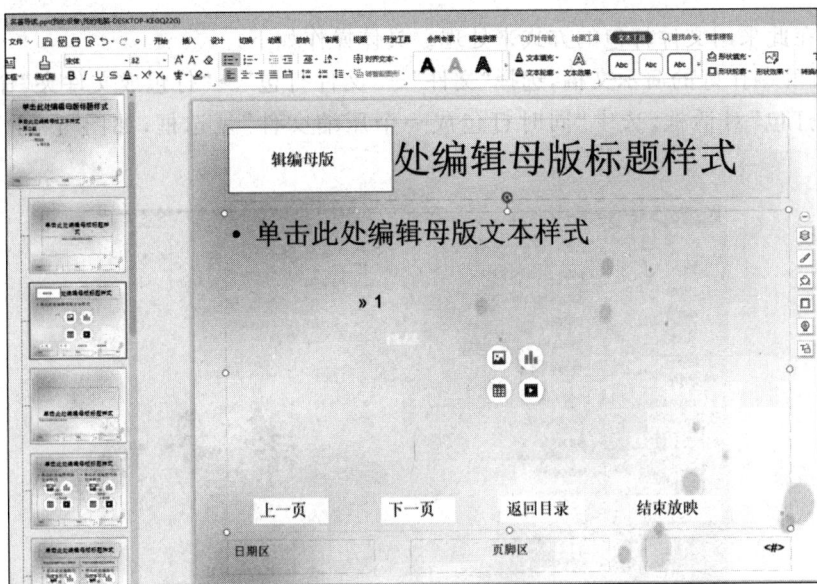

图 5.42　目录动作设置

（4）设置目录动作链接。对于已有的目录页，可以通过添加动作按钮，实现超链接的功能。具体操作步骤如下。

① 选择"内容介绍"文本框，选择"插入"→"超链接"→"本文档幻灯片页"选项，在弹出的"插入超链接"对话框中选择"内容介绍"幻灯片 1，如图 5.43 所示。

② 采用同样的方法完成其他的目录动作链接。

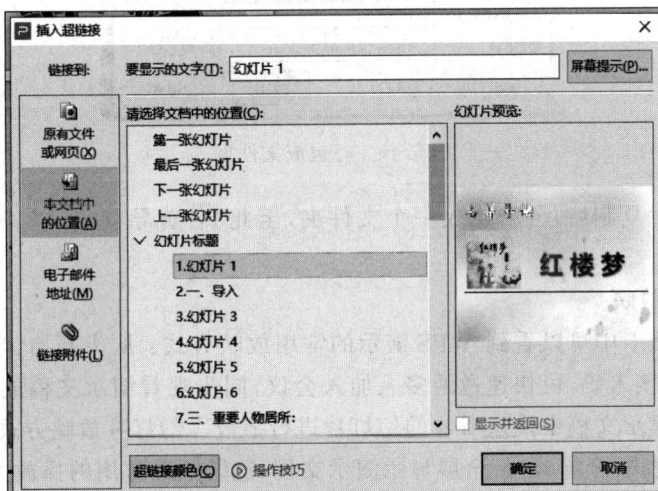

图 5.43　"插入超链接"对话框

5.3.3　演示文稿的打包与播放

1. 将制作好的演示文稿打包

制作好演示文稿后，为更好地移植和防止文件丢失，可将插入的视频和音频及超链接捆绑在一起,在此采用文件打包的方式来处理。具体操作如下。

打开已经制作好的演示文稿,选择"文件"→"文件打包"→"打包成文件夹"命令。弹出"演示文件打包"对话框,选中"同时打包成一个压缩文件"复选框,如图 5.44 和图 5.45 所示。

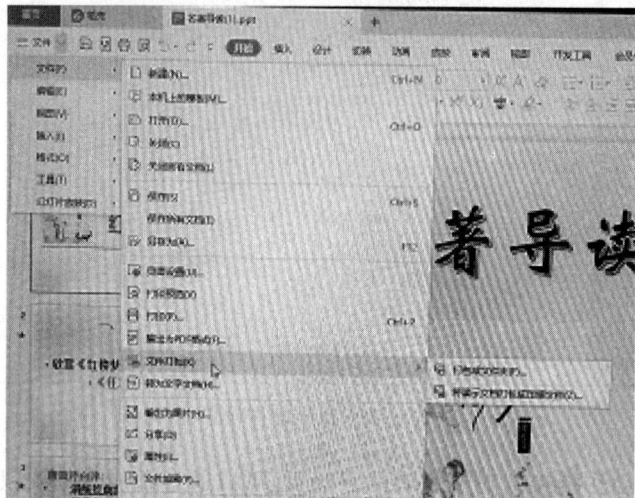

图 5.44　文件打包

图 5.45　打包成文件夹

选择目标位置复制后,会新生成一个文件夹,至此"名著导读.ppt"演示文稿全部制作完成。

2. 演示文稿放映

在"放映"选项卡中可以看到 WPS 演示的常用放映方式：从头开始、当页开始、自定义放映、会议。通过接入码,可快速邀请多人加入会议,同步观看演示文稿放映。自定义放映可以让播放者从演示文稿中挑选需要的幻灯片进行播放。幻灯片放映方式共有两种。

(1)演讲者放映(全屏幕)。全屏显示演示文稿,这既是最常用的播放方式,也是默认的选项。演讲者具有完全的控制权,既可以自动或人工放映,也可以暂停放映。

(2)展台自动循环放映(全屏幕)。观众可以使用超链接和动作按钮,按 Esc 键可终止播放。选择"放映"→"排练计时"命令,选择"排练全部"或者"排练当前页",进入"排练计时"状态,此时手动播放一遍演示文稿,并可以利用"预演"对话框中的"暂停"和"下一项"按钮控制预演计时过程,以获得最佳的播放时间。播放结束后,系统会弹出一个提示幻灯片放映所需的时间,并提示是否保留新的幻灯片排练时间,单击"是"按钮即可。

选择"放映"→"屏幕录制"命令,可以录制"幻灯片和动画计时""旁白和激光笔"。

以上保存的排练和录制结果,可以在"放映设置"对话框中进行设置。

练习 5-3

设计一个演示文稿,主题可以自选,例如电影宣传片、个性电子相册、专业知识培训等。要求如下。

(1) 内容积极向上,图文并茂,演示文稿不得少于 10 张幻灯片。

(2) 页面配色及布局美观大方,演示文稿中包括的对象形式丰富。

(3) 添加多媒体素材,如背景音乐、视频、图形图片、按钮等。

(4) 设置演示文稿的格式,包括幻灯片的版式、设计模板、背景、配色。

(5) 插入超链接,使页面切换更快捷,并设置切换方式。

(6) 添加突出的动画效果以及排练计时,并设置放映方式。

(7) 设置幻灯片的页眉页脚,并打包该演示文稿。

第 6 章　Internet基础和信息安全

21世纪的一些重要特征就是数字化、网络化和信息化,它是一个以网络为核心的信息时代。要实现信息化就必须依靠完善的网络,因为网络可以非常迅速地传递信息。而因特网(Internet)是一组全球信息资源的总汇。有一种粗略的说法,认为Internet是由许多小的网络(子网)互联而成的一个逻辑网,每个子网中连接着若干台计算机(主机)。Internet以相互交流信息资源为目的,基于一些共同的协议,并通过许多路由器和公共互联网组成,它是一个信息资源和资源共享的集合。因此网络现在已经成为信息社会的命脉和发展知识经济的重要基础。网络对社会生活的很多方面以及对社会经济的发展已经产生了不可估量的影响。而随着网络应用的进一步发展,信息共享与信息安全的矛盾日益突出,人们也越来越关心"信息安全"与"网络安全"问题 。"信息安全"是指对信息保密性、完整性和可用性的保护。"网络安全"则是对网络信息保密性、完整性和网络系统可用性的保护。本章内容将以计算机网络技术为切入点,介绍因特网(Internet)的基础知识以及信息安全的重要性。

任务 6.1　了解计算机网络的基本概念

任务概述

计算机网络技术既是计算机技术和网络技术的有机结合,也是现代信息技术的重要基础。本任务可以使读者了解计算机网络的发展以及基本概念,为进一步深入学习相关知识打下基础。

任务目标

➤ 了解计算机网络的基本概念和发展历史。
➤ 了解计算机网络的拓扑结构。
➤ 了解计算机网络的分类和数据通信的基本概念。
➤ 了解计算机网络体系和网络协议的基础知识。

所谓计算机网络,是指把分布在不同地理区域的计算机与专门的外部设备用通信线路互联成一个规模大、功能强的网络系统,从而使众多的计算机可以方便地互相传递信息,共享硬件、软件、数据信息等资源。

计算机网络主要包含连接对象、连接介质、连接控制机制和连接方式4个方面。"对象"

主要是指各种类型的计算机(如大型机、微型计算机、工作站等)或其他数据终端设备;"介质"是指通信线路(如双绞线、同轴电缆、光纤、无线电波等)和通信设备(如网桥、网关、中继器、路由器等);"控制机制"主要是指网络协议和各种网络软件;"连接方式"主要是指网络采用的拓扑结构(如星状、环状、总线和网状型等)。

6.1.1 计算机网络的定义

目前来说,计算机网络并没有精确的定义。关于计算机网络,人们通常认为的定义是这样的:计算机网络主要是由一些通用的、可编程的硬件互连而成的,而这些硬件并非专门用来实现某一特定目的(如传送数据或视频信号)。这些可编程的硬件能够用来传送多种不同类型的数据,并能支持广泛的和日益增长的应用。根据这个定义可以得知以下信息。

(1)计算机网络所连接的硬件,并不限于一般的计算机,而是包括了智能手机。

(2)计算机网络并不是专门用来传送数据的,它能够支持很多种的应用(包括今后可能出现的各种应用)。

上述的"可编程的硬件"表明这种硬件一定包含有中央处理器(CPU),具有一定的计算能力。起初,计算机网络的确是用来传送数据的。但随着网络技术的发展,计算机网络的应用范围不断增大,不仅能够传送文件比如音频和视频,同时其应用范围已经远远超过通信的范围。

6.1.2 计算机网络的发展历史

计算机网络是现代通信技术与计算机技术相结合的产物。网络技术的进步正在对当前信息产业的发展产生着重要的影响。纵观计算机网络的发展历史可以发现,计算机网络与其他事物的发展一样,也经历了从简单到复杂、从低级到高级、从单机到多机的过程。在这一过程中,计算机技术和通信技术紧密结合,相互促进,共同发展,最终产生了计算机网络。计算机网络的发展大体上可以分为4个阶段:面向终端的通信网络阶段、计算机互联阶段、网络互联阶段、Internet与高速网络阶段。

(1)面向终端的通信网络阶段:1946年,世界上第一台数字计算机 ENIAC 的问世,是人类历史上划时代的里程碑。但最初的计算机数量稀少,并且成本非常高昂。当时的计算机大多采用批处理方式,用户使用计算机首先要将程序和数据制成纸带或卡片,再送到中心计算机进行处理。1954年,出现了一种被称为收发器(transceiver)的设备,人们使用这种终端首次实现了将穿孔卡片上的数据通过电话线路发送到不在本地的计算机。此后,电传打字机也作为远程终端和计算机相连,用户可以利用计算机在远地电传打字机上输入自己的程序,计算机计算出来的结果也可以传送到远地的电传打字机上并打印出来,计算机网络的基本原型就这样诞生了。

由于当初的计算机是为批处理而设计的,因此当计算机和远程终端相连时,必须在计算机上增加一个线路控制器(line controller)接口。随着远程终端数量的增加,为了避免一台计算机使用多个线路控制器,20世纪60年代初期,出现了多重线路控制器(multiple line controller),其可以和多个远程终端相连接,这样就构成了面向终端的第一代计算机网络。在第一代计算机网络中,一台计算机与多台用户终端相连接,用户通过终端命令以交互的方式使用计算机系统,从而将单一计算机系统的各种资源分散到了多个用户手中,极大地提高了资源的利用率,同时也极大地刺激了用户使用计算机的热情。在一段时间内,计算机用户的数量迅速增加。但这种网络系统也存在两个缺点:一是其主机系统的负荷较重,既要承担数据处理任务,又要承担通信任务,导致系统响应时间过长;二是对远程终端来讲,一条通信线路只能与一个终端相连,通信线路的利用率较低。

后来又出现了多机连机系统。这种系统的主要特点是在主机和通信线路之间设置前端处理机(first end processor,FEP),如图 6.1 所示。前端处理机承担所有的通信任务,减轻了主机的负荷,极大地提高了主机处理数据的效率。另外,在远程终端较密集处增加了一个集中器(concentrator)。集中器的一端用低速线路与多个终端相连,另一端则用一条较高速的线路与主机相连,如图 6.2 所示,这样就实现了多台终端共享一条通信线路,提高了通信线路的利用率。

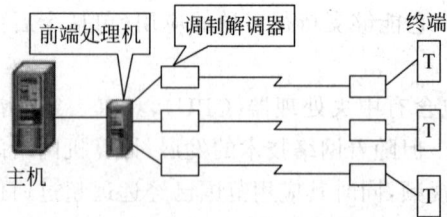

图 6.1　引入 FEP 的多机连机系统　　　图 6.2　引入集中器的多机连机系统

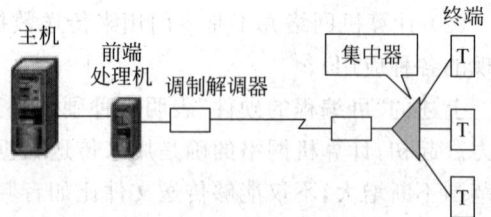

(2) 计算机互联阶段:随着计算机应用的发展以及计算机的普及和价格的降低,出现了多台计算机互联的需求。这种需求主要来自军事、科学研究、地区与国家经济信息分析决策、大型企业经营管理,希望将分布在不同地点且具有独立功能的计算机通过通信线路互连起来,彼此交换数据、传递信息,如图 6.3 所示。网络用户可以使用本地计算机的软件、硬件与数据资源,也可以使用联网的其他地方的计算机软件、硬件与数据资源,以达到计算机资源共享的目的。

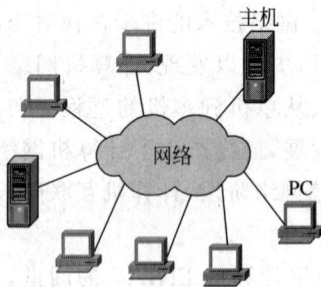

图 6.3　计算机互联示意

这一阶段研究的典型代表是美国国防部高级研究计划局(Advanced Research Projects Agency,ARPA)的 ARPAnet (通常称为 ARPA 网)。因为 ARPAnet 是世界上第一个实现了以资源共享为目的的计算机网络,所以人们往往将 ARPAnet 作为现代计算机网络诞生的标志,现在计算机网络的很多概念都来自 ARPAnet。

ARPAnet 的研究成果对推动计算机网络发展的意义是十分深远的。在 ARPAnet 的基础上,20 世纪七八十年代计算机网络发展十分迅速,出现了大量的计算机网络,仅美国国防部就资助建立了多个计算机网络。同时还出现了一些研究试验性网络、公共服务网络、校园网,如美国加利福尼亚大学劳伦斯原子能研究所的 OCTOPUS 网、法国信息与自动化研究所的 CYCLADES 网、国际气象监测网 WWWN、欧洲情报网 EIN 等。

在这一阶段中,公用数据网(public data network,PDN)与局部网络(local network,LN)技术也得到了迅速的发展。总而言之,计算机网络发展的第二阶段所取得的成果对推动网络技术的成熟和应用极其重要,所研究的网络体系结构与网络协议的理论成果为以后网络理论的发展奠定了坚实的基础,很多网络系统经过适当修改与充实后至今仍在广泛使用。目前国际上应用广泛的 Internet 就是在 ARPAnet 的基础上发展起来的。但是,20 世纪 70 年代后期,人们已经看到了计算机网络发展中出现的问题,即网络体系结构与协议标准的不统一限制了计算机网络自身的发展和应用。网络体系结构与网络协议标准必须走国际标准化的道路。

(3) 网络互联阶段:计算机网络发展的第 3 个阶段——网络互联阶段是加速体系结构与协议国际标准化的研究与应用的时期。1984 年,经过多年卓有成效的工作,国际标准化组织(International Organization for Standardization,ISO)正式制定和颁布了开放系统互连参考模型(open system interconnection reference model,OSI/RM)。ISO OSI/RM 已被国际社会所公认,成为研究和制订新一代计算机网络标准的基础。OSI 参考模型使各种不同的网络互联、互相通信变为现实,实现了更大范围内的计算机资源共享。我国也于 1989 年在《国家经济系统设计与应用标准化规范》中明确规定选定 OSI 标准作为我国网络建设的标准。1990 年 6 月,ARPAnet 停止运行。随之发展起来的国际 Internet 的覆盖范围已遍及全球,全球各种各样的计算机和网络都可以通过网络互连设备连入 Internet,实现全球范围内的数据通信和资源共享。

ISO OSI/RM 及标准协议的制定和完善正在推动计算机网络朝着健康的方向发展。很多大的计算机厂商相继宣布支持 OSI 参考模型,并积极研究和开发符合 OSI 参考模型的产品。各种符合 OSI/RM 与协议标准的远程计算机网络、局部计算机网络与城市地区计算机网络已开始广泛应用。随着研究的深入,OSI 参考模型将日趋完善。

(4) Internet 与高速网络阶段:目前,计算机网络的发展正处于第 4 个阶段。这一阶段计算机网络发展的特点是互连、高速、智能与更为广泛的应用。Internet 是覆盖全球的信息基础设施之一。对于用户来说,Internet 是一个庞大的远程计算机网络,用户可以利用 Internet 实现全球范围的信息传输、信息查询、电子邮件、语音与图像通信服务等功能。实际上 Internet 是一个用网络互联设备实现多个远程网和局域网互联的国际网。

在 Internet 发展的同时,随着网络规模的增大与网络服务功能的增多,高速网络与智能网络(intelligent network,IN)的发展也引起了人们越来越多的关注和兴趣。高速网络技术的发展表现在宽带综合业务数据网(broadband integrated service digital network,B-ISDN)、帧中继、异步传输模式(asynchronous transfer mode,ATM)、高速局域网、交换式局域网与虚拟网络上。

6.1.3 计算机网络的拓扑结构

计算机网络的拓扑结构是指网上计算机或设备与传输媒介形成的节点与线的物理构成模式。网络的节点有两类:一类是转换和交换信息的转接节点,包括节点交换机、集线器和终端控制器等;另一类是访问节点,包括计算机主机和终端等。线则代表各种传输媒介,包括有形的和无形的。

计算机网络的拓扑结构主要有:星状拓扑结构、总线拓扑结构、环状拓扑结构、网状拓扑结构和混合拓扑结构。

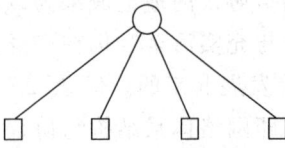

图 6.4   星状拓扑结构

1. 星状拓扑结构

星状拓扑结构中,中央节点和通过点到点通信线路接到中央节点的各个站点。中央节点执行集中式通信控制策略,因此中央节点相当复杂,而各个站点的通信处理负担都很小。如图 6.4 所示,中央节点是转接中心,起到连通的作用。星状网采用的交换方式有电路交换和报文交换,尤以电路交换更为普遍。这种结构一旦建立了通道连接,就可以无延迟地在连通的两个站点之间传送数据。专用交换机 PBX(private branch exchange)就是星状拓扑结构的典型实例。

2. 总线拓扑结构

在总线拓扑结构中,如图 6.5 所示,所有的节点共享一条公用的传输链路,一次只能由一个设备传输。所以需要某种形式的访问控制策略、来决定下一次哪一个站点可以发送。通常采取分布式控制策略。

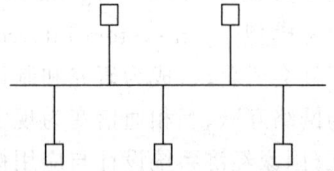

图 6.5   总线拓扑结构

这种结构具有费用低,布线要求简单,扩充容易,用户失效、增删不影响全网工作的优点。缺点是一次仅能有一个用户发送数据,其他用户必须等待来获得发送权;媒体访问获取机制较复杂;维护难,分支节点故障难以查找。

3. 环状拓扑结构

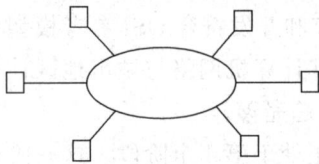

图 6.6   环状拓扑结构

在环状拓扑中各节点通过环路接口连在一条首尾相连的闭合环形通信线路中。如图 6.6 所示,环路上任何节点均可以请求发送信息。请求一旦被批准,便可以向环路发送信息。环形网中的数据既可以是单向传输也可是双向传输。

环状拓扑的优点是网络结构简单,传输延时确定。缺点是单个发生故障的节点可能使整个网络瘫痪,同时不易扩展。

4. 网状拓扑结构

如图 6.7 所示,网状拓扑结构主要指各节点通过传输线互相连接起来,并且每一个节点至少与其他两个节点相连。网状拓扑结构网络的优点包括节点间路径多,碰撞和阻塞减少,局部故障不影响整个网络,可靠性高;缺点是网络关系复杂,建网较难,不易扩充,同时网络控制机制复杂,必须采用路由算法和流量控制机制。

5. 混合拓扑结构

如图 6.8 所示,混合拓扑是将两种单一拓扑结构混合起来,取两者的优点构成的拓扑。一种是星状拓扑和环状拓扑混合成的"星—环"拓扑,另一种是星状拓扑和总线拓扑混合成的"星—总"拓扑。这两种混合型结构有相似之处,如果将总线拓扑的两个端点连在一起也就变成了环状拓扑。

混合拓扑的优点包括易于扩展,安装方便以及故障诊断和隔离较为方便。缺点是需要选用智能网络设备,实现网络故障自动诊断和故障节点的隔离,网络建设成本比较高。同时像星状拓扑结构一样,汇聚层设备到接入层设备的线缆安装长度会增加较多。

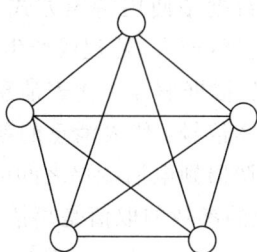

图 6.7 网状拓扑结构

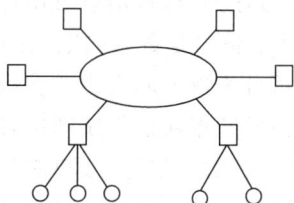

图 6.8 混合拓扑结构

6.1.4 计算机网络的分类

计算机网络有多种分类方法,下面对其中比较常见的分类方式进行简单的介绍。

1. 按照网络的作用范围进行分类

(1) 广域网(wide area network,WAN)。广域网的作用范围通常为几十到几千千米,因而有时也称为远程网。广域网是互联网的核心部分,其任务是通过长距离(如跨越不同的国家)运送主机所发送的数据。连接广域网各节点交换机的链路一般都是高速链路,具有较大的通信容量。

(2) 城域网(metropolitan area network,MAN)。城域网的作用范围一般是一个城市,可跨越几个街区甚至整个城市,其作用距离约为 5~50km。城域网可以为一个或几个单位所拥有,但也可以是一种公用设施,用来将多个局域网进行互连。目前很多城域网采用的是以太网技术,因此有时也常并入局域网的范围进行讨论。

(3) 局域网(local area network,LAN)。局域网一般用微型计算机或工作站通过高速通信线路相连(速率通常在 10Mbps 以上),但地理上则局限在较小的范围(如 1km 左右)。在局域网发展的初期,一个学校或工厂往往只拥有一个局域网,但现在局域网已非常广泛地使用,学校或企业大多拥有许多个互连的局域网(这样的网络常称为校园网或企业网)。

(4) 个人区域网(personal area network,PAN)。个人区域网就是在个人工作的地方把属于个人使用的电子设备(如便携式计算机等)用无线技术连接起来的网络,因此也常称为无线个人区域网 WPAN(wireless PAN),其范围很小,作用距离大约为 10m。

2. 按照网络的使用者进行分类

(1) 公用网(public network)。这是指电信公司(国有或私有)出资建造的大型网络。"公用"的意思就是所有愿意按电信公司的规定交纳费用的人都可以使用这种网络。因此公用网也可称为公众网。

(2) 专用网(private network)。这是某个部门为满足本单位的特殊业务工作的需要而建造的网络。这种网络不向本单位以外的用户提供服务。例如,军队、铁路、银行、电力等系统均有本系统的专用网。公用网和专用网都可以提供多种服务。

6.1.5 数据通信的基础知识

在学习数据通信基础知识之前,首先来了解一下数据通信中的几个常用术语。

消息(message):通信的目的就是传送消息,如语音、文字、图像、视频等都是消息。

数据(data)：数据是运送消息的实体，也可以说，数据是使用特定方式表示的信息，通常是有意义的符号序列，这种信息可用计算机或其他机器(或人)处理或产生。

信号(signal)：信号是数据的电气的或电磁的表现，根据信号中代表消息的参数的取值方式不同，信号可分为以下两大类。①模拟信号，或连续信号：代表消息的参数的取值是连续的，例如在后面的数据通信系统图中，用户的调制解调器到电话端局之间的用户线上传送的就是模拟信号。②数字信号，或离散信号：代表消息的参数的取值是离散的，例如在后面的数据通信系统图中，用户的计算机到调制解调器之间，或在电话网中继线上传送的就是数字信号，在使用时间域(或简称为时域)的波形表示数字信号时，代表不同离散数值的基本波形就称为码元。需要注意的是，一个码元所携带的信息量是不固定的，而是由调制方式和编码方式决定的，例如在使用二进制编码时，只有两种不同的码元，一种代表 0 状态，而另一种代表 1 状态。

1. 数据通信系统

如图 6.9 所示，一个数据通信系统可划分为下列三大子系统。

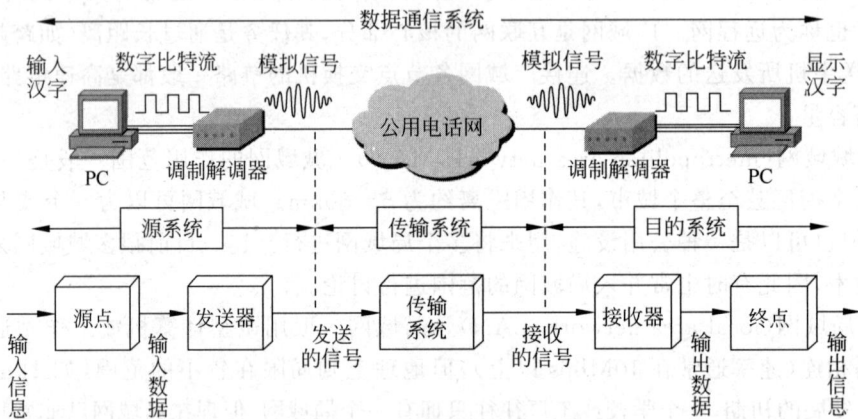

图 6.9　数据通信系统

(1) 源系统(或发送端、发送方)，源系统一般包括以下两个部分。

① 源点(source)：源点设备产生要传输的数据，例如，从计算机的键盘输入汉字，计算机产生输出的数字比特流，源点又称为源站，或信源。

② 发送器：通常源点生成的数字比特流要通过发送器编码后才能够在传输系统中进行传输，典型的发送器就是调制器，现在很多计算机使用内置的调制解调器(包含调制器和解调器)，用户在计算机外面看不见调制解调器。

(2) 传输系统(或传输网络)，传输系统既可以是简单的传输线，也可以是连接在源系统和目的系统之间的复杂网络系统。

(3) 目的系统(或接收端、接收方)，目的系统一般包括以下两个部分。

① 接收器：接收传输系统传送过来的信号，并把它转换为能够被目的设备处理的信息，典型的接收器就是解调器，它把来自传输线路上的模拟信号进行解调，提取出在发送端置入的消息，还原出发送端产生的数字比特流。

② 终点(destination)：终点设备从接收器获取传送来的数字比特流，然后把信息输出(如把汉字在计算机屏幕上显示出来)，终点又称为目的站或信宿。

2. 信道的基本概念

信道(channel)一般是用来表示向某一个方向传送信息的媒体,但信道和电路并不等同。一条通信电路往往包含一条发送信道和一条接收信道。从通信的双方信息交互的方式来看,可以有三种基本信道。

(1) 单向通信:又称为单工通信,即只能有一个方向的通信而没有反方向的交互,无线电广播或有线电广播以及电视广播就属于这种类型。

(2) 双向交替通信:又称为半双工通信,即通信的双方都可以发送信息,但不能双方同时发送(当然也就不能同时接收),这种通信方式是一方发送另一方接收,过一段时间后可以再反过来。

(3) 双向同时通信:又称为全双工通信,即通信的双方可以同时发送和接收信息,单向通信只需要一条信道,而双向交替通信或双向同时通信则都需要两条信道(每个方向各一条)。显然,双向同时通信的传输效率最高。

需要注意的是,有时人们也常用"单工"这个名词表示"双向交替通信",如常说的"单工电台"并不是只能进行单向通信。

来自信源的信号常称为基带信号(即基本频带信号),像计算机输出的代表各种文字或图像文件的数据信号都属于基带信号,基带信号往往包含有较多的低频成分,甚至有直流成分,而许多信道并不能传输这种低频分量或直流分量,为了解决这一问题,就必须对基带信号进行调制(modulation)。

对基带信号的调制可分为两大类。

(1) 基带调制:仅仅对基带信号的波形进行变换,使它能够与信道特性相适应,变换后的信号仍然是基带信号,由于这种基带调制是把数字信号转换为另一种形式的数字信号,因此大家更愿意把这种过程称为编码(coding),图6.10所示为一些常用的编码方式。

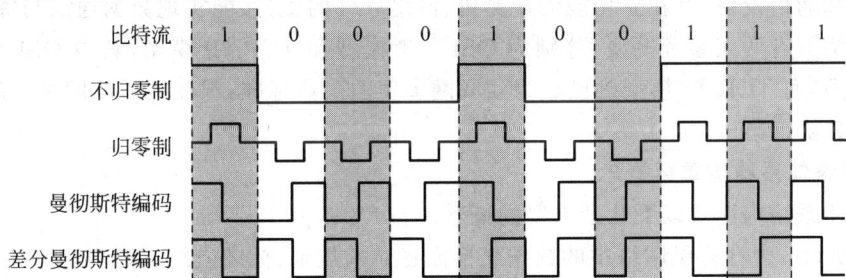

图6.10　数字信号常用的编码方式

① 不归零制:正电平代表1,负电平代表0。

② 归零制:正脉冲代表1,负脉冲代表0。

③ 曼彻斯特编码:位周期中心的向上跳变代表0,位周期中心的向下跳变代表1,但也可反过来定义。

④ 差分曼彻斯特编码:在每一位的中心处始终都有跳变,位开始边界有跳变代表0,而位开始边界没有跳变代表1。

从信号波形中可以看出,曼彻斯特编码产生的信号频率比不归零制高。从自同步能力来看,不归零制不能从信号波形本身中提取信号时钟频率(这叫作没有自同步能力),而曼彻斯特编码具有自同步能力。

（2）带通调制：需要使用载波（carrier）对基带信号进行调制，把基带信号的频率范围搬移到较高的频段，并转换为模拟信号，这样就能够更好地在模拟信道中传输，经过载波调制后的信号称为带通信号（即仅在一段频率范围内能够通过信道），图 6.11 所示为几种基本的带通调制方法。

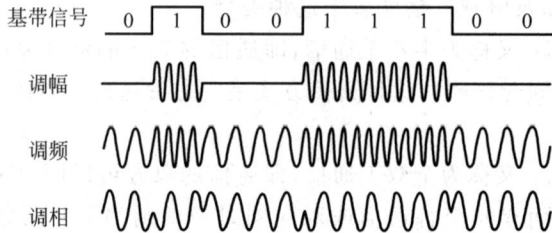

图 6.11 带通调制方法

① 调幅（AM）：即载波的振幅随基带数字信号而变化，例如，0 或 1 分别对应于无载波或有载波输出。

② 调频（FM）：即载波的频率随基带数字信号而变化，例如，0 或 1 分别对应于频率 f_1 或 f_2。

③ 调相（PM）：即载波的初始相位随基带数字信号而变化，例如，0 或 1 分别对应于相位 $0°$ 或 $180°$。

6.1.6 网络体系结构基本概念

计算机网络就是一组通过一定形式连接起来的计算机系统，它需要四个要素的支持，即通信线路和通信设备、有独立功能的计算机、网络软件的支持、能实现数据通信与资源共享。计算机网络具有两大参考模型，分别为 OSI 参考模型和 TCP/IP 模型，其中 OSI 参考模型为理论模型，而 TCP/IP 模型则已成为互联网事实的工业标准，现在的通信网络一般都是采用 TCP/IP 协议集。

1. 网络体系结构重要概念

网络体系结构涉及以下几个重要的概念。

（1）协议：为计算机网络中的数据交换而建立的规则、标准或约定的集合。

（2）通信协议：通信双方必须共同遵守的规则和约定称为通信协议。通信双方对数据的理解需要建立在约定与协议之上。

（3）接口：相邻两层之间的边界，在接口处规定了低层向上层提供的服务以及服务所使用的形式规范语句（服务原语）。

（4）服务：某一层提供的功能，并能通过接口提供给其相邻上层。

（5）网络体系结构：对计算机网络的各层功能精确定义及其各层遵守协议的集合。

（6）协议栈：网络各层协议按层次顺序排列而成的协议序列。

（7）点到点：体现在物理上两两连接，是物理拓扑，如光纤就必须是点到点连接。点到点协议体现在 IP 网络层或以下两层。IP 网络层是两两路由器进行点到点通信，中间没有跨越其他通信设备。点到点传输的优点是发送端设备送出数据后，它的任务已经完成，不需要参与整个传输过程,这样不会浪费发送端设备的资源。另外,即使接收端设备关机或故障,点到点传输也可以采用存储转发技术进行缓冲。点到点传输的缺点是发送端发出数据后,不知道接收端能否收到或何时能收到数据。IP及以下各层采用的是点到点传输。

(8) 端到端:体现在逻辑上的两两连接。端到端是体现在网络传输层,比如要将数据从 A 传送到 E,传输过程可能是 A→B→C→D→E。对于传输层来说,它并不知道 B、C、D 的存在,它只认为报文数据是从 A 直接到 E 的,这就叫作端到端。总之,端到端是由无数点到点实现和组成的。

2. 网络分层模型

分层能使复杂的问题简单化,网络分层也是基于此原理。网络分层简化了网络设计,提高网络互联的标准化程度。网络分层是上一层都依赖于下一层,只有最低层才是物理的实际通信,其他对等层是虚拟通信。分层原理与方法如图 6.12 所示,网络分层模型涉及以下一些术语。

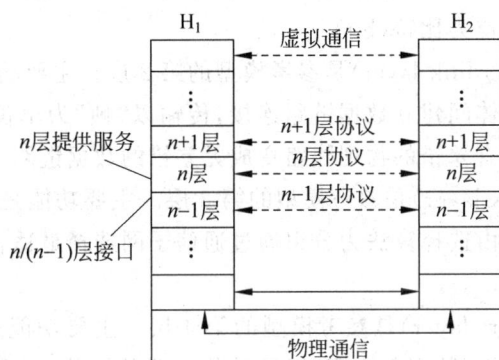

图 6.12　网络分层模型图

互联网两大网络模型(OSI/RM 模型和 TCP/IP 模型)都是基于分层原理实现的。通过网络分层,可以获得好处有:各层之间相互独立,相邻层间交互只通过接口,使整个问题复杂度下降。结构上可分割开,各层都可以采用最合适的技术来实现。每一层功能简单,易于实现和维护。某一层改动时,只要不改变接口服务的关系,其他层则不受影响,灵活性好。分层有利于促进网络协议的标准化。

3. OSI 网络模型

1) OSI 参考模型

开放式系统互连参考模型(OSI/RM)是 1984 年由国际标准化组织(ISO)提出的一个网络参考模型。作为一个概念性框架,提出时希望以后不同设备制造商和应用软件开发商遵循此标准。现在,此模型已成为计算机间和网络间进行通信的主要模型,目前使用的大多数网络通信协议的结构都是基于 OSI 参考模型或参照 OSI 参考模型的。

OSI 参考模型将网络分为七层,即物理层、数据链路层、网络层、传输层、会话层、表示层和应用层,如图 6.13 所示。

2) OSI 参考模型各层的功能。

(1) 物理层(physical layer)是参考模型的最低层。该层是网络通信的数据传输介质,由连接不同节点的电缆与设备共同构成。物理层规定了激活、维持、关闭通信端点之间的机

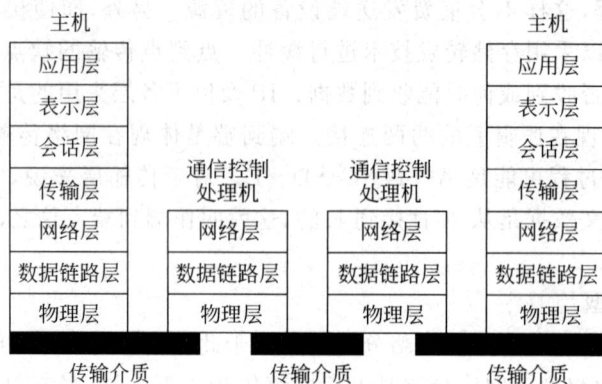

图 6.13   OSI 参考模型结构

械特性、电气特性、功能特性以及过程特性。该层为上层协议提供了一个传输数据的物理媒体。在这一层,数据的单位为比特(bit)。

(2) 数据链路层(data link layer)是参考模型的第 2 层。主要功能是：在物理层提供的服务基础上,在通信的实体间建立数据链路连接,传输以"帧"为单位的数据包,并采用差错控制与流量控制方法,使有差错的物理线路变成无差错的数据链路。

(3) 网络层(network layer)是参考模型的第 3 层。主要功能是：为数据在节点之间传输创建逻辑链路,通过路由选择算法为分组通过通信子网选择最适合的路径,以及实现拥塞控制、网络互联等功能。

(4) 传输层(transport layer)是参考模型的第 4 层。主要功能是向用户提供可靠的端到端服务,处理数据包错误、数据包次序,以及其他一些关键传输问题。传输层向高层屏蔽了下层数据通信的细节,因此它是计算机通信体系结构中关键的一层。

(5) 会话层(session layer)是参考模型的第 5 层。主要功能是：负责维护两个节点之间的传输链接,以确保点到点传输不中断,以及管理数据交换等功能。

(6) 表示层(presentation layer)是参考模型的第 6 层。主要功能是：用于处理在两个通信系统中交换信息的表示方式,主要包括数据格式变换、数据加密与解密、数据压缩与恢复等功能。

(7) 应用层(application layer)是参考模型的最高层,为操作系统或网络应用程序提供访问网络服务的接口。

4. OSI 参考模型的特点

OSI 参考模型属于分层网络互连模型,分为通信子网和资源子网两级结构。在 OSI 参考模型中只有物理层之间是直接连接的,对等层之间采用相同的协议。当用户发送数据时,数据从高层到低层;当用户接收数据时,数据从低层到高层。

6.1.7   网络协议的概念

从最根本的角度上讲,协议就是规则。例如,在公共交通公路上行驶的各种交通工具需要遵守交通规则,这样才能减少交通阻塞,有效地避免交通事故的发生。又如,不同国家或地区的人使用的是不同的语言,如果事先不约定好使用同一种语言,那么进行沟通时将会非常困难。在计算机网络的通信过程中,数据从一台计算机传输到另一台计算机称为数据通信或数据交换。同理,网络中的数据通信也需要遵守一定的规则,以减少网络阻塞,提高网络的利用率。网络协议就是为进行网络中的数据通信或数据交换而建立的规则、标准或约定。联网的计算机以及网络设备之间要成功传递数据与控制信息(一种用于控制设备如何工作的数据)就必须共同遵守网络协议。

网络协议主要由以下 3 个要素组成。

(1) 语法(syntax)。语法规定了通信双方"如何讲",即确定用户数据与控制信息的结构与格式。

(2) 语义(semantics)。语义规定通信的双方准备"讲什么",即需要发出何种控制信息,完成何种动作以及做出何种应答。

(3) 时序(timing)。时序又可称为"同步",规定了双方"何时进行通信",即事件实现顺序的详细说明。

网络协议是对数据格式和计算机之间交换数据时必须遵守的规则的正式描述。简单地说,网络中的计算机要能够互相顺利的通信,就必须讲同样的语言,协议就相当于语言,主要有为 Ethernet 协议、NetBEUI 协议、IPX/SPX 协议以及 TCP/IP。

练习 6-1

(1) 了解计算机网络的发展历史。
(2) 了解自己所在计算机机房的网络结构。

任务 6.2 计算机网络的基本组成

任务概述

计算机网络是由硬件、软件和协议组成的。硬件主要包括主机(端系统)、双绞线、光纤、通信设备等。软件方面主要包括安装在端系统的应用软件。协议包括 TCP/IP、IEEE 802 标准协议等一系列网络协议。本任务着重介绍计算机网络硬件、计算机网络软件以及我们身边最为普及的计算机网络——无线局域网。

任务目标

➢ 了解计算机网络硬件的分类及工作原理。
➢ 了解计算机网络软件的基础知识及工作原理。
➢ 掌握双绞线的制作过程。
➢ 了解无线局域网(WLAN)的基础知识和实现步骤。

6.2.1 计算机网络硬件

网络硬件主要由计算机系统、网络传输介质和网络连接设备组成。

1. 计算机系统

网络中的计算机通常称为主机(host),在局域网中根据其为网络提供的功能可分为服务器和客户机。服务器是整个局域网络系统的核心,它为网络用户提供服务并管理整个网络。而客户机又称工作站,当一台独立的计算机连接到局域网上时,这台计算机就成为局域网的一个客户机。

2. 网络传输介质

网络上数据的传输需要有"传输介质",这好比是车辆必须在公路上行驶一样,道路质量的好坏会影响到行车是否安全舒适。同样,网络传输介质的质量也会影响数据传输的质量。传输介质主要包括以下几个类型。

1) 双绞线

双绞线是由相互绝缘的两根铜线按一定扭矩相互绞合在一起的类似于电话线的传输介质,每根铜线加绝缘层并有颜色标记,如图 6.14 所示。成对线的扭绞旨在使电磁辐射和外部电磁干扰减到最小。双绞线的性能好、价格低,是目前使用最广泛的传输介质。

图 6.14   双绞线结构

双绞线可以用于传输模拟信号和数字信号,传输速率根据线的粗细和长短而变化。一般来讲,线的直径越大,传输距离就越短,传输速率也就越高。

局域网中使用的双绞线分为屏蔽双绞线(shielded twisted pair,STP)和非屏蔽双绞线(unshielded twisted pair,UTP)两类。两者的差异在于屏蔽双绞线在双绞线和外皮之间增加了一个铅箔屏蔽层,如图 6.15(a)所示,目的是提高双绞线的抗干扰性能,但其价格是非屏蔽双绞线的两倍以上。屏蔽双绞线主要用于安全性要求较高的网络环境中,如军事网络、股票网络等,而且使用屏蔽双绞线的网络为了达到屏蔽的效果,所有的插口和配套设施均使用屏蔽的设备,否则就达不到真正的屏蔽效果,所以整个网络的造价会比使用非屏蔽双绞线的网络高出很多,因此至今一直未被广泛使用。非屏蔽双绞线如图 6.15(b)所示。

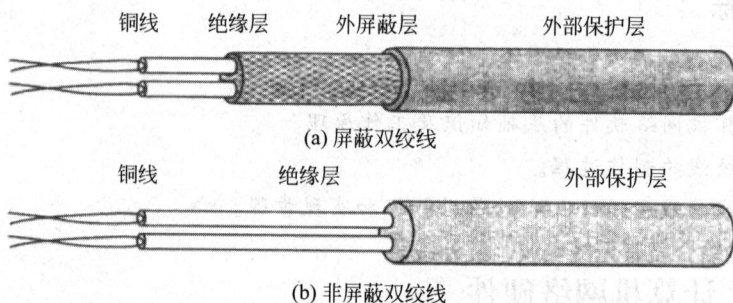

(a)屏蔽双绞线

(b)非屏蔽双绞线

图 6.15   STP 与 UTP 结构示意图

2）同轴电缆

同轴电缆也是一种常用的传输介质。这种电缆在实际中的应用很广泛，如有线电视网。组成同轴电缆的内外两个导体是同轴的，如图6.16所示，"同轴"之名正是由此而来。同轴电缆的外导体是一个由金属丝编织而成的圆柱形的套管，内导体是圆形的金属芯线，一般都采用铜制材料。

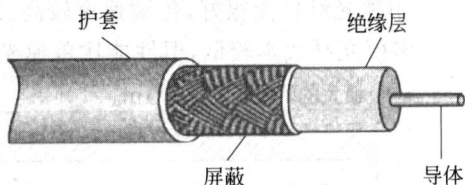

图 6.16　同轴电缆结构

内外导体之间填充绝缘介质。同轴电缆可以是单芯的，也可以将多条同轴电缆安排在一起形成同轴电缆。同轴电缆绝缘效果佳、频带宽、数据传输稳定、价格适中、性价比高，因此是早期局域网中普遍采用的一种传输介质。

3）光纤

光纤由纤芯、包层和保护层组成，如图6.17所示。每根光纤只能单向传送信号，因此要实现双向通信，光缆中至少应包括两条独立的导芯，一条发送，另一条接收。光纤两端的端头都是通过电烧烤或化学环氯工艺与光学接口连接在一起的。一根光缆可以包括两根至数百根光纤，并用加强芯和填充物来提高机械强度。光束在玻璃纤维内传输，防磁防电，传输稳定，质量高。由于可见光的频率大约是10^{14}Hz，因而光传输系统可使用的带宽范围极大，多适用于高速网络和骨干网。光纤传输系统中的光源既可以是发光二极管（light-emitting diode，LED），也可以是注入式二极管（inject light diode，ILD）。当光通过这些器件时发出光脉冲，光脉冲通过光缆从而传输信息。光脉冲出现表示1，不出现表示0。在光缆的两端都要有一个装置来完成电/光信号和光/电信号的转换，接收端将光信号转换成电信号时，要使用光电二极管（position intrinsic-negative，PIN）检波器或APD检波器。一个典型的光纤传输系统结构如图6.18所示。

图 6.17　光纤的结构

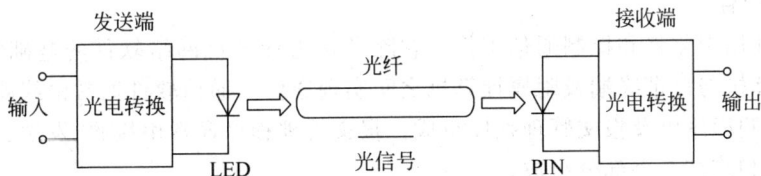

图 6.18　光纤传输系统结构

根据使用的光源和传输模式的不同，光纤分为单模光纤和多模光纤两种。如果光纤做得极细，纤芯的直径细到只有光的一个波长，那么光纤就成了一种波导管，在这种情况下，光线不必经过多次反射式的传播，而是一直向前传播，如图6.19所示，这种光纤称为单模光纤。多模光纤的纤芯比单模的粗，一旦光线到达光纤表面发生全反射后，光信号就由多条入射角度不同的光线同时在一条光纤中传播，如图6.20所示，这种光纤称为多模光纤。

单模光纤性能很好,传输速率较高,适于长距离传输,但其制作工艺比多模更难,成本较高;多模光纤成本较低,但性能比单模光纤差一些。

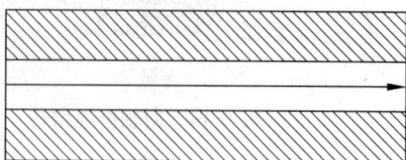

图 6.19　单模光纤传播

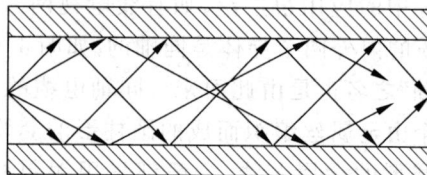

图 6.20　多模光纤传播

3. 几种网络传输介质的比较

双绞线、同轴电缆与光纤的性能比较如表 6.1 所示。

表 6.1　双绞线、同轴电缆与光纤的性能比较

传 输 介 质	价　格	电磁干扰	频带宽度	单端最大长度
双绞线 UTP	便宜	高	低	100m
双绞线 STP	一般	低	中等	100m
同轴电缆	一般	低	高	185m/500m
光纤	最高	没有	极高	几十千米

练习 6-2

双绞线作为局域网布线中最为常用的传输介质,应该熟悉其工作原理以及制作过程。

(1)掌握双绞线和水晶头的组成结构以及两种双绞线的制作方法。

(2)掌握剥线钳和双绞线测试仪的使用方法。

6.2.2　计算机网络软件

网络软件包括通信支撑平台软件、网络服务支撑平台软件、网络应用支撑平台软件、网络应用系统、网络管理系统以及用于特殊网络站点的软件等。从网络体系结构模型不难看出,通信软件和各层网络协议是这些网络软件的基础和主体。

1. 通信软件

通信软件用于监督和控制通信工作。它除了作为计算机网络软件的基础组成部分外,还可用于计算机与自带终端或附属计算机之间实现通信。通信软件通常由线路缓冲区管理程序、线路控制程序以及报文管理程序组成。报文管理程序通常由接收、发送、收发记录、差错控制、开始和终结 5 个部分组成。

2. 协议

协议是网络软件的重要组成部分。按网络所采用的协议层次模型(如 ISO 建议的开放系统互连参考模型)组织而成。除物理层外,其余各层协议大多由软件实现。每层协议软件通常由一个或多个进程组成,其主要任务是完成相应层协议所规定的功能,以及与上、下层的接口功能。

3. 应用系统

根据网络的组建目的和业务的发展情况,人们研制、开发了应用系统。其任务是实现网络总体规划所规定的各项业务,提供网络服务和资源共享。网络应用系统有通用和专用之分。通用网络应用系统适用于较广泛的领域和行业,如数据收集系统、数据转发系统和数据库查询系统等。专用网络应用系统只适用于特定的行业和领域,如银行核算、铁路控制、军事指挥等。一个真正实用的、具有较大效益的计算机网络,除了配置上述各种软件外,通常还应在网络协议软件与网络应用系统之间,建立一个完善的网络应用支撑平台,为网络用户创造一个良好的运行环境和开发环境。功能较强的计算机网络通常还设立一些负责全网运行工作的特殊主机系统(如网络管理中心、控制中心、信息中心、测量中心等)。对于这些特殊的主机系统,除了配置各种基本的网络软件外,还要根据它们所承担的网络管理工作编制有关的特殊网络软件。

6.2.3　无线局域网

无线局域网(wireless local area network,WLAN)是指应用无线通信技术将计算机设备互联起来,构成可以互相通信和实现资源共享的网络体系。无线局域网本质的特点是不再使用通信电缆将计算机与网络连接起来,而是通过无线的方式连接,从而使网络的构建和终端的移动更加灵活。

1. WLAN 的常见标准

WLAN 的常见标准有以下 4 种。

(1) IEEE 802.11a,使用 5GHz 频段,最大传输速率约为 54Mbps,与 IEEE 802.11b 不兼容。

(2) IEEE 802.11b,使用 2.4GHz 频段,最大传输速率约为 11Mbps。

(3) IEEE 802.11g,使用 2.4GHz 频段,最大传输速率约为 54Mbps,可向下兼容802.11b。

(4) IEEE 802.11n,使用 2.4GHz 频段,最大传输速率约为 300Mbps,可向下兼容IEEE 802.11b/g。目前 IEEE 802.11g/n 两种标准最常用。

2. WLAN 与 Wi-Fi 的区别

Wi-Fi 是 WLANA(无线局域网联盟)的一个商标,该商标保障使用该商标的商品互相之间可以合作,与标准本身实际上没有关系,但因为 Wi-Fi 主要采用 IEEE 802.11b 协议,因此人们逐渐习惯用 Wi-Fi 来称呼 IEEE 802.11b 协议。从包含关系上来说,Wi-Fi 是 WLAN 的一个标准,Wi Fi 包含于 WLAN 中,属于采用 WLAN 协议中的一项新技术。Wi-Fi 的覆盖范围则可达 90m 左右,WLAN 最大覆盖范围(加天线)可达 5km。

3. WLAN 的常用设备

WLAN 的常用设备是无线网卡。既然无线局域网中没有了网线,而改用电磁波方式在空气中发送和接收数据,那么起信号接收作用的无线网卡显然是一个必不可少的部件。目前,无线网卡主要分为以下 3 种类型。

(1) PCMCIA 无线网卡,如图 6.21 所示,仅适用于笔记本电脑,支持热插拔,能非常方便地实现移动式无线接入。

（2）PCI 接口无线网卡,如图 6.22 所示,适用于普通的台式计算机,但要占用主机的 PCI 插槽。

图 6.21　PCMCIA 无线网卡

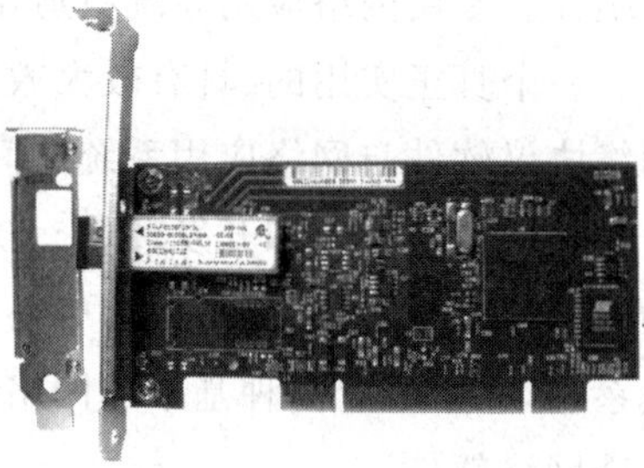

图 6.22　PCI 接口无线网卡

（3）USB 接口无线网卡,如图 6.23 所示,适用于笔记本电脑和台式计算机,支持热插拔。不过,由于笔记本电脑一般都内置 PCMCIA 无线网卡,因此 USB 接口无线网卡通常被用于台式计算机。

4. 无线接入点

有了无线信号的接收设备,自然还要有无线信号的发射源——无线接入点（access point,AP)才能构成一个完整的无线网络环境,如图 6.24 所示。AP 所起的作用就是给无线网卡提供网络信号。AP 主要分不带路由功能的普通 AP 和带路由功能的 AP 两种。前者是最基本的 AP,仅仅提供无线信号发射的功能;而路由 AP 可以实现为拨号接入 Internet 的 ADSL 等宽带上网方式提供自动拨号功能,简单地说,就是当客户机开机时,网络就可自动接通 Internet,而无须手动拨号,并且路由 AP 还具备相对完善的安全防护功能。

图 6.23　USB 接口无线网卡

图 6.24　无线接入点

5. WLAN 的实现

无线局域网的实现一般可以分为以下两个步骤完成。

（1）将无线 AP 通过网线与网络接口相连,如 LAN 或 ADSL 宽带网络接口等。

（2）为配置了无线网卡的笔记本电脑提供无线网络信号,当搜索到该无线网络并连接之后,搭载无线网卡的笔记本电脑就可以在有效的信号覆盖范围内登录局域网络或

Internet。WLAN 组网示意图如图 6.25 所示。由于目前高速无线网络还无法像手机信号那样进行普及性公共发射,只属于一种小范围的发射行为,如一个公司、一个校园、一个家庭等,因此用户只能在信号的有效覆盖范围内实现无线上网。值得一提的是,在组建有线局域网时,通常是用网线直接连接计算机和网络端口或是用网线将多台计算机连接在与网络端口相连的 Hub/Switch 上。而在无线环境中,网线实际连接的是 AP 和网络端口,计算机则是通过无线网卡接收 AP 发射的信号来上网的,AP 实际所起的主要作用是将连接 Hub/Switch 与计算机之间的网线"虚化"成了无线信号。因此在设备投资上,相对于传统有线网络而言,只是追加了无线网络设备的投资而已,其他费用并未增加。

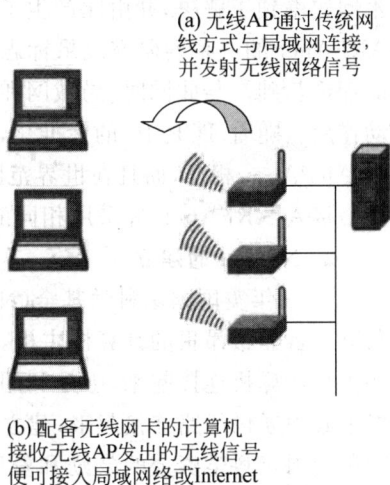

(a) 无线AP通过传统网线方式与局域网连接,并发射无线网络信号

(b) 配备无线网卡的计算机接收无线AP发出的无线信号便可接入局域网络或Internet

图 6.25　WLAN 组网

任务 6.3　Internet 应用概述

任务概述

Internet 是目前世界上最大的计算机网络,确切地说是最大的全球互联网络,连接着全世界成千上万个网络。本任务可以使读者了解 Internet 的发展以及 TCP/IP 协议,明白 IP 地址和域名服务的关系,加深对 Internet 技术的理解。

任务目标

➤ 了解 Internet 的产生和发展。
➤ 了解全球海底光缆的作用。
➤ 了解 TCP/IP 的特点及包含的协议。
➤ 了解 IP 地址以及域名服务的基础知识。

6.3.1　Internet 的产生和发展

1. ARPAnet 的诞生

Internet 起源于美国国防部高级研究计划局于 1968 年主持研制的用于支持军事研究的计算机实验网 ARPAnet,建网的初衷旨在帮助为美国军方工作的研究人员利用计算机进行信息交换。ARPAnet 是世界上第一个采用分组交换的网络,在这种通信方式下,把数据分割成若干大小相等的数据包来传送,不仅一条通信线路可供用户使用,即使在某条线路遭到破坏时,只要还有迂回线路可供使用,便可正常进行通信。此外,主网没有设立控制中心,网上各台计算机都遵循统一的协议自主地工作。在 ARPAnet 的研制过程中,建立了一种网络通信协议,称为 IP (Internet protocol)。IP 的产生,使异种网络互连的一系列理论与技术问题得到了解决,并由此产生了网络共享、分散控制和网络通信协议分层等重要思想。对 ARPAnet 的一系列研究成果标志着一个崭新的网络时代的开端,并奠定了当今计算机网络的理论基础。与此同时,局域网和其他广域网的产生对 Internet 的发展也起到了重要的推动作用。随着 TCP/IP 的标准化,ARPAnet 的规模不断扩大,不仅在美国国内有许多网络和 ARPAnet 相连,而且在世界范围内,很多国家也开始进行远程通信,将本地的计算机和网络接入 ARPAnet,并采用相同的 TCP/IP。

2. NSFnet 的建立

1985 年美国国家科学基金(National Science Foundation,NSF)为鼓励大学与研究机构共享 4 台非常昂贵的计算机主机,希望通过计算机网络把各大学与研究机构的计算机与这些大型计算机连接起来,于是利用 ARPAnet 发展起来的 TCP/IP 将全国的五大超级计算机中心用通信线路连接起来,建立了一个名为美国国家科学基础网(NSFnet)的广域网。由于美国国家科学资金的鼓励和资助,许多机构纷纷把自己的局域网并入 NSFnet。NSFnet 最初以 56Kbps 的速率通过电话线进行通信,连接的范围包括所有的大学及国家经费资助的研究机构。1986 年 NSFnet 建设完成,正式取代了 ARPAnet 而成为 Internet 的主干网。现在 NSFnet 已是 Internet 主要的远程通信设施的提供者,主通信干道以 45Mbps 的速率传输信息。

3. 全球范围 Internet 的形成与发展

除了 ARPAnet 和 NSFnet 外,美国宇航局(National Aeronautics and Space Administration,NASA)和能源部的 NSInet、ESnet 也相继建成,欧洲、日本等也积极发展本地网络,于是在此基础上互连形成了现在的 Internet。在 20 世纪 90 年代以前,Internet 由美国政府资助,主要供大学和研究机构使用,但 20 世纪 90 年代以后,该网络商业用户数量日益增加,并逐渐从研究教育网络向商业网络过渡。近几年来 Internet 规模迅速发展,已经覆盖了包括我国在内的 160 多个国家或地区,连接的网络数万个,主机达 600 多万台,终端用户上亿,并且以每年 15%~20%的速度增长。今天,Internet 已经渗透到了社会生活的各个方面,人们通过 Internet 可以了解最新的新闻动态、旅游信息、气象信息和金融股票行情,可以在家进行网上购物、预订火车票飞机票、发送和阅读电子邮件、到各类网络数据库中搜索和查寻所需的资料等。

6.3.2　全球海底光缆简介

海底光缆,就是保证全球各大区域网络之间能够互联互通的主动脉。实际上,海底光缆的诞生时间并不算长。世界上第一条海底光缆是 1988 年建好的,连通欧洲和美国,全长约 6700km。这条光缆含有 3 对光纤,每对的传输速率为 280Mbps。但是海底光缆的前辈,海底电缆诞生时间就很悠久了。1850 年英国和法国之间铺设了世界第一条海底电缆。到今天,已经 168 年过去了,比电话的发明还早。这一百多年以来,人类经历了三次工业革命,进入了信息技术时代,已经完全无法离开数据和数据通信。而目前,全世界超过 90%的跨国数据传输,都由海底光缆承担。根据最新的数据统计,全球的海底光缆总长达 90 万千米,可绕地球 22 圈。

其实,海底光缆和陆地光缆最大的区别,就是它的"铠装保护"。一般来说,"铠装保护"如图 6.26 所示,共分为 8 层。之所以要这么多层的保护,就是因为海底光缆面对的海底环境极其复杂严苛。首先是海水的腐蚀,这是最主要的问题。海水可是盐水,长时间浸泡,一般的材料肯定早就被腐蚀了。海底光缆的外层聚合物层,就是为了防止海水和加固钢缆反应产生氢气。即使外层真的被腐蚀,内层的铜管、石蜡、碳酸树脂也会防止氢气危害到光纤。氢气分子的渗入,会导致光纤传输衰耗增加。除了海水腐蚀外,海底光缆还要承受海底压力,以及自然灾害(地震、海啸等)、人为因素(渔民打捞作业)的重重考验。所以在如此严峻的环境下,海底光缆必须加装多层防护。即便有这么严实的保护,海底光缆仍然不能永久使用。它的使用寿命一般来说只是 25 年。

图 6.26　典型的海底光缆结构
①—聚乙烯层;②—聚酯树脂或沥青层;③—钢绞线层;④—铝制防水层;⑤—聚碳酸酯层;⑥—铜管或铝管;⑦—石蜡,烷烃层;⑧—光纤束

6.3.3　TCP/IP

作为一套完整的网络通信协议,TCP/IP 实际上是一个协议集。除了其核心协议——TCP 和 IP 外,TCP/IP 协议集还包括一系列其他协议,包含在 TCP/IP 协议集的 4 个层次中,如图 6.27 所示。

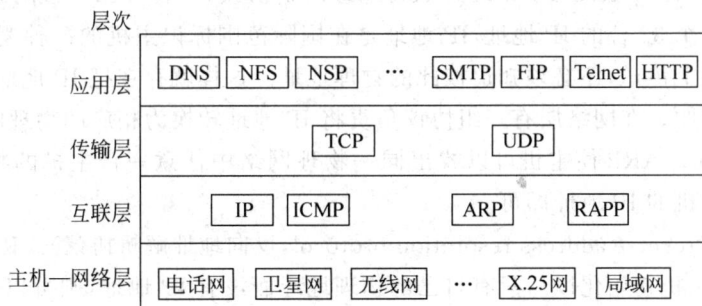

图 6.27　TCP/IP 层次结构

TCP/IP 具有以下一些特点。

① 开放的协议标准,可以免费使用,并且独立于具体的计算机硬件和操作系统。

② 可应用在各类计算机网络中,包括局域网、城域网、广域网,更适用于 Internet 中。

③ 统一的网络地址分配方案,使所有 TCP/IP 设备在网络中都具有唯一的地址。

④ 标准化的高层协议,可以提供多种可靠的用户服务。

1. TCP

TCP 是一种面向连接的传输层协议,可以使网络提供一种可靠的数据流服务。面向连接服务具有建立连接、数据传输和连接释放 3 个阶段,而且传输的数据是按顺序到达的,实现了“虚电路分组交换”的概念。在双方通信之前,先建立一条连接,就好像打电话时占有了一条完整的物理线路一样(虚电路分组交换中,通信链路是逐步被占用的)。连接建立后,用户就可以将报文按顺序发送给远端用户。远端用户对报文的接收也是按顺序进行的。数据发送完成后,释放连接。

　　TCP采用"带重传的肯定确认"技术来实现传输的可靠性。简单的"带重传的肯定确认"是指接收方每接收一次数据,就送回一个确认报文,发送者对每个发出去的报文都留一份记录,等收到确认信息之后再发出下一个报文分组。发送方在发出一个报文分组时,马上启动一个计时器,若计时器计数完毕,确认还未到达,则发送者重新传送该报文分组。简单的确认重传对网络带宽的浪费较大,因此 TCP 还采用一种称为"滑动窗口"的流量控制机制来提高网络的吞吐量,窗口的范围决定了发送方发送的但未被接收方确认的数据报的数量。每当接收方正确收到一则报文时,窗口便向前滑动,这种机制使网络中未被确认的数据报数量增加,从而提高了网络的吞吐量。

　　TCP 还可以识别重复信息,丢弃不需要的多余信息,使网络环境得到优化。如果发送方传送数据的速度远远快于接收方接收数据的速度,TCP 可以采用数据流控制机制减慢数据的传送速度,协调发送方和接收方的数据响应。

2. IP

　　IP 是一种无连接的采用分组交换方式的网络层协议,既可作为单独通信子网中的网络层协议,也可作为由多个通信子网互联组成的广域网的网络层协议。IP 主要负责主机间数据的路由选择和网络上信息的存储,同时为 TCP、UDP 提供分组交换服务。

3. TCP/IP 协议集中的其他协议

1) 互联层协议

　　(1) ARP(address resolution protocol,地址解析协议)。在 TCP/IP 网络环境下,每个主机都分配了一个 32 位的 IP 地址,IP 地址是在国际范围标识主机的一种逻辑地址。为了让报文在物理网上传送,还必须知道彼此的物理地址。这样就存在把 IP 地址转换为物理地址的地址转换问题。在网络层有一组协议负责将 IP 地址转换为相应的物理网络地址,将这组协议称为 ARP。ARP 使主机可以找出同一物理网络中任意一台主机的物理地址,用户只须给出目的主机的 IP 地址即可。

　　(2) RARP(reverse address resolution protocol,反向地址解析协议)。RARP 用于一种特殊情况,如果主机初始化以后只有自己的物理地址而没有 IP 地址,则可以通过 RARP 请求自己的 IP 地址,而 RARP 服务器则负责回答。这样,无 IP 地址的主机即可通过 RARP 获取自己的 IP 地址,并且这个地址在下一次系统重新开始以前都有效。RARP 广泛用于获取无盘工作站的 IP 地址。

　　(3) ICMP(Internet control message protocol,Internet 控制报文协议)。从 IP 的功能可以知道,IP 提供的是一种不可靠的无连接报文分组传送服务。在传送报文的过程中,若路由器发生故障使网络阻塞,就需要通知发送方主机采取相应措施。为了使 Internet 能报告差错或提供有关意外情况的信息,在网络层加入了一类特殊用途的报文机制,称为 Internet 控制报文协议。

　　由于 ICMP 数据报一般都通过 IP 送出,因此 ICMP 实际上是 IP 的一部分,在功能上属于 TCP/IP 簇的第二层。ICMP 是通过发现其他主机发来的报文有问题而产生的,接收方主机通常利用 ICMP 来通知发送方主机某些方面所需的修改。如果一个数据分组不能传送,ICMP 便被用来警告分组源,说明有网络、主机或端口不可达。除此之外,ICMP 还可以用来报告网络阻塞等情况。

2）传输层协议

用户数据报协议（user datagram protocol，UDP）是对 IP 的扩充，它增加了一种机制，发送方主机可以使用这种机制来区分一台计算机上的多个接收者。每个 UDP 报文除了包含某用户进程发送的数据外，还包括报文源端口和目的端口的编号。UDP 是依靠 IP 来传送报文的，因而其服务和 IP 同样是不可靠的，提供的是一种无连接服务。这种服务不用确认，不对报文排序，也不进行流量控制。

3）应用层协议

（1）FTP。文件传送协议（file transfer protocol，FTP）允许用户在本地机上以文件操作的方式（文件的增加、删除、修改、查找、传送等）与远程机之间相互通信。FTP 工作时建立两条 TCP 连接，一条用于传送文件，另一条用于传送控制信息。FTP 采用客户/服务器模式，包含客户机和服务器。客户机负责启动传送过程，服务器则负责对其做出应答。客户机大多有一个交互式界面，具有相应权限的客户可以灵活地向远程主机传文件或从远程主机上取文件。

（2）SMTP。简单邮件传送协议（simple mail transfer protocol，SMTP）认为用户的主机是永久性地连接在 Internet 上的，而且认为网络上的主机在任何时候都可以被访问。所以，SMTP 适用于永久连接在 Internet 上的主机，但是用户无法通过 SLIP/PPP 连接来接收电子邮件。解决这个问题的办法是在邮件主机上同时运行 SMTP 和 POP 的程序，SMTP 负责邮件的发送和在邮件主机上的分拣和存储，而 POP 负责将邮件通过 SLIP/PPP 连接传送到用户的主机上。

（3）Telnet。Telnet 的连接是一个 TCP 连接，用于传送具有 Telnet 控制信息的数据。用户通过 Telnet 可在其所在地通过 TCP 连接登录到远程的另一台主机上，能把用户请求传送给远程主机，同时也能将远程主机的输出结果通过 TCP 连接返回到用户屏幕。

（4）DNS。域名系统（domain name system，DNS）协议提供域名到 IP 地址的转换，允许对域名资源进行分散管理。DNS 能够使用户更方便地访问 Internet，而不必去记住那些能够被机器直接读取但又不易记忆的二进制数字串。

练习 6-3

（1）TCP/IP 仅包含 TCP 和 IP 两个协议吗？为什么？

（2）写出 TCP/IP 协议集中传输层和应用层的协议。

6.3.4　IP 地址与域名系统

在全球范围内，每个家庭都有一个地址，而每个地址的结构是由国家或地区、省/州、市、区、街道、门牌号这样的层次结构组成的，因此每个家庭地址是全球唯一的。有了这个唯一的家庭住址，信件的投递才能够正常进行，不会发生冲突。同理，覆盖全球的 Internet 主机组成了一个大家庭，为了实现 Internet 上不同主机之间的通信，除使用相同的通信协议——TCP/IP 以外，每台主机都必须有一个与其他主机不同的地址，这个地址就是 Internet 地址，相当于通信时每台主机的名字。Internet 地址包括 IP 地址和域名地址，它们是 Internet 地址的两种表示方式。所谓 IP 地址，就是给每个连接在 Internet 上的主机分配一个在全世界范围内唯一的 32 位二进制数,使每一个网络用户都可以很方便地在 Internet 上寻址。

1. IP 地址的组成与分类

1) IP 地址的组成

从逻辑上讲,在 Internet 中,每个 IP 地址都由网络号和主机号两部分组成。位于同一物理子网的所有主机和网络设备(如服务器、路由器、工作站等)的网络号是相同的,而通过路由器互连的两个网络一般被认为是两个不同的物理网络。对于不同物理网络上的主机和网络设备而言,其网络号是不同的。网络号在 Internet 中是唯一的。

主机号是用来区别同一物理子网中不同的主机和网络设备的,在同一物理子网中,必须给出每一台主机和网络设备的唯一主机号,以区别于其他主机。在 Internet 中,网络号和主机号的唯一性决定了每台主机和网络设备的 IP 地址的唯一性。

在 Internet 中根据 IP 地址寻找主机时,首先根据网络号找到主机所在的物理网络,在同一物理网络内部,主机的寻找是网络内部的事情,主机间的数据交换则是根据网络内部的物理地址来完成的。因此,IP 地址的定义方式是比较合理的,对于 Internet 上不同网络间的数据交换非常有利。

2) IP 地址的表示方法

前面已经提到了一个 IP 地址共有 32 位二进制数,即由 4 字节组成,平均分为 4 段,每段 8 位二进制数(1 字节)。为了简化记忆,用户实际使用 IP 地址时,几乎都将组成 IP 地址的二进制数记为 4 个十进制数表示,每个十进制数的取值范围是 0~255,每相邻两字节的对应十进制数间用".分隔。IP 地址的这种表示法称为"点分十进制表示法",显然比全是 1、0 容易记忆。

下面是一个将二进制 IP 地址用点分十进制来表示的例子。

二进制地址格式:11001010 01100011 01100000 01001100

十进制地址格式:204.99.96.76

计算机的网络协议软件很容易将用户提供的十进制地址格式转换为对应的二进制 IP 地址,再供网络互连设备识别。

3) IP 地址的分类

IP 地址的长度确定后,其中网络号的长度将决定 Internet 中能包含多少个网络,主机号的长度将决定每个网络能容纳多少台主机。根据网络的规模大小,IP 地址一共可分为 5 类:A 类、B 类、C 类、D 类和 E 类。其中,A 类、B 类和 C 类地址是基本的 Internet 地址,是用户使用的地址,为主类地址;D 类和 E 类为次类地址。

A 类地址的前一字节表示网络号,且最前端一个二进制数固定是 0。因此,其网络号的实际长度为 7 位,主机号的长度为 24 位,表示的地址范围是 1.0.0.0~126.255.255.255。A 类地址允许有 $2^7-2=126$(个)网络(网络号的 0 和 127 保留,用于特殊目的),每个网络有 $2^{24}-2=16777214$(个)主机。A 类 IP 地址主要分配给具有大量主机而局域网络数量较少的大型网络。

B 类地址的前两字节表示网络号,且最前端的两个二进制数固定是 10。因此,其网络号的实际长度为 14 位,主机号的长度为 16 位,表示的地址范围是 126.0.0.0~191.255.255.255。B 类地址允许有 $2^{14}=16384$(个)网络,每个网络有 $2^{16}-2=65534$(个)主机。B 类 IP 地址适用于中等规模的网络,一般用于一些国际性大公司和政府机构等。

C类地址的前3字节表示网络号,且最前端的3个二进制数是110。因此,其网络号的实际长度为21位,主机号的长度为8位,表示的地址范围是192.0.0.0～223.255.255.255。C类地址允许有 $2^{21}=2097152$(个)网络,每个网络有 $2^8-2=254$(个)主机。C类IP地址的结构适用于小型的网络,如一般的校园网、一些小公司的网络或研究机构的网络等。

D类IP地址不标识网络,一般用于其他特殊用途,如供特殊协议向选定的节点发送信息时使用,又被称为广播地址,表示的地址范围是224.0.0.0～239.255.255.255。

E类IP地址尚未使用,暂时保留将来使用,表示的地址范围是240.0.0.0～247.255.255.255。

从IP地址的分类方法来看,A类地址共可分配126个网络,每个网络中可有1700多万台主机;B类地址共可分配16000多个网络,每个网络可有65000多台主机;C类地址最多,共可分配200多万个网络,每个网络最多有254台主机。

值得一提的是,5类地址是完全平级的,不存在任何从属关系。但由于A类IP地址的网络号数目有限,因此现在仅能够申请的是B类或C类两种。当某个企业或学校申请IP地址时,实际上申请到的只是一个网络号,而主机号则由该单位自行确定分配,只要主机号不重复即可。

近年来,随着Internet用户数目的急剧增长,可供分配的IP地址数目也日益减少。现在B类地址已基本分配完,只有C类地址尚可分配,原有32位长度的IP地址的使用已经显得相当紧张,而新的IPv6方案的128位长度的IP地址将会缓解目前IP地址的紧张状况。

2. 特殊类型的IP地址

除了上面5种类型的IP地址外,还有以下几种特殊类型的IP地址。

(1) 多点广播地址。凡IP地址中的第一字节以1110开始的地址都称为多点广播地址。

(2) 0地址。网络号的每一位全为0的IP地址称为0地址。网络号全为0的网络被称为本地子网,当主机想跟本地子网内的另一主机通信时,可使用0地址。

(3) 全0地址。IP地址中的每一字节都为0的地址(0.0.0.0),对应于当前主机。

(4) 有限广播地址。IP地址中的每一字节都为1的IP地址(255.255.255.255)称为当前子网的广播地址。当不知道网络地址时,可以通过有限广播地址向本地子网的所有主机进行广播。

(5) 环回地址。IP地址一般不能以十进制数127作为开头。以127开头的地址,如127.0.0.1,通常用于网络软件测试以及本地主机进程间的通信。

6.3.5 域名服务

前面已经讲到,IP地址是Internet上主机的唯一标识,数字型IP地址对计算机网络来讲自然是最有效的,但是对使用网络的用户来说有不便记忆的缺点。与IP地址相比,人们更喜欢使用具有一定含义的字符串来标识Internet上的计算机。因此,在Internet中,用户可以用各种各样的方式来命名自己的计算机。但是这样就可能在Internet上出现重名,如提供WWW服务的主机都命名为WWW,提供E-mail服务的主机都命名为MAIL等,不能唯一地标识Internet上的主机位置。为了避免重复,Internet网络协会采取了在主机名后加上后缀名的方法,这个后缀名称为域名,用来标识主机的区域位置,域名是通过申请合法得到的。域名系统就是一种帮助人们在 Internet 上用名字来唯一标识自己的计算机,并保证主机名和 IP 地址一一对应的网络服务。

1. 域名系统的层次命名机构

所谓层次域名机制,就是按层次结构依次为主机命名。在 Internet 中,首先由中央管理机构 NIC(network information center)将第一级域名划分为若干部分,包括一些国家或地区代码,如中国用 cn 表示、英国用 uk 表示、日本用 jp 表示等。又由于 Internet 的形成有其历史的特殊性,主要是在美国发展壮大的,Internet 的主干网都在美国,因此在第一级域名中还包括美国的各种组织机构的域名,与其他国家的国家或地区代码同级,都作为一级域名。

美国的主机中第一级域名一般直接说明其主机的性质,而不是国家或地区代码。如果用户见到某主机的第一级域名由 com 或 edu 等构成,一般可以判断这台主机在美国(也有美国主机第一级域名为 us 的情况)。其他国家的第一级域名一般都是其国家或地区代码。

第一级域名将其各部分的管理权授予相应的机构,如中国 cn 授权给国务院信息办,国务院信息办再负责分配第二级域名。

第二级域名往往表示主机所属的网络性质,如是属于教育界还是政府部门等。中国的第二级域名有教育网(edu)、邮电网(net)、科研网(ac)、团体网(org)、政府网(gov)、商业网(com)、军队网(mil)等。第二级域名又将其各部分的管理权授予若干机构。如果用图形来表示,就是一棵倒长的树,如图 6.28 所示。

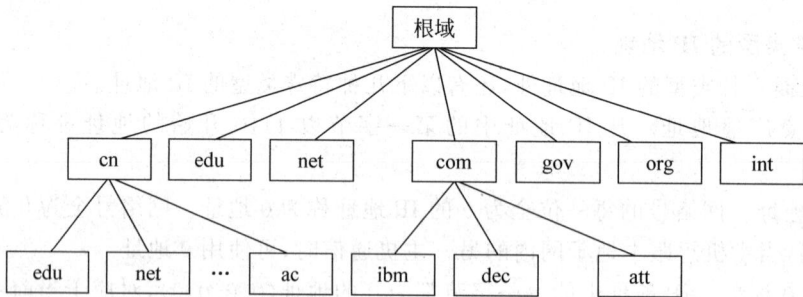

图 6.28　域名系统的层次结构

2. 域名的表示方式

Internet 的域名结构是由 TCP/IP 协议集的域名系统定义的。域名结构也和 IP 地址一样,采用典型的层次结构,其通用的格式如图 6.29 所示。

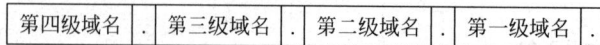

| 第四级域名 | . | 第三级域名 | . | 第二级域名 | . | 第一级域名 | . |

图 6.29　域名地址的格式

例如,在 www.scu.edu.cn 这个域名中,www 为主机名,由服务器管理员命名;scu.edu.cn 为域名,由服务器管理员合法申请后使用。其中,scu 表示四川大学,edu 表示教育机构,cn 表示中国。www.scu.edu.cn 就表示中国教育机构四川大学的 www 主机。域名地址是比 IP 地址更高级、更直观的一种地址表示形式,因此实际使用时人们通常采用域名地址。应该注意的是,在实际使用中,有人将 IP 地址称为 IP 号,而将域名地址称为 IP 地址或者直接称为地址。但是,Internet 中的地址还是应该分成 IP 地址和域名地址两种,叫法上也要严格区分,但域名地址可以直接称为地址。

6.3.6　Internet 服务

Internet 服务是全球互联网络,为用户提供互联网服务,访问互联网,获取需要的信息,Internet 提供的主要服务有 Telnet、E-mail、WWW、BBS、FTP 等 5 种。

1. Telnet

Internet 提供远程登录服务,是提供远程连接服务的终端仿真协议,也是互联网的正式标准,在一台计算机所在地通过 TCP 连接注册登录到另一台计算机上,那么这台计算机就成了你登录的计算机的一个终端,通过一些指令,使得终端计算机与远程连接的计算机进行交互,在终端计算机上发布命令,使远程计算机执行指令操作。

2. E-mail

用户可通过 Internet 与其他用户交互,传送邮件,方便用户交流,这打破了传统的邮件交流方式,这种方式更加简洁和快速,也不用担心邮件的丢失。

3. WWW

WWW(world wide web,万维网)通过 W3C 标准解决了 Internet 上的信息传递问题,基于服务器方通过超文本置标语言把信息组织成超文本,用户可以在因特网上方便地利用连接从一个站点跳到另一个站点,从而获取相应的信息,让用户可以方便地浏览因特网上的网页以及存储的信息,简单来说就是各个站点的资源利用超媒体语言描述,超媒体实际上是超文本和多媒体的结合。通过连接将网页联系在一起,使它们可以互相跳转和访问。

4. BBS

电子公告板系统是著名的信息服务系统,提供的信息服务主题很广泛,相当于一块电子公告板,用户可以订阅,开展讨论,交流思想,寻求帮助,就像现实生活中常用的各种论坛。

5. FTP

用户可以在计算机之间传送文件且文件的类型不限,在进行传送文件时要先登录到对方的计算机上,登录之后才能查找和传送文件。一般分为两种情况,一种是需要对方计算机的用户名和密码才能登录,执行操作,传送文件;另一种是匿名的,用户通过网络使用资源网站发布的公开信息和资源。

练习 6-4

(1) IP 地址可分为几类? 各自的范围是什么?

(2) 什么是域名系统? 简述域名系统的分层结构。

(3) 简述 Internet 的服务主要有哪些?

任务 6.4　接入 Internet 的方式

任务概述

任何一个用户要想使用 Internet 提供的服务,都必须首先以某种方式连入 Internet。

本任务介绍 Internet 的不同接入方式以及当今流行的无线接入技术。

任务目标

➤ 了解 Internet 接入方式的分类。
➤ 了解当今流行的无线接入 Internet 技术。
➤ 了解 ADSL 接入技术及其特点。

6.4.1　局域网接入 Internet

如果本地的用户计算机较多,而且有很多用户需要同时使用 Internet,那么可以先把这些计算机组成一个局域网,再使用路由器通过专线与 ISP 相连,最后通过 ISP 的连接通道接入 Internet。因此,有时也将这种接入方式称为专线接入,连接示意图如图 6.30 所示。

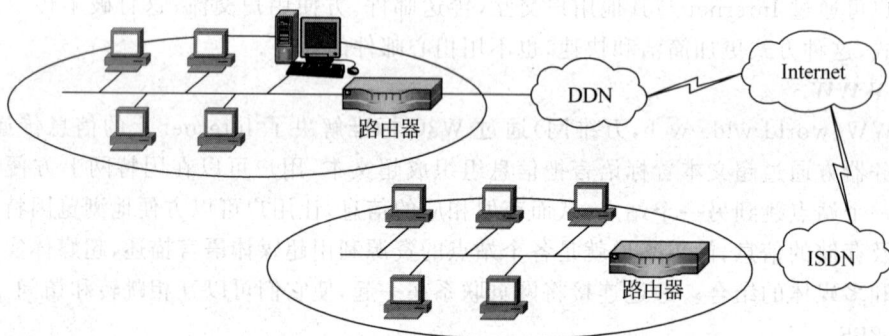

图 6.30　局域网接入 Internet

专线的类型有很多种,如 DDN、ISDN、X.25 和 ADSL 等,它们都由电信部门经营和管理。采用专线接入 Internet 的优点是连接速率较快(从 64Kbps 到 10Mbps 甚至 100Mbps),用户可以实现 Internet 主机所有的基本功能,包括使用 WWW 浏览 Internet 上的信息、收发电子邮件、使用 FTP 传送文件等。但是租用线路的费用相对较高。

6.4.2　无线接入 Internet

随着互联网的蓬勃发展和人们对宽带需求的不断增多,原来羁绊人们手脚的电缆和网线接入已经无法满足人们对接入方式的需要了。另外,移动电话打破了位置和通信接入之间的束缚,用户再也不必坐在办公桌旁或家中的固定电话旁。至少从理论上讲,用户或多或少可以到他们要去的地方漫游,并且仍能接触家庭朋友、业务同事和客户,或被他们所接触。当前,无线网络如移动电话网已成为人们生活中的一部分。在商业通信领域,移动用户的数量与日俱增,促使电信公司和 Internet 服务提供商为用户提供更广泛的服务,在信息传送领域中正出现一种新的趋势,即无线网络和 Internet 的结合。这种因势而起的另一种全新的联网方式正悄然走入了我们的视线,并演绎着一场"将上网进行到底"的运动,这就是无线接入技术。

使用无线接入技术,人们可以在任何时候、从任何地方接入 Internet 或 Intranet,以读取电子邮件、查询工作当中需要的重要数据,或者将 Web 页面下载到便携式 PC 或个人数字助理(personal digital assistant,PDA)。它已经成为人们从事商务活动最为理想的传输媒体。或许,未来的 Internet 接入标准也将在此诞生。

1. WAP 简介

20 世纪 90 年代以来,Internet 和移动电话两种技术的广泛应用,大大改变了人类的生活方式。Internet 为全球用户提供了丰富、便利的网上资源,这已经是一个不争的事实。在通信行业,移动电话的出现同样改变了亿万人的生活方式,它打破了通信空间的局限性,使人们可以随时随地联络。但当前用户使用移动电话还主要局限于语音业务,移动数据业务还没有得到广泛应用。如何结合各自的技术优势,不受信息源的限制和用户访问时位置的限制,成为网络界和电信业界共同关注的焦点问题。

1) WAP 和 WAP 论坛

也许人们对现在层出不穷的各种品牌手机比较关注,但对 WAP 却比较陌生。现在市面上各类手机大多具有上网功能,而 WAP 正是手机上网必须遵循的规范标准。

无线应用协议(wireless application protocol,WAP)是一个用于向无线终端进行智能化信息传递的无需授权、不依赖平台的、全球化的开放标准,它定义了无线通信设备在访问 Internet 业务时必须遵循的标准和规范。WAP 提供了一套开放、统一的技术平台,用户使用移动设备很容易地访问和获取以统一的内容格式表示的 Internet 或 Intranet 信息及各种服务。另外,它还定义了一套软硬件的接口,有了这些接口移动设备和网站服务器,人们就可以像使用 PC 一样使用移动电话收发电子邮件甚至浏览 Internet。因此,从本质上讲,WAP 是一种通信协议,它提供了一种应用开发和运行环境,支持当前最流行的嵌入式操作系统 EPOC、Windows CE、FLEXO、Java OS 等。WAP 适用于从高端到低端的各类无线手持数字设备,包括移动电话、掌上电脑、PDA 等。由于 WAP 标准的全球性,越来越多的厂商推出了符合 WAP 标准的产品。

WAP 标准是由 WAP 论坛负责制定的。WAP 论坛成立于 1998 年年初,是一个由 Nokia、Ericsson、Motorola、Unwired Planet 4 家公司发起组成,现拥有 100 多个公司和机构的行业协会。WAP 论坛是一个全球性的行业协会,它致力于制定用于数字移动电话和其他无线设备的数据和语音服务的全球标准。WAP 论坛的主要目标是把无线行业价值链的各个环节上的各类公司联合在一起,保证产品的互操作性,使 Internet 业务能扩展到移动通信设备中。

2) WAP 标准

WAP 标准是一种无线应用程序的编程模型语言,它定义了一个开放的标准结构和一套无线设备,用来实现 Internet 接入的协议。WAP 标准的要素主要包括 WAP 编程模型、遵守 XML 标准的无线置标语言(wireless markup language,WML)、用于无线终端的微浏览器标准、轻量级协议栈、无线电话应用(wireless telephony application,WTA)框架。这个模型在很大程度上吸取了现有的 WWW 编程模型,应用开发人员可以在 WWW 模型的基础上应用 WAP 标准,包括可以继续使用自己熟悉的编程模型,能够利用现有的工具(如 Web 服务器、XML 工具)等。另外,WAP 标准优化和扩展了现有的 Internet 标准,WAP 论坛针对无线网络环境的应用,对 TCP/IP、HTTP 和 XML 进行了优化,现在它已经将这些标准提交给了 W3C 联合会,作为下一代的 HTML(HTML-NG)和下一代的 HTTP

（HTTP-NG）。

遵守 XML 标准的无线置标语言（WML）使得性能严重受限的手持设备能够拥有较强的 Internet 接入功能。WML 和 WML Script 不要求用户使用常用的 PC 键盘或鼠标进行输入，而且它在设计时就考虑到了手机的小屏幕显示问题。

与 HTML 文件不同的是，WML 将文件分割成一套容易定义的用户交互操作单元。每个交互操作单元被称为一个卡，用户通过在一个或多个 WML 文件产生的各个卡之间来回导航来接入 Internet。针对手机电话通信的特点，WML 提供了一套数量更小的标签集，这使它比 HTML 更适合在手持设备中使用。使用 WAP 网关，所有的 WML 内容都可以通过 HTTP 1.1 请求接入 Internet。这样，传统的 Web 服务器、工具和技术都可以使用。

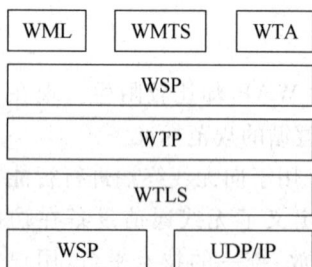

图 6.31 WAP 协议栈

3）WAP 体系结构

在设计中，WAP 充分借鉴了 Internet 的协议栈思想，并加以修改和简化。WAP 的协议栈采用层次化设计，为应用系统的开发提供了一种可伸缩、可扩展的环境。协议栈每层均定义有接口，可被上一层协议使用，同时也可被其他的服务或应用程序直接应用，这样使其能有效应用于无线应用环境。图 6.31 为 WAP 协议栈的体系结构，包括以下 5 层。

（1）WDP。无线数据报协议（wireless datagram protocol，WDP）是一种通用的数据传输服务，并支持多种无线网络。该协议可以使上层的 WSP、WTP、WTLS 独立于下层的无线网络，并使用下层无线网络提供的统一服务。

（2）WTLS。无线传输层安全（wireless transport layer security，WTLS）协议是基于 SSL 的安全传输协议，并提供加密、授权及数据完整性功能。

（3）WTP。无线事务处理协议（wireless transaction protocol，WTP）提供一种轻量级的面向事务处理的服务，专门对无线数据网进行优化。

（4）WSP。无线会话层协议（wireless session protocol，WSP）为上层的 WAP 应用提供面向连接的、基于 WTP 的会话通信服务或基于 WDP 无连接的、可靠的通信服务。

（5）WTA。无线电话应用（wireless telephone applications，WTA）使 WAP 可以很好地与目前电信网络中的各种先进电信业务相结合，如智能网（intelligent network）业务。使用浏览器，移动用户可以应用各种智能网业务而不需修改移动终端。

4）WAP 的技术特点

（1）基于现有的 Internet 标准。WAP 并不是一套全新的标准，而是基于现有的 Internet 标准，如 TCP/IP、HTTP、XML、SSL、URL、Scripting 等，并针对无线网络的特点进行了优化。WAP 提供了一套开放、统一的技术平台，用户使用移动设备很容易访问和获取以统一的内容格式表示的 Internet/Intranet 信息和各种服务。

（2）定义了一套标准的软、硬件接口。WAP 实现了一套标准的软硬件接口，实现了这些接口的移动设备和网关服务器可以使用户像使用 PC 一样使用移动电话来收发电子邮件和浏览 Internet 信息。WAP 还提供了一种应用开发和运行环境，支持当前最流行的嵌入式操作系统，如 PalmOS、EPOC、Windows CE、FLEXO、Java OS 等。

（3）支持多种移动设备及移动网络。WAP 可以支持目前使用的绝大多数无线设备，包括移动电话、集群通信设备等。对传输网络,WAP可以支持目前各种移动网络,如GSM、CDMA、PHS等。

2. 无线接入技术

无线接入技术经历了3代发展历程:第1代是模拟蜂窝技术,始于1981年;第2代是数字移动无线通信技术,1991年投入使用;第3代是无线多媒体技术,在2001年左右推向了市场。Internet的飞速发展是推动第3代无线接入技术发展的主要原因。正是文本、声音和图像这些多媒体信息的加入,对接入速度提出了更高的要求。用户要实现对Internet的正常访问,至少需要100Kbps以上的接入速率,尤其对于图像、动画一类的业务。此外,宽带接入系统可使用户采用Internet流技术,在分组无线传输网上接入视频业务。

无线网络与Internet相结合的发展前景是非常广阔的,但目前还存在一些技术问题有待进一步解决。下面简单介绍当前国内、国际上流行的一些无线接入技术,希望对读者今后选择无线接入方式有所帮助。

1) GSM接入技术

GSM是一种起源于欧洲的移动通信技术标准,是第2代移动通信技术。该技术是目前个人通信的一种常见技术代表,使用窄带时分多址数据传输(time-division multiple access,TDMA)技术,允许在一个射频内同时进行8组通话。GSM是1991年开始投入使用的,到1997年年底,已经在100多个国家或地区运营,成为欧洲和亚洲实际上的标准。GSM数字网具有较强的保密性和抗干扰性,音质清晰,通话稳定,并具备容量大、频率资源利用率高、接口开放、功能强大等优点。我国于20世纪90年代初引进采用此项技术标准,此前一直是采用蜂窝模拟移动技术,即第1代GSM技术(2001年12月31日我国关闭了模拟移动网络)。目前,中国移动、中国联通各拥有一个GSM网,GSM手机用户总数在8亿以上,为世界最大的移动通信网络。

2) CDMA接入技术

码分多址数据传输(code-division multiple access,CDMA)被称为第2.5代移动通信技术。这项技术的重要特点是有独特的"扩展频谱"功能,它突破了有限的频率带宽限制,能在一个较宽的蜂窝频段上传输多路通话或数据,使多个用户可在同一频率上通话。CDMA网话音清晰度高、不易中断、可达到有线电话的通信效果,而且保密性强。与相同容量的模拟移动电话系统相比,CDMA通信容量可扩大10~20倍,与其他无线数字通信,如TDMA和GSM相比,系统容量也扩大了3倍以上,而且所设基站数明显减少,组网成本低。

CDMA有窄带与宽带之分。其中,窄带主要是为传送话音设计的;而宽带CDMA,即宽带码分多址数据传输(wideband code-division multiple access,WCDMA)的特点是在宽频带内优化高速分组数据传输,可以满足无线Internet接入的高数据率要求,尤其是不能通过窄带系统传送的某些先进的多媒体业务,可以通过WCDMA系统传送。因为WCDMA系统比窄带CDMA系统能更有效地利用多径传播,所以它能提高传输容量和扩大覆盖范围。WCDMA系统还能在更高的频率,如2~42GHz微波频率上,高度集成宽带无线接入网络、无线ATM网络和MPEG-2数字压缩视频系统,为网络运营商提供更高性能的宽带无线接入解决方案。

WCDMA 可支持 384Kbps～2Mbps 的数据传输速率。在高速移动的状态下,可提供 384Kbps 的传输速率;在低速或是室内环境下,则可提供高达 2Mbps 的传输速率,远远高于 GSM 系统(9.6Kbps)和固定线路 Modem 的速率(56Kbps)。此外,WCDMA 还可以提供电路交换和分组交换的服务,因此,用户在利用电路交换方式接听电话的同时,还可以以分组交换的方式访问 Internet,这样不仅提高了移动电话的利用率,而且使用户在同一时间不限于只能做语音或数据传输服务。

总的来说,WCDMA 与第 2 代移动通信技术相比的主要优势在于以下几点。

(1) 具有更大的系统容量、更优的话音质量、更高的频谱效率、更快的数据速率和更强的抗衰减能力。

(2) 能够从 GSM 系统平滑过渡,保证了运营商的投资,为 3G 运营提供了良好的技术基础。

(3) 通过有效地利用宽频带,使 Internet 接入业务涵盖的多媒体内容更加丰富,包括交互式新闻、交互式 E-mail、交互式音频、电视会议、基于动态的 Web 游戏等。

(4) 应用方式更加新颖,它不仅能顺畅地处理声音、图像数据,实现与 Internet 的快速连接,而且 WCDMA 与 MPEG-4 技术相结合可以处理真实的动态图像。

3) GPRS 接入技术

相比使用电路交换技术的 GSM,GPRS 采用的是分组交换技术。由于使用了"数据分组",用户采用手机上网可以免受断线的痛苦,而且数据传输和语音通话是可以同时进行的。另外,发展 GPRS 技术十分"经济",因为它只需将现有的 GSM 网络进行简单升级就可把移动电话的应用提升到更高的层次。GPRS 的用途也十分广泛,如用户可通过手机发送和接收电子邮件、浏览 Internet 信息、在线聊天等。

4) CDPD 接入技术

移动数字分组数据(cellular digital packet data,CDPD)是专门用于数据网络的移动服务技术,它使用的仍然是分组交换技术而不是电路交换技术。在通常的移动电话系统中,即使用户当时没有说话,移动电话仍然不断地发送音频信号。而采用分组交换技术的移动电话则可向基站发送单个的数据分组,然后断开连接(当然这需要快速建立连接和断开连接的循环),这样大大节约了在普通电路交换电话中等待的空闲时间。

CDPD 的传送速率一般可达 19.2Kbps,尽管并不比其他的数字移动系统快,但它通过节约等待的空闲时间,大大节省了用户的通话费用。而且 CDPD 的分组格式采用的是 IP,当用户使用这个系统发送信息时,它发出的就是 TCP 或者 UDP 分组。由于 CDPD 具有分组传输能力,因而在事务处理和发送电子邮件方面,非常适用于交换突发通用数据。另外,CDPD 还支持 TCP/IP,这一功能使得它适合于 Internet 接入。

5) 卫星接入技术

卫星接入技术也是推进高速无线 Internet 接入的重要技术。DBS(数字直播卫星接入技术)利用位于地球同步轨道的通信卫星将高速广播数据送到用户的接收天线,所以它一般也称为高轨卫星通信。其特点是通信距离远,费用与距离无关,覆盖面积大且不受地理条件限制,频带宽,容量大,适用于多业务传输,可为全球用户提供大跨度、大范围、远距离的漫游和机动灵活的移动通信服务等。

卫星接入 Internet 的主要优点是可为用户提供更大的传输带宽和更快的接入速度,很好地解决了目前浏览 Web 站点、下载文件速度慢的问题。例如,休斯网络系统公司的 Direct PC 卫星接入系统,能使用户以 12Mbps 的速率下载实时新闻、视频图像、PC 软件以及 Internet 文件等。

现有的卫星接入 Internet 技术既可以用于个人用户下载文件,又能向众多用户广播数据文件。对于任何配备了卫星天线的用户,还可以对多个地点传播兆比特级的、高质量的实时视频图像,甚至可以将卫星接入业务用于连接 Intranet。

6) 蓝牙技术

蓝牙(Bluetooth)原是一位在公元 10 世纪统一丹麦的国王的名字,他将当时的瑞典、芬兰与丹麦统一起来。用他的名字来命名这种新的技术标准,含有将四分五裂的局面统一起来的意思。蓝牙技术实际上是一种实现多种设备之间无线连接的协议,它使用高速跳频和时分多址等先进技术,在近距离内将多台数字化设备(如移动电话、掌上电脑、笔记本电脑、蓝牙鼠标、蓝牙耳机,甚至各种家用电器、自动化设备等)呈网状链接起来进行信息交换。蓝牙技术是网络中各种外围设备接口的统一桥梁,它消除了设备之间的连线,取而代之以无线连接。

蓝牙的标准是 IEEE 802.15,工作在 2.4GHz 频带,速率可达 1Mbps。它以时分方式进行全双工通信,其基带传输协议是电路交换和分组交换的组合。一个跳频频率发送一个同步分组,每个分组占用一个时隙,使用扩频技术也可扩展到 5 个时隙。同时,蓝牙技术还支持 1 个异步数据通道或 3 个并发的同步话音通道,或 1 个同时传送异步数据和同步话音的通道。每一个话音通道支持 64Kbps 的同步话音,异步通道支持最大速率为 721Kbps、反向应答速率为 57.6Kbps 的非对称连接,或者是 432.6Kbps 的对称连接。

依据发射输出电平功率的不同,蓝牙传输有 3 种距离等级,分别为 100m、10m 和 2～3m。一般情况下,其正常的工作范围是 10m 半径之内。在此范围内,可进行多台设备间的互连。

蓝牙技术的主要优点如下。

(1) 采用跳频技术,数据包短,抗信号衰减能力强。

(2) 采用快速跳频和向前纠错方案以保证链路的稳定性,同时减少了同频干扰和远距离传输时的随机噪声影响。

(3) 使用 2.4GHz ISM 频段,无须申请许可证。

(4) 可同时支持数据、音频、视频信号的传输。

(5) 采用 FM 调制方式,降低了设备的复杂性。

6.4.3 ADSL 接入技术

非对称数字用户线(asymmetric digital subscriber line,ADSL)是一种通过标准双绞电话线给家庭、办公室用户提供宽带数据服务的技术,并且能实现电话、数据业务互不干扰。ADSL 接入方式充分利用了现有大量的市话用户电缆资源,而且可以在不影响开通传统业务的同时,在同一对用户双绞电话线上为大众用户提供各种宽带的数据业务。当用户在电话线两端分别放置两个 ADSL Modem 时,在这段电话线上便产生了 3 个信息通道:一条是速率为 1.5～9Mbps 的高速下行通道,用于用户下载信息;一条是速率为 640Kbps～1Mbps 的中速双工通道,用于用户上传输出信息;还有一条是普通的老式电话服务通道,用于普通电话服务。这 3 个通道可以同时工作,传输距离可达 3～5km。ADSL 上网无须拨号,只须接通线路和电源即可,并且可以同时连接多个设备,包括 ADSL Modem、普通电话机和个人计算机等。ADSL 目前已经广泛应用于家庭上网中。

1. ADSL 的主要特点

ADSL 是 XDSL 技术中最为成熟,也是最常用的一种接入技术,它具有以下一些特点。

(1) ADSL 在一条电话线上同时提供了电话和高速数据服务,电话与数据服务互不影响。

(2) ADSL 提供了高速数据通信能力,其数据传输速率远高于拨号上网,为交互式多媒体应用提供了载体。

(3) ADSL 提供了灵活的接入方式。ADSL 支持专线方式与虚拟拨号方式。专线方式,即用户 24 小时在线,用户具有静态 IP 地址,可将用户局域网接入,主要面向的对象是中小型公司用户。虚拟拨号方式主要面对上网时间短、数据量不大的用户,如个人用户及中小型公司等。但与传统拨号不同的是,这里的"虚拟拨号"是指根据用户名与密码验证,接入相应的网络,而并没有真正地拨电话号码,费用也与电话服务无关。

(4) ADSL 可提供多种服务。ADSL 用户可选择 VOD 服务。ADSL 专线可选择不同的接入速率,如 256Kbps、512Kbps、2Mbps。ADSL 接入网与 ATM 网配合,可为公司用户提供组建 VPN 专网及远程局域网互联的能力。

2. PPP 和 PPPoE

PPP 是广域网上应用较为广泛的协议,其优点在于简单,具备用户验证能力,可以解决 IP 分配等。家庭拨号上网就是通过 PPP 在用户端和 ISP 的接入服务器之间建立通信链路来实现访问 Internet。目前,宽带接入方式已经逐渐取代了拨号接入方式,在宽带接入技术日新月异的今天,PPP 也衍生出了新的应用。典型的应用就是在 ADSL 接入方式当中,PPP 与其他的协议共同派生出了符合宽带接入要求的新的协议,如 PPPoE(PPP over Ethernet)。利用以太网资源,在以太网上运行 PPP 来进行用户验证接入的方式称为 PPPoE。PPPoE 既保护了用户方的以太网资源,又完成了 ADSL 的接入要求,是目前 ADSL 接入方式中应用最广泛的技术标准。

练习 6-5

(1) WAP 体系结构有哪几层? 分别是什么?

(2) 无线接入技术都有哪些? 特点分别是什么?

(3) 简述 ADSL 接入技术的主要特点。

任务 6.5 Internet 的应用

任务概述

现在人们的生活、工作、学习和交往都已离不开互联网,由此还可以看出,人们的生活越是依赖于互联网,互联网的可靠性也就越重要。现在互联网已经成为社会最为重要的基础设施。本任务 Internet 应用在不同场景的特点以及 Internet 应用未来的发展趋势。

任务目标

➢ 了解 Internet 应用于家庭的特点。

➢ 了解 Internet 应用于电子商务的特点。

➢ 了解 Internet 应用的发展趋势。

6.5.1　Internet 应用于家庭

1. 信息的浏览

目前知名的浏览器软件有微软 IE 浏览器、360 浏览器、火狐浏览器以及 Opera 等。任何一款好的浏览器都应具有以下一些基本特点:①显示文本和图形的速度快;②支持超文本标识语言的增强功能,并同时支持 Java 等功能;③集成 Internet 上的所有服务功能,包括远程电子邮件、文件传送、远程登录、超文本传送协议以及新闻组和查寻检索等;④具有广泛的搜索功能,让用户跟着软件的指引搜遍网络世界的所有资源;⑤友好易用的操作界面。在这样的一种搜索环境下,用户不需要具备太多的网络知识。复杂的网络系统变成了一个黑箱,技术隐藏在后台,前台为用户提供种种方便。对于没有太多计算机专业知识和网络经验的用户,一个好的浏览器就是探索网络世界最理想的工具。Microsoft Internet Explorer (IE)是基于 WWW 的网络浏览客户端软件,当用户通过拨号或专线方式联入 Internet 后,运行 IE 浏览器就可以浏览 WWW,并在 IE 浏览器提供的菜单、选项按钮指引下,调用 Internet 资源。

2. 家庭娱乐

现在世界各地的人都越来越热衷于各式各样的娱乐活动。高科技也日益渗透到了人类传统的家庭娱乐之中,并且开辟了新的娱乐天地。事实上,Internet 就是人类有史以来最大的家庭游乐园,各项娱乐应有尽有。

1) 网上电影

电影是 Internet 上最精彩的内容之一,用户可以访问一个电影站点来了解最新的影视动态,并且可以选择欣赏某些电影片段,甚至先睹"大片"风采。

网上电影文件一般有 AVI、MOV、MPEG 等格式,用户可以先将这些电影文件下载到自己的计算机硬盘中,再用特定的播放软件来观看。其中,AVI 格式的文件是微软公司 Windows 下的电影文件格式,可以用 Windows 的媒体播放器来播放;MOV 格式的文件可以用苹果公司的 QuickTime 软件播放;MPEG 格式的文件则是标准电影文件格式,具有较大的压缩比,可以用现在流行的暴风影音等来播放。

观看网上电影是一种高科技休闲娱乐方式,虽然现在还存在不少问题,还不能完全满足用户的需要,但相信在不久的将来随着网络速度的进一步提高,在网上看电影会真正成为人们日常生活中一件十分平常的事情。

2) 网络游戏

网络游戏是计算机游戏一场革命性的巨变,游戏者不再孤独,可以通过各种各样的线路即时地连接在一起,彼此间发生多种多样的"交互式"关系,在虚拟的世界里扮演各种不同的角色。在游戏中,"玩家"可以扮演游戏中的一个角色与游戏中的其他人物产生各种互动,包括谈话、交易、打斗、学艺等,在完成各种任务的同时,不断提高自己的能力,以完成新的任务。玩家不仅可以扮演平时生活中的自己,也可以扮演和平时生活中完全相反的自己,在游戏中通过自己的努力建立一个虚拟世界,同时与所有在线玩家进行沟通交流,达到娱乐目的,并得到精神上的宣泄。

玩网络游戏非常简单,一般步骤如下。

(1) 取得客户端软件,将软件安装在玩家的计算机中。一般来说,大多数客户端软件都是免费的,收费的很少。

(2) 玩家通过网上注册获取用户名和密码。

(3) 在连接到 Internet 后,玩家就可以通过用户名和密码进入由游戏运营商架设的服务器支持的游戏界面,一展身手。

游戏过程中玩家的指令、信息会上传到服务器,服务器发指令调动本地客户端中的软件内容,进行游戏过程。任何一台安装了游戏客户端软件并与 Internet 连接的计算机都可以通过账户登录进入游戏,玩家以前游戏过程的信息都记录在服务器上不会丢失。

3) 网上聊天

当一个人独自面对计算机在 Internet 上浏览时,并不是一个孤单的"旅人",因为每时每刻总有成千上万的人同时在网上浏览,可以同他们聊天、交谈,体验一下"网内存知己,天涯若比邻"的感觉。为了让世界各地的人足不出户就可以进行交谈,Internet 为网民们提供了多种聊天方式。

(1) 一对一的交谈方式。用户可以使用特定的软件(如腾讯公司的微信和 QQ 等)或者网页建立和某个同时在使用 Internet 的用户之间的直接联系,就像用电话线直接连接交谈的双方一样。

(2) 聊天室的多人聊天方式。用户进入了一个聊天室,便可以主动和所有人交谈,也可以聆听其他人的交谈。另外,有些聊天室同时提供了两种服务,既可允许多人交谈也可进行一对一的交谈,用户可自行选择。

6.5.2　Internet 应用于电子商务

1. 电子商务概述

电子商务(electronic commence,e-commerce)的内容包括两个方面:一是电子方式,二是商贸活动。电子商务是一种商务活动的新形式,是以现代信息技术手段(如数字化通信网络和计算机装置等为工具)进行商品交易的过程。

电子商务可以通过多种电子通信方式来完成。简单地说,可以通过电话或发传真的方式与客户进行商贸活动,但现在所说的电子商务主要是指以电子数据交换(electronic digital interchange,EDI)和 Internet 来实现商贸活动,尤其是随着 Internet 技术的日益成熟,电子商务真正的发展将建立在 Internet 技术的基础上。电子商务到现在已进入了第二代时期,即利用 Internet 进行全部的贸易活动,在网上可完整地实现信息流、商流、资金流和部分物流,也就是说,商家从寻找客户开始,从洽谈、订货、在线(收)付款、开具电子发票一直到电子报关、电子纳税等,均可通过 Internet 一气呵成。

电子商务主要涵盖 3 个方面的内容:一是政府贸易管理的电子化,即采用网络技术实现数据和资料的处理、传递和存储;二是企业级电子商务,即企业间利用计算机技术和网络技术实现和供应商、用户之间的商务活动;三是电子购物,即企业通过网络为个人提供的服务及商业行为。

总的来说,电子商务就是指利用电子网络进行的商务活动,利用一种前所未有的网络方式将顾客、销售商、供货商和雇员联系在一起。授权用户可以利用高速网络环境检索联网厂家的商品,在选中适当的商品后向生产厂家直接购买,并在测试满意后由网络经银行直接转账付款;或在未选中合适的商品时,通过网络和自己认为合适的厂家交流,将自己的需求告诉对方,并由厂家在要求的时间内加工生产后由网络直接转账付款。

2. 电子商务的起源和发展

电子商务是在信息时代中产生与发展起来的新生事物,带有鲜明的信息时代的烙印。随着 Internet 的不断发展与完善,人类进入信息化社会的步伐在深度与广度方面都大大加快。网络带给人类的好处不仅在于通过网络来了解与获得信息,还在于通过网络进行跨地区的远程通信、网上教学、网上医疗、远程企业管理以及各种商务活动。电子商务是把金融电子化、商业信息化与管理自动化结合起来的活动,并且将会对未来的商业、金融、贸易活动产生重要的影响,因此受到了包括企业家、金融家、政府官员、科学家在内的广大用户的重视,成为全球信息化浪潮中又一个新的浪潮。

电子商务最早产生于 20 世纪 60 年代,发展于 20 世纪 90 年代。1995 年上半年,美国、欧洲、日本开始实施电子商务计划。尤其是日本,仅 1993 年由政府补充预算拨款的经费就达到 100 亿日元,加上民间投资,日本当年在电子商务方面的投资就超过了 500 亿日元。由此可见,电子商务在发达国家中占据重要的地位。有人甚至认为,电子商务将会成为Internet 最重要和最广泛的应用。

总的来看,电子商务产生和发展的重要条件体现在以下几个方面。

(1) 计算机的广泛应用。计算机的广泛应用以及计算机处理器的速度越来越快、功能越来越强、价格越来越便宜,这些都为电子商务的应用奠定了基础。

(2) 网络的普及和成熟。由于 Internet 逐渐成为全球通信和贸易的媒体,每年全球上网用户人数呈几何级数增长,网络快捷、安全、低成本的特点为电子商务的发展提供了应用条件。

(3) 信用卡的普及和应用。信用卡以其方便、快捷、安全的优点而成为人们消费支付的重要手段,并由此形成了完整的全球性信用卡计算机网络支付与结算系统,使"一卡在手、走遍全球"成为可能,也为电子商务中的网上支付提供了重要的手段。

(4) 电子安全交易协议的制定。1997 年 5 月 31 日,由美国 VISA 和 Mastercard 国际组织等联合制定的电子安全交易协议(secure electronic transfer protocol,SETP)发布,该协议得到了大多数厂商的认可和支持,也为网络上的电子商务提供了安全的环境。

(5) 政府的支持和推动。欧盟在 1997 年发布了欧洲电子商务协议,美国随后也发布了"全球电子商务纲要",电子商务逐渐受到了世界各国政府的高度重视,许多国家的政府开始尝试"网上采购",这为电子商务的发展提供了支持。

3. 电子商务的特点

电子商务与传统商业方式相比,其优越性是显而易见的。企业不但可以通过网络直接接触成千上万的新用户,和他们进行交易,从根本上精简商业环节,降低运营成本,提高运营效率,增加企业利润,而且能随时与遍及各地的贸易伙伴进行交流合作,增强企业间的联合,提高产品竞争力。电子商务与传统商业方式相比,具有以下特点。

(1)精简流通环节。电子商务不需要批发商、专卖店和商场,客户通过网络直接从厂家订购产品。

(2)节省购物时间,增加客户的选择余地。电子商务通过网络为各种消费需求提供广泛的选择余地,可以使客户足不出户便能购买到满意的商品。

(3)加速资金流通。电子商务中的资金周转无须在银行以外的客户、批发商、商场等之间进行,而是直接通过网络在银行内部账户上进行,大大加快了资金周转速度,同时减少了商业纠纷。

(4)增强客户和厂商的交流。客户可以通过网络说明自己的需求,订购自己喜欢的产品,厂商则可以很快地了解用户的需求,避免生产上的浪费。

(5)刺激企业间的联合和竞争。企业之间可以通过网络了解对手的产品性能、价格以及销售量等信息,从而促进企业改造技术,提高产品竞争力。

4. 电子商务的内容

电子商务不仅使企业拥有一个商机无限的网络发展空间,还有助于提高企业的竞争力,并能为广大消费者提供更多的消费选择,使消费者得到更多的实惠。电子商务的主要内容包括虚拟银行、网上购物和网络广告等。

(1)虚拟银行。虚拟银行是现代银行金融业的发展方向,指引着未来银行的发展。利用Internet这个开放式网络来开展银行业务具有广阔的前景,将导致一场深刻的银行业革命。在虚拟银行电子空间中,可以允许银行客户和金融客户根据需要随时在虚拟银行里漫游,并随时使用银行提供的各种服务,包括信用卡网上购物、个人贷款、电子货币结算以及投资业务咨询等。

虚拟银行一方面可以使其服务成本迅速下降,争取到更多的顾客;另一方面使客户能够从虚拟银行获得方便、及时、高质量的服务,还能节省很多服务费。当前,建立网络银行最重要的是完善硬、软件设施以及相关技术标准和统一操作规范。

(2)网上购物。随着电子商务技术的发展和应用,网络购物越来越普及,并逐渐成为一种新的生活时尚。网络购物利用先进的通信和计算机网络的三维图形技术把现实的各种商品搬到网上。用户足不出户便能像真的"逛商场"那样,方便、省时、省力地选购商品,而且订货不受时间限制,商家会送货上门。当然,用户也无须担心独自"逛街"的孤独,因为完全可以在网络的"大街"上约定或找到同行者,结伴购物,其乐无穷。目前在网上已开通了超市、书店、花市、计算机商城以及订票、订报、网上直销等多种服务。

(3)网络广告。对于机构和公司而言,利用WWW提供的多媒体平台来进行产品宣传非常具有诱惑力。网络广告可以根据更精细的个性差别来将顾客进行分类,并分别传送不同的广告信息。网络广告不像电视广告那样让用户被动地接受广告信息,而是让顾客主动浏览广告内容。未来的广告将利用最先进的虚拟现实界面设计达到身临其境的效果,给人们带来全新的感官体验。以汽车广告为例,用户可以打开汽车的车门进去看一看,还可以利用计算机提供的虚拟驾驶系统体验驾车的感觉。

练习 6-6

(1) 简述当 Internet 应用于家庭时的主要功能。

(2) 简述电子商务相比于传统商务模式的独具特点。

6.5.3 Internet 应用的发展趋势

创新是 Internet 不变的主题,融合再创新是 Internet 不变的旋律,新技术、新应用成为变化后沉积的成果。在整个发展过程中,一个个创业神话崛起于 Internet 的舞台上,一批批创业传奇人物前仆后继,今后的 Internet 会沿着怎样的轨道向前迈进?

1. 业务应用趋向人性化

未来的 Internet 产业将围绕"以人为本"的宗旨来发展,不管如何创新,其目的都是让用户获得更大的便利。基于 IP 网络的对等(peer-to-peer,P2P)模式将是未来 Internet 运作的主流模式,当前任何一个运营商网络流量的 50%～70%已经是用户与用户之间的 P2P 传输。在广播电视方面,大多数非实时的电视节目都存储在 Internet 上,用户可以非常方便地搜索收看,也可以共享各自的资源。因此从 Internet 资源上看,P2P 模式可以突破瓶颈,通过一个分布式的共享结构,在未来的文件共享、协同工作甚至移动通信方面发挥巨大作用。同时,P2P 模式将会不可避免地给 Internet 带来 QoS(服务质量)问题,以用户为核心也变得难以保证。如何把这种高性能的、最能反映 Internet 本质的东西与未来的应用结合起来是 Internet 产业今后面临的一大挑战。

另外,未来网站的经营模式也逐渐朝着"以人为本"的方式过渡。当前以生活娱乐内容为主的无线增值业务、网络游戏等都呈现出迅猛的增长势头。

2. 操作技术趋向简洁化

如同计算机操作系统从命令行到可视化界面的变革一样,"以人为本"的趋势要求 Internet 界面对于用户来说应充分体现"所见即所得"的简单快捷,减少使用 Internet 的复杂度。随着人们的需求趋向简单快捷,搜索技术也将会向简单化的方向发展,人们有理由获得更便捷、更先进的搜索方式。桌面搜索将会是未来的趋势,搜索将脱离浏览器,简化人们的操作步骤。也许再过几年,很少会有人再去登录百度、Google 之类的搜索引擎去搜索资源,绝大部分用户都将在桌面上直接搜索,因为浏览器跟搜索没有了任何关系,搜索将变得极其简单。如果用户发现一个内容,用鼠标单击就可以解决,则根本不用打开浏览器在地址栏里搜索。

3. 基础平台趋向平台化

在网络上承载的各种业务能力集合在一起称为融合。随着业务应用的多样化与用户需求的简单化之间的矛盾日益突出,一个能够融合多种应用的业务平台成为大势所趋,这种融合的实现不仅仅是在业务上,还要在基础设施和边缘行业上。

当前研究的首要热点问题是如何实现基础设施的融合。Internet 的基础设施、电信的基础设施如何更加有效地融合起来将是今后一段时间的热门话题。现在国际上已经有固定网络和移动网络融合的联盟,可以让移动用户的手机到了家里就可以连到家庭网络,变成宽带固定上网设备,这样既可以有效利用空中的资源,又可以使固定运营商在整个业务链中得到应有的产业地位。在业务融合中如何在产业链上正确定位是第二个热点。从产业发展来看,在基于网络的业务体系上针对网络的特点应该有一个什么样的产业环境以及政府、资本、技术、经营、市场分别起到什么样的作用将是今后面临的又一大挑战。

4. 网站服务趋向多样化

网站是 Internet 企业的载体,也是企业赢利的主要来源。经历了十多年的风雨洗礼,Internet 从业者已经认识到,为了满足用户对 Internet 业务个性化的需求,网站的建设、运营不可能再仅仅靠追求"大而全"的门户模式,而要趋向门户与专业网站并重的多元化,以满足用户的个性化需求。未来门户网站的发展方向就是真正将"门户"定位成 Internet 的港口,用户不仅在门户网站中获得信息,更重要的是能通过门户网站的导航作用访问到整个 Internet 的信息海洋,获得所有能想象得到的服务。网上网下相结合的搜集方式,信息披露度高;符合 B2B(商家对商家)的要求,网络、刊物、搜索引擎、综合服务相结合;不欢迎非商务人士访问;提高用户信任度,"来得勤,走得快";行业商情搜索引擎追求精、准、快;在交易方式上,复杂产品以企业自销为主 未来 Internet 中的专业网站将会越来越多,在满足用户个性化需求的同时,也将对企业运营乃至整个国民经济的发展发挥巨大的作用。

任务 6.6 网络安全

任务概述

随着全球信息化的飞速发展,整个世界正在迅速地融为一体,大量建设的各种信息化系统已经成为国家和政府的关键基础设施。当资源共享广泛用于政治、军事、经济以及科学各个领域的同时,也产生了各种各样的问题,其中安全问题尤为突出。本任务可以使读者了解网络安全问题以及如何预防网络病毒的基础知识,从而全方位地理解网络安全问题。

任务目标

➤ 了解网络安全的基本概念。
➤ 了解网络面临威胁的种类。
➤ 了解防火墙技术的基础知识。
➤ 了解网络加密技术的基本概念。
➤ 了解网络防病毒技术的基础知识。

6.6.1 网络安全的基本概念

国际标准化组织(ISO)将计算机安全定义为"为数据处理系统建立和采取的技术与管理方面的安全保护,保护计算机硬件、软件数据不因偶然和恶意的原因而遭到破坏、更改和泄露"。而网络安全是计算机安全在网络环境下的进一步拓展和延伸。因此,网络安全可以理解为:采取相应的技术和措施,使网络系统的硬件、软件能够连续、可靠地正常运行,并且使系统中的网络数据受到保护,不因偶然和恶意的原因遭到破坏、更改、泄露,确保数据的可用性、完整性和保密性,使其网络服务不中断。

网络安全主要包括用户身份验证、访问控制、数据完整性、数据加密、病毒防范等内容,其中数据的保密性、完整性、可用性、真实性及可控性等方面的技术问题成为网络安全研究的重要课题。

6.6.2　网络面临的威胁

覆盖全球的Internet,以其自身协议的开放性方便了各种计算机网络的入网互连,极大地拓宽了共享资源。但是,由于早期网络协议对安全问题的忽视,以及在使用和管理上的无序状态,网络安全受到严重威胁,安全事故屡有发生。从目前来看,网络安全的状况仍令人担忧,从技术到管理都处于落后、被动局面。

计算机犯罪目前已引起了社会的普遍关注,其中计算机网络是犯罪分子攻击的重点。计算机犯罪是种高技术犯罪手段,由于其犯罪的隐蔽性,因而对网络的危害极大。根据有关统计资料显示,计算机犯罪案件每年以100%的速度急剧上升。美国国防部和银行等要害部门的计算机系统都曾经多次遭到非法入侵者的攻击。

随着Internet的广泛应用,采用客户/服务器模式的各类网络纷纷建成,这使网络用户可以方便地访问和共享网络资源,但同时对企业的重要信息,如贸易秘密、产品开发计划、市场策略、财务资料等的安全无疑埋下了致命的隐患。必须认识到,对于大到整个Internet,小到各Intranet及各校园网,都存在来自网络内部与外部的威胁。对Internet构成的威胁可分为两类:故意危害和无意危害。

故意危害Internet安全的主要有3种人:故意破坏者,又称黑客(hacker);不遵守规则者(vandal);刺探秘密者(cracker)。故意破坏者企图通过各种手段去破坏网络资源与信息,如篡改其他人的主页、修改系统配置、造成系统瘫痪;不遵守规则者企图访问不允许访问的系统,这种人可能仅仅是到网上看看、找些资料,也可能想盗用其他人的计算机资源(如CPU时间);刺探秘密者的企图是通过非法手段侵入他人系统,以窃取重要秘密和个人资料。除泄露信息对企业网构成威胁外,还有一种危险是有害信息的侵入。有人在网上传播不健康的图片、文字或散布不负责任的消息;不遵守网络使用规则的用户可能通过玩一些电子游戏将病毒带入系统,轻则造成信息错误,严重时将会造成网络瘫痪。

总的来说,网络面临的威胁主要来自以下几个方面。

(1)黑客的攻击。对于大家来说,黑客已经不再是高深莫测的人物,黑客技术逐渐被越来越多的人掌握和发展。因此,系统、站点遭受攻击的可能性就变大了。尤其是现在还缺乏针对网络犯罪卓有成效的反击和跟踪手段,黑客攻击的隐蔽性好、"杀伤力"强,这都是网络安全的主要威胁。

(2)管理的欠缺。网络系统的严格管理是企业、机构及用户免受攻击的重要措施。事实上,很多企业、机构及用户的网站或系统都疏于这方面的管理。据IT企业团体ITAA的调查显示,美国90%的IT企业对黑客攻击准备不足。目前,美国75%～85%的网站都抵挡不住黑客的攻击,约有75%的企业网上信息失窃。

(3)网络的缺陷。Internet的共享性和开放性使网上信息安全存在先天不足,因为其赖以生存的TCP/IP协议集缺乏相应的安全机制,而且Internet最初的设计考虑是该网不会因局部故障而影响信息的传输,基本没有考虑安全问题,因此在安全可靠、服务质量、带宽和方便性等方面存在不适应性。

(4) 系统漏洞或"后门"。随着软件系统规模的不断增大,系统中的安全漏洞或"后门"也不可避免,如常用的操作系统,无论是 Windows 还是 UNIX,几乎都存在或多或少的安全漏洞,众多的各类服务器、浏览器、桌面软件等都被发现过存在安全隐患。大家熟悉的"尼姆达""中国黑客"等病毒都是利用微软系统的漏洞从而给企业造成巨大损失的,可以说任何一个软件系统都可能会因为程序员的疏忽、设计中的缺陷等原因而存在漏洞,这也是网络安全的主要威胁之一。

(5) 企业网络内部。网络内部用户的误操作、资源滥用和恶意行为令再完善的防火墙也无法抵御。防火墙无法防止来自网络内部的攻击,也无法对网络内部的滥用做出反应。

6.6.3　防火墙技术

古时候,人们常在寓所之间砌起一道砖墙,一旦火灾发生,就能够防止火势蔓延到其他寓所。现在,如果一个网络连接到了 Internet,用户就可以访问外部世界并与之通信。同时,外部世界同样可以访问该网络并与之交互。为安全起见,可以在该网络和 Internet 之间插入一个中介系统,竖起一道安全屏障。这道屏障的作用是阻断来自外部通过网络对本网络的威胁和入侵,提供扼守本网络的安全和审计的唯一关卡,其作用与古时候的防火砖墙有类似之处,因此把这个屏障称为防火墙(firewall)。

1. 防火墙概念

在网络中,防火墙是指在两个网络之间实现控制策略的系统(软件、硬件或者是两者并用),用来保护内部的网络不易受到来自 Internet 的侵害。因此,防火墙是一种安全策略的体现。如果内部网络的用户要连接 Internet,就必须首先连接到防火墙上,从那儿使用 Internet。同样,Internet 要访问内部网络,也必须先通过防火墙。防火墙通过监控内网和 Internet 之间的任何活动,控制进出网络的信息流和信息包,尽可能地对外部屏蔽内部网络的信息、结构和运行状况,以实现对内部网络的保护。这种做法能有效防止来自 Internet 的入侵和攻击,如图 6.32 所示。

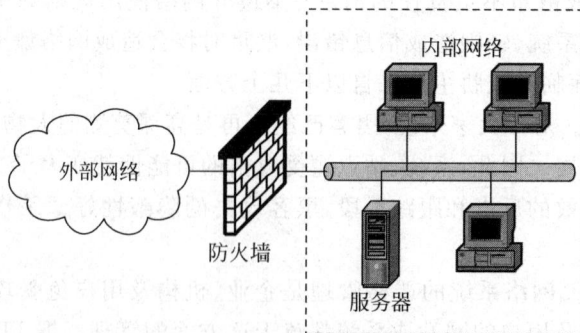

图 6.32　防火墙的位置与功能模型

随着计算机网络安全问题日益突出,防火墙产业在近年来得到了迅猛发展。实际上,实现一个有效的防火墙远比给计算机买一个防病毒软件要复杂得多,简单地将一个防火墙产品置于Internet中并不能提供用户需要的保护。建立一个有效的防火墙来实施安全策略，需要评估防火墙技术，选择最符合要求的技术，并正确创建防火墙。

目前的防火墙技术一般都可以起到以下安全作用。

(1) 集中的网络安全。防火墙允许网络管理员定义一个中心(阻塞点)来防止非法用户(如黑客、网络破坏者等)进入内部网络，禁止存在不安全因素的访问进出网络，并抗击来自各种线路的攻击。防火墙技术能够简化网络的安全管理、提高网络的安全性。

(2) 安全警报。通过防火墙可以方便地监视网络的安全性，并产生报警信号。网络管理员必须审查并记录所有通过防火墙的重要信息。

(3) 重新部署网络地址转换。Internet的迅速发展使有效的、未被申请的IP地址越来越少，这就意味着想进入Internet的机构可能申请不到足够的IP地址来满足内部网络用户的需要。为了接入Internet，可以通过网络地址转换(network address translator，NAT)来完成内部私有地址到外部注册地址的映射。防火墙是部署NAT的理想位置。

(4) 监视Internet的使用。防火墙也是审查和记录内部人员使用Internet的最佳位置，可以在此记录内部访问Internet的情况。

(5) 向外发布信息。防火墙除了起到安全屏障作用外，也是部署WWW服务器和FTP服务器的理想位置。允许Internet访问上述服务器，而禁止访问内部受保护的其他系统。

但是，防火墙也有其自身的局限性，无法防范来自防火墙以外的其他途径所进行的攻击。然而，有许多机构购买了价格昂贵的防火墙，却忽视了通往其网络中的其他"后门"。例如，在一个被保护的网络上有一个没有限制的拨号访问存在，这样就为黑客从"后门"攻击创造了机会。

另外，由于防火墙依赖于口令，所以防火墙不能防范黑客对密码的攻击。曾经两个在校学生编写了个简单的程序，通过对波音公司的口令字的排列组合，试出了开启其内部网的密钥，从网中得到了一张授权的波音公司的口令表，然后将密码一一出售。因此，有人说防火墙不过是一道矮小的篱笆墙，黑客就像老鼠一样能从这道篱笆墙的缝隙中进进出出。同时，防火墙也不能防止来自内部用户带来的威胁，不能解决进入防火墙的数据带来的所有安全问题，如果用户在本地运行了一个包含恶意代码的程序，就很可能导致敏感信息泄露和被破坏。

因此，要使防火墙发挥作用，防火墙的策略必须现实，能够反映出整个网络安全的水平。例如，一个保存着超级机密或保密数据的站点根本不需要防火墙，因为这个站点根本不应该被接入Internet，或者保存着真正秘密数据的系统应与企业的其余网络隔离开。

2. 防火墙的主要类型

典型的防火墙系统通常由一个或多个构件组成，相应地实现防火墙的技术包括五大类：包过滤防火墙(也称网络级防火墙)、应用级网关、电路级网关、代理服务防火墙和复合型防火墙。这些技术各有所长，具体使用哪一种或是否混合使用，要根据具体情况而定。

1) 包过滤防火墙

一个路由器便是一个传统的包过滤防火墙，路由器可以对IP地址、TCP或UDP分组头信息进行检查与过滤，以确定是否与设备的过滤规则匹配，继而决定此数据包按照路由表中的信息被转发或被丢弃。

大多数路由器都能通过检查这些信息来决定是否转发收到的数据包，但是不能判断出一个数据包来自何方、去向何处。有些先进的网络级防火墙则可以判断这一点，可以提供内部信息,以说明所通过的连接状态和一些数据流的内容,把判断的信息同路由器内部的规则表进行比较,在规则表中定义了各种规则来表明是否同意或拒绝包通过。包过滤防火墙检查每一条规则直至发现包中的信息与某规则相符。如果没有一条规则符合,防火墙就会使用默认规则,一般情况下,默认规则就是要求防火墙丢弃该数据包。另外,通过定义基于TCP 或 UDP 数据包的端口号,防火墙能够判断是否允许建立特定的连接,如 Telnet、FTP连接等。其模型如图 6.33 所示。

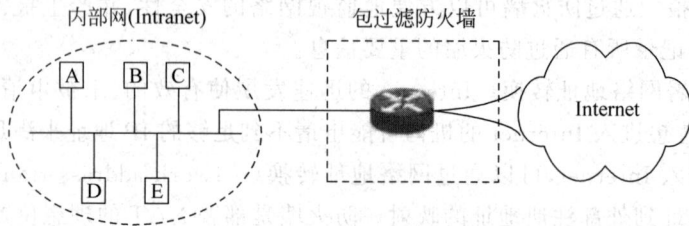

图 6.33　包过滤防火墙模型

　　包过滤防火墙对用户来说是全透明的,其最大的优点是:只须在一个关键位置设置一个包过滤路由器就可以保护整个网络。如果在内部网络与外界之间已经有了一个独立的路由器,那么可以简单地加一个包过滤软件进去,一步就可以实现对全网的保护,而不必在用户机上再安装其他特定的软件。使用起来非常简洁、方便,并且速度快、费用低。

　　包过滤防火墙也有其自身的缺点和局限性,具体如下。

　　(1)包过滤规则配置比较复杂,而且几乎没有什么工具能够对过滤规则的正确性进行测试。

　　(2)由于包过滤防火墙只检查地址和端口,对网络更高协议层的信息无理解能力,因而对网络的保护十分有限。

　　(3)包过滤没法检测具有数据驱动攻击这一类潜在危险的数据包。

　　(4)随着过滤次数的增加,路由器的吞吐量会明显下降,从而影响整个网络的性能。

　　2)应用级网关

　　应用级网关主要控制对应用程序的访问,能够检查进出的数据包,通过网关复制、传递数据来防止在受信任的服务器与不受信任的主机间直接建立联系。应用级网关不仅能够理解应用层上的协议,而且能够提供一种监督控制机制,使网络内、外部的访问请求在监督机制下得到保护。同时,应用级网关还能对数据包进行分析、统计并详细记录。其模型如图 6.34 所示。

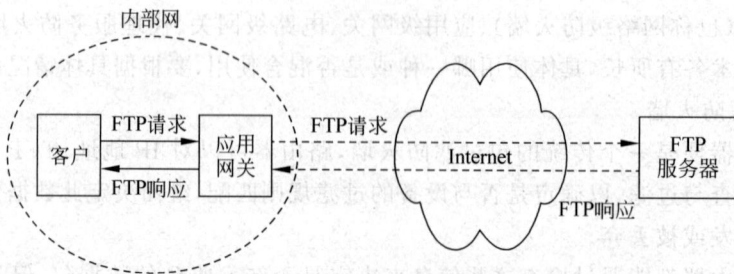

图 6.34　包过滤防火墙模型

应用级网关和包过滤防火墙有一个共同的特点,那就是仅仅依靠特定的逻辑判断来决定是否允许数据包通过。一旦满足逻辑,则防火墙内外的计算机系统建立直接联系,防火墙外部的用户便有可能直接了解防火墙内部的网络结构和运行状态,这有利于实施非法访问和攻击。

为了消除这一安全漏洞,应用级网关可以通过重写所有主要的应用程序来提供访问控制。新的应用程序驻留在所有人都要使用的集中式主机中,这个集中式主机称为堡垒主机(bastion host)。由于堡垒主机是 Internet 上其他站点所能到达的唯一站点,即是 Internet 上的主机能连接到的唯一的内部网络上的系统,任何外部的系统试图访问内部的系统或服务器都必须连接到这台主机上,因此堡垒主机被认为是最重要的安全点,必须具有全面的安全措施。

应用级网关的优点是:具有较强的访问控制功能,是目前最安全的防火墙技术之一。缺点是:每一种协议都需要相应的代理软件,实现起来比较困难,使用时工作量大,效率不如网络级防火墙高,而且对用户缺乏"透明度"。在实际使用过程中,用户在受信任的网络上通过防火墙访问 Internet 时,经常会发现存在较大的延迟并且有时必须进行多次登录才能访问 Internet 或 Intranet。

3) 电路级网关

电路级网关是一种特殊的防火墙,通常工作在 OSI 参考模型中的会话层上。电路级网关只依赖于 TCP 连接,而并不关心任何应用协议,也不进行任何的包处理或过滤。电路级网关只根据规则建立从一个网络到另一个网络的连接,并只在内部连接和外部连接之间来回复制字节,不进行任何审查、过滤或协议管理。但是电路级网关可以隐藏受保护网络的有关信息。实际上,电路级网关并非作为一个独立的产品存在,一般要和其他应用级网关结合在一起使用,如 Trust Information Systems 公司的 Gauntlet Internet Firewall 和 DEC 公司的 Alta Vista Firewall 等。另外,电路级网关还可在代理服务器上运行"地址转移"进程,将所有内部的 IP 地址映射到一个"安全"的 IP 地址,这个地址是防火墙专用的。电路级网关最大的优点是主机可以被设置成混合网关。这样,整个防火墙系统对于要访问 Internet 的内部用户来说使用起来很方便,还能提供完善的保护内部网络免于外部攻击的防火墙功能。

4) 代理服务防火墙

代理服务防火墙工作在 OSI 参考模型的最高层——应用层,有时也将其归为应用级网关一类。代理服务器(proxy server)通常运行在 Intranet 和 Internet 之间,是内部网与外部网的隔离点,起着监视和隔绝应用层通信流的作用。当代理服务器收到用户对某站点的访问请求后,便会立即检查该请求是否符合规则。若规则允许用户访问该站点,代理服务器便会以客户的身份登录目的站点,取回所需的信息再发给客户,如图 6.35 所示。由此可以看出,代理服务器像一堵墙一样挡在内部用户和外界之间,从外部只能看到该代理服务器而无法获知任何内部资料,如用户的 IP 地址等。

代理服务防火墙是针对数据包过滤和应用网关技术存在的仅依靠特定的逻辑判断这一缺点而引入的防火墙技术。代理服务防火墙将所有跨越防火墙的网络通信链路分为两段,用代理服务上的两个"链接"来代替:外部计算机的网络链路只能到达代理服务器,从而起到了隔离防火墙内外计算机系统的作用,将被保护网络内部的结构屏蔽起来。

此外,代理服务防火墙还能对过往的数据包进行分析、注册登记、形成报告。当发现被

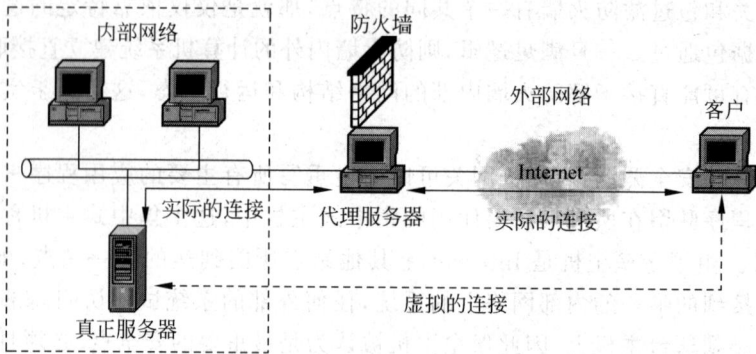

图 6.35   代理服务防火墙模型

攻击迹象时,代理服务防火墙会及时向网络管理员发出警报,并保留攻击痕迹。代理服务防火墙的缺点是:需要为每个网络用户专门设计;并且由于需要硬件实现,因而工作量较大,安装使用复杂,成本较高。

5) 复合型防火墙

由于对更高安全性的要求,常常把基于包过滤的防火墙与基于代理服务的防火墙结合起来,形成复合型防火墙产品。这种结合通常是以下两种方案。

(1) 屏蔽主机防火墙体系结构。在该结构中,包过滤路由器与 Internet 相连,同时一个堡垒主机安装在内部网络,通过在包过滤路由器上设置过滤规则,使堡垒机成为 Internet 上其他节点所能到达的唯一节点,如图 6.36 所示。这样就确保了内部网络免遭外部未授权用户的攻击。

(2) 屏蔽子网防火墙体系结构。堡垒主机放在一个子网内,形成非军事区(demilitarized zone,DMZ),两个包过滤路由器放置在子网的两端,使这一子网与外部 Internet 及内部网络分离,如图 6.37 所示。在屏蔽子网防火墙体系结构中,堡垒主机和包过滤路由器共同构成了整个防火墙的安全基础。

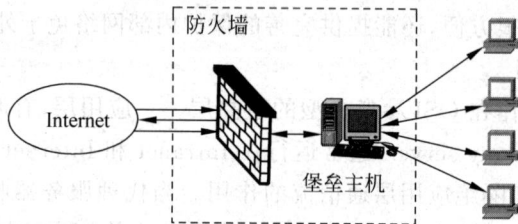

图 6.36   屏蔽主机结构示意图

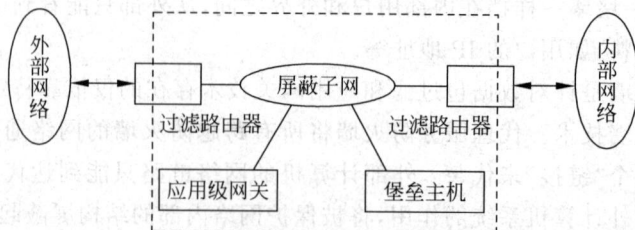

图 6.37   屏蔽子网结构示意图

👥 **练习 6-7**

(1) 简述目前网络面临的威胁和应对策略。

(2) 简述防火墙的分类和特点。

6.6.4 网络加密技术

信息安全主要包括系统安全及数据安全两方面的内容。系统安全一般采用防火墙、病毒查杀等被动措施,而数据安全则主要是指采用现代密码技术对数据进行主动保护,如数据保密、数据完整性、数据不可否认与抵赖、双向身份验证等。

密码技术是保障信息安全的核心技术。所谓加密,就是通过密码算法对数据进行转化,使之成为没有正确密钥任何人都无法读懂的报文。而这些以无法读懂的形式出现的报文一般被称为密文。为了读懂报文,密文必须重新转变为最初形式——明文。含有数学方式以用来转换报文的双重密码就是密钥,如图 6.38 所示。在密文情况下,即使一则信息被截获并阅读,这则信息也是毫无利用价值的。

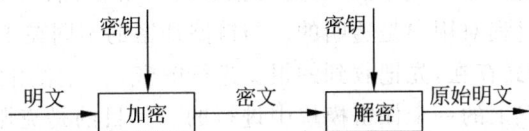

图 6.38 数据加密解密过程

20 世纪 70 年代以来,随着计算机技术、通信技术以及网络技术的飞速发展,密码研究领域不断拓宽,应用范围日益扩大,社会对密码的需求越来越迫切,密码技术得到了空前的发展。当前,密码技术不仅在保护机关的秘密信息中具有重要的、不可替代的作用,在保护经济、金融、贸易等系统的信息安全,以及在保护商业领域如网上购物、数字银行、收费电视、电子钱包的正常运行中也具有重要的应用。有人以人体来比喻,芯片是细胞,计算机是大脑,网络是神经系统,智能是营养,信息是血浆,信息安全是免疫系统。也有人将密码技术视为信息高速公路的保护神。随着信息技术的发展,电子数据交换逐步成为人们交换的主要形式。密码在信息安全中的应用将会不断拓宽,信息安全对密码的依赖也将会越来越大。

密码技术是网络安全最有效的技术之一。一个加密网络不但可以防止非授权用户的搭线窃听和入网,保护网内的数据、文件、口令和控制信息,而且是对付恶意软件的有效方法之一。目前对网络加密主要有链路加密、节点加密和端对端加密 3 种方式。链路加密的目的是保护网络节点之间的链路信息安全;节点加密的目的是对源节点到目的节点之间的传输链路提供加密保护;端对端加密的目的是对源端用户到目的端用户的数据提供加密保护。

1. 链路加密

链路加密(又称在线加密)是指仅在数据链路层对传输数据进行加密,主要用于对信道或链路中可能被截获的那一部分数据信息进行保护,一般的网络安全系统都采用这种方式。因为链路加密方式将网络上传输的数据报文的每一比特位都进行加密,不但对数据报文正文加密,而且对路由信息、校验和、控制信息等进行加密。所以当数据报文传输到某个中间节点时,必须先对其解密以获得路由信息和校验和,然后进行路由选择、差错检测,最后再次对其加密,发送给下一个节点,直到数据报文到达目的节点为止。在到达目的地之前,一条报文通常要经过许多通信链路的传输。

因为在链路加密方式下,只对通信链路中的数据加密,而不对网络节点内的数据加密,所以节点内的数据报文是以明文出现的。在每一个中间节点上,传输的报文均被解密后又重新加密,因此包括路由信息在内的链路上的所有数据报文均以密文形式出现。链路加密方式的优点是:简单、实现起来比较容易。只要把一对密码设备安装在两个节点间的线路上,即安装在节点和调制解调器之间,使用相同的密钥即可。链路加密方式对用户是透明的,用户既不需要了解加密技术的细节,也不需要干预加密和解密的过程,整个加密操作由网络自动完成。

尽管链路加密在计算机网络环境中使用得相当普遍,但仍存在两点问题:一是由于全部报文都以明文形式通过各节点,因此在这些节点上数据容易受到非法存取的危险;二是由于每条链路都需要一对加密、解密设备和一个独立的密钥,因此成本较高。

2. 节点加密

节点加密是对链路加密的改进,在操作方式上与链路加密类似:两者均在通信链路上为传输的报文提供安全性;都在中间节点先对报文进行解密,然后加密。因为要加密所有传输的数据,所以加密过程对用户是透明的。与链路加密的不同在于,节点加密不允许报文在网络节点内以明文形式存在,先把收到的报文进行解密,然后采用另一个不同的密钥进行加密,这一过程是在节点上的一个保密模块中进行的。其目的是克服链路加密在节点处易遭受非法存取的缺点。该加密方式可提供用户节点间连续的安全服务,也可用于鉴别对等实体。

节点加密的优点是:比链路加密成本低,而且更安全。缺点是:节点加密要求报头和路由信息以明文形式传输,以便中间节点能得到如何处理消息的信息。因此,这种方法对于防止攻击者分析通信业务仍然是脆弱的。

3. 端对端加密

为了解决链路加密方式和节点加密方式的不足,人们提出了端对端加密方式。端对端加密(又称脱线加密或包加密、面向协议加密)允许数据在从源点到终点的传输过程中始终以密文形式存在。采用端对端加密,报文在到达终点之前的传输过程中不进行解密。由于消息在整个传输过程中均受到保护,所以即使有节点被损坏,也不会使消息泄露。

端对端加密可在传输层或更高层次中实现。若选择在传输层加密,就不必为每个用户提供单独的安全保护机制;若选择在应用层加密,则用户可根据自己的特定要求来选用不同的加密策略。端对端加密方式和链路加密方式的区别在于:链路加密方式是对整个链路的通信采取保护措施,而端对端加密方式则是对整个网络系统采取保护措施,因此端对端加密方式是将来网络加密的发展趋势。

端对端加密结合了链路加密和节点加密的所有优点,而且成本更低,与链路加密和节点加密相比更可靠,更容易设计、实现和维护。端对端加密还避免了其他加密系统固有的同步问题,因为每个报文包均是独立被加密的,所以一个报文包发生的传输错误不会影响后续的报文包。此外,从用户对安全需求的直觉上来讲,端对端加密更自然些。单个用户可能会选用这种加密方法,以便不影响网络上的其他用户,此方法只需要源节点和目的节点是保密的即可。然而,由于端对端加密只是加密报文,数据报头仍需保持明文形式,所以数据报头容易为报文分析者利用。端对端加密密钥数量大,因此其密钥的管理也是比较困难的。

6.6.5 数字证书和数字签名

1. 电子商务安全现状

基于 Internet 的电子商务系统使顾客能够方便地获得商家和企业的信息,轻松地进行网上交易和网上购物,同时增加了某些敏感或有价值的数据被滥用的风险。人们在感叹电子商务巨大潜力的同时,不得不冷静地思考在人与人互不见面的 Internet 上进行交易和作业时,怎么才能保证交易的公正性和安全性,保证交易双方身份的真实性。很自然地,大家会想到必须保证电子商务系统具有十分可靠的安全保密技术,即必须保证信息的保密性、交易者身份的确定性、数据交换的完整性和发送信息的不可否认性。

(1)信息的保密性。交易中的商务信息均有保密的要求。例如,信用卡的账号和用户名被人知悉,就可能被盗用;订货和付款的信息被竞争对手获悉,就可能丧失商机。因此,在电子商务的信息传播中一般都有加密的要求。

(2)交易者身份的确定性。网上交易的双方很可能素昧平生,相隔千里。要使交易成功,首先要能确认对方的身份。对于商家,要考虑客户端是不是骗子,而客户也会担心网上的商店是不是黑店。因此,能方便而可靠地确认对方的身份是交易的前提。对于为顾客或用户开展服务的银行、信用卡公司和销售商店,为了做到安全、保密、可靠地开展服务活动,都要进行身份认证的工作。对有关的销售商店来说,他们对顾客所用的信用卡的号码是不知道的,商店只能把信用卡的确认工作完全交给银行来完成。银行和信用卡公司可以采用各种保密与识别方法,确认顾客的身份是否合法,同时还要防止发生拒付款问题以及确认订货和订货收据信息等。

(3)不可否认性。由于商情千变万化,交易一旦达成就不能否认,否则必然会损害其中一方的利益。例如,订购黄金,订货时金价较低,但收到订单后,金价上涨了,若收单方否认收到订单的实际时间,甚至否认收到订单的事实,则订货方就会蒙受损失。因此,电子交易通信过程的各个环节都必须是不可否认的。

(4)不可修改性。交易的文件是不可修改的,如上面所说的订购黄金。供货单位在收到订单后,发现金价大幅上涨了,如果能改动文件内容,将订购数从 1t 改为 1g,则可大幅受益,那么订货单位可能就会因此而蒙受巨大损失。因此,电子交易文件也要能做到不可修改,以保障交易的公正性。

现在,国际上已经有一套比较成熟的安全解决方案,那就是建立数字安全证书体系结构。数字安全证书提供了一种在网上验证身份的方式。可以使用数字证书,运用对称和非对称密码体制等密码技术建立起一套严密的身份验证系统,从而保证信息除发送方和接收方外,不被其他人窃取,信息在传输过程中不被篡改,发送方能够通过数字证书来确认接收方的身份,发送方对于自己的信息不能抵赖。

2. 数字证书

公钥加密算法能够很好地解决身份验证以及信息保密的安全问题。可是,使用该技术的前提是双方必须知道对方的公开密钥。这样就产生了另一个安全问题,就是用户拿到的公开密钥是否真的是想传给数据的人的公开密钥。"中间人"攻击方式是一种潜在的威胁,在这种类型的攻击中,某人发布了一个假冒的密钥,该密钥代表的用户名和用户 ID 正是使用者要发信的接收方。加密的数据被这个假密钥的拥有者截获后就能获知数据的真实内容。

在公开密钥环境中,保证加密使用的公钥确实是接收者的公钥而不是假冒的,这是至关重要的。如果密钥是由接收者亲自交给自己的,就可以放心地用来加密;可是如果要与一个从未见过面的人交换信息,就不能保证手中握有正确的密钥。

1) 什么是数字证书

数字证书是网络通信中标志通信各方身份信息的一系列数据,是各类实体(持卡人/个人、商户/企业、网关/银行等)在网上进行信息交流及商务活动的身份证明。在电子交易的各个环节,交易的各方都需要验证对方证书的有效性,从而解决相互间的信任问题。

数字证书由一个权威机构——证书授权(certificate authority,CA)中心发行。CA 中心作为电子商务交易中受信任的第三方,承担公钥体系中公钥的合法性检验的责任,负责产生、分配并管理所有参与网上交易的个体所需的数字证书,因此是安全电子交易的核心环节。从证书的用途来看,数字证书可分为签名证书和加密证书。签名证书主要用于对用户信息进行签名,以保证信息的不可否认性;加密证书主要用于对用户传送信息进行加密,以保证信息的真实性和完整性。最简单的数字证书包含一个公开密钥、名称以及证书授权中心的数字签名。一般情况下,证书中还包括密钥的有效时间、发证机关(证书授权中心)的名称、该证书的序列号等信息,证书的格式遵循 ITUT X.509 国际标准。

一个标准的 X.509 数字证书包含以下一些内容。

(1) 证书的版本信息。

(2) 证书的序列号,每个证书都有一个唯一的证书序列号。

(3) 证书使用的签名算法。

(4) 证书的发行机构名称,命名规则一般采用 X.500 格式。

(5) 证书的有效期,现在通用的证书一般采用 UTC 时间格式,计时范围为 1950～2049。

(6) 证书所有人的名称,命名规则一般采用 X.500 格式。

(7) 证书所有人的公开密钥。

(8) 证书发行者对证书的签名。

2) 数字证书的原理

数字证书采用公钥加密体制,即利用一对互相匹配的密钥进行加密、解密。每个用户自己设定一把特定的仅为本人所知的私钥,用私钥进行解密和签名;同时设定一把公钥并由本人公开,为一组用户共享,用于加密和验证签名。当发送一份保密文件时,发送方使用接收方的公钥对数据加密,而接收方则使用自己的私钥解密,这样信息就可以安全无误地到达目的地。通过数字的手段保证加密过程是一个不可逆过程,即只有用私钥才能解密。

公开密钥技术解决了密钥发布的管理问题。商户可以公开公钥,而保留私钥。购物者可以用人人皆知的公钥对发送的信息进行加密,将其安全地传送给商户,然后商户用自己的私钥对信息进行解密。

用户也可以采用自己的私钥对信息加以处理,由于密钥仅为本人所有,这样就产生了其他人无法生成的文件,形成了数字签名。

3. 数字签名

在金融和商业等系统中,许多业务都要求在文件和单据上加以签名或加盖印章,证实其真实性,以备日后查验。在文件上手写签名长期以来被用来作为作者身份的证明,或表明签名者同意文件的内容。实际上,签名体现了以下五个方面的保证。

(1) 签名是可信的。签名使文件的接收者相信签名者是慎重地在文件上签名的。

(2) 签名是不可伪造的。签名证明是签字者而不是其他人在文件上签字。

(3) 签名不可重用。签名是文件的一部分,不可能将签名移动到不同的文件上。

(4) 签名后的文件是不可变的。在文件签名以后,文件就不能改变。

(5) 签名是不可抵赖的。签名和文件是不可分离的,签名者事后不能声称没有签过这个文件。

在计算机上进行数字签名并使这些保证能够继续有效还存在一些问题。首先,计算机文件易于复制,即使某人的签名难以伪造,但是将有效的签名从一个文件剪辑和粘贴到另一个文件是很容易的,这就使这种签名失去了意义。其次,文件在签名后也易于修改,并且不会留下任何修改的痕迹。最后在利用计算机网络传输数据时采用数字签名能够确认以下两点。

(1) 保证信息是由签名者自己签名发送的,签名者不能否认或难以否认。

(2) 保证信息自签发后到收到为止未曾做过任何修改,签发的文件是真实文件。

4. 数字签名和数字加密的区别

数字签名和数字加密的过程虽然都使用公开密钥体系,但实现的过程正好相反,使用的密钥对也不同。数字签名使用的是发送方的密钥对,发送方用自己的私有密钥进行加密,接收方用发送方的公开密钥进行解密,这是一个一对多的关系,任何拥有发送方公开密钥的人都可以验证数字签名的正确性。

数字加密则使用的是接收方的密钥对,这是多对一的关系,任何知道接收方公开密钥的人都可以向接收方发送加密信息,只有唯一拥有接收方私有密钥的人才能对信息解密。另外,数字签名只采用了对称加密算法,能保证发送信息的完整性、身份的确定性和信息的不可否认性;而数字加密则采用了对称加密算法和非对称加密算法相结合的方法,能保证发送信息的保密性。

6.6.6 网络防病毒技术

1988 年 11 月 2 日 17 时 1 分 59 秒,美国康奈尔大学的计算机科学系研究生、23 岁的莫里斯(Morris)将其编写的蠕虫程序输入计算机网络,这个网络连接着大学、研究机关的155000 多台计算机,在几小时内导致了 Internet 堵塞。这件事就像是计算机界的一次大地震,产生了巨大反响,震惊了全世界,引起了人们对计算机病毒的恐慌,也使更多的计算机专家重视和致力于计算机病毒的研究。

随着计算机和 Internet 的日益普及,计算机病毒已经成了当今信息社会的一大顽症,借助于计算机网络可以传播到计算机世界的每一个角落,并大肆破坏计算机数据、更改操作程序、干扰正常显示、摧毁系统,甚至对硬件系统都能产生一定的破坏作用。计算机病毒的侵袭,会使计算机系统速度降低、运行失常、可靠性降低,有的系统被破坏后可能无法工作。从第一个计算机病毒问世以来,在世界范围内由于一些致命计算机病毒的攻击,已经消耗了计算机用户大量的人力和财力,甚至对人们正常工作、企业正常生产以及国家的安全都造成了巨大的影响。因此,网络防病毒技术已成为计算机网络安全研究的重要课题。

1. 计算机病毒

1) 计算机病毒的定义

计算机病毒借用了生物病毒的概念。众所周知,生物病毒是能侵入人体和其他生物体内的病原体,并能在人群及生物群体中传播,潜入人体或生物体内的细胞后就会大量繁殖与其本身相仿的复制品,这些复制品又去感染其他健康的细胞,造成病毒进一步扩散。计算机病毒和生物病毒一样,是一种能侵入计算机系统和网络、危害其正常工作的"病原体",能够对计算机系统进行各种破坏,同时能自我复制,具有传染性和潜伏性。

早在 1949 年,计算机的先驱者冯·诺依曼(Von Neumann)在一篇名为《复杂自动装置的理论及组织的进行》的论文中就已勾画出了病毒程序的蓝图:计算机病毒实际上就是一种可以自我复制、传播的具有一定破坏性或干扰性的计算机程序,或是一段可执行的程序代码。计算机病毒可以把自己附着在各种类型的正常文件中,使用户很难察觉和根除。

人们从不同的角度给计算机病毒下了定义。美国加利福尼亚大学的弗莱德·科恩(Fred Cohen)博士对计算机病毒的定义是:计算机病毒是一个能够通过修改程序,并且自身包括复制品在内去"感染"其他程序的程序。美国国家计算机安全局出版的《计算机安全术语汇编》中,对计算机病毒的定义是:计算机病毒是一种自我繁殖的特洛伊木马,它由任务部分、触发部分和自我繁殖部分组成。我国在《中华人民共和国计算机信息系统安全保护条例》中,将计算机病毒明确定义为:编制或者在计算机程序中插入的破坏计算机功能或者破坏数据,影响计算机使用并且能够自我复制的一组计算机指令或者程序代码。

2) 计算机病毒的特点

无论是哪一种计算机病毒,都是人为制造的具有一定破坏性的程序,有别于医学上所说的传染病毒(计算机病毒不会传染给人),然而,两者又有一些相似的地方。计算机病毒具有以下特征。

(1) 传染性。传染性是病毒最基本的特征。在生物界,病毒通过传染从一个生物体扩散到另一个生物体。在适当的条件下,可得到大量繁殖,并使被感染的生物体表现出病症甚至死亡。同样,计算机病毒也会通过各种渠道从已被感染的计算机扩散到未被感染的计算机,在某些情况下造成被感染的计算机工作失常甚至瘫痪。与生物病毒不同的是,计算机病毒是一段人为编制的计算机程序代码,这段程序代码一旦进入计算机并得以执行,就会搜寻其他符合其传染条件的程序或存储介质,确定目标后再将自身代码插入其中,达到自我繁殖的目的。一台计算机染毒,如果不及时处理,病毒就会在这台机子上迅速扩散,其中的大量文件(一般是可执行文件)会被感染。而被感染的文件又成了新的传染源,再与其他机器进行数据交换或通过网络接触,病毒会继续传染。大部分病毒无论是处在激发状态还是隐蔽状态,均具有很强的传染能力,可以很快地传染一个大型计算机中心、一个局域网和广域网。

(2) 隐蔽性。计算机病毒往往是短小精悍的程序,非常容易隐藏在可执行程序或数据文件当中。当用户运行正常程序时,病毒伺机窃取到系统控制权,限制正常程序的执行,而这些对于用户来说都是未知的。不经过代码分析,病毒程序和普通程序是不容易区分开的。正是由于病毒程序的隐蔽性才使其在发现之前已进行了广泛的传播,造成较大的破坏。

(3) 潜伏性。计算机的潜伏性是指病毒具有依附于其他媒体而寄生的能力。一个编制精巧的计算机病毒程序进入系统之后一般不会马上发作,可以在几周或者几个月内,甚至几年内隐藏在合法文件中,传染其他系统,而不被人发现。例如,在每年 4 月 26 日发作的 CIH

病毒、每逢13号的星期五发作的"黑色星期五"病毒等。病毒的潜伏性越好,其在系统中的存在时间就会越长,病毒的传染范围就会越大。潜伏性的第一种表现是:病毒程序不用专用检测程序是检查不出来的,因此病毒可以静静地在磁盘或磁带里躲上几天,甚至几年,一旦时机成熟,得到运行机会,就又要四处繁殖、扩散,继续为害。潜伏性的第二种表现是:计算机病毒的内部往往有一种触发机制,不满足触发条件时,计算机病毒除了传染外不进行什么破坏。触发条件一旦得到满足,有的在屏幕上显示信息、图形或特殊标识,有的则执行破坏系统的操作,如格式化磁盘、删除磁盘文件、加密数据文件、封锁键盘以及使系统死锁等。

(4) 触发性。病毒的触发性是指病毒在一定的条件下通过外界的刺激而被激活,发生破坏作用。触发病毒程序的条件是病毒设计者安排、设计的,这些触发条件可能是时间/日期触发、计数器触发、输入特定符号触发、启动触发等。病毒运行时,触发机制检查预定条件是否满足,如果满足,就启动感染或破坏动作,使病毒进行感染或攻击;如果不满足,则病毒继续潜伏。

(5) 破坏性。计算机病毒的最终目的是破坏用户程序及数据,计算机病毒的破坏行为体现了病毒的杀伤能力。病毒破坏行为的激烈程度取决于病毒制作者的主观愿望和所具有的技术能量。如果病毒设计者的目的在于彻底破坏系统的正常运行,那么这种病毒对于计算机系统造成的后果是难以设想的,可以破坏磁盘文件的内容、删除数据、抢占内存空间,甚至对硬盘进行格式化,造成整个系统崩溃。有时几种本没有多大破坏作用的病毒交叉感染,也会导致系统崩溃等。

(6) 衍生性。由于计算机病毒本身是一段可执行程序,同时又由于计算机病毒本身是由几部分组成的,所以可以被恶作剧者或恶意攻击者模仿,甚至修改计算机病毒的几个模块,使之成为一种不同于原病毒的计算机病毒。例如,曾经在Internet上影响颇大的"震荡波"病毒,其变种病毒就有好几种。

3) 计算机病毒的分类

以前,大多数计算机病毒主要通过软盘传播,但是当Internet成为人们的主要通信方式以后,网络又为病毒的传播提供了新的传播机制,病毒的产生速度大大加快,数量也不断增加。据国外统计,计算机病毒以10种/周的速度递增,另据我国公安部统计,国内计算机病毒以4~6种/月的速度递增。目前,全球的计算机病毒有几万种,对计算机病毒的分类方法也存在多种,常见的分类有以下四种。

(1) 按病毒存在的媒体分类

① 引导型病毒。引导型病毒是在系统引导时出现的病毒,依托的环境是BIOS中断服务程序。引导型病毒是利用了操作系统的引导模块放在某个固定的位置,并且控制权的转交方式是以物理地址为依据,而不是以操作系统引导区的内容为依据,因而病毒占据该物理位置后即可获得控制权,而将真正的引导区内容转移或替换。待病毒程序被执行后,再将控制权交给真正的引导区内容,使这个带病毒的系统表面上看似正常运转,但实际上病毒已经隐藏在了系统中,伺机传染、发作。引导型病毒主要感染软盘、硬盘上的引导扇区(boot sector)上的内容,使用户在启动计算机或对软盘等存储介质进行读、写操作时进行感染和破坏活动,还会破坏硬盘上的文件分区表。此类病毒有Anti-CMOS、Stone等。

② 文件型病毒。文件型病毒主要感染计算机中的可执行文件,使用户在使用某些正常的程序时,病毒被加载并向其他可执行文件传染,如随着微软公司Word字处理软件的广泛

使用和 Internet 的推广普及而出现的宏病毒。宏病毒是一种寄生于文档或模板的宏中的计算机病毒。一旦打开这样的文档,宏病毒就会被激活,转移到计算机上,并驻留在 Normal 模板上。从此以后,所有自动保存的文档都会感染上这种宏病毒,而且如果其他用户打开了感染病毒的文档,宏病毒又会转移到其他计算机上。

③ 混合型病毒。混合型病毒是指同时具有引导型病毒和文件型病毒寄生方式的计算机病毒,综合利用以上病毒的传染渠道进行传播和破坏。这种病毒扩大了病毒程序的传染途径,既感染磁盘的引导记录,又感染可执行文件,并且通常具有较复杂的算法、使用非常规的办法侵入系统,同时又使用了加密和变形算法。当感染了此种病毒的磁盘用于引导系统或调用执行染毒文件时,病毒都会被激活。因此在检测、清除混合型病毒时,必须全面彻底地根治。如果只发现该病毒的一个特性,将其只当成引导型或文件型病毒进行清除,虽然好像是清除了,但是仍留有隐患,这种经过杀毒后的"洁净"系统往往更有攻击性。此类病毒有 Flip 病毒、新世纪病毒、One-half 病毒等。

(2) 按病毒的破坏能力分类

① 良性病毒。良性病毒是指那些只是为了表现自身,并不彻底破坏系统和数据,但会大量占用 CPU 时间、增加系统开销、降低系统工作效率的一类计算机病毒。这种病毒多数是恶作剧者的产物,其目的不是破坏系统和数据,而是为了让使用感染有病毒的计算机用户通过显示器或扬声器看到或听到病毒设计者的编程技术。但是良性病毒对系统也并非完全没有破坏作用,良性病毒取得系统控制权后会导致整个系统运行效率降低、系统可用内存容量减少、某些应用程序不能运行。良性病毒还与操作系统和应用程序争夺 CPU 的控制权,常常导致整个系统锁死,给正常操作带来麻烦。有时,系统内还会出现几种病毒交叉感染的现象,一个文件不停地反复被几种病毒感染。例如,原来只有 10KB 的文件变成约 90KB,就是被几种病毒反复感染了多次。这不仅消耗了大量宝贵的磁盘存储空间,而且整个计算机系统也由于多种病毒寄生于其中而无法正常工作。典型的良性病毒有小球病毒、救护车病毒等。

② 恶性病毒。恶性病毒是指那些一旦发作,就会破坏系统或数据,造成计算机系统瘫痪的一类计算机病毒。这类病毒危害性极大,一旦发作,给用户造成的损失可能是不可挽回的。例如,黑色星期五病毒、CIH 病毒、米开朗琪罗病毒(也叫米氏病毒)等。米氏病毒发作时,硬盘的前 17 个扇区将被彻底破坏,使整个硬盘上的数据无法被恢复,造成的损失是无法挽回的。有的病毒还会对硬盘进行格式化等破坏。

(3) 按病毒传染方法分类

① 驻留型病毒。驻留型病毒感染计算机后把自身驻留在内存 RAM(random access memory,随机存储器)中,这一部分程序挂接系统调用并合并到操作系统中,并一直处于激活状态。

② 非驻留型病毒。非驻留型病毒是一种立即传染的病毒,每执行一次带毒程序,就自动在当前路径中搜索,查到满足要求的可执行文件即进行传染。该类病毒不修改中断向量,不改动系统的任何状态,因而很难区分当前运行的是一个病毒还是一个正常的程序。典型的病毒有 Vienna/648。

(4) 按计算机病毒的连接方式分类

① 源码型病毒。这类病毒较为少见,主要攻击高级语言编写的源程序。源码型病毒在源程序编译之前插入其中,并随源程序一起编译、连接成可执行文件。最终所生成的可执行

文件便已经感染了病毒。

② 嵌入型病毒。这种病毒将自身代码嵌入被感染文件中,将计算机病毒的主体程序与其攻击的对象以插入的方式链接。这类病毒一旦侵入程序体,查毒和杀毒都非常不易。不过编写嵌入式病毒比较困难,所以这种病毒数量不多。

③ 外壳型病毒。外壳型病毒一般将自身代码附着于正常程序的首部或尾部,对原来的程序不做修改。这类病毒种类繁多,既易于编写也易于发现,大多数感染文件的病毒都是这种类型。

④ 操作系统型病毒。这种病毒用自己的程序意图加入或取代部分操作系统进行工作,具有很强的破坏力,可以导致整个系统的瘫痪。圆点病毒和大麻病毒就是典型的操作系统型病毒。这种病毒在运行时,用自己的逻辑部分取代操作系统的合法程序模块,对操作系统进行破坏。

2. 网络病毒的危害及感染网络病毒的主要原因

网络病毒是指通过计算机网络进行传播的病毒,病毒在网络中的传播速度更快、传播范围更广、危害性更大。随着网络应用的不断拓展,计算机网络的病毒防护技术也被越来越多的企业 IT 决策人员、MIS 员以及广大的计算机用户所关注。

1) 网络病毒的危害

随着互联网的发展,计算机病毒呈现出异常活跃的态势。据统计,截至 2016 年年底,卡巴斯基实验室反病毒产品共拦截了 62 亿次针对用户计算机和移动设备的恶意攻击,该数据比 2013 年增加了逾 10 亿。其中,38% 的计算机用户在 2014 年至少遭遇了一次网络攻击,19% 的安卓用户在 2014 年至少遭遇了一次移动威胁。2014 年度,网络病毒威胁主要聚焦在两个方面——移动威胁与金融威胁。其中,移动威胁的增长趋势尤为明显。据卡巴斯基实验室的数据显示,2014 年新增移动恶意程序和手机银行木马病毒分别达 295500 种和 12100 种,比 2013 年分别高出 1.8 倍和 8 倍。不仅如此,53% 的网络攻击均涉及窃取用户钱财的手机木马病毒(短信木马病毒和银行木马病毒)。目前,全球超过 200 个国家均出现了移动恶意威胁。

受到病毒攻击的各种平台里,微软的 IE 浏览器首当其冲,占总数的 37%;其次是 Adobe Reader,占 28%;第三是甲骨文的 Java,占 26%。另外,用户广泛使用的 Office 办公软件也为宏病毒文件的传播提供了基础,大大加快了宏病毒文件的传播。Java 和 ActiveX 技术在网页编程中应用得也十分广泛,在用户浏览各种网站的过程中,很多利用其特性写出的病毒网页可以在用户上网的同时被悄悄地下载到个人计算机中。虽然这些病毒不破坏硬盘资料,但在用户开机时,可以强迫程序不断开启新视窗,直至耗尽系统宝贵的资源为止。

2) 网络感染病毒的主要原因

网络病毒的危害是人们不可忽视的现实。据统计,目前 70% 的病毒发生在网络上,人们在研究引起网络病毒的多种因素中发现,将移动存储设备带到网络上运行后,使网络感染上病毒的事件约占病毒事件总数的 50%,从网络电子广告牌上带来的病毒约占 8%,从软件商的演示盘中带来的病毒约占 6%,从系统维护盘中带来的病毒约占 6%。从统计数据中可以看出,引起网络病毒感染的主要原因在于网络用户自身。

因此,解决网络病毒问题只能从采用先进的防病毒技术与制定严格的用户使用网络的管理制度两方面入手。对于网络中的病毒,既要高度重视,采取严格的防范措施,将感染病毒的可能性降低到最低程度,又要采用适当的杀毒方案,将病毒的影响控制在较小的范围内。

3. 网络防病毒软件的应用

目前,用于网络的防病毒软件很多,这些防病毒软件可以同时用来检查服务器和工作站的病毒。其中,大多数网络防病毒软件是运行在文件服务器上的。由于局域网中的文件服务器往往不止一个,因此为了便于检查服务器上的病毒,通常可以将多个文件服务器组织在一个域中,网络管理员只需在主服务器上设置扫描方式与扫描选项,就可以检查域中多个文件服务器或工作站是否带有病毒。

网络防病毒软件的基本功能是:对文件服务器和工作站进行查毒扫描,发现病毒后立即报警并隔离病毒文件,由网络管理员负责清除病毒。

网络防病毒软件一般提供以下 3 种扫描方式。

(1) 实时扫描。实时扫描是指当对一个文件进行转入(checked in)、转出(checked out)、存储和检索操作时,不间断地对其进行扫描,以检测其中是否存在病毒和其他恶意代码。

(2) 预置扫描。该扫描方式可以预先选择日期和时间来扫描文件服务器。预置的扫描频率可以是每天一次、每周一次或每月一次,扫描时间最好选择在网络工作不太繁忙的时候。定期、自动地扫描服务器能够有效提高防毒管理的效率,使网络管理员更加灵活地采取防毒策略。

(3) 人工扫描。人工扫描方式可以要求网络防病毒软件在任何时候扫描文件服务器上指定的驱动器盘符、目录和文件。扫描的时间长短取决于要扫描的文件和硬盘资源的容量大小。

4. 网络工作站防病毒的方法

网络工作站防病毒可从采用无盘工作站、使用附带防病毒芯片的网卡和使用单机防病毒卡这 3 个方面入手。

(1) 采用无盘工作站。采用无盘工作站能很容易地控制用户端的病毒入侵问题,但用户在软件的使用上会受到一些限制。在一些特殊的应用场合,如仅录入数据时,使用无盘工作站是防病毒最保险的方案。

(2) 使用附带防病毒芯片的网卡。附带防病毒芯片的网卡一般是在网卡的远程引导芯片位置插入一块附带防病毒软件的 EPROM。工作站每次开机后,先引导防病毒软件驻入内存。防病毒软件将对工作站进行监视,一旦发现病毒,就立即处理。

(3) 使用单机防病毒卡。单机防病毒卡的核心实际上是一个软件,事先固化在 ROM 中。单机防病毒卡通过动态驻留内存来监视计算机的运行情况,根据总结出来的病毒行为规则和经验来判断是否有病毒活动,并可以通过截获中断控制权来使内存中的病毒瘫痪,使其失去传染其他文件和破坏信息资料的能力。装有单机防病毒卡的工作站对病毒的扫描无须用户介入,使用起来比较方便。但是,单机防病毒卡的主要问题是与许多国产的软件不兼容,误报、漏报病毒的现象时有发生,并且病毒类型千变万化,编写病毒的技术手段越来越高,有时根本就无法检查或清除某些病毒。因此,现在使用单机防病毒卡的用户在逐渐减少。

练习 6-8

(1) 网络加密的方式都有哪些?它们的优点都有哪些?

(2) 什么是计算机病毒?它的特点都有哪些?

(3) 感染网络病毒的主要原因都有哪些?

第 7 章　信息技术前沿应用

在信息技术已经应用十分广泛的今天，信息技术发展迅猛，应用领域日益增多且更加深入。为了使学生跟上信息技术发展的步伐，了解信息技术的发展前沿，获取新的知识，扩大知识面，本章重点介绍信息技术的前沿应用，包括人工智能、大数据、云计算、区块链、物联网、多媒体技术。

任务7.1　人工智能应用：聊天机器人

任务描述

使用人工智能 API，制作智能聊天机器人，初步了解人工智能的相关知识及人工智能 API 的使用。

任务目标

➢ 了解什么是人工智能。
➢ 了解人工智能 API。
➢ 熟悉人工智能 API 的使用方法。

7.1.1　什么是人工智能

人工智能(artificial intelligence，AI)是研究、开发用于模拟、延伸和扩展人的智能的理论、方法、技术及应用系统的一门技术科学。

1956 年，以麦卡赛、明斯基、罗切斯特和申农等为首的一批年轻科学家在一起聚会，共同研究和探讨用机器模拟智能的一系列有关问题，并首次提出了"人工智能"这一术语，标志着"人工智能"这门学科的正式诞生。

人工智能是研究用计算机来模拟人的某些思维过程和智能行为(如学习、推理、思考、规划等)的学科，主要包括计算机实现智能的原理、制造类似于人脑智能的计算机，使计算机能实现更高层次的应用。人工智能将涉及计算机科学、心理学、哲学和语言学等学科。可以说几乎是自然科学和社会科学的所有学科，其范围已远远超出了计算机科学的范畴，是广泛的交叉和前沿科学。

AlphaGo 以 4∶1 战胜世界围棋冠军李世石，如图 7.1 所示。人机对弈仅一年后，使用

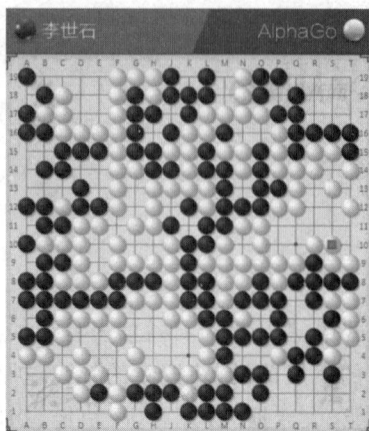

图 7.1   李世石与 AlphaGo 棋局

强化学习的 AlphaGo Zero 更是摆脱了除围棋规则外的任何棋谱,经过 3 天的训练就无师自通,以 100：0 的战绩击败了前辈 AlphaGo。中国科学院院士姚期智以"老鼠吃奶酪"的经典案例解释当前在游戏和机器人领域应用广泛的人工智能的"强化学习":想象有一只老鼠在走迷宫,在出口它能吃到奶酪,每走错路它就会撞到墙上,久而久之,它在进入迷宫时就能根据记忆走出去。强化学习的关键,就在于让计算机自主与环境互动,在正负反馈中找到通路。

如今人工智能技术的应用已经在我们生活中随处可见,如自动驾驶、语音助手、人脸识别、送餐机器人、智能家居等。未来就是现在,人工智能将继续发展,并出现在我们生活的各个领域。随着更多创新应用的问世,人们将看到更多人工智能让我们的生活变得更轻松、更有效率。

7.1.2   人工智能 API

API(application programming interface,应用程序接口)是一组定义、程序及协议的集合,通过 API 接口实现计算机软件之间的相互通信。API 的一个主要功能是提供通用功能集。程序员通过调用 API 函数对应用程序进行开发,可以减轻编程任务。API 同时也是一种中间件,为各种不同平台提供数据共享。

基于人工智能和机器学习的应用在不断发展,一些从事相关技术研发的企业(如百度、腾讯等企业)或组织,通过 API 将自身的技术能力和资源开放给用户,通过建立 AI 开放平台,聚合合作伙伴,扩大影响力并实现技术的下沉,打造人工智能产业生态。开发人员能够方便地利用 AI 开放平台开发自己各种各样的应用。随着技术的不断进步,正在形成以 AI 开放平台为核心的人工智能 API 经济。

常用人工智能 API 有以下几个。

百度 API 网址为 https://cloud. baidu. com/doc/API/index. html。

腾讯 API 网址为 https://cloud. tencent. com/document/api。

阿里云 API 网址为 https://next. api. aliyun. com。

用友 API 网址为 https://api. yonyoucloud. com/apilink。

7.1.3   API 接入方法

各公司提供的 API 接口分付费和免费两种方式。付费的方式一般为"计次",即每次调用 API 接口,开发者都需要支付费用(不同的 API 公司价格不同)。

付费和免费接入 API 的方法相同,下面以天行数据免费 API 接入,查询生活常见的"花语"为例。

(1)注册。在浏览器中打开 https://www. tianapi. com/signup. html 页面填写注册信息,完成注册。

（2）登录，在"我的控制台"→"安全绑定"模块中绑定注册时填写的邮箱。

（3）在"数据管理"选项中单击"我的密钥 KEY"，复制 APIKEY（图 7.2）。

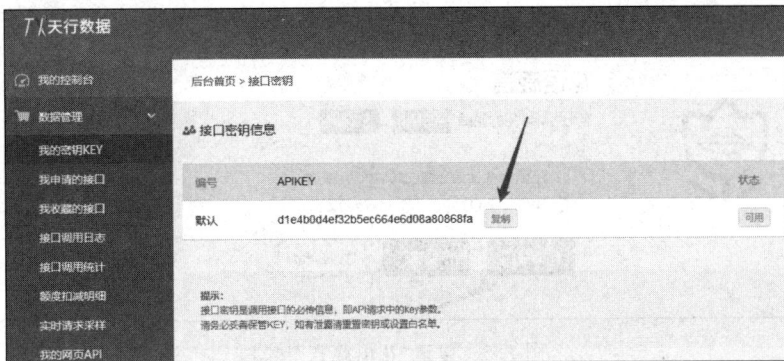

图 7.2 复制 APIKEY

（4）在"数据管理"选项中单击"我申请的接口"。在右侧的"我的接口列表"中单击"申请接口"按钮（图 7.3）。

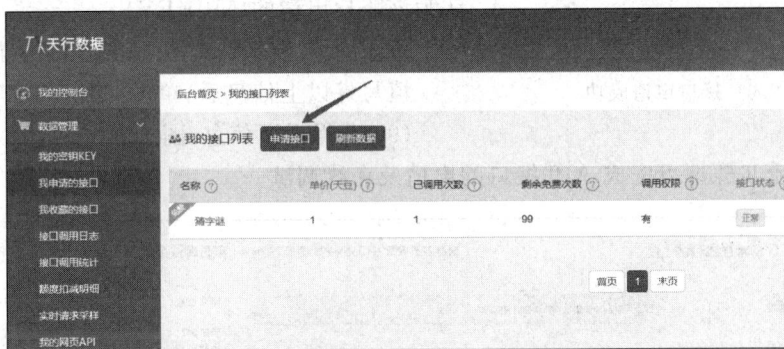

图 7.3 申请的接口

（5）在打开的页面中单击"花语箴言"（图 7.4）。

图 7.4 选择接口

（6）在打开的"花语箴言"页面中单击"申请接口"按钮（图7.5）。

（7）申请接口成功后，单击"立即调试"按钮（图7.6）。

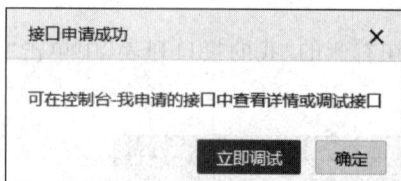

图7.5　申请"花语箴言"接口

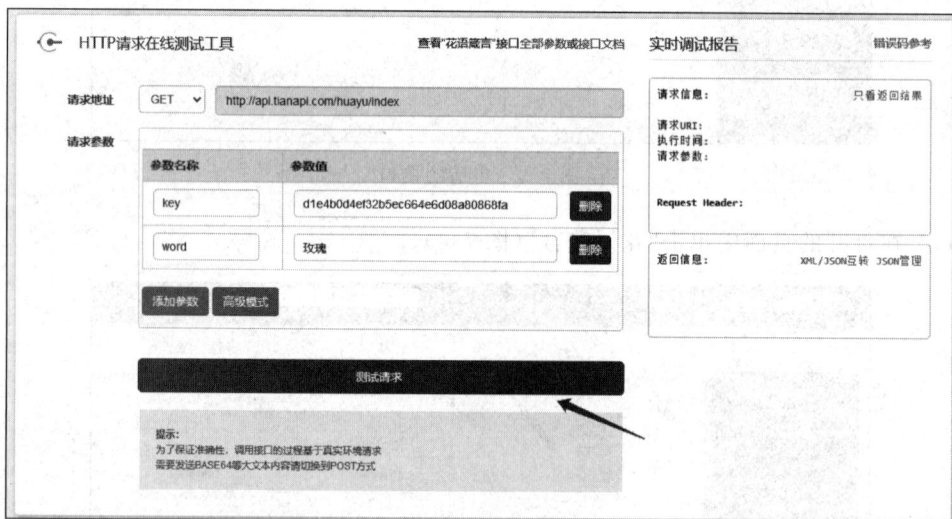

图7.6　接口申请成功

（8）使用 HTTP 请求在线测试工具，测试 API 接口（图7.7）。

① 请求参数 key：第三步复制的 APIKEY（默认为该账户申请的 APIKEY）。

② 请求参数 word：填写要查询的花的名称。填写好以上信息后，单击"测试请求"按钮。

（9）获得返回信息（图7.8）。

通过以上步骤即可完成 API 接口的申请及在线调试。

图7.7　HTTP 请求在线测试

练习 7-1　聊天机器人

以青云客人工智能聊天 API 为例，具体操作步骤如下。

（1）打开青云客 API 网址：http://api.qingyunke.com。

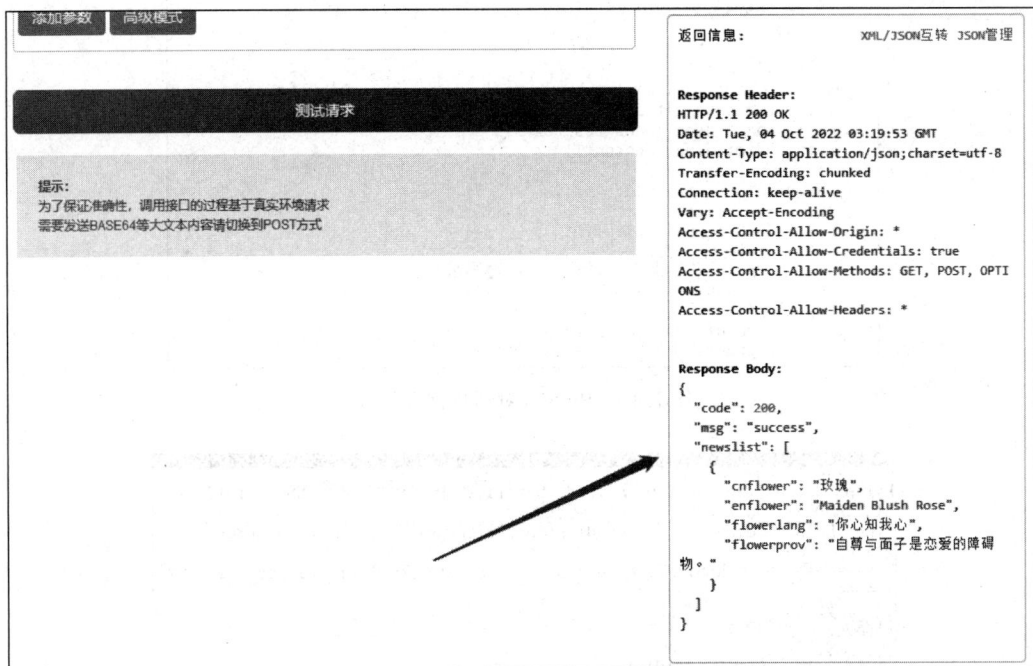

图 7.8　获得 API 结果信息

(2) 在接入指引中(图 7.9),复制请求示例的信息 http://api.qingyunke.com/api.php? key=free&appid=0&msg=你好。

接入指引　关键词示例

请求地址	http://api.qingyunke.com/api.php		
请求方式	GET	字符编码	utf-8
请求示例	http://api.qingyunke.com/api.php?key=free&appid=0&msg=你好		

参数	示例	说明
key	free	必需，固定值
appid	0	可选，0表示智能识别
msg	你好	必需，关键词，提交前请先经过 urlencode 处理

返回结果	{"result":0,"content":"你好，我就开心了"}

☆ 返回结果中{br}表示换行，请自行替换成需要的代码。

☆ 为保证接口稳定，调用频率请控制在200次/10分钟内，我们正在努力提供更稳定的服务

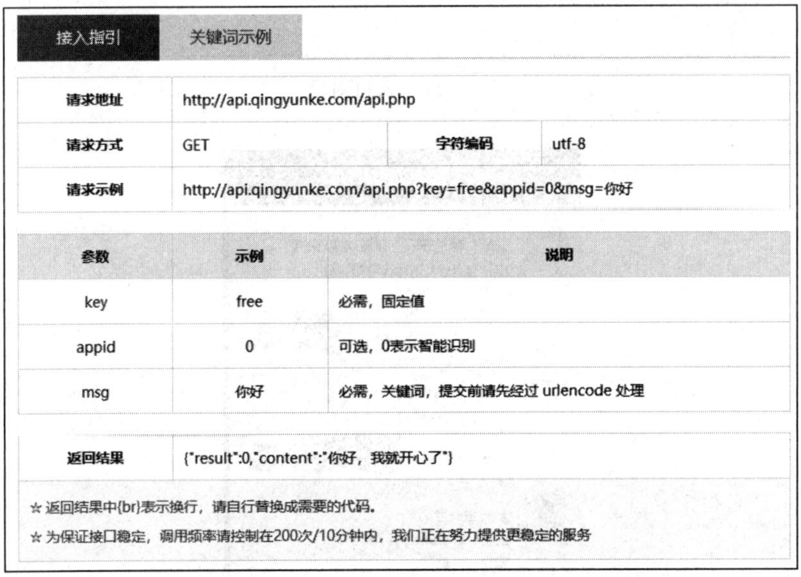

图 7.9　接入指引

(3) 在 Python 编辑器中输入以下代码(图 7.10)。

(4) 运行 Python 程序,实现人机对话(图 7.11)。

备注:青云客 API 网站中提供了"人工智能聊天 DEMO",可方便进行在线测试(图 7.12)。

```
import os
import requests
import json

def Ai_Talk(msg):
    api = 'http://api.qingyunke.com/api.php?key=free&appid=0&msg=' +msg
    res = requests.get(api)
    dict_json = json.loads(res.text)
    return dict_json['content']

if __name__ == '__main__':
    while True:
        info = input('我：')
        if info == '再见':
            print('机器人：再见，下次再聊哦！')
            break
        else:
            result = Ai_Talk(info)
            print('机器人：' + result)
```

图 7.10　Python 对话机器人程序

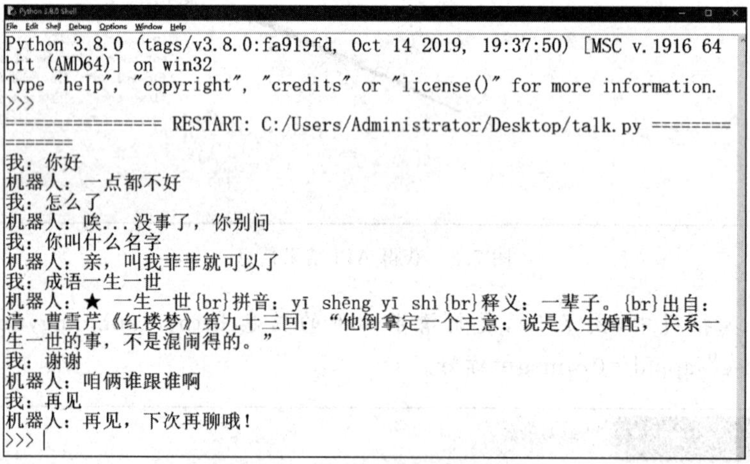

```
Python 3.8.0 (tags/v3.8.0:fa919fd, Oct 14 2019, 19:37:50) [MSC v.1916 64 bit (AMD64)] on win32
Type "help", "copyright", "credits" or "license()" for more information.
>>>
================ RESTART: C:/Users/Administrator/Desktop/talk.py ===============
我：你好
机器人：一点都不好
我：怎么了
机器人：唉...没事了，你别问
我：你叫什么名字
机器人：亲，叫我菲菲就可以了
我：成语一生一世
机器人：★ 一生一世{br}拼音：yī shēng yī shì{br}释义：一辈子。{br}出自：清·曹雪芹《红楼梦》第九十三回："他倒拿定一个主意：说是人生婚配，关系一生一世的事，不是混闹得的。"
我：谢谢
机器人：咱俩谁跟谁啊
我：再见
机器人：再见，下次再聊哦！
>>> |
```

图 7.11　人机对话

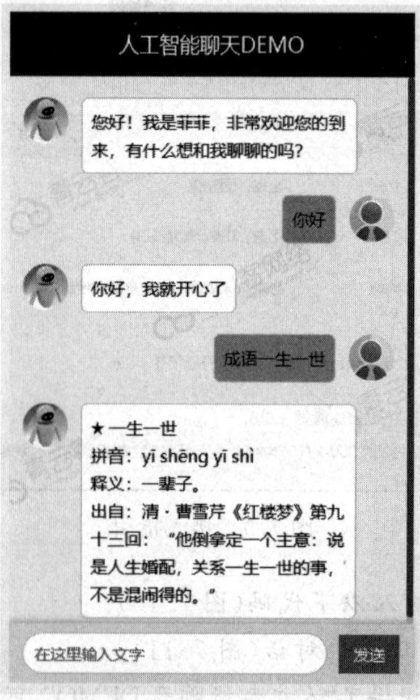

图 7.12　人工智能聊天 DEMO

任务 7.2 认知大数据：新型冠状病毒感染大数据可视化分析

任务描述

使用大数据可视化技术分析新型冠状病毒感染的趋势，了解大数据在工作、生活中的应用。

任务目标

➢ 了解什么是大数据。

➢ 了解大数据可视化平台。

➢ 熟悉大数据可视化平台分析方法。

7.2.1 认识大数据

在计算机、互联网快速普及的今天，我们每天都会在互联网上产生大量的数据，例如，使用手机社交 App 进行即时通信时会产生数据，手机观看的短视频也是数据，在电子商务平台浏览商品时也会产生数据……互联网每时每刻都在产生海量的数据。

2022 年 7 月 23 日，第五届数字中国建设峰会在福建省福州市举行。在开幕式上，国家网信办发布了《数字中国发展报告(2021 年)》，报告中指出，2017 到 2021 年，我国数据产量从 2.3ZB 增长至 6.6ZB，而 1ZB 数据就相当于 500 万亿张自拍照、2.5 万亿首 MP3 歌曲。这一数据产量在 2021 年全球占比 9.9%，位居世界第二。

数据的发展推动科技进步，海量数据给信息技术行业带来了新的机遇和挑战。

大数据(big data)，或称巨量资料，指的是所涉及的资料量规模巨大到无法透过主流软件工具，在合理时间内达到撷取、管理、处理，并整理成为帮助企业经营决策更积极目的的资讯。(资料来源：百度百科)

大数据是一种规模大到在获取、存储、管理、分析方面大大超出了传统数据库软件工具能力范围的数据集合，具有海量的数据规模、快速的数据流转、多样的数据类型和价值密度低四大特征。(资料来源：《麦肯锡全球研究》)

大数据的四个基本特征：数据量大(volume)、类型多样(variety)、价值密度(value)和高速(velocity)。

(1) 数据量大。大数据最明显的特征就是其庞大的数据规模。随着信息技术的发展，互联网规模的不断扩大，每个人的生活都被记录在了大数据之中，由此数据本身呈爆发性增长。其中大数据的计量单位也逐渐发展，现如今对大数据的计量已达到 ZB 规模，如图 7.13 所示。

(2) 类型多样。在数量庞大的互联网用户等因素的影响下，大数据的来源十分广泛，因此大数据的类型

Byte	1B= 1024b
KB	1KB= 1024B
MB	1MB= 1024KB
GB	1GB= 1024MB
TB	1TB= 1024GB
PB	1PB= 1024TB
EB	1EB= 1024PB
ZB	1ZB= 1024EB

图 7.13 数据计量单位

也具有多样性,如音频、视频、图片、地理位置等。大数据由因果关系的强弱可以分为三种,即结构化数据、非结构化数据、半结构化数据,它们统称为大数据。

(3)价值密度。大数据所有的价值在大数据的特征中占核心地位,大数据的数据总量与其价值密度的高低成反比,同时对于任何有价值的信息,都是在处理海量的基础数据后提取的。如某地交通密集路口发生了一起严重的交通事故,交警调取了这起事故的视频画面,但有效的视频画面仅仅只有十几秒。

(4)高速。大数据的高速特征主要体现在数据数量的迅速增长和处理上。通过算法对数据的逻辑快速处理,可从各种类型的数据中快速获得高价值的信息,与传统的数据挖掘技术有着本质的不同。在互联网和云计算等方式的作用下,大数据得以迅速生产和传播,此外由于信息的时效性,还要求在处理大数据的过程中要快速响应,无延迟输入、提取数据。

7.2.2 大数据的应用

使用"巨量算数"平台,查看电影"隐入尘烟"的相关热度与风向。具体操作步骤如下。

(1)在浏览器中打开"巨量算数"首页,网址为 https://trendinsight.oceanengine.com。

(2)单击网站导航栏中的"算数指数",在"算数指数"页面的搜索框中输入关键词"隐入尘烟"后,单击"搜索"按钮(图7.14)。

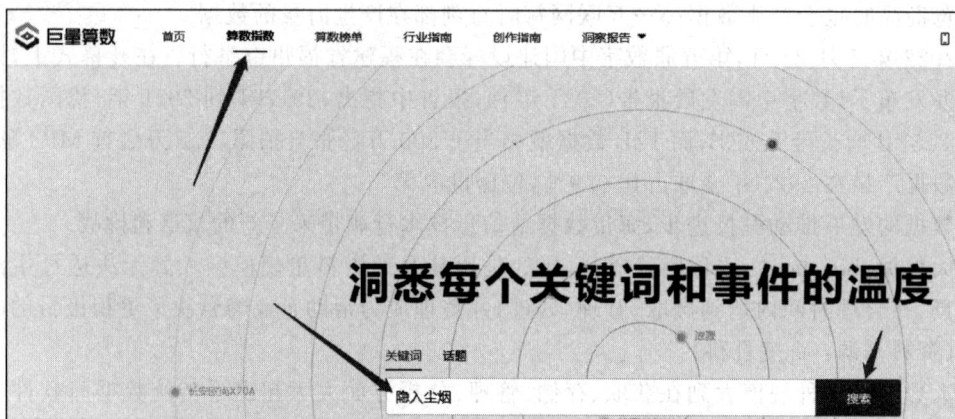

图 7.14 算数指数

(3)在打开的搜索页面选择"样本",其中样本包括地域(如全国或其他省份)、时间、平台(如抖音或头条),查看相关趋势(图7.15)。

(4)单击"关联分析"选项卡,查看与"隐入尘烟"相关的搜索(图7.16)。

(5)单击"人群画像"选项卡,查看"隐入尘烟"搜索人群的地域分布(图7.17)。

(6)单击"人群画像"选项卡,查看"隐入尘烟"搜索人群的年龄分布(图7.18)和性别分布(图7.19)。

练习 7-2 新型冠状病毒感染大数据可视化分析

(1)在浏览器中打开网址 https://voice.baidu.com/act/newpneumonia/newpneumonia/?from=osari_aladin_banner。

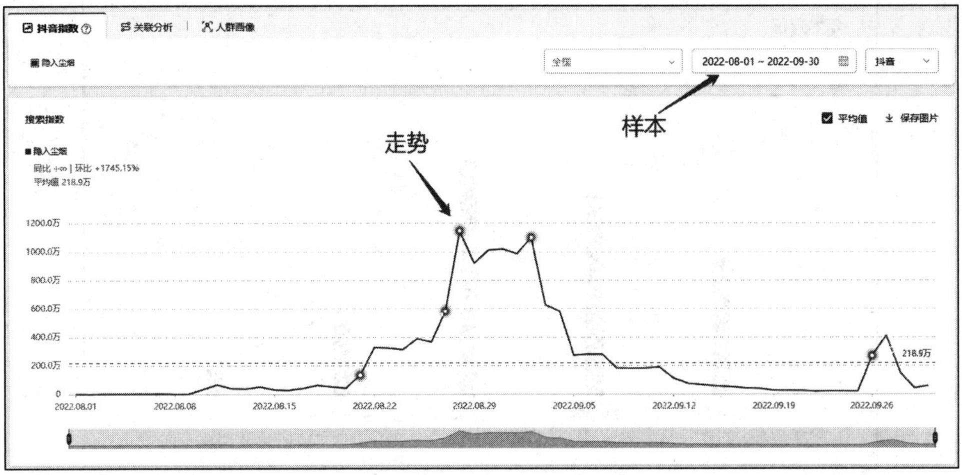

图 7.15 搜索指数

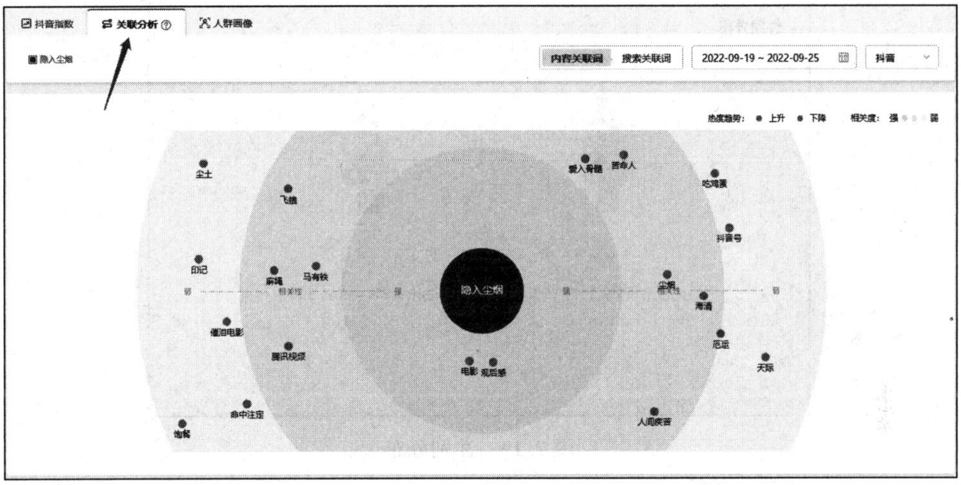

图 7.16 关联分析

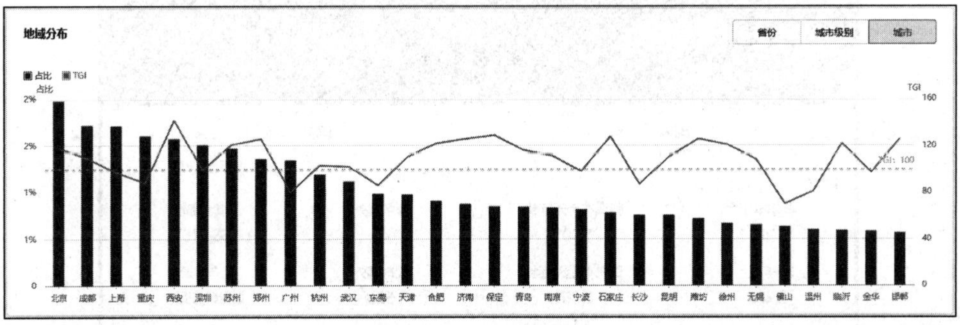

图 7.17 地域分布

（2）打开新型冠状病毒感染实时大数据报告页面（图 7.20）。

（3）查看"现有确诊"部分。

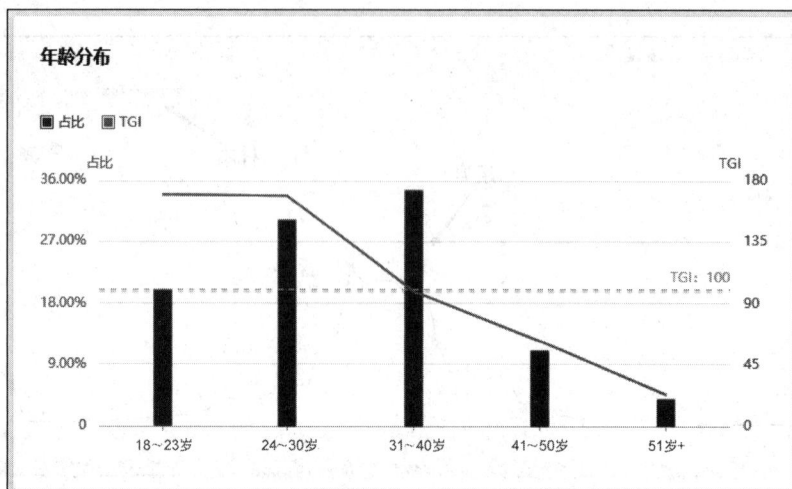

图 7.18　年龄分布

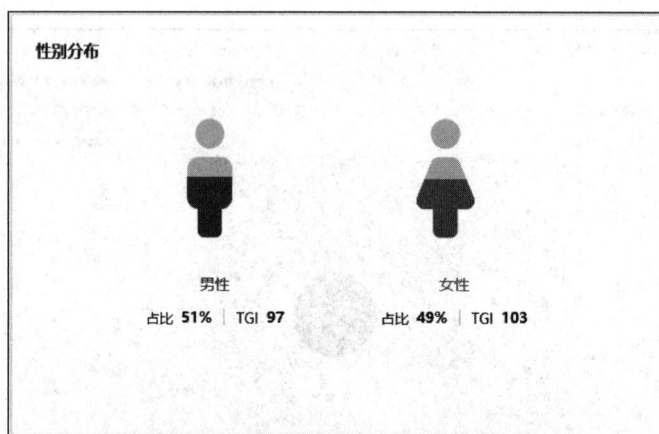

图 7.19　性别分布

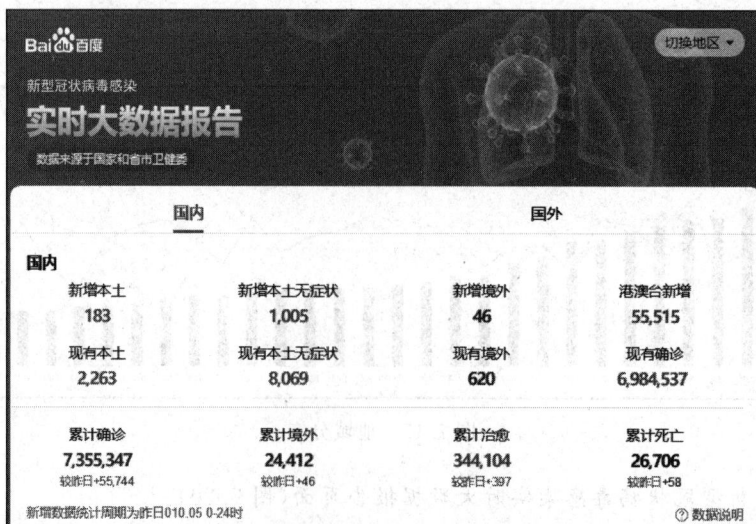

图 7.20　新型冠状病毒感染实时大数据报告

（4）查看"新增本土趋势"，可选择按日查看或按月查看。单击新增本土趋势图下方的"境外输入新增趋势""境外输入省级 TOP10"按钮，可以切换查看对应趋势（图 7.21）。

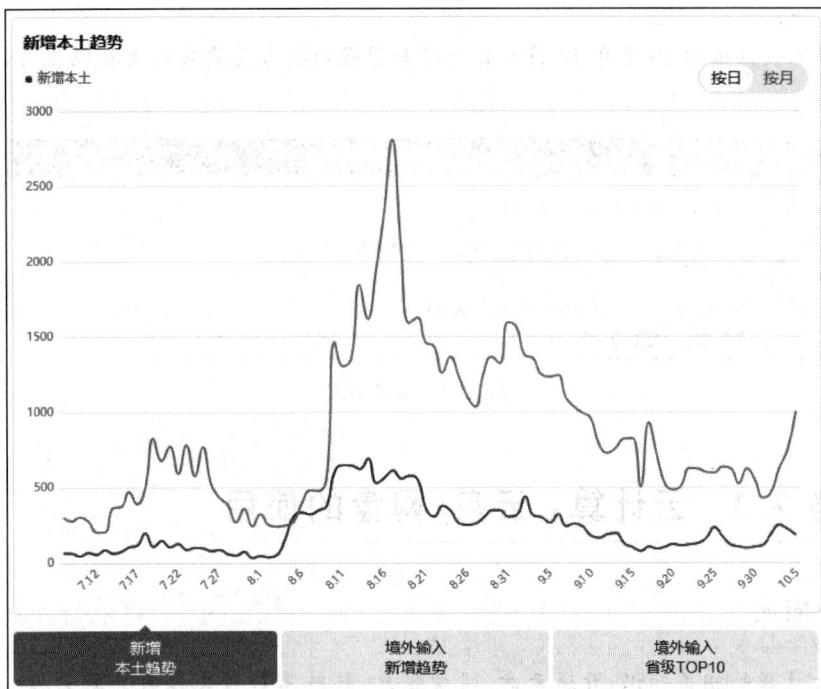

图 7.21　新增本土趋势

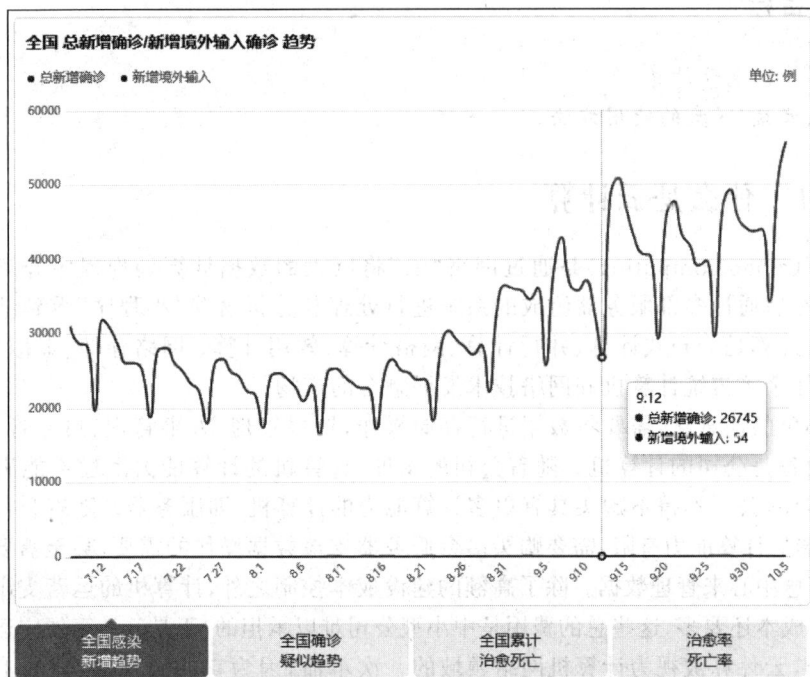

图 7.22　全国总新增确诊/新增境外输入确诊趋势

（5）查看"全国总新增确诊/新增境外输入确诊趋势"，单击趋势图下方的"全国感染新增趋势""全国确诊疑似趋势""全国累计治愈死亡""治愈率死亡率"按钮，可以切换查看对应趋势（图 7.22）。

注：以上数据来源 2022 年 10 月 6 日百度新型冠状病毒感染实时大数据报告，如图 7.23 所示。

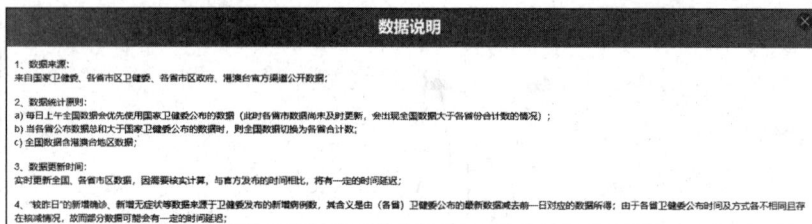

图 7.23　数据说明

任务 7.3　云计算：云盘/网盘的使用

任务描述

了解云计算的相关知识，开通云盘/网盘账户，熟练掌握将文件存储到云盘/网盘、管理云盘/网盘文件、分享云盘/网盘文件、从云盘/网盘下载文件。

任务目标

➤ 了解什么是云计算。
➤ 掌握云盘/网盘的使用方法。

7.3.1　什么是云计算

云计算（cloud computing）是通过网络"云"将巨大的数据计算处理程序分解成无数个"小程序"，然后通过多部服务器组成的系统进行处理和分析这些"小程序"得到结果并返回给用户。云计算是分布式计算、并行计算、网格计算、效用计算、网络存储、虚拟化、负载均衡、热备份冗余等传统计算机和网络技术发展融合的产物。

公司办公的信息化，需要将数据进行存储操作，销售管理、人事管理、财务管理、基础数据管理的设备是公司的计算机。随着公司的发展，计算机的计算能力远远不能满足这些数据的操作需要，公司不得不购买具有更多计算能力的计算机，即服务器。随着公司的进一步发展，服务器的计算能力有限，需要购买多台服务器支撑数据操作的需要，甚至需要建设多个服务器的信息中心来管理数据。除了高额的建设成本控制之外，计算机的运营支出甚至要比公司的生产成本还要多，这些总的费用是中小型公司难以承担的，于是云计算便应运而生了。

现如今，云计算被视为计算机网络领域的一次革命，因为它的出现，社会的工作方式和商业模式也在发生巨大的改变。中国信息通信研究院于近日发布的《云计算白皮书（2022 年）》中显示：2021 年中国云计算总体处于快速发展阶段，市场规模达 3229 亿元，较 2020 年增长

54.4％。其中,公有云市场规模增长70.8％至2181亿元,有望成为未来几年中国云计算市场增长的主要动力;私有云市场则突破千亿元大关,同比增长28.7％至1048亿元。

当前,我国云计算市场既有以运营商为支撑的天翼云、移动云、联通云;也有以互联网大厂为代表的阿里云、腾讯云、华为云等。国际分析机构Canalys此前发布的2021年中国云计算市场报告显示,中国的云基础设施市场规模已达1854亿元,由阿里云、华为云、腾讯云和百度智能云组成的"四朵云"占据80％的中国云计算市场。运营商方面,2021年财报数据显示,中国电信天翼云、移动云、联通云营收分别达到279亿元、242亿元、163亿元,分别同比大增102％、114％、46.3％。

7.3.2 云计算应用:百度网盘的使用

1. 百度网盘账号注册及登录

(1) 在浏览器中打开网址https://pan.baidu.com,单击"去登录"按钮(图7.24)。

图 7.24 百度网盘网站

(2) 在弹出的对话框中,单击右下角的"立即注册"链接(图7.25)。

(3) 在打开的注册页面(图7.26)。按要求输入用户名、手机号码、密码、验证码后,选中"阅读并接受《百度用户协议》"前面的复选框,单击"注册"按钮完成百度网盘账号的注册。

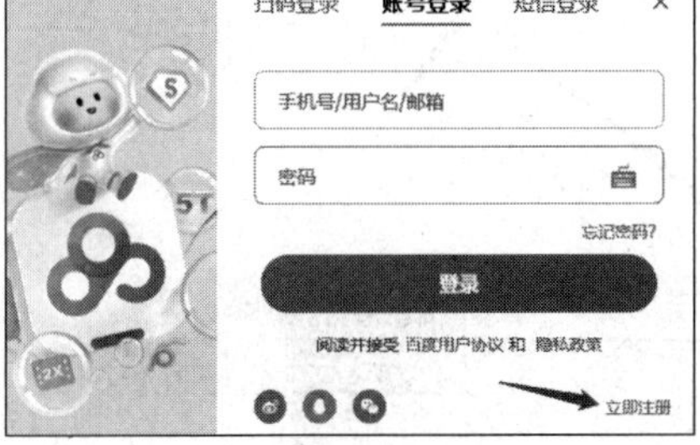

图 7.25 登录页面

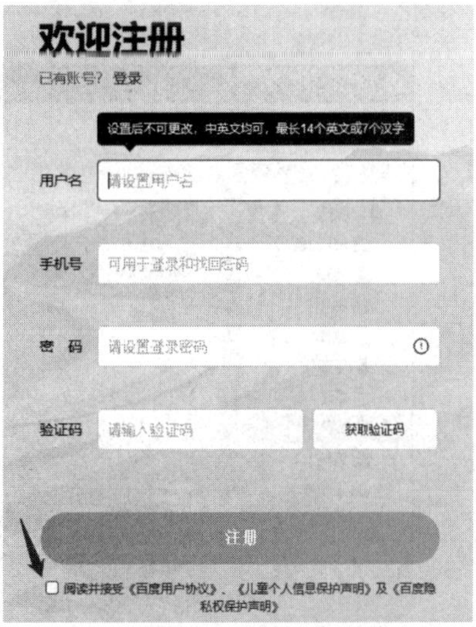

图 7.26 注册页面

（4）注册成功后，输入账号、密码，登录百度网盘（图7.27）。

图 7.27　百度网盘主界面

2．上传文件操作步骤

（1）登录百度网盘后，单击左侧导航"文件"选项，在打开的右侧面板中，鼠标放在"上传"按钮 ⬆上传 ，在弹出的快捷菜单中选择"上传文件"（图7.28）。

（2）在弹出的"打开"对话框中选择要上传的文件后，单击右下角的"打开"按钮（图7.29）。

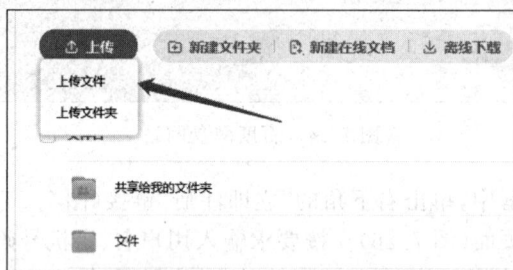

图 7.28　"上传文件"菜单

图 7.29　选择上传文件

（3）在弹出的传输列表中查看文件是否上传成功（图 7.30）。

图 7.30 传输列表

（4）文件上传成功后，显示在"全部文件"列表中（图 7.31）。

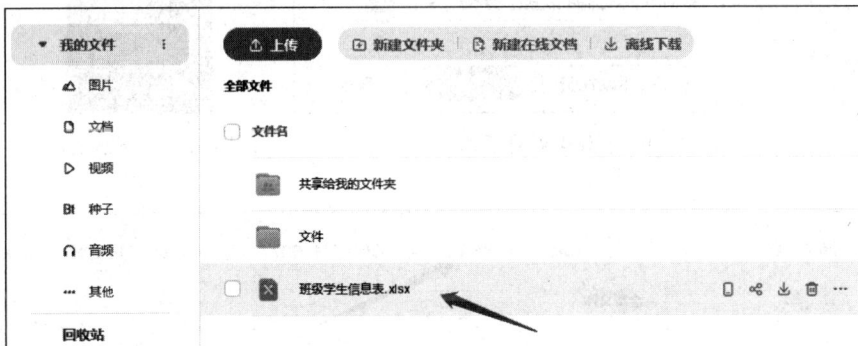

图 7.31 上传成功

3. 下载文件操作步骤

（1）选中要下载的文件后，在弹出的选项卡中单击"下载"按钮（图 7.32）。或将鼠标指针指向放在要下载的文件，在文件名后面弹出的快捷菜单中单击"下载"按钮（图 7.33）。

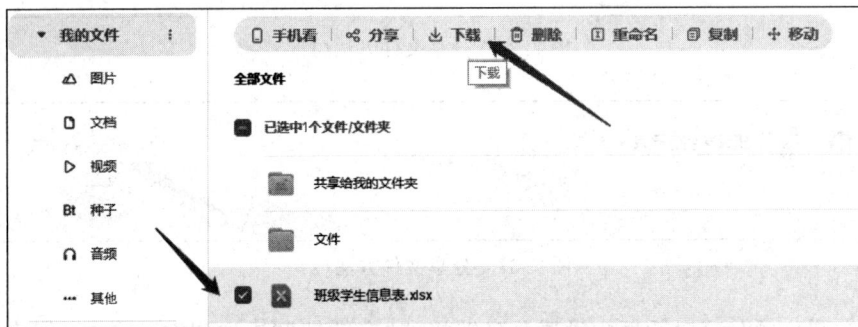

图 7.32 下载文件方法（1）

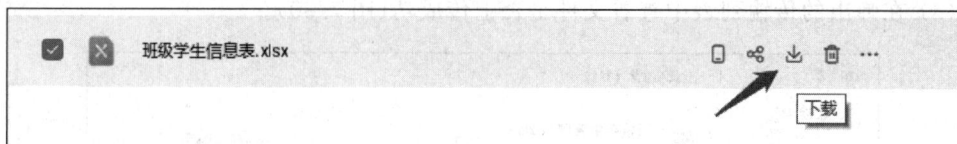

图 7.33　下载文件方法(2)

(2) 在弹出下载对话框(以 360 浏览器为例)中选择文件保存的路径(可以单击"浏览"按钮,选择文件保存的路径)后,单击"下载"按钮(图 7.34)。

(3) 下载文件成功(图 7.35)。

4. 分享文件操作步骤

(1) 选中要分享的文件后,在弹出的选项卡中单击"分享"按钮(图 7.36)。或将鼠标指针指向要分享的文件,在文件名后面弹出的快捷菜单中单击"分享"按钮(图 7.37)。

图 7.34　下载文件对话框

图 7.35　下载成功

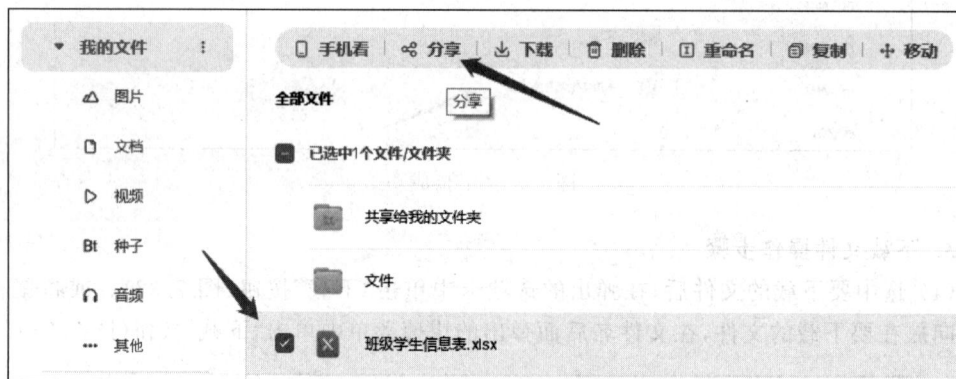

图 7.36　分享文件方法(1)

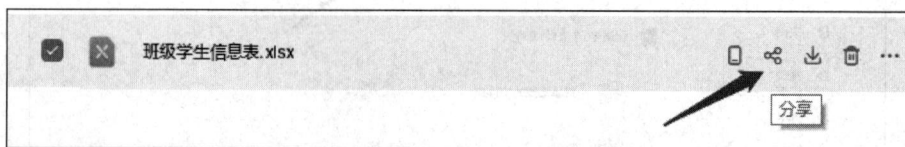

图 7.37　分享文件方法(2)

(2) 在弹出的分享对话框中设置分享链接的"有效期""提取码"后,单击"创建链接"按钮(图 7.38)。

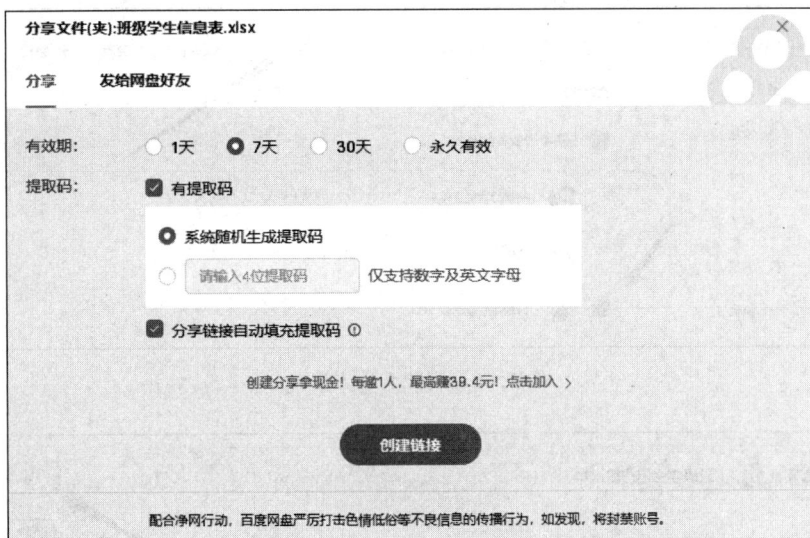

图 7.38 创建分享文件链接

（3）在弹出的"创建链接成功"对话框中单击"复制链接及提取码"按钮，可将链接及提取码复制。或单击对话框右侧的"下载二维码"按钮，将链接二维码保存到计算机中（图 7.39）。

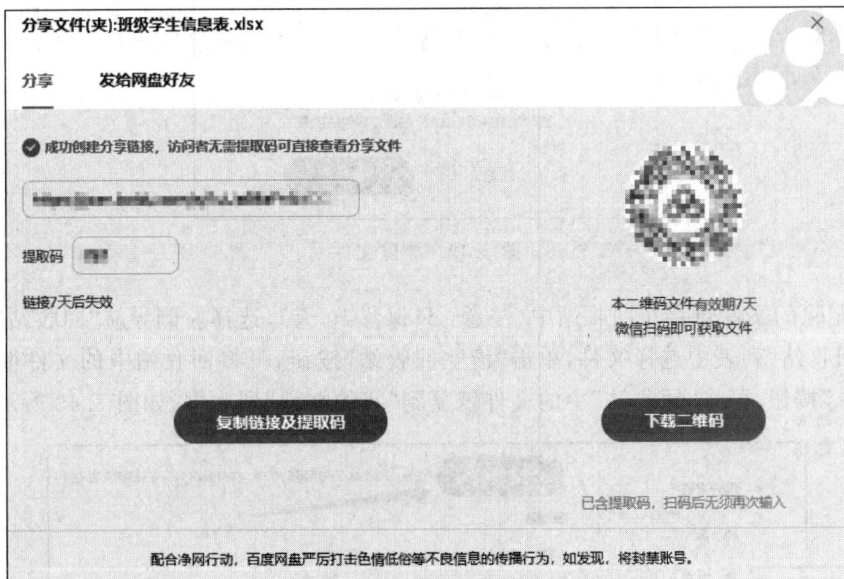

图 7.39 创建分享文件链接

（4）将复制的分享链接或链接二维码发送给其他用户，完成百度文件的分享。其他用户根据收到的分享链接或二维码，可查看或下载分享文件。

5. 删除文件操作步骤

（1）选中要删除的文件后，在弹出的选项卡中单击"删除"按钮（图 7.40）。或将鼠标指针指向要删除的文件，在文件名后面弹出的快捷菜单中单击"删除"按钮（图 7.41）。

（2）在弹出的"确定删除"对话框中单击"删除"按钮（图 7.42）。

图 7.40   删除文件方法(1)

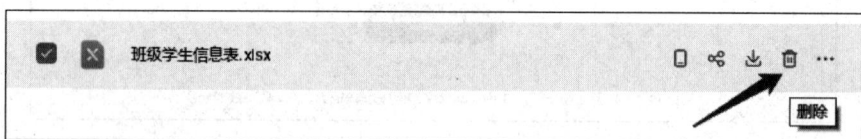

图 7.41   删除文件方法(2)

图 7.42   删除文件

(3) 删除的文件暂存在回收站中(注意：只保留 10 天)，选择左侧导航"回收站"，在右侧打开的"回收站"列表中选择文件，单击"清空回收站"按钮，可将回收站中的文件彻底删除；单击"还原"按钮，可将"回收站"中的文件恢复到"我的文件"列表中，如图 7.43 所示。

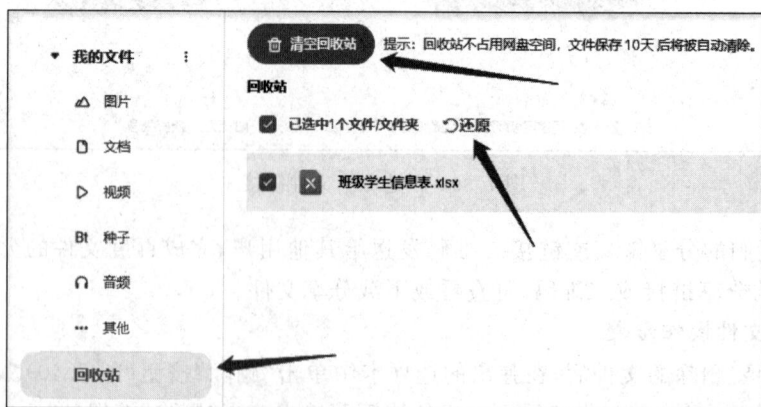

图 7.43   回收站

➡ 任务 7.4　区块链：阿里云蚂蚁区块链的创建

📋 任务描述

了解区块链服务 BaaS，快速创建阿里云蚂蚁区块链。

🗄 任务目标

- ➤ 了解区块链。
- ➤ 了解区块链服务 BaaS。
- ➤ 了解阿里云蚂蚁区块链的创建。

7.4.1　什么是区块链

区块链就是一个又一个区块组成的链条，每一个区块中保存了一定的信息，它们按照各自产生的时间顺序连接成链条。这个链条被保存在所有的服务器中，只要整个系统中有一台服务器可以工作，整条区块链就是安全的。这些服务器在区块链系统中被称为节点，它们为整个区块链系统提供存储空间和算力支持。如果要修改区块链中的信息，必须征得半数以上节点的同意并修改所有节点中的信息，而这些节点通常掌握在不同的主体手中，因此篡改区块链中的信息是一件极其困难的事。相比于传统的网络，区块链具有两大核心特点：一是数据难以篡改，二是去中心化。基于这两个特点，区块链所记录的信息更加真实可靠，可以帮助解决人们互不信任的问题。（资料来源：百度百科）

区块链概念最早是从比特币衍生而来的，2008 年 11 月，一位自称"中本聪"的人发表了《比特币：一种点对点的电子现金系统》，阐述了基于 P2P 网络技术、加密技术、时间戳技术、区块链技术等的电子现金系统的构架理念。2009 年 1 月第一个序号为 0 的创世区块诞生。几天后出现序号为 1 的区块，并与序号为 0 的创世区块相连接形成了链，标志着区块链的诞生。

区块链是一种安全的去中心化数据账本，不可篡改的账本。记录网络中交易数量，资产跟踪。资产可以是有形的，大到一栋房子，小到一粒芝麻。资产也可以是无形的知识版权，只要有价值都可以依托区块链网络进行交易、跟踪，从而降低交易风险，交易成本。

7.4.2　区块链服务 BaaS

BaaS(blockchain as a service, BaaS)：区块链即服务，是指将区块链框架嵌入云计算平台，利用云服务基础设施的部署和管理优势，为开发者提供便捷、高性能的区块链生态环境和生态配套服务，支持开发者的业务拓展及运营支持的区块链开放平台。

以阿里云区块链服务为例，阿里云区块链服务是一种基于主流区块链技术的企业级PaaS(platform as a service)平台服务，帮助用户快速构建更稳定、安全的生产级区块链环境，减少在区块链部署、运维、管理、应用开发等方面的挑战，使用户更专注于核心业务创新，并实现业务快速上链。

阿里云区块链服务支持主流开源区块链技术 Hyperledger Fabric、企业以太坊 Quorum,以及具备核心技术能力的金融级别技术蚂蚁区块链,满足多种用户需求。

(1)蚂蚁区块链:是阿里云自主研发的高性能、全球部署、极强隐私保护的金融级联盟区块链技术。

(2)Hyperledger Fabric:是由 Linux 基金会托管的开源企业级区块链技术,是开放式、标准化的区块链技术生态的代表。

(3)企业以太坊 Quorum:是摩根大通(J. P. Morgan)基于以太坊开发的面向企业场景、符合 EEA(Enterprise Ethereum Alliance)规范的开源企业级区块链技术。

7.4.3 创建"蚂蚁区块链"

阿里云区块链通过引入 P2P 网络、共识算法、虚拟机、智能合约、密码学、数据存储等技术特性,构建一个稳定、高效、安全的图灵完备智能合约执行环境,提供账户的基本操作以及面向智能合约的功能调用。基于阿里云区块链提供的能力和功能特性,应用开发者能够完成基本的账户创建、合约调用、结果查询、事件监听等。

阿里云区块链逻辑架构图如图 7.44 所示。

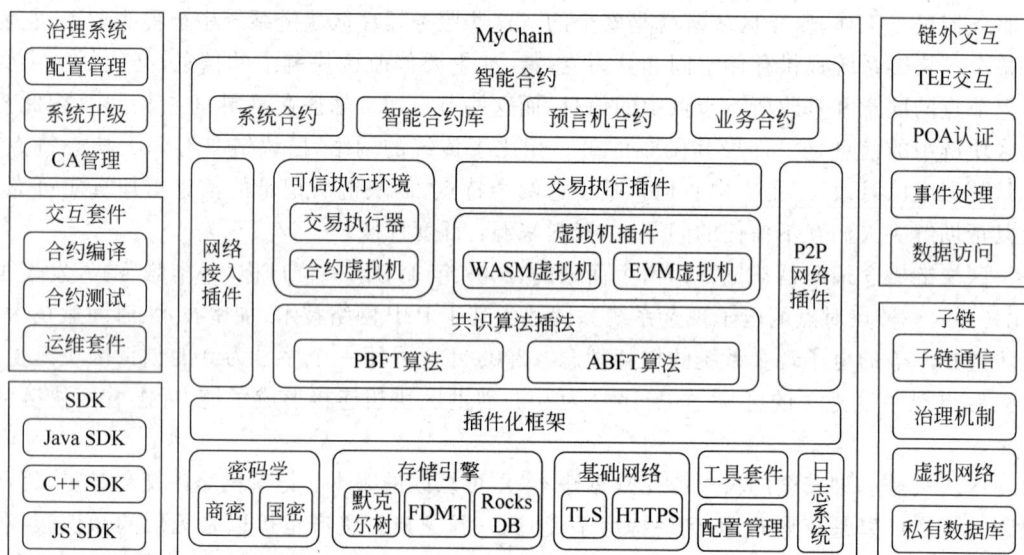

图 7.44　阿里云区块链逻辑架构图

创建阿里云"蚂蚁区块链"步骤如下。

(1)登录阿里云平台,网址为 https://www.aliyun.com。

(2)访问 BaaS 控制台,网址为 https://baas.console.aliyun.com。

(3)在"蚂蚁区块链"分类中选择"概览",在右侧"概览"中选择合约体验链,单击"免费试用"按钮(图 7.45)。

(4)生成证书和密钥,并创建账户。BaaS 平台提供自动生成密钥和证书和手动生成密钥和证书两种方式。推荐使用安全、便捷的自动生成方式(图 7.46)。

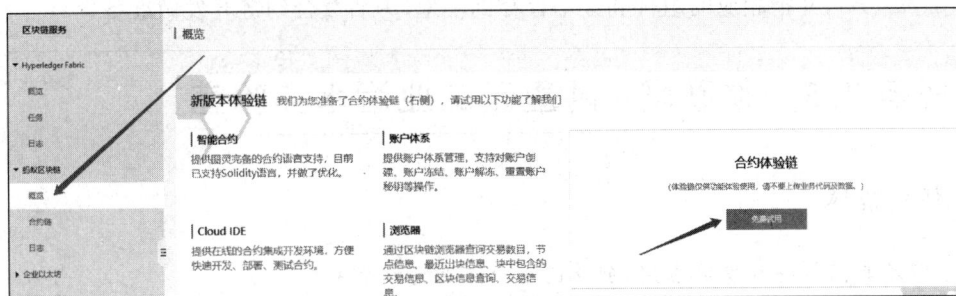

图 7.45 蚂蚁区块链概览

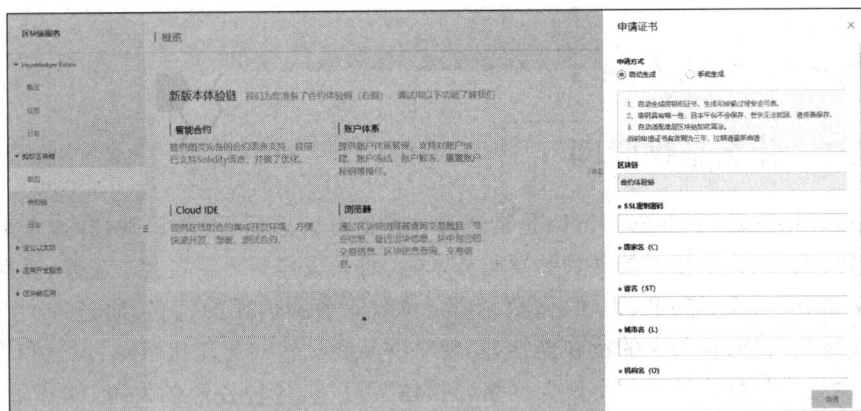

图 7.46 申请证书

（5）填写相关信息后，单击"申请"按钮，生成证书和私钥（图 7.47）。

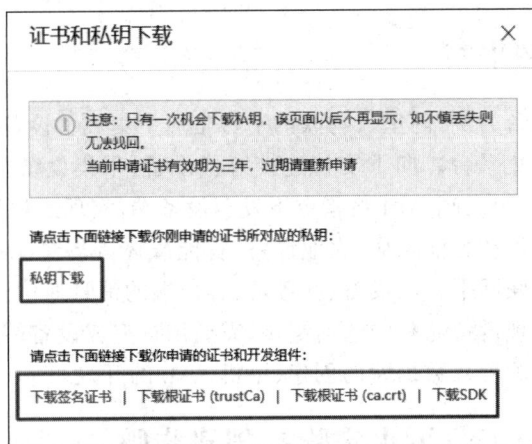

图 7.47 证书和私钥下载

注意：

① 证书有效期为三年，过期后需重新申请。

② 私钥只有一次下载机会，务必妥善保存，离开页面后不能再找回。

（6）证书、账户申请成功后，依次下载签名证书、下载 SDK、下载根证书（trustCa）、下载根证书(ca. crt),并把相应的组件和证书保存到本地,为后续合约链开发做准备。

任务7.5 物联网:阿里云工业污水实验室

任务描述

了解物联网相关知识及应用,创建阿里云工业污水实验室。

任务目标

➢ 了解物联网。

➢ 了解阿里云工业污水实验室的创建。

7.5.1 什么是物联网

物联网(internet of things,IoT)是指通过各种信息传感器、射频识别技术、全球定位系统、红外感应器、激光扫描器等各种装置与技术,实时采集任何需要监控、连接、互动的物体或过程,采集其声、光、热、电、力学、化学、生物、位置等各种需要的信息,通过各类可能的网络接入,实现物与物、物与人的泛在连接,实现对物品和过程的智能化感知、识别和管理。

物联网是物与物连接的一个巨大网络,"物体"可以是各种各样的设备,如穿戴设备、汽车、家用电器等。物联网使这些对象能够连接和交换数据。物联网正在影响我们的生活方式,如使用智能手机控制机器人,获取房间中的火灾报警传感器数据,使用智能手表来跟踪身体状况等,物联网已经融入我们日常生活的方方面面。

7.5.2 物联网平台

以阿里云物联网平台为例,阿里云物联网平台是一个集成了设备管理、数据安全通信和消息订阅等能力的一体化平台。向下支持连接海量设备,采集设备数据上云;向上提供云端API,服务端可通过调用云端API将指令下发至设备端,实现远程控制。

阿里云物联网平台可在智能家居、农业设备、智能媒体等场景中应用,提升各应用场景的用户体验。阿里云物联网平台与设备、服务端、客户端的消息通信流程如图7.48所示。

使用物联网平台实现设备完整的通信链接,需要用户完成设备端的设备开发、云端服务器的开发(云端SDK的配置)、数据库的创建、手机App的开发。

7.5.3 阿里云工业污水实验室创建步骤

(1) 登录阿里云平台,网址为 https://www.aliyun.com。

(2) 访问阿里云物联网平台,网址为 https://www.aliyun.com/product/iot。

(3) 在阿里云物联网平台页面的产品规格中,单击"公共实例"中的"立即试用"按钮(图7.49)。

(4) 在打开的应用开发页面,在"应用开发"选项右侧单击"设备接入",在弹出的内容中

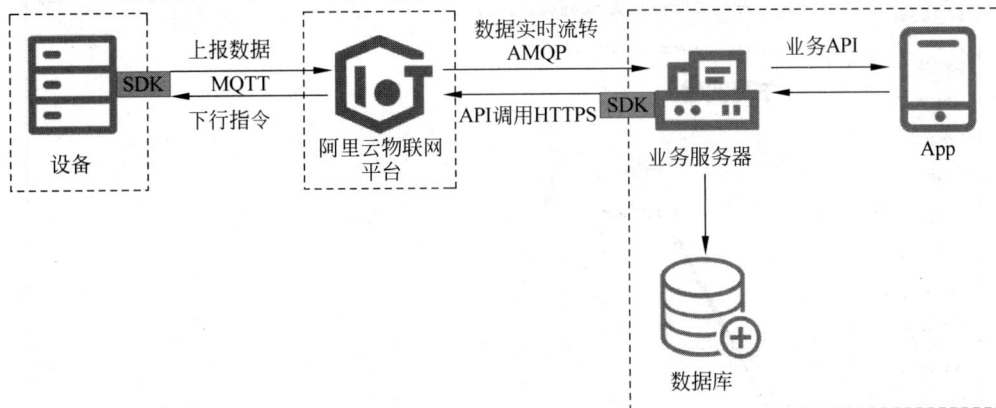

图 7.48 阿里云物联网平台工作原理

单击"设备接入"按钮(图 7.50)。

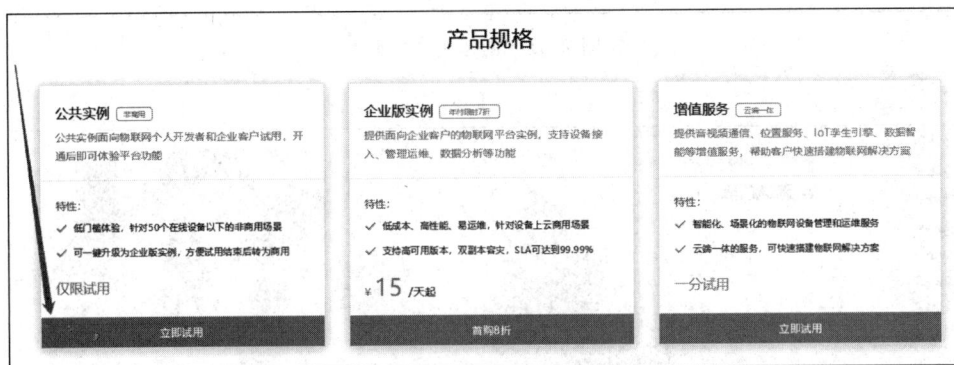

图 7.49 试用公共实例

图 7.50 设备接入

(5)打开的物联网平台公共实例页面,单击"仿真实验",在"仿真实验"中单击"创建仿真场景"(图 7.51)。

(6)在弹出的内容中单击"开始生成"按钮,一键生成工业污水处理仿真场景(图 7.52)。

(7)生成工业污水实验室(图 7.53)。

(8)在场景应用(仿真)模块的"污水处理场景"中,单击"前往体验"按钮(图 7.54)。

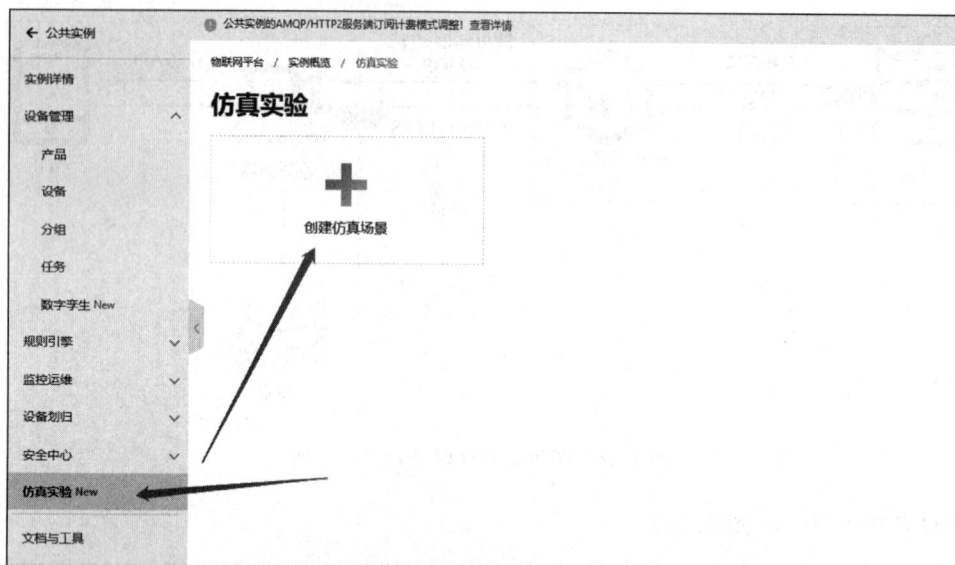

图 7.51　创建仿真实验

图 7.52　一键生成工业污水处理仿真场景

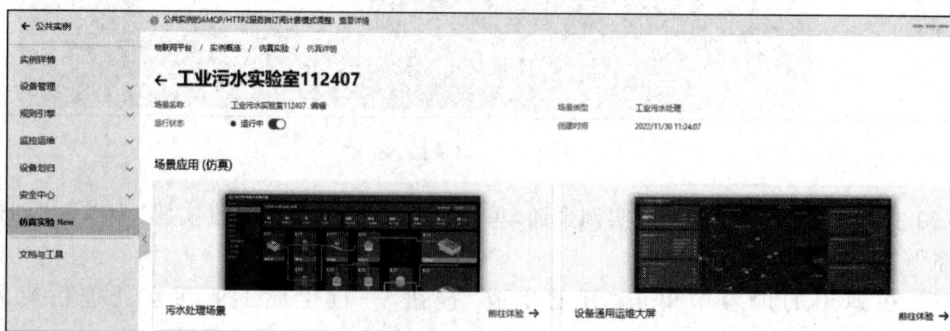

图 7.53　工业污水实验室

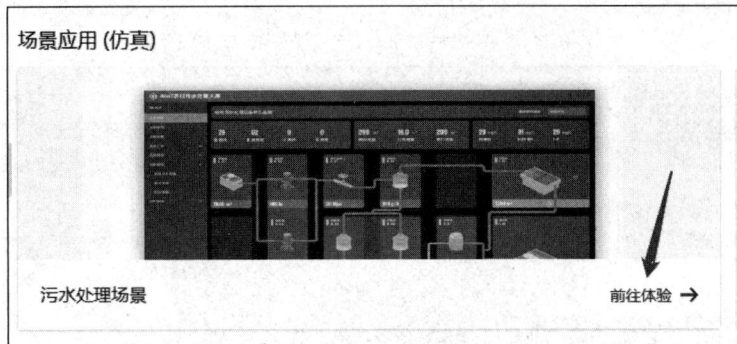

图 7.54　污水处理场景

（9）进入 Web 可视化开发界面，可进行在线开发（图 7.55）。

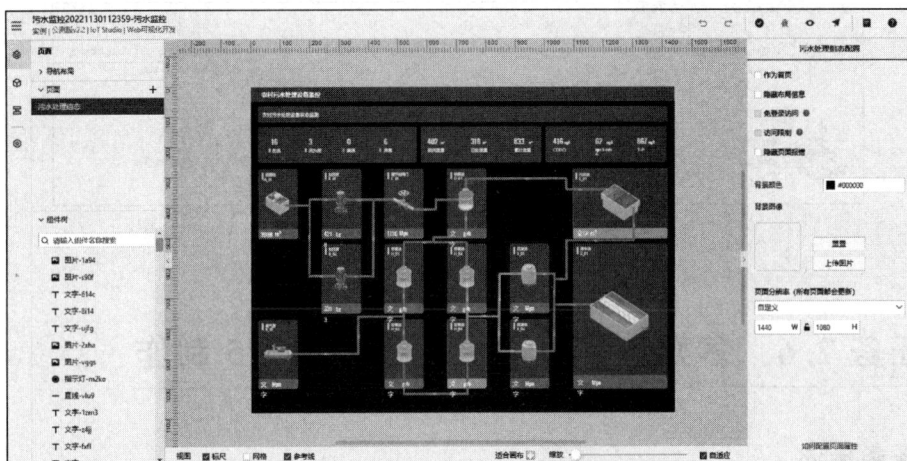

图 7.55　污水处理场景 Web 可视化开发

（10）在场景应用（仿真）模块的"设备通用运维大屏"中，单击"前往体验"按钮，如图 7.56 所示。

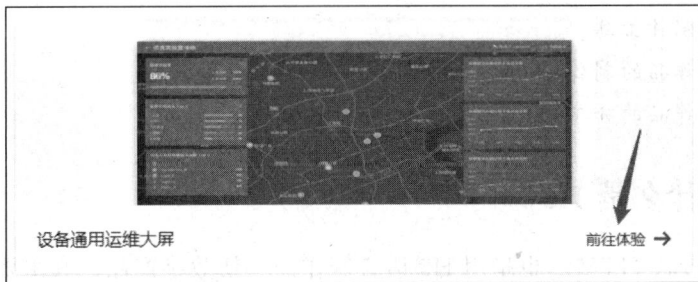

图 7.56　设备通用运维大屏（1）

（11）进入设备通用运维界面，可实时查看数据（图 7.57）。

注：当前污水实验室场景效果是基于图 7.58 所示的"场景产品""产品物模型""场景设备""模拟设备数据上报"资源，单击对应资源，可以查看资源具体详情。

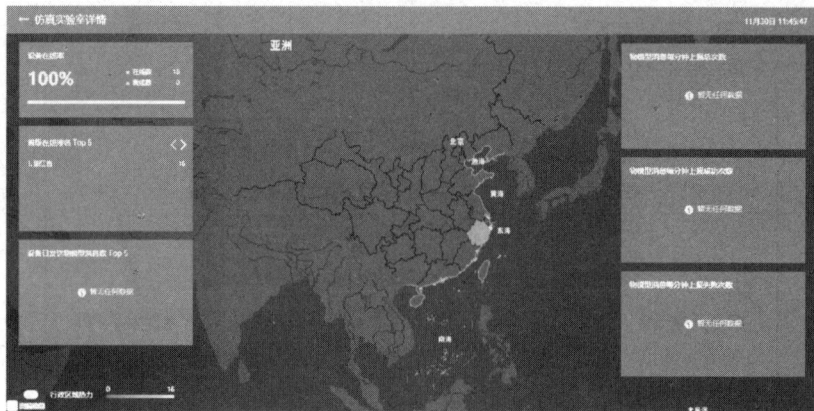

图 7.57   设备通用运维大屏(2)

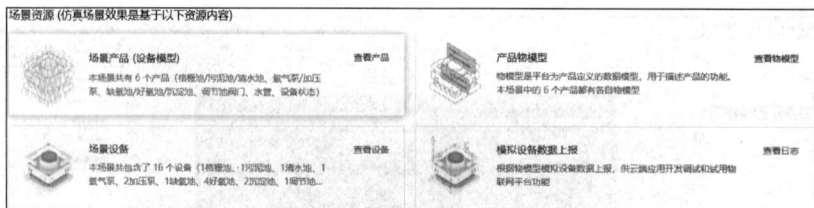

图 7.58   设备通用运维大屏(3)

任务 7.6   多媒体：同学聚会邀请函 H5 制作

任务描述

使用计算机多媒体技术制作同学聚会邀请函,并将作品通过微信分享给好友。

任务目标

➢ 了解 H5 制作工具。
➢ 掌握 H5 作品的制作、发布。
➢ 掌握 H5 作品的分享。

7.6.1   什么是 H5

H5 是指第 5 代 HTML,也指用 H5 语言制作的一切数字产品。其主要的目标是将互联网语义化,以便更好地被人类和机器阅读,并同时提供更好的支持各种媒体的嵌入。H5 类似于动态海报,页面中的每一个元素都能够是动态性的,以动画方式呈现,相比于静态海报来说可以更好地吸引用户。H5 页面无须下载,不占内存,用户可以通过分享的链接进入网页,H5 页面的可传播性强,通过朋友圈分享传播可以产生大量的流量。

随着各种移动设备的普及,H5 页面也越来越受欢迎。不同于传统的网站制作,H5 页面只有一个自上而下的页面,也可以理解为搭配了各种图片、视频、文字等的一个网页,设计十分有趣。

7.6.2　H5 在线制作工具

H5 在线制作工具有很多,每个平台的功能、操作大同小异,区别在于模板、素材的分类和数量,用户可以根据自己的喜好,选择 H5 制作工具 。

常用的 H5 在线制作工具有易企秀等,读者可以自行上网搜索。

7.6.3　同学聚会邀请函 H5 制作

下面以"图怪兽"H5 在线制作工具为例,制作"同学聚会邀请函"。具体操作步骤如下。

(1) 在浏览器中打开网址 https://818ps.com(图 7.59)。

图 7.59　图怪兽在线制作网站

(2) 单击网页右上角的"登录/注册"按钮 ,弹出"登录/注册"对话框,选择登录方式(微信、手机或 QQ 登录)。以微信登录为例,打开手机微信点击扫描"登录窗口"微信登录二维码后,登录图怪兽。如果未使用微信注册过图怪兽账号,则扫描后默认微信注册并登录图怪兽(图 7.60)。

图 7.60　图怪兽登录/注册

（3）将光标放在图怪兽搜索框前"全部分类"处，在弹出的下拉列表中选择 H5 选项。在搜索框中输入搜索关键字"同学聚会邀请函"后，单击搜索框后面的"搜模板"按钮（图 7.61）。

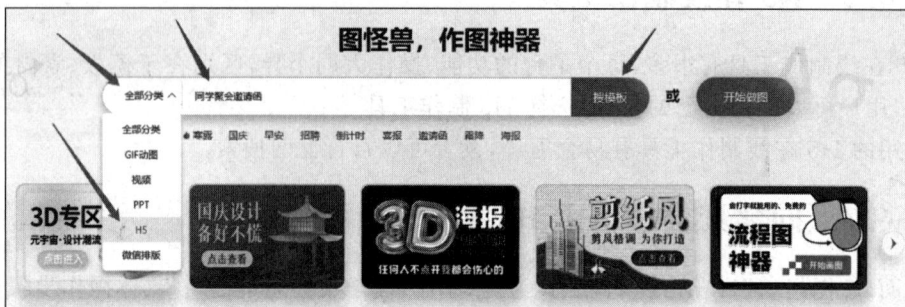

图 7.61　搜索 H5 模板

（4）在打开的搜索结果页中选择符合要求的模板（图 7.62）。

图 7.62　模板列表

图 7.63　选择模板

注意：

① 可以通过搜索结果列表上方的"颜色筛选"，筛选不同颜色的模板。

② 模板的左下角带有"免费下载"图标 免费下载 的模板，为普通用户免费下载使用的模板，带有其他图标如"VIP 专享"需要成为 VIP 用户后才能使用。

（5）在搜索列表中单击选择的模板（图 7.63）。

（6）打开模板编辑页面，页面中包括左侧的"工具栏"、中间的"编辑界面"、右侧的"页面管理"、顶部的"保存"按钮、"预览/设置"按钮、"发布"按钮等（图 7.64）。

① 工具栏：可以设置或插入 H5 页面中的文本样式、图片素材、各种几何形状、背景音乐、组件、表单、表格、图标以及上传计算机中的图片。

② 编辑界面：可以对 H5 页面中的元素进行编辑、设置。

③ 页面管理：可以复制、新增、删除页面，也可以对现有的页面重新进行排序。

④ 预览设置：对已编辑好的 H5 作品预览及设置预览标题、描述。

⑤ 发布：将编辑好的 H5 作品进行发布（注意：发布后需要网站后台审核通过后，才能分享给其他用户）。

图 7.64　模板编辑界面

（7）编辑同学聚会邀请函首页内容（图 7.65）。

① 修改文字内容为郑州中学 2022 届毕业生同学会。

② 设置文字字体、字体大小、字体颜色、字体样式。

使用相同的方法设置其他页面的文字内容。

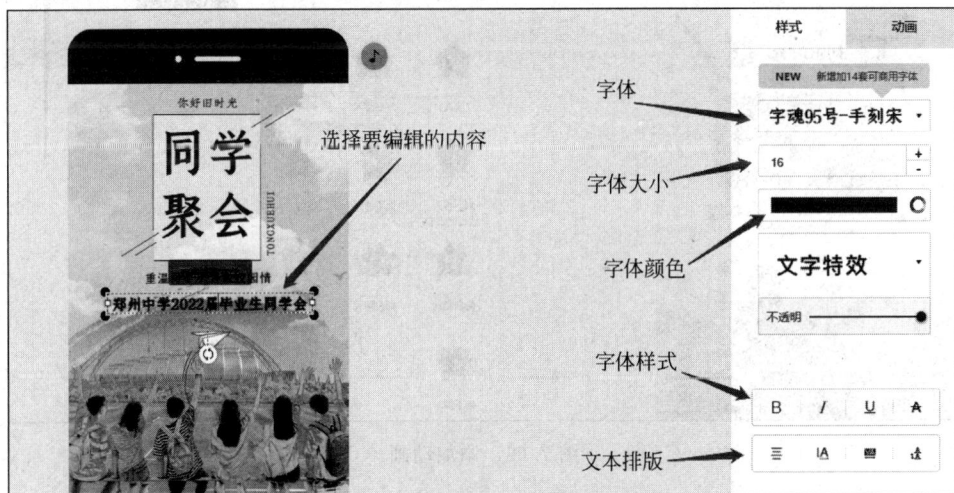

图 7.65　编辑邀请函首页内容

（8）修改、上传图片。双击要修改的图片（图 7.66），在弹出的对话框中可以选择"上传本地图片"或使用"之前已上传到图怪兽中的图片"后，单击"替换"按钮即可，如图 7.67所示。

图 7.66 双击要修改的图片

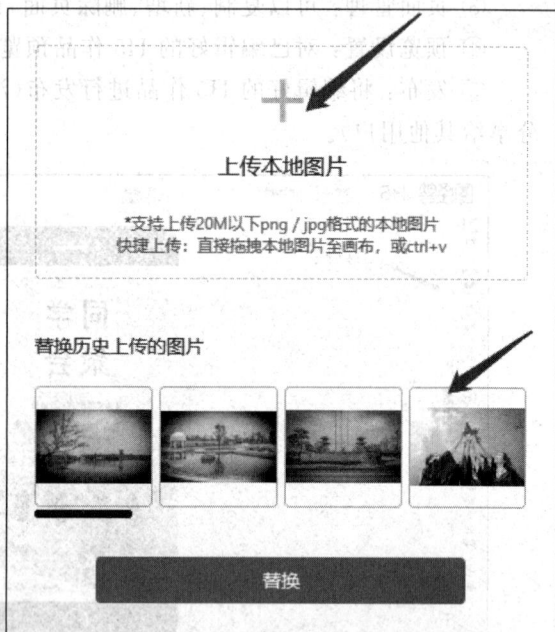

图 7.67 单击"替换"按钮

（9）设置图片动画效果。单击页面中的图片，在打开的右侧面板中选择"动画"选项卡。单击"添加动画"按钮 ，在弹出的动画效果列表中选择动画类型（图 7.68）。

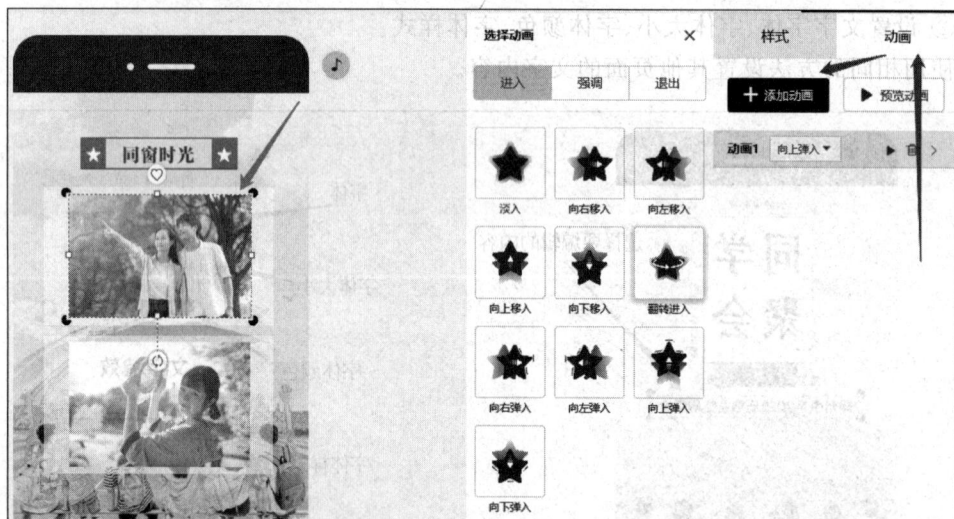

图 7.68 添加动画

添加动画后单击"动画 1"后面的 按钮，在弹出的面板中设置动画效果（图 7.69）。

（10）设置页面中图片的形状。选择要设置的图片，在右侧面板"样式"中，单击"形状裁剪"下拉框，在弹出的选项列表中选择图片形状（图 7.70）。

（11）设置页面中地图组件。选择或插入要设置的地图组件，在右侧面板"样式"的搜索地址文本框中输入地址，单击文本框后面的"搜索"图标 ，定位地图组件具体地址（图 7.71）。

图 7.69   设置动画效果

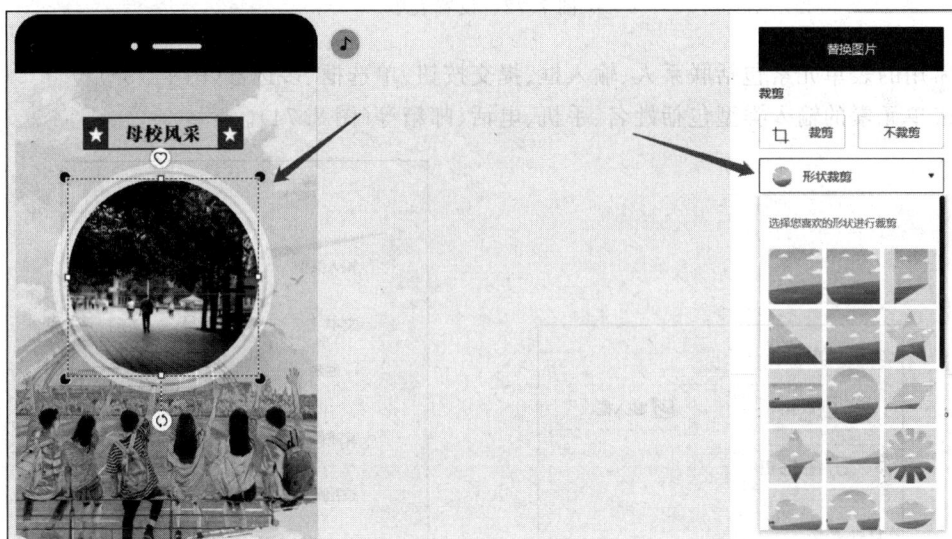

图 7.70   设置图片形状

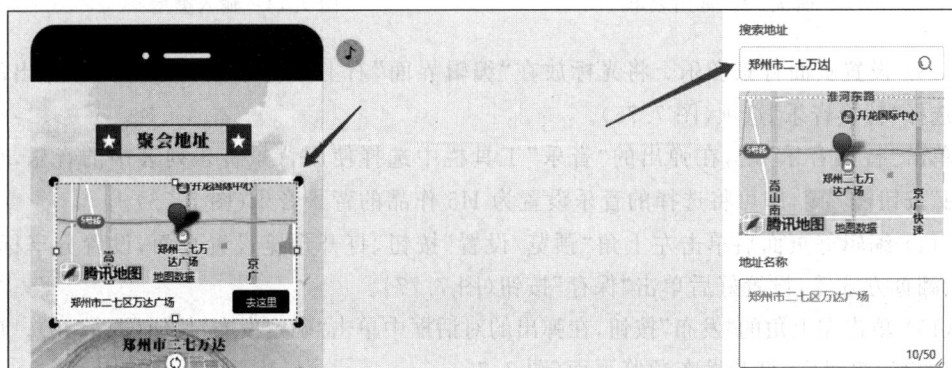

图 7.71   设置地图组件

（12）设置页面中的表单。选择或插入要添加的表单，在右侧面板"样式"中设置输入类型、表单元素显示的文本内容、文本的颜色等（图 7.72）。

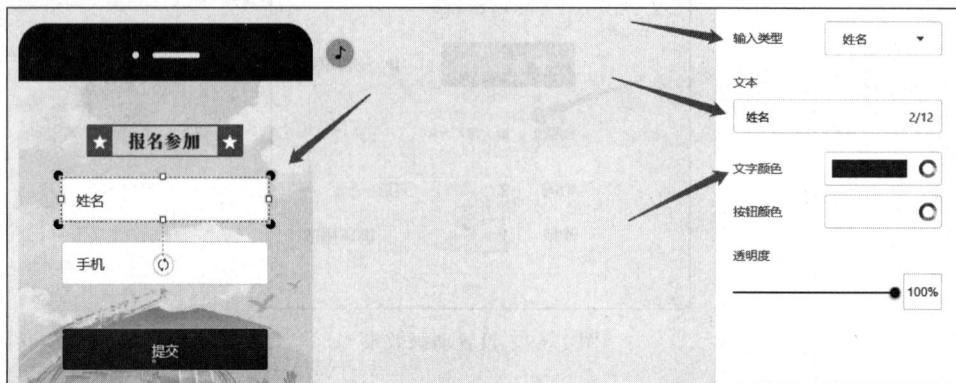

图 7.72　设置表单

常用的表单元素包括联系人、输入框、提交按钮、单选框、多选框（图 7.73）。

表单元素的输入类型包括姓名、手机、电话、邮箱等（图 7.74）。

图 7.73　常用表单

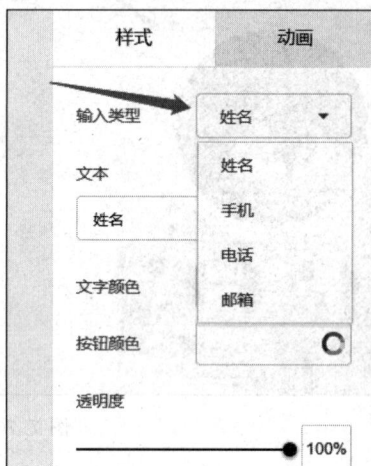

图 7.74　输入类型

（13）设置页面背景音乐。将光标放在"编辑界面"右上方音乐按钮 上，在弹出的列表中选择"替换音乐"选项（图 7.75）。

单击"替换音乐"后，在弹出的"音乐"工具栏中选择使用背景音乐列表中的音乐，单击"使用"按钮 使用 ，即可将选择的音乐设置为 H5 作品的背景音乐（图 7.76）。

（14）编辑好页面后单击左上角"预览/设置"按钮，打开预览设置页面，设置分享标题、描述、翻页方式等，设置好后单击"保存"按钮（图 7.77）。

（15）单击左上角的"发布"按钮，在弹出的对话框中单击"确定发布"按钮（图 7.78）。单击"确定发布"按钮后，打开发布预览页面（图 7.79）。

在发布预览页面，可将 H5 二维码或"分享链接"分享给微信好友。

注意：已发布的作品，需要图怪兽审核通过后，才能长久有效。

图 7.75 替换背景音乐

图 7.76 选择背景音乐

图 7.77 预览设置(1)

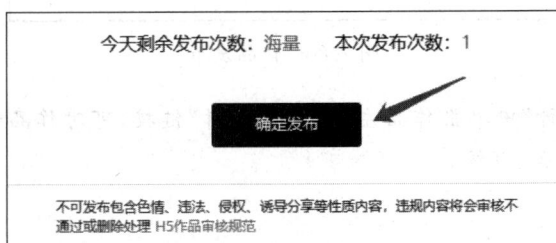

图 7.78 预览设置(2)

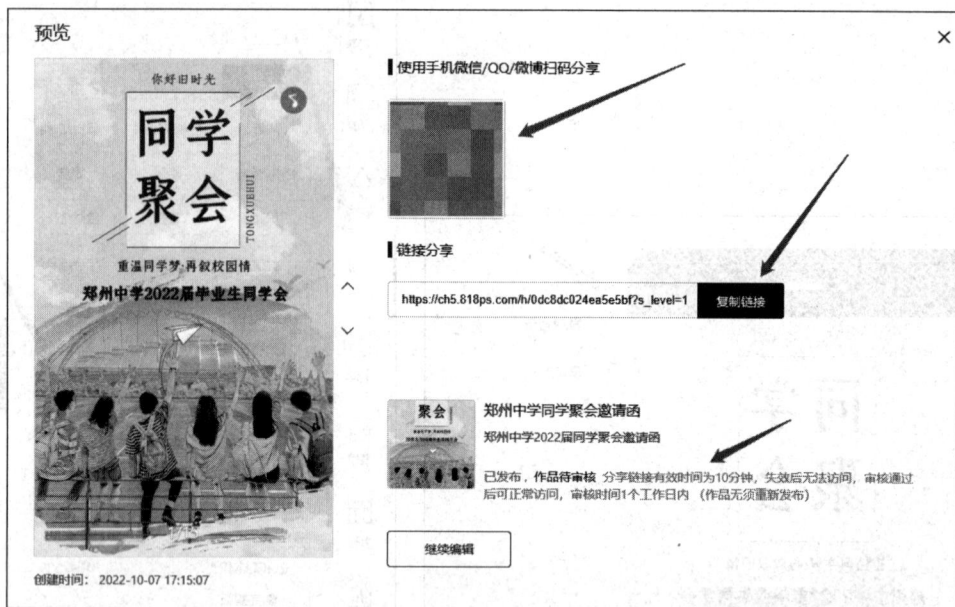

图 7.79 作品发布预览

（16）进入用户"工作台"，在"我的设计"中查看已发布的 H5 作品（图 7.80）。

图 7.80 作品发布

注意：在"我的设计"中单击作品左下角的"编辑"链接，可对作品进行修改。修改后的作品需要重新保存、发布、审核。

第 8 章 国产操作系统应用

近年来,信息安全领域形势不容乐观,各种安全事件层出不穷,网络信息安全以及工控安全已上升到了国家战略安全的地位。未来发展自主可控的信息安全技术是关系国家安全的战略目标,而国产化计算机应用技术则是信息技术的重中之重。操作系统是计算机软件的核心,是用户和计算机的接口,同时也是计算机硬件和其他软件的接口,在计算机系统中处于承上启下的地位。

2014 年 4 月 8 日起,美国微软公司停止对 Windows XP SP3 操作系统提供服务支持,这引起了社会和广大用户的广泛关注和对信息安全的担忧。而 2020 年对 Windows 7 服务支持的终止,再一次推动了国产操作系统的发展。俄乌冲突中的信息技术应用,更凸显出了拥有自主操作系统的重要性。

任务 8.1 银河麒麟操作系统简介

目前,国产操作系统多以 Linux 为基础进行二次开发,认知度较高的包括银河麒麟、中标麒麟、统信操作系统、红旗 Linux、中科方德等。

本章简要介绍银河麒麟操作系统。2020 年发布的银河麒麟操作系统 V10,其底层技术和架构完全都是自主研发,充分适应 5G 时代需求,支持飞腾、龙芯、申威、兆芯、海光、鲲鹏等自主 CPU 和 X86 平台,可在手机、PC 等多端融合应用。麒麟操作系统独创的 kydroid 技术,原生支持海量安卓应用,将 300 万余款安卓适配软硬件无缝迁移到国产平台上。在性能方面,官方公开表示在 UNIX Bench 2D、3D 测试中,银河麒麟操作系统 V10 与同类产品性能相比高出约 17%,而在 3D 方面最高可领先 397%。

2021 年 10 月 27 日,麒麟软件正式发布了"银河麒麟操作系统 V10 SP1"版本。此次发布的升级版在上一代版本 V10 的基础上,新增了与移动软件之间的融合,可以在计算机上直接安装和运行手机端的应用,同时在安全性上有了显著的提升。银河麒麟操作系统 V10 SP1 提供了轻量级桌面,创新基于插件模式实现系统主题、桌面、任务栏、开始菜单等桌面组件的并行加载,操作上更为便捷。

银河麒麟操作系统 V10 集成了丰富的软件生态,包括办公、图形、游戏等 11 类 3500 款小程序,在桌面版本中集成了安卓兼容生态以及兼容了丰富的外设等,这些都是使用者日常所需,也是国产操作系统获得公众认可的首要条件之一。目前,已有数千家以上国内外主流生态企业在麒麟操作系统 V10 上完成了几万款以上的软硬件产品适配。

银河麒麟操作系统分为桌面版和服务器版,本章介绍银河麒麟桌面操作系统的安装以及基本操作。本章内容中的桌面截图和命令执行的输出信息可能会由于用户使用不同的

CPU 平台,或操作系统版本、组件版本、硬件设备不同而有差异,实际学习操作时以银河麒麟桌面操作系统的实际输出信息为准。

➡ 任务 8.2   银河麒麟操作系统的安装与激活

📑 任务概述

使用银河麒麟操作系统之前,需要将其安装到计算机上,这是使用操作系统或进一步安装、使用其他软件的基础。本任务中,我们需要掌握银河麒麟操作系统安装 U 盘的制作,掌握具体的安装过程,以及银河麒麟操作系统的一些基本设置。

为简略起见,下文中用"银河麒麟操作系统"来表示"银河麒麟操作系统 V10 SP1 版本",不再指明具体版本号。

📇 任务目标

➢ 制作银河麒麟操作系统安装 U 盘。
➢ 安装银河麒麟操作系统。
➢ 掌握银河麒麟操作系统的一些基本设置。

8.2.1   银河麒麟操作系统安装 U 盘的制作

1. 硬件要求

在开始安装之前,必须确定使用的计算机配置能满足系统安装的要求。银河麒麟桌面操作系统所需的最低配置是 2GB 内存,50GB 硬盘空间;推荐配置是 4GB 内存和 80GB 以上的硬盘空间。

2. 安装准备

(1)对要安装银河麒麟操作系统的计算机中的原有文件资料进行备份,可以保存到其他存储介质,如移动硬盘或其他计算机中。

(2)准备一个 8GB 以上的 U 盘作为系统启动盘,并将其格式化,如果 U 盘中有数据,也要提前备份。

(3)将计算机中的硬盘进行分区操作。把硬盘分割形成不同的分区,同类文件放到同一个分区便于管理和使用,同时,也有利于数据安全。如果计算机感染病毒就会有充足的时间来采取措施防止病毒扩散和清除病毒,即使需要重新安装系统也只会丢失系统数据,其他数据将得以保存。此外,将不同类型的文件分开存放,在需要某个文件时可以直接到特定的分区去寻找,可以节约寻找文件的时间。

如果已经有了银河麒麟操作系统的安装光盘,并且计算机带有光驱或有 USB 接口的光驱,可以跳过本小节,直接学习 8.2.2 小节的内容。

3. 操作系统下载

如果没有银河麒麟操作系统的安装光盘,可以在麒麟官网下载。官网地址为 https://www.kylinos.cn/。在浏览器里打开官网,首页如图 8.1 所示。

图 8.1　麒麟操作系统官网首页

选择"桌面操作系统",然后在"桌面操作系统版本"中单击"银河麒麟操作系统 V10"下面的 More,如图 8.2 所示。

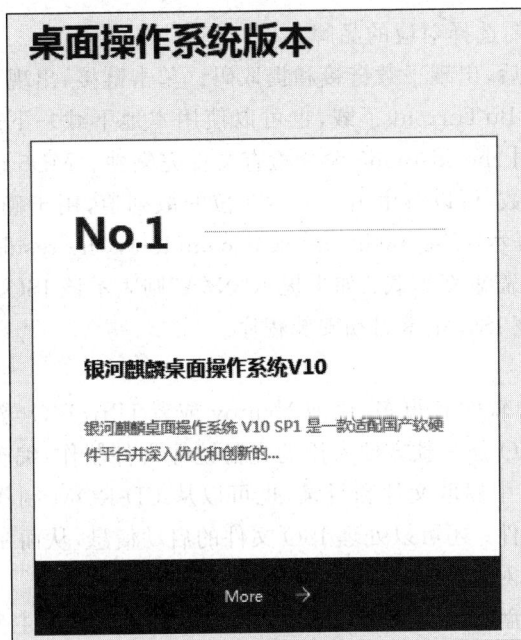

图 8.2　选择版本

随后,在产品说明界面中单击红色背景的"申请试用"按钮,系统弹出一张"产品试用申请",需要填写姓名、所在省份/地区、单位名称、申请人类型和手机号码;随后,单击"获取验证码",将短信收到的验证码填入"短信验证码"框内。单击"提交"按钮,系统将弹出试用版下载链接,如图 8.3 所示。

需要注意的是,不同的 CPU 对应的麒麟操作系统版本是不一样的,需要根据要安装的计算机选择对应的版本进行下载。例如,计算机的 CPU 是 Intel 系列,就选择 Intel 版,如果

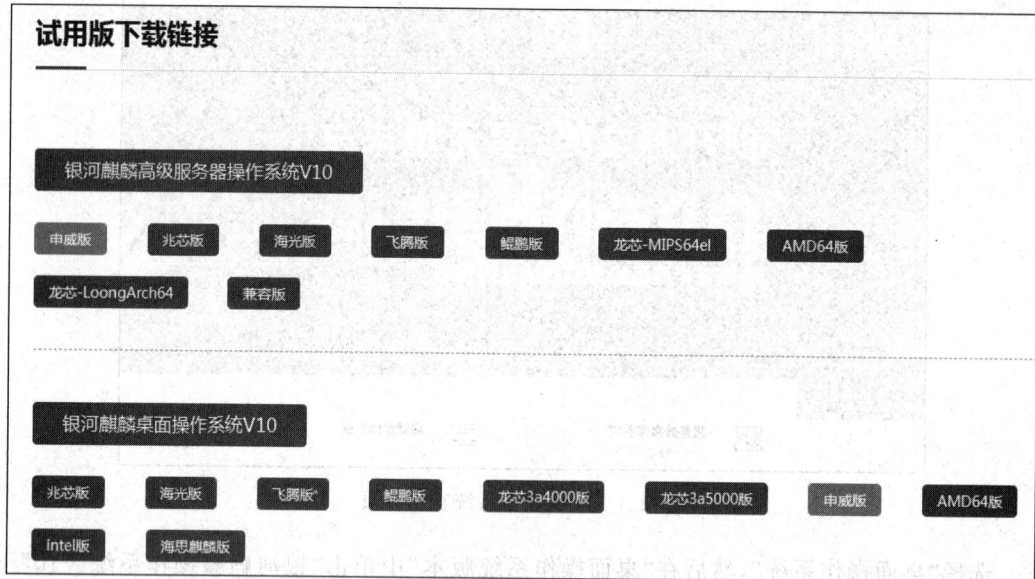

图 8.3 试用版下载链接

使用的是国产 CPU,则要选择对应的品牌。

单击所选择的版本后,出现下载链接和提取码。单击链接,出现下载提示和链接。

麒麟官网建议采用 BitTorrent 下载,也可以使用本地下载。下载后,得到一个 ISO 镜像文件。然后,需要使用 checkisomd5 命令检查文件完整性。MD5 信息摘要算法是一种被广泛使用的密码散列函数,可以产生出一个 128 位的散列值,用于确保信息传输完整一致。检查过程中,如果出现提示"The media check is complete, the result is:PASS."表示下载正常;如果提示"FAIL"需重新下载;如果提示"N/A"则表示该 ISO 文件不包含 MD5 校验值,需要测试能否使用该 ISO 正常启动安装程序。

4. 安装 U 盘制作

制作 U 盘启动器的软件有很多,比如 Ventoy 或者 UltraISO(软碟通),这里以软碟通为例进行说明。UltraISO 是一款方便实用的光盘镜像文件制作/编辑/转换工具,可以直接编辑 ISO 文件和从 ISO 中提取文件和目录,也可以从 CD-ROM 制作光盘镜像或者将硬盘上的文件制作成 ISO 文件;还可以处理 ISO 文件的启动信息,从而制作可引导光盘。

启动 U 盘的制作相对来说比较简单,具体操作步骤如下。

(1) 将准备好的 U 盘插入计算机,打开 UltraISO,选择程序主菜单中的"文件"→"打开"命令,打开刚才下载完成的银河麒麟系统镜像 ISO 文件。

(2) 单击"启动"→"写入硬盘镜像",出现"写入硬盘镜像"对话框。

(3) 在弹出的"写入硬盘镜像"对话框中,"硬盘驱动器"是指准备制作操作系统安装的 U 盘,确认无误后单击"写入"按钮。

(4) 在紧接着弹出的提示对话框中单击"是"按钮。

(5) 银河麒麟操作系统开始自动写入 U 盘。

(6) 稍等片刻,显示"刻录成功",代表 U 盘启动盘制作成功。这个时候单击"返回"按钮,启动 U 盘制作完成。

此时,制作好的 U 盘启动器在计算机驱动器里面已经可以显示"麒麟"的 Logo。

8.2.2　银河麒麟操作系统的安装

1. 选择第一启动选项

根据安装介质接口的不同,首先需要选择第一启动选项。第一启动是系统启动时引导文件所在的位置。

可以通过设置计算机的第一启动项来变更不同的启动媒介,一般的设置步骤如下。

在开机启动的主板自检画面或品牌 Logo 画面按下 Delete 或 F1、F12 等按键进入 BIOS 设置。具体按键需要参照主板说明书或启动时的提示,一般情况笔记本电脑为 F2 键,台式机为 Delete 键。

进入 BIOS 设置界面后,选择 Advanced Setup(高级设置)选项。

在随后出现的设置菜单里,1st Boost Device(第一启动项),将其选择为装有安装麒麟操作系统的介质,然后按 Enter 键确定。

若使用的是系统内置光驱,1st Boost Device 选择光驱;若使用的是 U 盘或者 USB 外置光驱,1st Boost Device 选择 USB。

对于一些较新的主板可以直接按键盘上的←、→键移动并按 Enter 键进入 BOOT 或 startups 选项卡,通过按↑、↓键选择启动选项,设置第一启动项并按 Enter 键确定。

设置完成后,按 F10 键保存并退出 BIOS,计算机会自动重启,如果成功则直接进入第一启动项的引导系统。

如果主板支持 EFI(可扩展固件接口),开机后连按 F12 键或 F11 键进入启动选项菜单,可不进 BIOS 界面直接选择光驱或 USB 启动计算机。

要注意的是,根据主板厂家的不同,设置方法会有所区别,大致过程是相同的。一般情况下,只要找到 boot 或 firstboot 选项就可以设置了。

2. 安装麒麟操作系统

第一启动项设置完成后,将安装光盘放入光驱,或在计算机 USB 接口上插上做好的操作系统安装盘,就可以启动计算机进行麒麟操作系统安装了。

(1)启动计算机后,出现安装引导界面,如图 8.4 所示。

(2)麒麟操作系统安装过程支持体验模式,可以试用操作系统而不安装。

(3)在安装引导界面需要选择"试用"还是"安装",等待的时间很短,如果没有来得及选择,默认会进入试用模式。不过,进入试用桌面后,桌面也有安装操作系统的图标,双击安装 Kylin 图标就可以执行安装过程,如图 8.5 所示。

(4)安装程序开始后,引导程序会加载操作系统安装界面,此时无须操作,等待新界面出现即可,如图 8.6 所示。

(5)出现安装银河麒麟操作系统的语言选择界面,这里选择"中文(简体)",然后单击界面下方的"下一步"按钮,如图 8.7 所示("下一步"按钮未在图中显示)。

(6)进入安装途径选择界面,这里选择从"Live 安装",如图 8.8 所示。

图 8.4　安装引导界面

双击进入
安装程序

图 8.5　系统试用界面

图 8.6　系统提示界面

图 8.7 语言选择界面

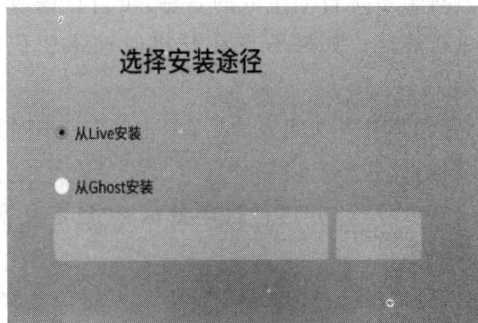

图 8.8 安装途径选择界面

（7）在安装途径选择界面中，单击下方的"下一步"按钮（图中未显示），出现阅读许可协议界面，阅读许可协议，选中"我已阅读并同意协议条款"，然后单击下方的"下一步"按钮，如图 8.9 所示。

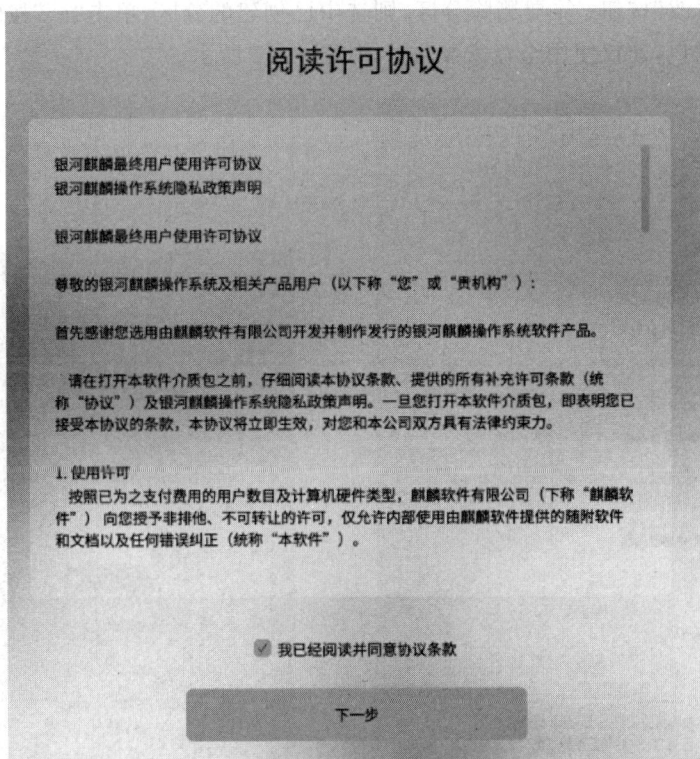

图 8.9 阅读许可协议界面

（8）选择所在地点的时区，默认是 UTC/GMT +8.00（东八区，北京时间）。国内用户无须调整。

如果在其他时区使用麒麟操作系统，可以根据实际情况在下拉列表框中选择合适的时区或所在城市。

（9）时区选择完成后，单击"下一步"按钮，进入创建用户界面。需要输入用户名、主机名。对于系统自动生成的名称，可自行修改。然后，设置登录密码，输入登录密码和确认密码进行确认。如果不想在开机时输入密码，可以选中"开机自动登录"复选框，如图 8.10 所示。

（10）用户创建完成后，单击"下一步"按钮，进入安装方式选择界面。系统的安装方式有两种："全盘安装"和"自定义安装"。"全盘安装"将在选择的盘符中进行，安装程序将格式化整个硬盘，并进行自动分区；"自定义安装"可以根据需求，由用户自行创建分区、分配分区大小。

（11）在选择"自定义安装"，系统出现硬盘分区界面。单击"创建分区表"，弹出设备状态提示窗口，选中"空闲"设备后，"＋"按钮由灰变亮，变为有效。单击"＋"按钮，则弹出创建分区窗口，开始创建分区。

分区过程中需要注意，首先要创建 boot 分区（sda1），/boot 必须是主分区中的第一个分区，接着创建根分区（/sda2），这两个分区必须是主分区。

如果需要添加分区，选中空闲分区所在行，单击"＋"按钮；需要编辑分区，选中已创建的分区，单击"更改"按钮；需要删除分区，则选中已创建的分区，单击"－"按钮。

对于初级用户，建议使用全盘安装方式，如图 8.11 所示。

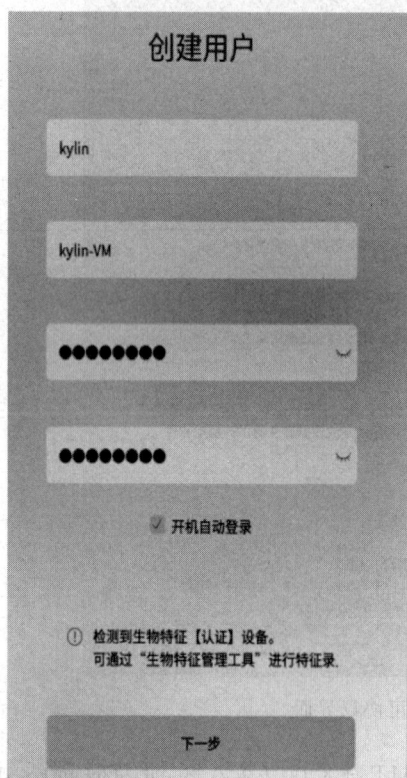

图 8.10　创建用户界面　　　　图 8.11　选择安装方式界面

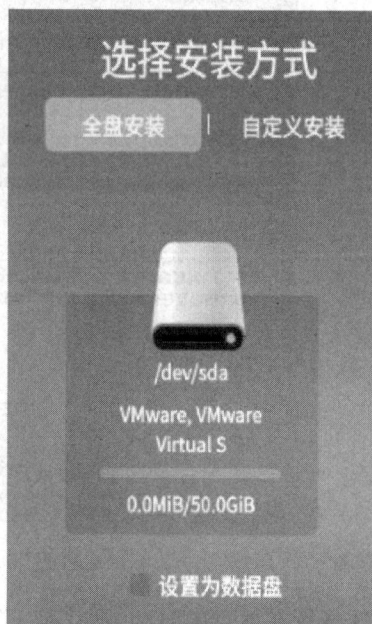

（12）安装界面下方还有"出厂备份"和"全盘加密"两个复选框（图中未显示）。如果选中"出厂备份"复选框，安装程序在系统安装盘中自动创建 backup（备份）分区，并将原始系

统文件(出厂状态)备份到该分区下。分区大小设置在 15～20GB。

选中"全盘加密"复选框,可以对硬盘进行加密。安装程序时弹出密码设置框,输入密码和确认密码,单击"确定"按钮,即可对选中的硬盘进行加密操作。要注意的是,如果忘记密码,将无法访问硬盘中的文件,读取数据。另外,如果计算机安装有多块硬盘,只能对其中的一块进行加密。

(13) 安装方式选择完成后,单击界面下方的"下一步"按钮,需要确认全盘安装方式,开始安装系统,如图 8.12 所示。

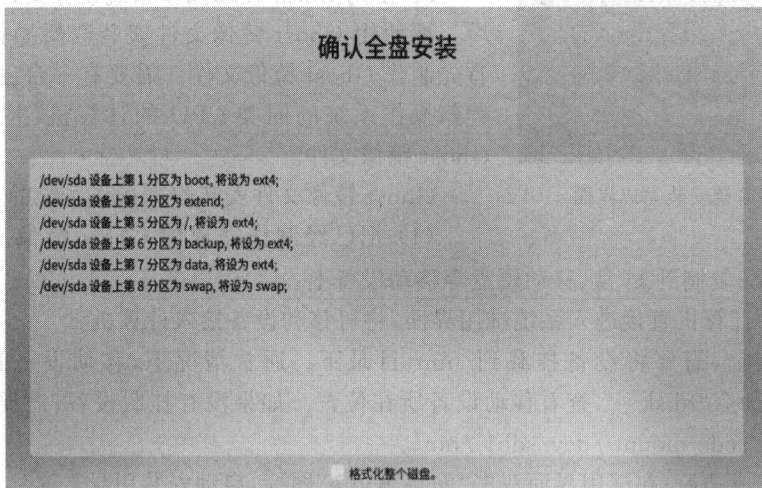

图 8.12　确认全盘安装界面

(14) 确认安装盘符后,选中"格式化整个磁盘"复选框,然后单击"开始安装"按钮(图中未显示),开始安装麒麟操作系统。安装界面如图 8.13 所示。

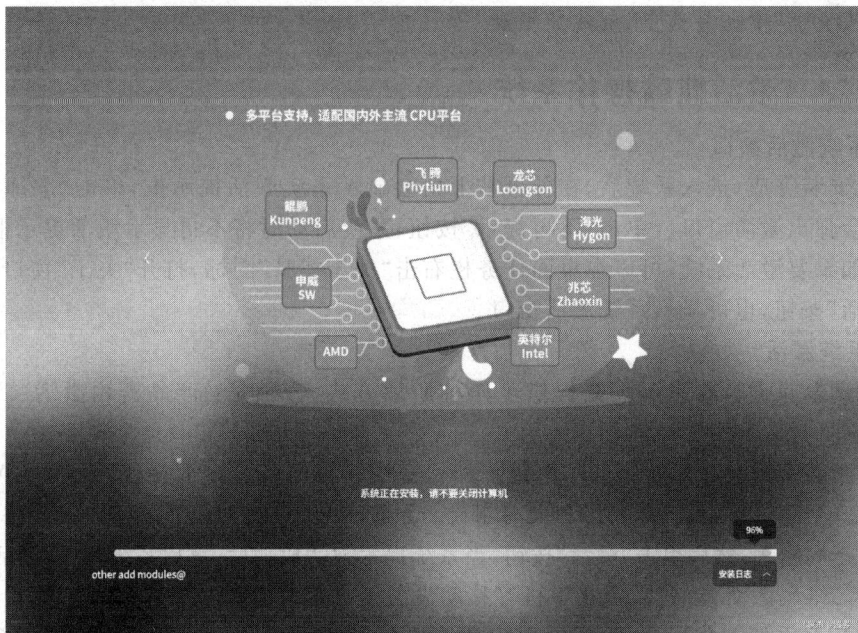

图 8.13　系统安装界面

图 8.14 系统安装完成界面

（15）安装过程中不要关闭计算机。如果需要实时查看安装日志，可以单击右下角的"安装日志"按钮。系统安装需要 20～40 分钟。

（16）安装完成后，系统提示"安装完成"，如图 8.14 所示。

（17）取出安装介质（光盘或 U 盘），然后按 Enter 键，即完成整个麒麟操作系统的安装。

3. 使用 Ghost 麒麟操作系统镜像文件安装系统

要使用 Ghost 镜像文件安装麒麟操作系统，必须首先制作 Ghost 镜像文件。需要有一台已经安装完成麒麟操作系统的同类 CPU 的计算机，并在其中制作 Ghost 镜像文件。

Ghost 镜像文件安装麒麟操作系统的步骤如下。

（1）把已经制作完成的 Ghost 镜像文件（存在于 /ghost 目录下）复制到 U 盘、移动硬盘等移动设备上。

（2）启动计算机直接进入系统试用界面，将可移动设备接入计算机。

（3）安装前，需要将设备挂载到/mnt 目录下。通常情况下，移动设备目录为/dev/sdb1，可使用命令"fdisk -l"查看移动设备所在位置。如果没有挂载设备，需要使用手动挂载设备命令。sudo mount /dev/sdb1 /mnt。

（4）挂载成功后，在试用界面双击"安装 Kylin"图标，启动安装引导。

（5）在安装路径界面中选择"从 Ghost 安装"。

（6）单击"打开文件"按钮，选择/mnt 目录下的 Ghost 镜像文件后，就可以开始安装过程。后续安装步骤同 Live 安装。

注意：Ghost 安装无须创建用户和选择时区，如果制作镜像文件时带有数据盘，则在下一步"安装类型"中也要选中"创建数据盘"。

8.2.3 激活麒麟操作系统

1. 系统激活窗口

系统安装完成，进入系统后，在屏幕右上角会显示系统激活提示框，单击"立即激活"按钮，系统会弹出激活窗口。单击"不再提示"按钮，系统启动时将不再显示激活提示框。这种情况下，如果要激活系统，可以在桌面任务栏右击"关于麒麟"图标，打开"关于"窗口，在其中单击"激活"按钮，也可显示系统激活窗口。

2. 系统激活

银河麒麟桌面操作系统一共提供了 4 种激活方式，分别是：产品密钥激活、二维码激活、授权文件导入和 UKey 激活。

（1）产品密钥激活需要用产品密钥。产品密钥在银河麒麟桌面操作系统的 DVD 包装盒内，由 20 个字符组成，包含数字和大写字母。系统安装完成正常启动后，连接网络，在密钥框中输入产品密钥，然后单击"激活"按钮，当系统提示激活成功后，重启系统，完成激活过程。

（2）二维码激活，首先需要在手机等移动设备上绑定对应的服务序列号激活权限，然后使用微信扫描系统二维码激活，根据系统是否联网，又分为联网激活和离线激活。系统联网状态下,用微信扫描激活界面中的二维码,单击"确认激活"按钮,移动设备端将会弹出激活成功界面,在系统激活界面上单击"激活"按钮,系统刷新为激活成功状态;系统如果没有联网,通过微信扫描激活界面中的二维码获取激活码,在系统激活界面上填写序列号和激活码,单击"激活"按钮,将会弹出激活成功的页面,系统刷新为已激活状态。

(3)如果选择授权文件导入方式,单击"选择授权文件"按钮并导入对应的文件.kyinfo和 LICENSE 后,单击"导入"按钮,若导入的文件是普通授权文件,导入后需要再进行二维码激活;若导入的为场地授权文件,导入后会弹出导入成功的弹窗,重启系统后即可激活成功。

(4)如果以 Ukey 方式激活,则需要首先插入 Ukey,然后选择 Ukey 方式激活,等待系统完成激活并弹出激活成功弹窗后,重新启动系统即完成激活过程。

练习 8-1

(1)制作银河麒麟桌面操作系统安装 U 盘。

(2)安装银河麒麟桌面操作系统。

任务 8.3 银河麒麟桌面操作系统的基本操作与设置

任务概述

本任务介绍银河麒麟桌面操作系统的基本操作和基本配置,用户在完成任务后可熟悉银河麒麟桌面操作系统的工作界面以及基本设置,为下一步使用银河麒麟桌面操作系统进行工作做好准备。

任务目标

➢ 了解银河麒麟桌面操作系统的启动与退出。

➢ 了解银河麒麟桌面操作系统的桌面构成及相关操作。

➢ 掌握银河麒麟桌面操作系统的基本设置和操作步骤。

8.3.1 银河麒麟桌面操作系统的启动与关机

1. 启动与登录

安装银河麒麟桌面操作系统的计算机开机启动后,自动进入银河麒麟界面。如果在安装时选中了"开机自动登录"复选框,开机后跳过登录界面自动进入桌面;否则开机后系统弹出登录界面,提示输入用户名和密码。如果有多用户,需要选择用户,输入对应的用户密码后按 Enter 键,正确即可登录系统,进入桌面,如图 8.15 所示。

另外,银河麒麟桌面操作系统还支持人脸、指纹、声纹、虹膜和指静脉五种生物特征识别的授权验证,使桌面登录方式更加多样化。

图 8.15 系统登录界面

2. 切换用户

银河麒麟桌面操作系统如果有多个用户,可以根据需要随时进行切换。当需要切换用户时,依次选择"开始"→"电源"命令,系统弹出相关界面,如图 8.16 所示。

图 8.16 注销或切换用户界面

在弹出界面中单击"注销"或"切换用户"按钮,当前用户会登出系统,系统返回到用户登录界面,此时可以选择其他用户登录计算机。

3. 锁屏、休眠和睡眠

当暂时不需要对计算机进行其他操作,又要保留目前的运行状态时,为了防止误操作对计算机造成影响,可以选择锁屏方式。锁屏方式下,只有输入正确密码才能重新回到锁屏前状态。系统在没有收到用户键盘、鼠标等输入和操作指令,一直处于空闲状态一段时间后,也会自动进入锁屏状态。用户可以设置系统锁屏的预留时间。

在注销、切换界面上,还可以选择"休眠"或"睡眠",两者的作用都是暂时使计算机处于不工作状态,但它们的功能和唤醒方式完全不一样。

若选择了"休眠"状态,将系统切换到该模式后,系统会自动将内存中的数据全部转存到硬盘上一个休眠文件中,然后切断对所有设备的供电。当单击鼠标或敲击键盘恢复原工作状态时,系统会从硬盘上将休眠文件的内容直接读入内存,并将所有程序、桌面等恢复到休眠之前的状态。休眠状态耗电极少,因为内存数据已经保存到硬盘上,所以也没有系统供电异常的后顾之忧。但这种模式的恢复速度较慢,具体时间取决于内存大小,休眠前占用的内存以及硬盘性能,另外休眠会占用和物理内存一样大小的硬盘空间。

若选择了"睡眠"状态,计算机将切断除内存外其他设备和配件的电源,原工作状态的数据仍然保存在内存中,当单击鼠标或敲击键盘重新唤醒计算机时,计算机可以快速恢复睡眠前的工作状态。显然,如果只是在工作过程中短时间离开计算机,使用睡眠功能,既可以节电,又能快速恢复工作。但是,睡眠状态时将原工作内容仍然保存在内存里,并没有保存到硬盘中,如果在睡眠状态中计算机系统断电,那么未保存的工作信息和数据将会丢失。所以,在选择系统睡眠之前,应该把正在进行的工作、处理的文档全部保存,然后选择睡眠状态。

4. 关机和重启

当需要关闭计算机,不再继续当前工作时,选择"关机",使计算机处于关闭状态,所有操作系统全部关闭。

选择"重启"将退出整个操作系统后重新启动计算机,所有的驱动及服务都在重启后重新加载,回到开机的初始状态,相当于关机后再开机。

注销和重启是不同的。注销提供关闭程序、重新登录或者保持程序运行并切换到另一个用户的选项。注销通过热启动方式,适合多用户系统,可以很方便地在多用户之间来回切换。注销后即可重新使用其他用户身份重新登录系统。注销并没有释放内存,但清空当前用户的缓存空间和注册表信息。

重启释放内存,通过冷启动方式启动系统。很多操作需要重启计算机才会生效,使用注销是无效的。尤其是更新补丁、更新驱动程序之后,都会有一个重启生效的确认,有时这个过程中操作系统自行完成重启操作。

8.3.2　银河麒麟桌面操作系统桌面设置

1. 桌面

银河麒麟桌面操作系统的桌面是登录后主要操作的屏幕区域。和 Windows 系统类似,在桌面上,可以通过鼠标和键盘对操作系统进行一些基本操作,如新建文件、新建文件夹、改变文件排列方式、设置壁纸、设置屏保等,也可以为了使用方便,向桌面上添加应用的快捷方式。

2. 设置屏幕分辨率

银河麒麟桌面操作系统安装后,如果默认的分辨率如果和显示器的分辨率不匹配,可能会出现屏幕显示不全或字体过小的现象。可以通过系统设置中的显示器选项进行设置。在显示器设置中,可以根据需要改变显示器的分辨率、屏幕的方向、缩放屏幕的比例,使显示器呈现出最佳的视觉效果。

设置屏幕分辨率,需要选择"开始"→"设置"→"系统"→"显示器"命令,在对话框中设置对应的参数,如图 8.17 所示。

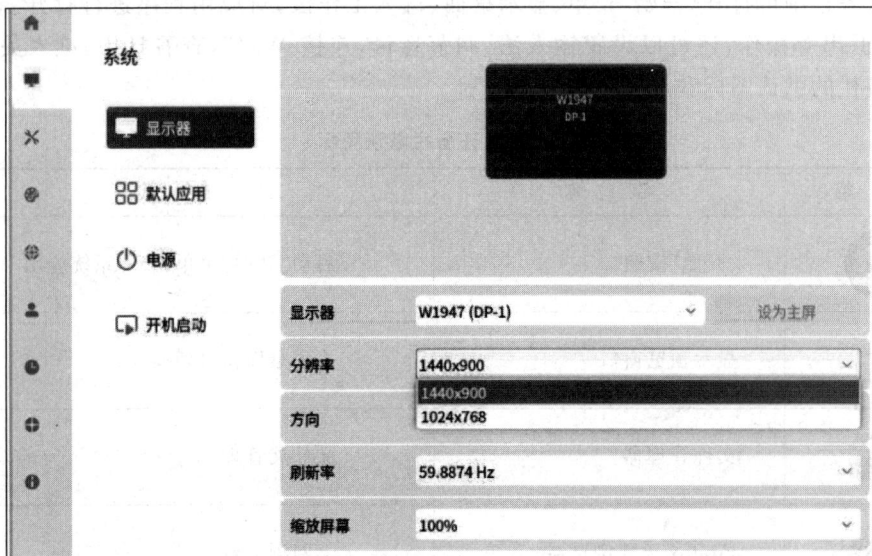

图 8.17　设置屏幕分辨率

除显示器分辨率外,显示器设置中还提供了其他的相关配置。显示器:可选择已连接的显示器,设置主屏;方向:可对显示器进行 90°的旋转;刷新率:可对显示器的刷新率进行调整;缩放屏幕:可对显示内容进行成倍数的缩放;打开显示器:可控制已连接显示器的开启和关闭;夜间模式:可进行夜间模式的自定义配置。

3. 图标的排列方式和大小调节

和 Windows 桌面类似,用户可以调节桌面图标的排列方式和大小。在桌面上右击,然后选择"视图类型"命令。用户可以调节图标大小,系统提供了 4 种图标大小,分别为小图标、中图标、大图标和超大图标。系统默认的图标大小是中图标。

也可以对桌面图标按照需要进行排序。在桌面上右击,选择"排序方式"命令,可以对图标进行排序,分别有按名称、按大小、按类型以及按时间 4 种排序方式。单击"文件名称",按文件的名称顺序显示;单击"文件大小",按文件的大小顺序显示;单击"文件类型",按文件的类型顺序显示;单击"修改时间",按最近一次的修改日期顺序显示。

4. 设置桌面壁纸和屏保

可以选择各类壁纸来美化桌面,在桌面上右击,选择"设置壁纸"命令打开桌面的"背景"设置窗口,可以预览系统自带的壁纸,选中后单击即可设置为桌面壁纸。

屏幕保护程序可在暂时不工作时美化屏幕,也可防范他人访问或误操作。在桌面上右击,选择"设置壁纸"命令,然后选择"屏保"菜单,设置屏保是否开启、屏保样式和等待时间,待计算机无操作到达设置的等待时间后,自动启动选择的屏幕保护程序。

8.3.3 银河麒麟桌面操作系统设置

1. 任务栏和应用程序

银河麒麟桌面操作系统的任务栏主要用于查看系统启动应用、系统托盘图标,位于桌面底部。任务栏默认放置开始菜单、多窗口、文件管理器、Firefox 火狐浏览器、系统托盘图标等。在任务栏中可打开"开始"菜单、显示桌面、进入工作区,对应用程序进行打开、新建、关闭、强制退出等操作,还可以设置输入法,调节音量,连接 Wi-Fi,查看日历,进入关机界面等。任务栏的默认图标和意义如表 8.1 所示。

表 8.1 任务栏默认图标

图　标	名　称	描　述
	"开始"按钮	启动"开始"菜单,查看系统应用
	显示预览窗口	多个桌面窗口切换
	文件管理器	文件夹管理
	Firefox 火狐浏览器	上网浏览器

续表

图　标	名　称	描　述
	键盘	切换键盘输入法,输入语言
	麒麟天气	查看城市天气
	网络设置	设置网络连接
	通知中心	查看系统推送通知
	声音	调节声音大小
	夜间模式	切换系统夜间模式

单击"开始"按钮,打开"开始"菜单,可以查看、管理、定位、执行系统中已经安装的所有应用程序。在"开始"菜单中,可以使用鼠标滚轮上下滚动菜单或者切换分类导航查找要使用的应用程序,也可以在搜索框中输入应用程序的名称,搜索并定位到该程序。

要运行已经安装的某一个应用程序,有以下三种方法。

(1)对已有桌面快捷方式的应用程序,双击对应的桌面图标或右击后选择"打开"命令就可以运行该程序。

(2)应用程序如果已在任务栏中有对应的图标,单击对应的该图标就可以打开应用程序。

(3)在"开始"菜单中,定位到某应用程序,单击对应图标,右击后选择"打开"命令就可以运行该程序。

对于不再使用的应用程序,在"开始"菜单中定位到该应用程序,右击后选择"卸载"命令可以将其卸载。

2."设置"窗口

操作系统通过"设置"窗口来管理系统的基本设置,包括系统、设备、个性化、网络、账户、时间和日期、更新、通知和操作等。当进入桌面环境后,选择"开始"菜单→"设置"命令,即可打开"设置"窗口,如图8.18所示。

用户可以对打印机、网络、声音、鼠标、键盘等常用硬件设备进行设置,也可以对壁纸、屏保、字体、账户、时间与日期、电源管理、个性化等进行设置。

3.系统设置

系统设置模块提供了"显示器""默认应用""电源""开机启动"的基础设置,可以对这些基础设置进行修改。

显示器模块的设置内容已经在"设置屏幕分辨率"中讲过。

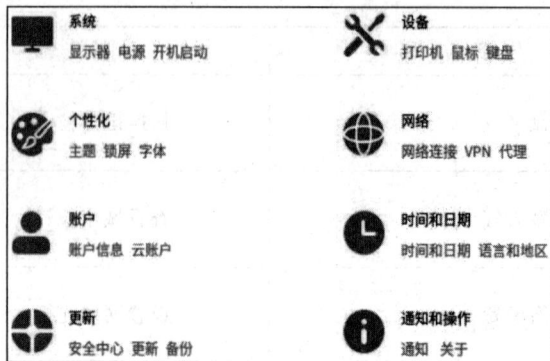

图 8.18 "设置"窗口

在默认应用模块可进行系统默认使用的应用程序的相关设置。默认的应用程序如图 8.19 所示。

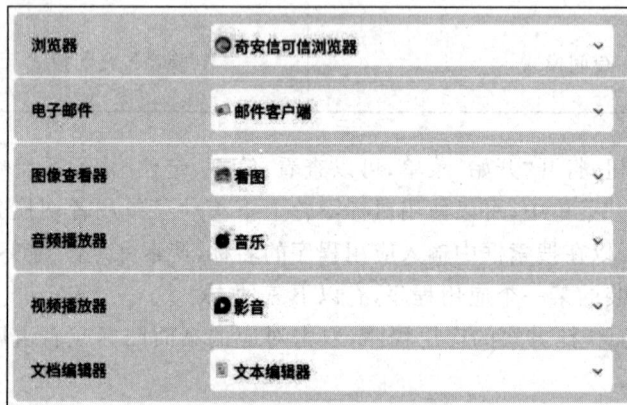

图 8.19 默认应用

电源模块用于电源计划的相关设置,有以下三种选择。

(1) 平衡(推荐),利用可用的硬件自动平衡消耗与性能。

(2) 节能,尽可能降低计算机能耗。

(3) 自定义,用户制订个性化电源计划。分为使用电源的"电源供给"和使用电池的"电池供给"两类。一般来说,对笔记本电脑才会使用到"电池供给"。"系统进入空闲状态并于此时间后挂起"选项可以指定计算机进入睡眠状态前的空闲时间,表示如果一段时间内没有对计算机进行操作,持续超过指定的空闲时间后,系统将进入睡眠状态。"系统进入空闲状态并于此时间后关闭显示器"选项可以指定关闭显示器的相关配置。"关闭笔记本电脑上盖时"选项可以指定是否进入睡眠状态。

在电源模块的"通用设置选项"中,主要可以设置低电量的标准和低电量时的计算机状态,如低于 5%,进入睡眠状态,一般情况下,这个选项也仅仅是对笔记本电脑进行设置。

开机启动模块对计算机开机时是否启动某一程序进行设置。开机启动设置用来指定或取消某一应用程序计算机开机时是否自动启动,鼠标拖动应用程序右面的滑块可以改变开机启动状态,蓝色表示开机启动,灰色表示不启动。单击"添加自启动程序"可以添加应用程序到开机启动列表中,如图8.20所示。

图 8.20 开机启动设置

4. 设备设置

设备模块用于硬件的维护和管理,包括管理打印机、鼠标、触摸板、键盘、快捷键、声音等。

打印机设置用于添加和管理打印机设备。银河麒麟操作系统使用了CUPS打印子系统。CUPS是一个集成服务,包括前端接收打印命令的相关程序,后端控制打印机硬件的程序和中间的打印驱动。支持的打印机类型更多,选项更丰富。CUPS还能设置并允许任何联网的计算机通过局域网访问单个CUPS服务器。此外,CUPS还支持多种特定于打印机的选项,使打印机控制和配置更加方便。银河麒麟操作系统打印机管理操作和Windows系统类似。

鼠标模块用于满足用户对鼠标使用习惯的个性化需求,有鼠标键设置,包括惯用手设置(左手或右手)、鼠标滚轮速度(快慢速度)和鼠标双击间隔时长(双击时间间隔);指针设置(速度设置、鼠标加速、按Cul键显示指针位置、指针大小设置)和光标的个性化设置(启用光标闪烁和光标速度)。

触摸板模块可以设置"插入鼠标时禁用触摸板""打字时禁用触摸板""启动触摸板的鼠标点击"开关,同时可以设置触摸板的滚动方式。关闭触摸板可以有效避免笔记本电脑输入数据或操作鼠标时,由于无意碰触到触摸板引起的误操作。

键盘模块用于按照用户操作习惯进行键盘响应速度、键盘布局、输入法管理等相关配置。

快捷键模块用于查看系统快捷键,并可添加自定义快捷键等,添加自定义快捷键时注意不要和主流软件的快捷键有冲突。

声音模块用于进行输出声音和输入声音的相关设置。输出设置主要包括选择输出设备、调节主音量大小、设置声卡、设置连接器、配置立体声、设置声道平衡等。输入设置主要包括选择输入设备、设置音量大小、设置输入等级、设置连接器等;系统音效设置包括开关机音乐设置、提示音量开关设置、系统音效主题设置、设置提示音设置和音量改变设置。

蓝牙模块用于开启/关闭蓝牙、在任务栏显示蓝牙图标、允许蓝牙设备可以被发现等。

无线投屏模块用于开启/关闭投屏、设置投屏设备名称。无线投屏支持接收来源于 Kylinos、Windows、国产安卓收集的无线投射；支持接入确认、PIN 码验证；支持源端画面与声音重定向输出；支持鼠标自动隐藏；支持任意窗口大小以及全屏。

5. 其他常用设置

个性化设置模块可进行背景、主题、锁屏、字体、屏保、桌面的相关配置。背景模块用于选择桌面背景形式、设置本地壁纸。背景图片可以是本地图片，也可以从网上浏览查找。主题模块可设置计算机主题模式，图标主题，光标主题等效果。锁屏模块用来进行锁屏设置和锁屏背景。字体模块可设置字体大小、字体类型、等宽字体。屏保模块用于设置屏保等待时间，屏幕保护程序。桌面模块可锁定在"开始"菜单的图标和显示在托盘上的图标。图 8.21 显示了系统自带的桌面背景图片。

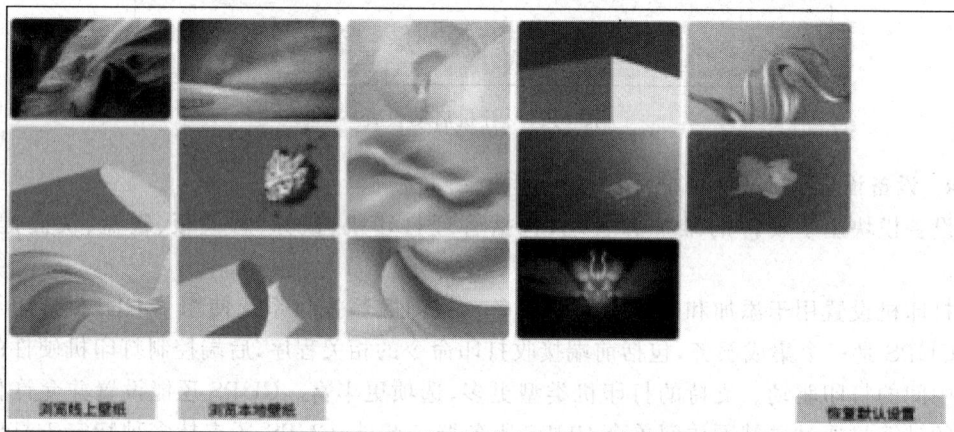

图 8.21 系统桌面背景

网络模块用于进行网络连接、VPN、代理、桌面共享的相关配置。可以编辑已有连接，也可以新增连接（通常情况下网络类型选"以太网"）。

在"以太网"选项卡中，设置网卡设备等选项。

在"IPv4 设置"选项卡中，配置 IP、网关等，可根据实际情况选择"手动""自动（DHCP）"等连接方法。

账户模块用于进行本地账户信息、云账户信息的相关配置。在"账户信息"中，可以对用户的密码、头像等属性进行设置，同时可以设置免密登录和自动登录。也可以在其中使用"更改类型"设置用户的权限；使用"密码时效"对密码过期时间进行设置；"云账户"设置是将同步账户中已经设置好的系统配置到云端，如系统、设备、个性化、网络等。在用户使用另一台的计算机时，只要登录相同的云账户，即可一键同步之前保存的相关计算机配置。

时间和日期模块用于进行"时间、日期、语言、地区"的相关配置。其中，如果单击"同步系统时间"，则会自动把设定时区的网络时间同步到计算机。

更新与安全模块用于进行安全中心、更新、备份的相关配置。"安全中心"提供账户安全保护、安全体检、病毒防护、网络保护、应用控制与保护、系统安全等配置；"检测更新"查找麒麟更新管理器内容，进行更新内容的获取；在"备份"中单击"开始备份"，则自动打开麒麟备份还原工具，对当前系统内容进行备份。

练习 8-2

（1）设置银河麒麟桌面操作系统屏幕分辨率，使之适应你使用的计算机。

（2）对银河麒麟桌面操作系统进行系统设置，使之适应计算机和你的使用习惯。

任务 8.4　银河麒麟操作系统常用软件

任务概述

操作系统是一种系统软件。操作系统是管理计算机硬件与软件资源的计算机程序。银河麒麟操作系统本身还自带了一些常用的工具类软件。例如，简单的字处理程序文本编辑器、局域网间用户进行聊天和传输文件的麒麟传书等。本任务这些常用软件的使用。

任务目标

➢ 掌握麒麟软件商店的使用方法。

➢ 掌握文本编辑器、文档查看器、麒麟便签本等软件的使用方法。

➢ 掌握麒麟截图、图像查看器、画图工具、麒麟扫描等软件的使用方法。

➢ 掌握麒麟影音、麒麟录音、麒麟计算器等软件的使用方法。

➢ 掌握工具箱、麒麟刻录、麒麟 U 盘启动器等软件的使用方法。

8.4.1　麒麟软件商店

麒麟软件商店是麒麟操作系统自带的应用商店，其中包含有常用的日常软件和办公软件。可以在软件商店里进行软件的下载、安装、升级和卸载，为软件管理提供一个便利的平台。

麒麟软件商店的打开方式：依次选择"开始"→"所有软件"→"麒麟软件商店"或在"开始"菜单搜索"麒麟软件商店"关键字打开麒麟软件商店。

麒麟软件商店打开后，窗口上包含了 3 个不同标签，分别是"首页""分类"和"我的"。"首页"中有新品上架、热门应用、下载排行等类别；"分类"中则按软件类型进行了分类，便于查找；"我的"中则包含已安装的软件。用户登录后可以查看使用云技术同步的历史安装记录。

在界面上方的检索栏中输入软件名称，也可以按关键字查找对应的软件。

麒麟操作系统软件下载与安装在交互时进行了逻辑分离，在软件下载过程中可以选择暂停或取消软件的下载。此外，提供了快捷按钮，如一键下载、全部更新、一键暂停、全部继续等。

软件安装过程和其他环境一样，在软件商店搜索要安装的软件，然后在搜索结果中直接单击"安装"按钮或单击搜索结果查看详细信息，再单击"安装"按钮。

如需要卸载从软件商店下载安装的本机软件，既可以在"开始"菜单中进行删除和卸载，也可以在麒麟软件商店中打开"我的"页面,选择要卸载的软件,单击"卸载"按钮。如需批量操作,可以单击右上角的"全选"按钮,然后单击"一键卸载"按钮,如图 8.22 所示。

图 8.22　软件商店"我的"界面

8.4.2　文本编辑、查看软件

1. 文本编辑器

文本编辑器是一款快速记录文字的文档编辑器,类似于 Windows 的"记事本"软件。文本编辑器可进行临时性内容的快速记录。

在桌面空白处右击,选择"新建"→"空文件"命令或在"开始"菜单中选择"文本编辑器"命令,打开应用就可以打开文本编辑器。

"文本编辑器"除了有传统记事本软件的文件和打印操作类、编辑类、搜索类等菜单命令外,还提供了拼写检查、文档统计等功能。文本编辑器的菜单如下。

(1)文件:包括"新建""打开""保存""另存为""还原""打印预览""打印""关闭""退出"命令。命令所执行的操作和一般软件含义相同。要注意的是"还原"命令,"还原"命令把当前编辑的文档恢复至保存前的内容,把文本还原到上次保存后的编辑点。如果要放弃当前文档从上次保存后所有编辑的内容,可以选择"还原"命令。如果要恢复至上一步操作,则需要选择"编辑"→"恢复"命令。

(2)编辑:包括"撤销""恢复""剪切""复制""粘贴""删除""全选""插入日期和时间""首选项"命令。除"首选项"命令用来设置文本编辑器默认选项外,其他命令所执行的操作和一般软件含义相同。

(3)视图:"工具栏""状态栏""侧边栏""底部面板"四个命令可以指定对应的"工具栏"

"状态栏""侧边栏""底部面板"是否显示；"全屏"命令指定全屏显示方式；"突出显示模式"可以更改显示模式，包括纯文本、源代码、脚本、标记等。

（4）搜索：除传统意义的搜索选项外，"清除高亮"命令用于清除文本高亮背景，"跳转到指定行"命令将光标跳转至指定行数。

（5）工具：包括"拼写检查""自动检查拼写""设置语言""文档统计"命令。

（6）文档：包括"全部保存""全部关闭""上一个文档""下一个文档""移动到新窗口"命令。"移动到新窗口"命令将当前文本文档移动到新窗口并打开。

文本编辑器的界面如图 8.23 所示。

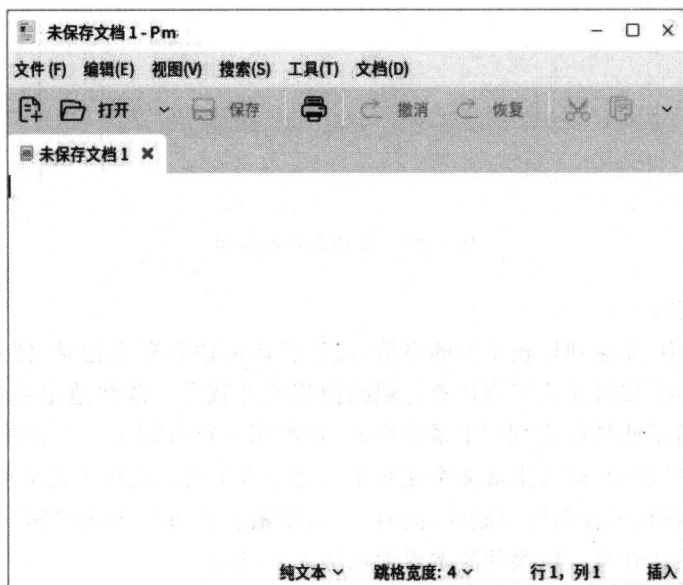

图 8.23　文本编辑器界面

2. 文档查看器

文档查看器是银河麒麟操作系统自带的一个 PDF 格式文档查看软件。选择"升始"→"文档查看器"命令，或右击一个 PDF 文件，选择"文档查看器"命令，都可以打开应用程序。

文档查看器的主要菜单如下。

（1）文件：包括"打开""打开副本""保存为""打印""属性""关闭"命令。命令所执行的操作和一般软件含义相同。其中的"打开副本"命令，是创建一个新窗口，并在其中打开同样的文档；选择"关闭"命令则关闭文档查看器。

（2）编辑：包括"复制""全选""查找""向左旋转""向右旋转""将当前设置设为默认值"命令等。

（3）视图：除"工具栏""侧边栏""全屏"命令可以指定对应的"工具栏""侧边栏"的显示状态、"全屏"命令指定全屏显示方式外，还提供了"放映""连续""双页""反转色彩""光标浏览""放大""缩小"等命令。

（4）转到：包括"上一页""下一页""第一页""最后一页"，可以快速切换浏览页面。

（5）书签："添加书签"命令是在当前文档里添加一个标识，便于快速定位。

文档查看器界面如图 8.24 所示。

图 8.24　文档查看器界面

3. 麒麟便签本

在日常工作中,如遇到比较重要的事情,往往会借助便签贴来记录,便签贴可以有效地提醒我们重要事项,按时完成工作任务。麒麟便签软件就是一款快速记录临时任务或紧急任务的工具,以电子便签形式"贴"于系统桌面,提醒用户待办事项。需要建立便签本时,在左上角单击"创建"按钮,即可生成多个便签本。便签本工具还提供了记录搜索功能,已完成的任务和不需要保留的便签可以删除,同时,还可以根据便签的创建时间、修改时间和内容进行排序,便于快速查找。麒麟便签本界面如图 8.25 所示。

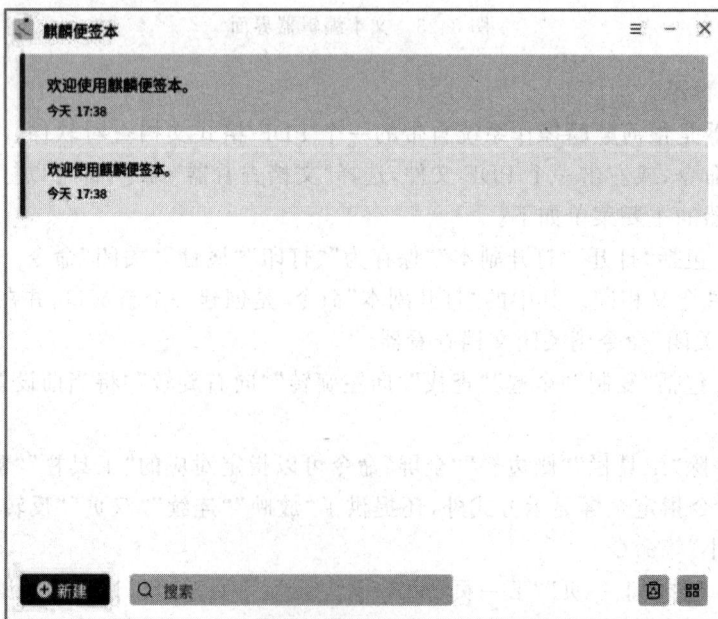

图 8.25　麒麟便签本界面

8.4.3 简单图像编辑和音频视频播放软件

1. 图像查看器

图像查看器是银河麒麟操作系统集成的一款软件,用来浏览查看图像。图像查看器支持打开多种格式的图片,提供图片的放大、缩小、旋转、翻转、打印等功能。选择"开始"→"图像查看器"命令可打开图像查看器软件,或双击图片文件,系统默认使用"图像查看器"打开图片。

图像查看器的主要菜单如下。

(1) 图像:包括"打开""打开方式""保存""另存为""打印""设为桌面背景""打开包含的文件夹""属性"和"关闭"命令。其中"打开方式"命令可以选择其他应用打开当前图片。

(2) 编辑:包括"撤销""复制""水平翻转""垂直翻转""顺时针旋转""逆时针旋转"命令等。

(3) 视图:除"工具栏""侧边栏""全屏"命令可以指定对应的"工具栏""侧边栏"的显示状态、"全屏"命令指定全屏显示方式外,还提供了"幻灯片""图集""放大""缩小""正常大小""最佳长度"等命令,更加方便查看图片。

(4) 转到:包括"上一个图像""下一个图像""第一个图像""最后一个图像"以及"随机图像"命令。其中"随机图像"命令用于从图集中随机选择一张图像。

图像查看器界面如图 8.26 所示。

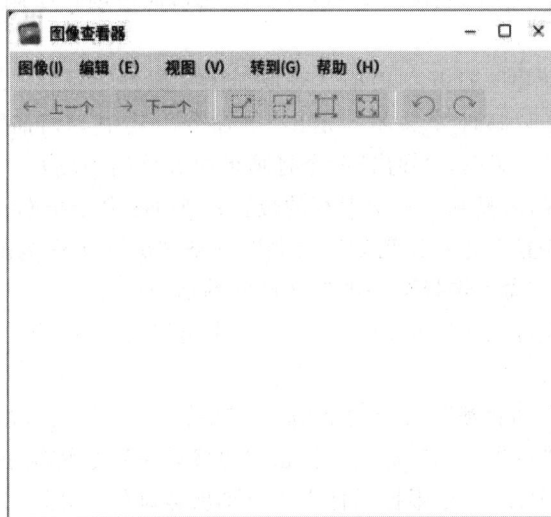

图 8.26 图像查看器界面

2. 画图

银河麒麟系统集成的 KolourPaint 是一款画图软件,可对空白画板或者现有图片进行编辑、涂画,可将修改过后的画板文件保存。选择"开始"→KolourPaint 命令可打开该软件。画图界面如图 8.27 所示。

画图工具打开后,默认显示白色画板和黑色画笔。界面左侧是工具栏,可在其中选择各种绘图工具。界面底部是颜色选择,可在其中选择画笔或填充的颜色。

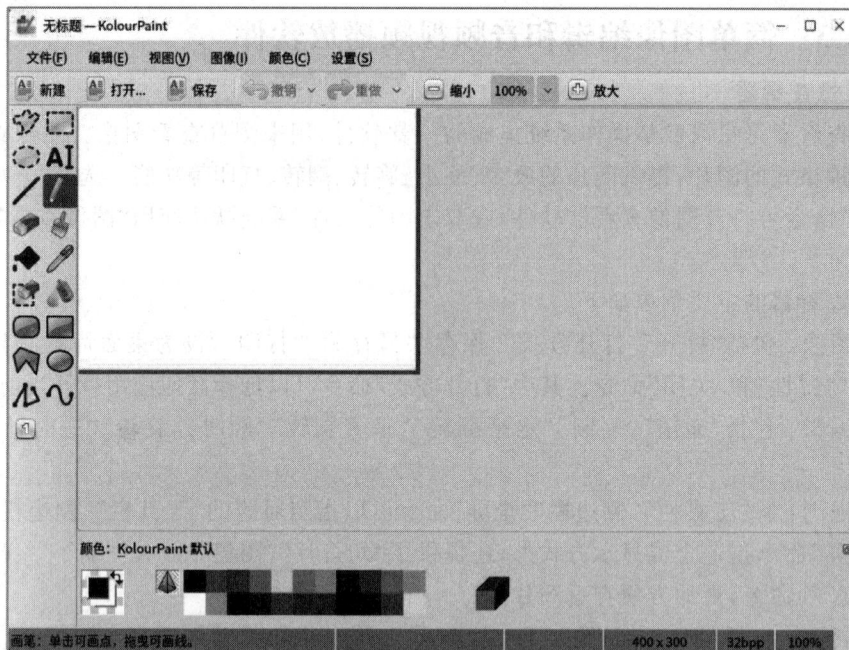

图 8.27　画图界面

在左侧工具栏选择相应的绘画工具后，可在白色画板中进行绘画。画图工具的主要菜单如下。

（1）文件：包括"新建""打开""扫描""获取抓图""属性""保存""另存为""导出""重新载入""打印""打印预览""邮件""关闭""退出"等命令。其中，"扫描"命令扫描画图内容；"获取抓图"命令载入屏幕截图；"导出"命令将画板内容导出为图片；"重新载入"命令放弃上次保存后编辑的内容，恢复到上一次保存的位置；"邮件"命令把画板内容作为邮件发送。

（2）编辑：包括"撤销""重做""剪切""复制""粘贴""删除选中范围""从文件粘贴"命令等。其中，"从文件粘贴"命令选择某一图像文件并粘贴至画板。

（3）视图：包括"实际大小""适合页面""适合页宽""适合页高""放大""缩小""显示网格""显示缩略图"命令。

（4）图像：包括"自动剪裁""改变大小/缩放""翻转""镜像""向左旋转""向右旋转""旋转""扭曲""降为单色""降为灰色""标记为机密""更多效果""翻转颜色""清除""绘制相似颜色"命令。其中，"自动剪裁"命令根据图像大小自动剪裁画板；"标记为机密"命令去掉图像细节，使图像内容模糊；"更多效果"命令可以设置效果、亮度、对比度等；"降为灰色"命令去除彩色信息，图像变为灰度图像。

除菜单栏外，左侧的工具栏有选择（可选择自由形式、矩形、椭圆等）、文字（添加文字）、直线、画笔、橡皮擦、刷子、填充、取色器、缩放、颜色橡皮擦、喷雾、圆润矩形、矩形、多边形、椭圆、连接线、曲线、缩放等工具。单击对应的图标就可以选择相应的工具，然后进行画图操作。

底部的颜色框有不同颜色，要选择某种颜色进行画图操作，单击相应颜色即可切换。

3. 麒麟截图

银河麒麟系统提供了方便实用的截图工具。选择"开始"→"麒麟截图"命令就可进行截图操作,在截图框中选定的屏幕显示内容可以截图并保存为图像文件,如图 8.28 所示。

截图内容的下方是截图软件的工具栏,依次是:方框,可画出方形区域;圆形,可画出圆形区域;直线,画出直线;箭头,画出箭头;画笔,可用鼠标自行绘画;标记,对截图内容进行绘画标记;文本,在所截图像中添加文本文字;模糊,把某一区域清晰度降低;撤销,撤销最近

图 8.28　截图工具界面

一步操作;选项,设置截图保存位置和图片格式;取消截图,取消截图操作;复制至剪切板,将截图复制至剪切板;保存,保存截图内容到文件。

4. 麒麟录音

麒麟录音提供语音录制功能,可以记录和回放音频内容,音频文件录制后可以保存到本地文件夹。在"开始"菜单中找到音频录制器,单击即可打开麒麟录音工具,界面如图 8.29 所示。

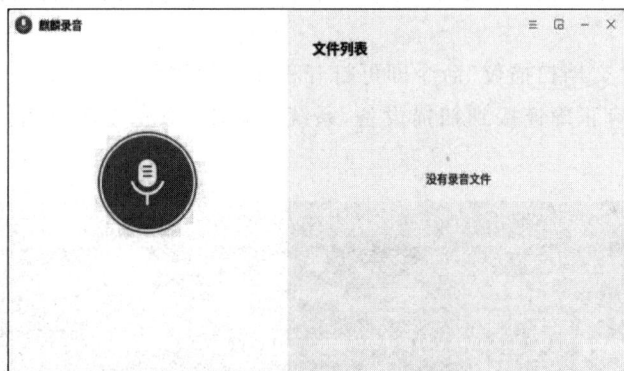

图 8.29　麒麟录音界面

在麒麟录音界面单击左侧粉色的按钮就可以开始录制音频,录制过程中可调节声音大小,也可暂停录音,单击停止完成录制。录制后根据设置的保存路径,系统自动保存音频文件。

5. 麒麟影音

麒麟影音用来播放音频和视频文件。选择"开始"→"麒麟影音"命令可打开软件。界面如图 8.30 所示。

单击右上角四个小方格的图标,即可打开菜单。菜单中有"打开文件""屏幕截图"以及"设置"命令。其中,"设置"命令可以对音频、视频的播放选项进行设置。

麒麟影音软件的底部是常用的按钮。依次是播放、上一步、停止、下一步、音量调节、全屏显示以及播放列表。

图 8.30　麒麟影音界面

8.4.4　其他常用应用软件

1. 麒麟扫描

银河麒麟操作系统还提供了一款方便快捷的扫描工具——麒麟扫描。使用麒麟扫描,可以方便、快捷地将纸质文档扫描成电子文档,保存到计算机里。扫描的文档可进行编辑、剪裁等操作。

选择"开始"→"文档扫描仪"命令即可打开程序。扫描前,要首先打开扫描设备,并连接到计算机。如果没有正确连接到扫描设备,系统会弹出"请先连接扫描仪"提示,如图 8.31 所示。

图 8.31　文档扫描仪界面

首先正确连接扫描设备并打开麒麟扫描程序,然后进行纸张、色彩、格式和分辨率设置,设置选项需根据所连接的扫描设备和具体扫描需求选择。然后,单击"扫描"按钮即可进行扫描操作。扫描完毕,可针对扫描结果进行一键美化、纠偏,也可利用程序中自带的文字识别功能进行文档中文字识别,将纸质文档转换成可以进行文字编辑的电子文档。

扫描后得到的电子文档可通过面板左下方的"发送至邮件"和"另存为"按钮选择保存的方式和途径,或通过邮件发送出去。

2. 麒麟天气

麒麟天气可查看全国城市未来一周的天气情况,单击屏幕右下角表示天气的图标(时间日期右侧)即可打开麒麟天气。默认显示时区设置时确定的当前城市的天气情况,也可以在左上角"搜索"国内某一城市的天气情况。如果需要关注更多的城市,可单击左上角的"+"按钮添加收藏城市,从而更加快捷地查询某一城市的天气情况,如图 8.32 所示。

图 8.32　麒麟天气界面

3. 麒麟计算器

麒麟计算器软件为用户提供了标准计算、科学计算和汇率换算功能,使用时可以根据不同需求随意切换。

选择"开始"→"麒麟计算器"命令即可打开计算器,可根据计算类型选择使用模式;使用鼠标输入或单击计算器中数字和运算符,按 Enter 键或单击"="按钮即可计算出结果。麒麟计算器标准计算模式界面如图 8.33 所示,科学计算模式界面如图 8.34 所示。

4. 麒麟传书

麒麟传书是一款局域网之间用户通信、交换信息和传输文件的程序。使用方法和一般的网络信息传输文件类似。有传输文件需求时,需要在消息界面输入接收方的 IP 地址,在消息框输入要发送的信息,单击"发消息"按钮即可发送消息到接收方;如果需要传送文件,单击"传文件"按钮即可把选中的文件传送到接收方,文件传输过程支持多选,可一次发送多个文件;也可单击"传文件夹"按钮把选中的文件夹发送到接收方。麒麟传书和文件发送的界面如图 8.35 和图 8.36 所示。

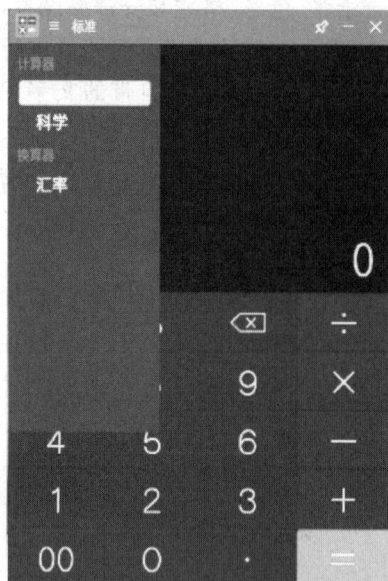

图 8.33 麒麟计算器标准计算模式界面

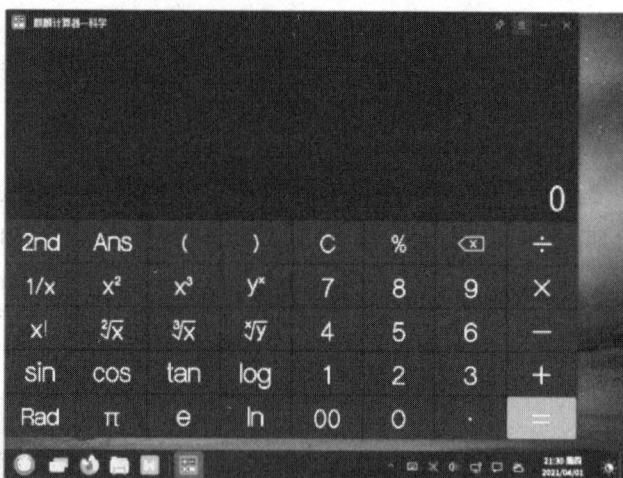

图 8.34 麒麟计算器科学计算模式界面

图 8.35 麒麟传书界面

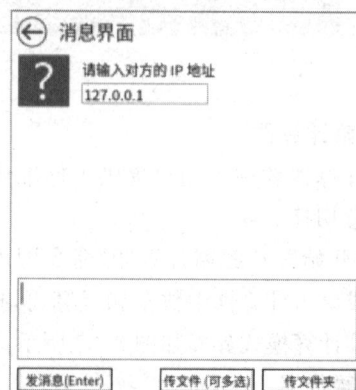

图 8.36 麒麟传书消息、文件发送界面

5. 麒麟工具箱

麒麟工具箱是一款用于简单系统维护的工具软件,可以用来清除系统缓存、清除系统操作痕迹、清除 Cookie 和上网痕迹、对硬件设备的驱动程序进行更新和维护。打开工具箱后,系统有"电脑清理""驱动管理""本机信息""工具大全"四个选项,界面如图 8.37 所示。

选择"电脑清理",单击"开始清理"按钮,系统开始自动扫描并清理系统缓存(包括浏览

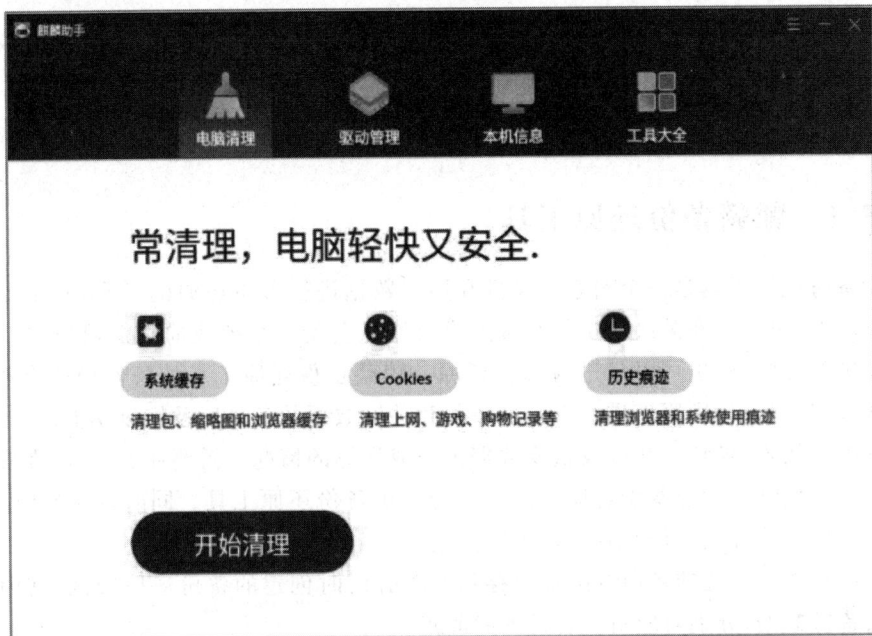

图 8.37 麒麟工具箱界面

器缓存清理包等内容）、历史使用痕迹（包括浏览器浏览记录、系统使用痕迹等）、Cookie（包括上网、游戏、购物等记录）。清理完成后，系统弹出对话框，说明清理的内容和结果。

选择"驱动管理"，系统按类别列出当前硬件设备的所有信息和驱动，便于对硬件驱动进行维护和升级。

选择"本机信息"，可以查看计算机的基本信息和硬件信息，包括本机系统、桌面环境、处理器、内存、主板、硬盘、网卡、声卡、显卡，以及其他设备的信息。桌面环境主要包括处理器、用户名、系统版本、主目录、主机名、架构以及内存等信息。

选择"工具大全"，可以查看其中集成的麒麟软件商店、麒麟系统监视器和文件粉碎机，单击图标可打开对应的应用。

练习 8-3

熟悉银河麒麟桌面操作系统常用软件的使用。

任务 8.5 银河麒麟操作系统备份与安全

任务概述

系统备份是指备份系统正常运行所需要的全部文件以及其他数据。备份的目的是在系统出现问题后能够方便地将系统还原到之前备份过的状态，从而省去重装系统的麻烦。计算机安全的内容主要是保护计算机硬件、软件、数据不因偶然的或恶意的原因而遭到破坏、更改或外泄。

任务目标

➤ 掌握银河麒麟系统的备份和还原的操作方法。

➤ 了解系统安全的有关知识和病毒防治操作。

8.5.1 麒麟备份还原工具

麒麟备份还原工具是一个对系统文件和用户数据进行备份还原的工具,除了支持整个系统备份以外,也可以在某次备份的基础上进行增量备份。系统还原功能可以将系统还原到某次备份时的状态,也可以只进行部分还原。麒麟备份还原工具的备份模式有两种:系统备份和数据备份,分别用来进行系统的备份和关键数据的备份以及恢复功能,可以有效地避免系统出现故障,导致崩溃以及重要数据丢失或损坏的情况。需要注意的是,在安装操作系统时,必须要选中"创建备份还原分区",才能使用备份还原工具。同时,备份还原工具也仅在用户以系统管理员身份登录时才可以使用。

银河麒麟操作系统的备份数据都保存到系统分区时创建的备份还原分区,其中可以保存若干次备份数据,分别对应每次备份的时间点。

1. 系统备份与还原

麒麟备份还原工具的打开步骤和其他软件一样,选择"开始"→"备份还原"命令。选择"高级系统备份"进入备份界面,如图 8.38 所示。

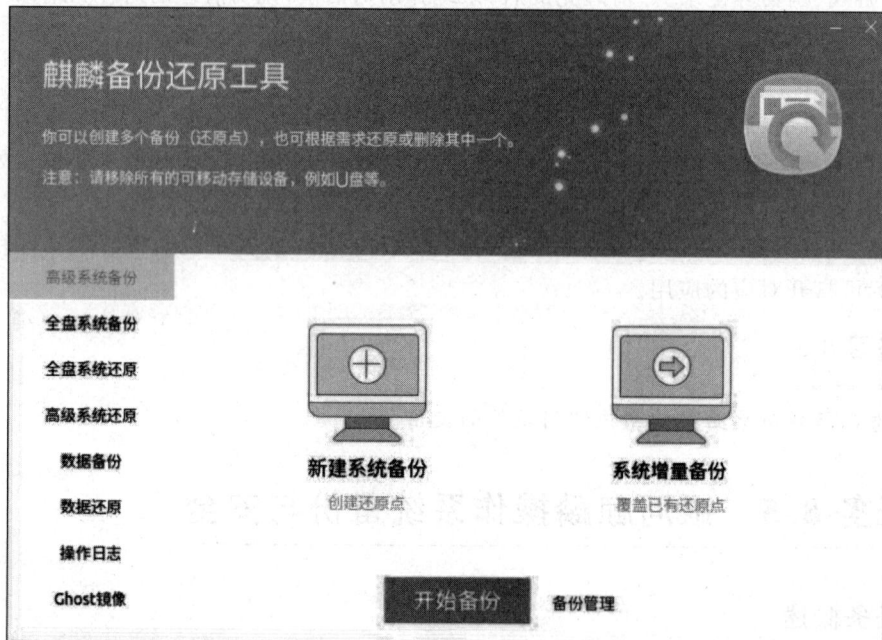

图 8.38 备份界面

1)系统备份

(1)选择左侧"高级系统备份"选项,选择系统备份功能。如要建立新的还原点,选择

"新建系统备份";如要对原有还原点进行增量备份,选择"系统增量备份"。接着,单击"开始备份"按钮。

在新建系统备份时,系统会弹出"新建系统备份"对话框。要求用户填写用于标注备份日期和提示内容的备注信息。这一步,还可以指定备份过程中要忽略的文件或文件夹。然后,单击"确定"按钮,弹出警告信息"请勿在备份过程中使用机器,以防数据丢失"。单击"继续"按钮,开始备份。备份文件保存在备份还原分区。备份系统可能需要一定时间,需要耐心等待。

如果单击"备份管理"按钮,可以查看系统的备份状态,执行管理备份文件操作。

如果选择"系统增量备份",系统会弹出一个对话框,中间列出了原来所有的备份文件,选择某个备份文件后,将在这个备份文件基础上进行增量备份。

2)系统还原

选择左侧"高级系统还原"选项,可以将系统还原到原来备份的某个还原点的状态。如果选择"保留用户数据"选项,则还原过程中用还原点的备份文件覆盖现有系统中的文件,但还原点建立后增加的用户文件仍然保留,不做覆盖、删除处理。如选择"全盘系统还原"选项,则直接使用还原点建立的还原文件开始还原,如图 8.39 所示。

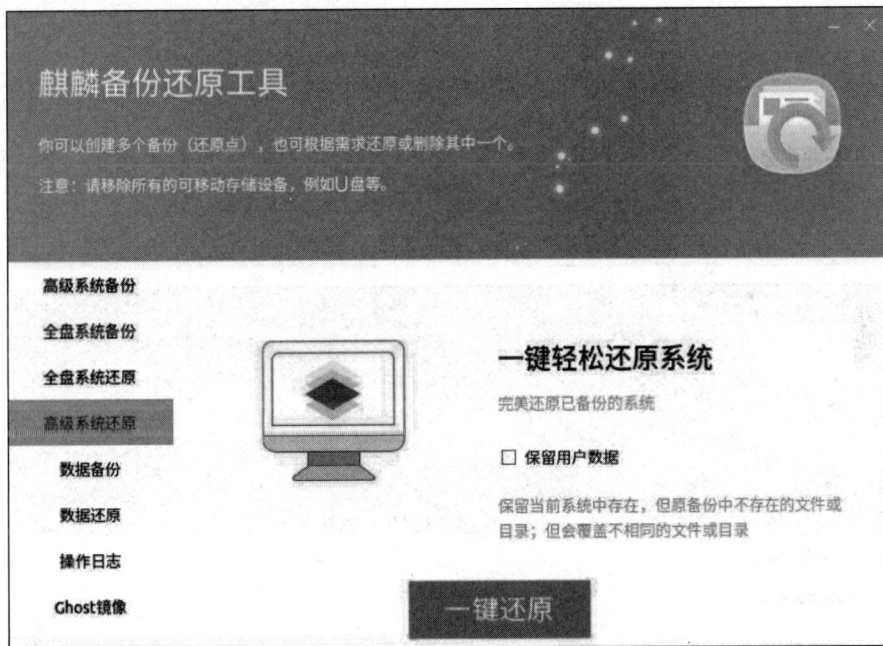

图 8.39 还原界面

2. 数据备份与还原

1)数据备份

数据备份与还原对用户选择的数据,如文件、文件夹等进行备份或还原操作。在"备份"界面(图 8.38)中左侧选择"数据备份",然后指定要备份的目录(文件夹)或文件,单击"开始备份"按钮,就可以对已经指定的文件内容进行备份。和系统备份一样,单击"备份管理"按钮,可以对数据备份进行管理,执行查看数据备份状态,删除无效备份等操作。备份过程还可以为备份内容添加备注,如图 8.40 所示。

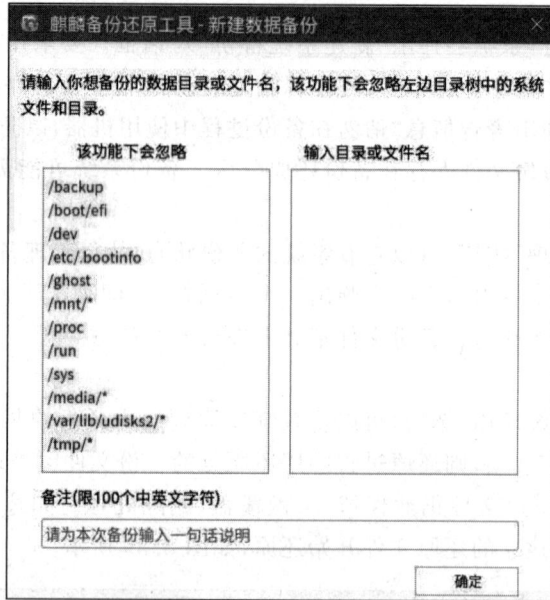

图 8.40　数据备份界面

2) 数据还原

"数据还原"功能把指定的某个数据还原到备份状态,功能主界面和系统还原(图 8.39)类似。在界面左侧选择"数据还原",右方提示"一键轻松还原数据",单击"一键还原"按钮,开始数据还原。完成还原后,系统会自动重启,如图 8.41 所示。

图 8.41　数据还原界面

3. 备份还原操作日志

操作日志记录了在备份还原工具上的所有操作。在主界面上左侧选择"操作日志",右侧显示出备份还原工具的所有操作,包括操作时间、操作内容、识别码以及用户在执行操作时设置的备注内容,如图 8.42 所示。

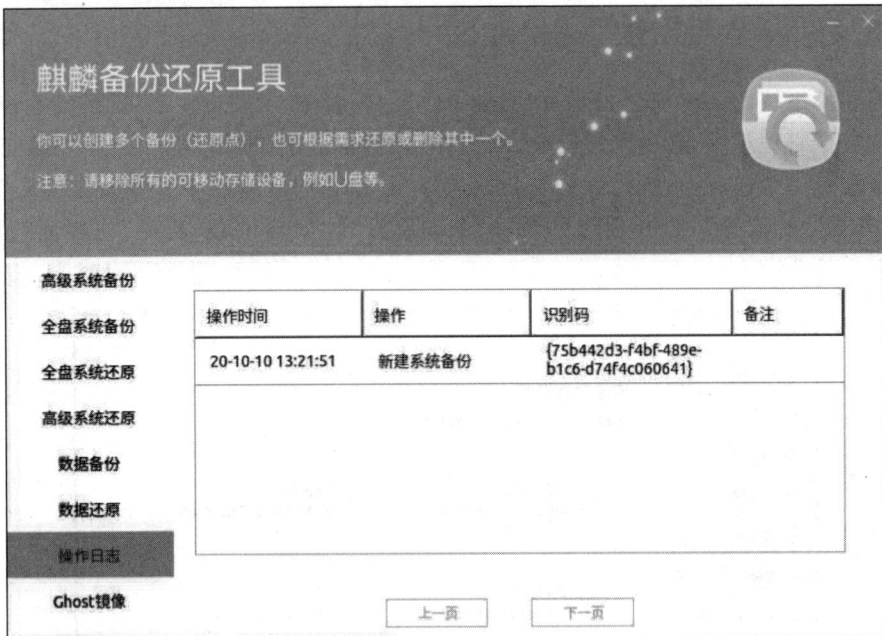

图 8.42　备份还原的操作日志

4. Ghost 镜像

除以上系统备份还原、数据备份还原外,银河麒麟桌面操作系统还提供了 Ghost 镜像安装功能,用户可以便捷地将一台计算机上的系统备份生成一个镜像文件,在系统出现问题,需要彻底重新安装时,使用该镜像文件来安装操作系统。或使用该镜像文件把系统安装到另一台相同配置的计算机上。要使用 Ghost 镜像安装功能,首先需要对系统进行一个备份。

1) 创建 Ghost 镜像

在主界面上左侧选择"Ghost 镜像",单击"一键生成"按钮,系统将会弹出当前所有备份的列表,如图 8.43 所示。在列表中选择要制作 Ghost 还原数据的备份后,系统开始生成 Ghost 镜像文件。

镜像文件名的格式为"主机名＋体系架构＋备份名称.kyimg",其中,备份名称只保留了数字。

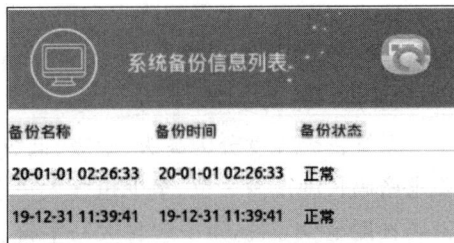

图 8.43　备份文件选择

制作完成后,把 Ghost 镜像文件(在/ghost 目录下)复制到 U 盘等设备上备用。

2) 安装 Ghost 镜像

安装过程和使用 U 盘安装系统过程基本相同。需要注意的是,在"安装方式"中需要选择"从 Ghost 镜像安装",并找到移动设备中的 Ghost 镜像文件。若设备没有自动挂载,可通过终端,手动将设备挂载到/mnt 目录下。通常情况下,移动设备为/dev/sdb1。另外,如果制作镜像文件时选择了有数据盘选项,在"安装类型"中也要勾选"创建数据盘",否则会引起安装失败。

8.5.2　安全与保护

银河麒麟系统的数据安全主要由"安全中心"程序管理。"安全中心"是麒麟系统自带的一款系统安全管理程序,包含账户安全、安全体检、病毒防护、网络保护、应用控制与保护和系统安全配置六个模块,系统已默认安装。选择"开始"→"所有程序"→"安全中心"命令或者选择"开始"→"设置"→"安全与更新"命令即可打开"安全中心"程序,主界面如图 8.44所示。

图 8.44　"安全中心"主界面

1. 账户安全

账户安全提供了系统账户密码安全检查策略配置,账户锁定及登录信息显示配置功能,提供账户相关的安全保障。单击主界面中的"账户安全"按钮可进入账户安全界面。

1) 账户密码安全

系统密码强度分为高级、中级、低级三种,可根据需要对密码进行配置。其中,高级设置要求密码长度至少 8 位,至少包含大写字符、小写字符、数字、符号中的三种;中级设置要求密码长度至少 6 位,至少包含大写字符、小写字符、数字、符号中的两种;低级设置则不对用户密码强度进行限制。此外,系统还提供来了自定义密码强度策略,用户可对密码长度和密码中包含的各类字符种类和个数进行自定义设置。

2) 账户锁定

账户锁定设置功能提供了是否启用账户锁定功能、密码错误阈值与锁定时长功能。如果启用账户锁定,可以指定密码连续错误的次数(3~16 次)以及锁定时间。登录账户时输入密码,如果输入错误超过指定密码错误次数时,系统将自动锁定指定的时间。

3）登录信息显示

登录信息显示对上次登录信息显示和历史登录失败信息显示进行设置。

2. 安全体检

安全体检是对系统进行加固的重要手段之一,包含基线项(安全标准)和 CVE 漏洞的扫描修复功能。使用 CVE(通用漏洞披露),可以快速地在任何其他 CVE 兼容的数据库中找到相应修补的信息,从而快速解决安全问题。单击主界面中的"安全体检"按钮,或选择列表中"安全体检"可打开安全体检,对系统漏洞和异常配置进行检查修复。每次体检前都能对上一次的体检情况进行查看,集中展示一些相关的重要信息,如扫描项目、扫描耗时、发现和修复风险项、修复失败项以及体检日期。

体检完成后,单击"一键修复",会自动修复扫出的配置问题和 CVE 漏洞。需要注意的是,如果安全体检发现系统存在 CVE 漏洞,则必须进行一键修复。

在"本次体检情况"弹窗页面,可以查看本次体检的所有扫描项,包括"无风险""未修复""修复成功""修复失败"。修复失败的 CVE 将有失败原因提示,可根据提示进行进一步处理。

在安全体检页面的右下角,单击"查看上次体检情况"还可查看上次体检情况。

3. 病毒防护

银河麒麟操作系统推荐安装"奇安信网神终端安全管理系统"进行病毒防护。单击安全中心主界面中的"病毒防护"按钮,或选择左侧列表中的"病毒防护"可打开病毒防护,列出了已安装的防病毒程序,这里以奇安信网神终端安全管理系统为例进行说明,如图 8.45 所示。其他防病毒程序的使用类似。

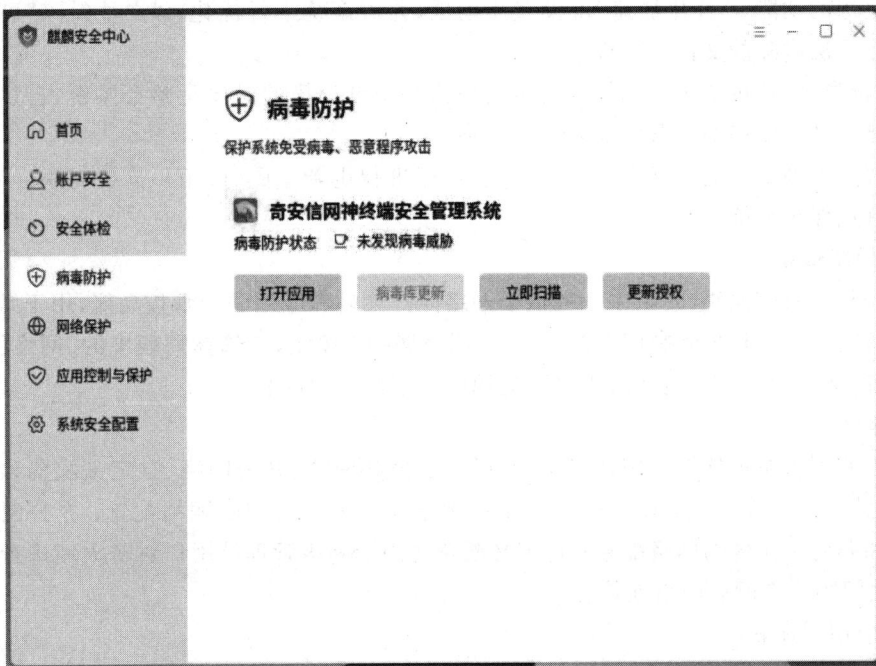

图 8.45 安全中心主界面

单击"打开应用"按钮即可打开奇安信网神终端安全管理系统。界面下部提供了病毒查杀、一键清理、优化加速、文件粉碎操作四个选项,如图 8.46 所示。单击界面右上角最小化图标左侧的菜单图标可展开命令菜单,提供了"病毒库离线更新""安全日志""系统设置""关于我们""授权信息操作"命令。

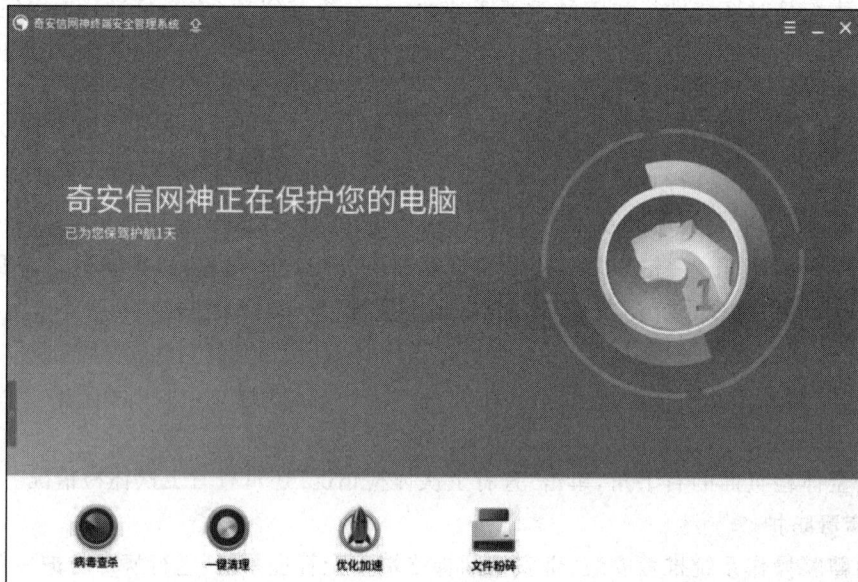

图 8.46　奇安信网神终端安全管理系统主界面

奇安信网神终端安全管理系统主界面中的"一键清理"提供了清理 Cookie、计算机垃圾和上网痕迹的功能;"优化加速"可设置启动项,并对系统进行优化;"文件粉碎"可以删除正常操作无法删除的文件或文件夹。

"病毒查杀"提供了全盘扫描和自定义扫描。全盘扫描的对象是整个系统,自定义扫描需要自己选择需要扫描的系统盘或者文件夹。

软件检测到有新的病毒库时,可以对病毒库进行更新。此时,用户需要对病毒库升级,以便更好地保护系统安全。

4. 网络保护

在"网络保护"模块,安全中心提供了网络防护策略和应用联网管控功能,用于维护系统网络环境安全。单击安全中心主界面中的"网络保护"按钮,或选择列表中的"网络保护"可以打开"网络保护"功能,包括防火墙和应用程序联网两项内容。

1) 防火墙

防火墙用来防护外界应用连接系统,提供了公共网络、办公网络、自定义配置和关闭四种策略,默认使用麒麟防火墙。公共网络选项适用于公共区域的网络配置;办公网络适用于家庭和办公工作区的网络配置;自定义配置适用于高级管理员用户对防火墙进行自定义配置;关闭则允许所有网络连接。

2) 应用程序联网

应用程序联网控制应用程序和服务是否可以联网,有三种状态供操作用户选择。"禁止"选项禁止未授权应用和服务联网;"警告"选项对已添加至管控列表的应用程序,根据应用所配置的网络访问策略进行管控,若应用程序未添加至管控列表,显示"认证"对话框,由用户选择程序是否可以联网;"关闭"选项关闭应用程序联网控制功能,所有应用和服务均可联网。在禁止状态和警告状态,单击"添加、删除允许联网的应用"按钮,系统打开应用程序联网控制自定义界面,用户可添加、删除允许联网的应用程序,并选择相应的联网策略。

5. 应用控制与保护

应用控制与保护提供了应用程序执行控制运行模式设置、来源检查、系统白名单、进程保护、内核保护等防护机制。单击安全中心主界面中的"应用控制与保护"按钮,或选择左侧列表中的"应用控制与保护",可以打开应用控制与保护模块,如图 8.47 所示。

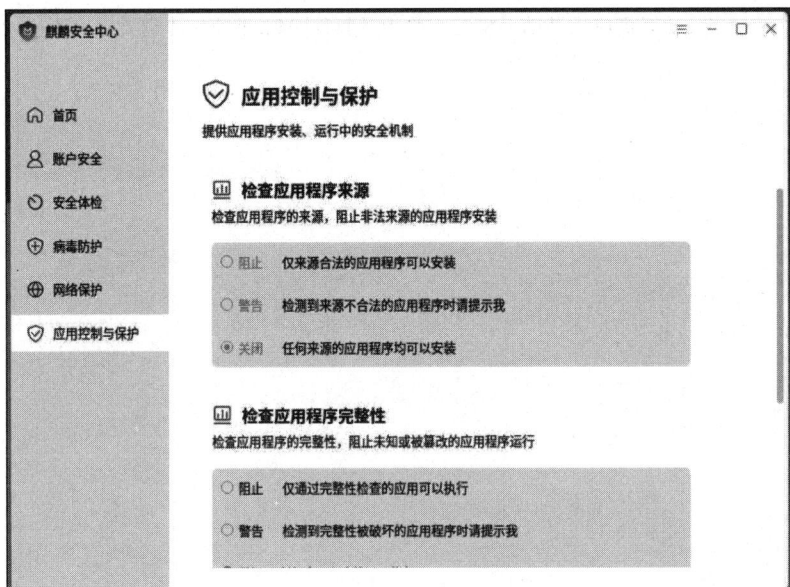

图 8.47 应用控制与保护主界面

1) 应用程序来源检查

应用程序来源检查用来检查应用程序的来源是否合法合规。使用合法合规来源安装的应用可以有效保护系统的安全性和稳定性,如果应用是未认证的,启用麒麟内置的安全功能后,将会检查应用执行权限。应用程序来源检查提供了仅来源合法的应用程序可以安装、检测到来源不合法的应用程序请通知我、任何来源的应用程序都可以安装三种选择。

2) 检查应用程序完整性

检查应用程序完整性是麒麟系统内的安全机制检查,用来检查应用程序的完整性,确保系统运行环境的完整。也有阻止(仅通过完整性检查的应用可以执行)、警告(检测到完整性被破坏的应用程序时请通知我)、关闭(所有应用程序均可执行)三个选择。

3) 应用程序防护

应用程序防护提供了进程防杀死和内核模块文件防卸载的应用程序防护机制。进程防杀死功能,当把应用程序添加到进程防杀死列表,系统将禁止该程序进程被杀死;当发现列表中某个进程退出状态异常或该进程主动退出时,进入被进程保护,从而达到系统对该程序的进程状态进行监控,并对其进行防杀死控制。

参 考 文 献

[1] 陈菁,范青刚,张越.计算机应用基础教程(微课版)[M].北京:清华大学出版社,2022.

[2] 兰雨晴.麒麟操作系统应用与实践[M].北京:电子工业出版社,2021.

[3] 童强,任泰明.计算机基础及 WPS Office 应用教程[M].北京:化学工业出版社,2021.

[4] 凤凰高新教育.WPS Office 2019 完全自学教程[M].北京:北京大学出版社,2021.

[5] 钱伟,占俊,王本荣.计算机应用基础上机与实验指导教程[M].北京:清华大学出版社,2021.